特高压交流变电运维检修技能培训教材

国网山西省电力公司 编

中国水利水电出版社
www.waterpub.com.cn

内 容 提 要

为满足特高压电网进入全面大规模建设新形势下特高压交流变电运维人员技能培训的需要，国网山西省电力公司组织专家及技术人员编写了本书。本书共十章，内容包括：特高压交流变电站概述；1000kV 变压器、高压并联电抗器、GIS 设备、固定串补装置、隔离开关、接地开关、电压互感器、避雷器、套管等交流特高压一次主设备及110kV 无功补偿装置的原理、结构、运行维护操作要点和注意事项、检修项目及标准；特高压交流变电站综合自动化系统、继电保护设备、通信系统等二次主设备的原理、装置介绍、运行维护项目和检修项目；特高压交流变电站在线监测和带电检测技术；特高压交流变电站消防系统；特高压交流变电站运行管理及生产准备。本书紧密结合现场实际、全面系统、实用性强，对提高特高压交流变电运维人员的运维技能具有重要意义。

本书可作为电力系统从事特高压交流变电运行、维护、管理和教学人员的培训教材，也可供相关专业技术人员参考使用。

图书在版编目（ＣＩＰ）数据

特高压交流变电运维检修技能培训教材 / 国网山西
省电力公司编. -- 北京 ： 中国水利水电出版社，
2014.12
　　ISBN 978-7-5170-2816-1

　Ⅰ．①特… Ⅱ．①国… Ⅲ．①高电压－交流－变电所
－维修－技术培训－教材 Ⅳ．①TM63

中国版本图书馆CIP数据核字(2014)第311221号

书　　名	特高压交流变电运维检修技能培训教材
作　　者	国网山西省电力公司　编
出版发行	中国水利水电出版社 （北京市海淀区玉渊潭南路 1 号 D 座　100038） 网址：www. waterpub. com. cn E - mail：sales@ waterpub. com. cn 电话：(010) 68367658（发行部）
经　　售	北京科水图书销售中心（零售） 电话：(010) 88383994、63202643、68545874 全国各地新华书店和相关出版物销售网点
排　　版	中国水利水电出版社微机排版中心
印　　刷	北京纪元彩艺印刷有限公司
规　　格	184mm×260mm　16 开本　25.75 印张　610 千字
版　　次	2014 年 12 月第 1 版　2014 年 12 月第 1 次印刷
印　　数	0001—2000 册
定　　价	**78.00 元**

编 委 会

序

　　中国电力"十二五"规划的指导思想是以加快转变电力发展方式为主线，以保障安全、优化结构、节能减排、促进和谐为重点，着力提高电力供应安全，推进资源优化配置和电力产业升级，促进电力和谐发展，努力构建安全、经济、绿色、和谐的电力工业体系，满足经济社会科学发展的有效电力需求，以实现 2020 年中国非石化能源在一次能源消费中达到一成五左右、单位 GDP 二氧化碳排放量比 2005 年下降四成到四成五的目标。同时习近平总书记也明确提出了要推动能源消费革命、供给革命、技术革命和体制革命，强调建设以电力外送为主的千万千瓦级大型煤电基地，发展远距离大容量输电技术。

　　国家电网公司"十年磨一剑"，全力推动的特高压技术是先进、安全、高效、绿色的输电技术。它能够以输电代替输煤，安全高效远距离输送电力，从根本上解决煤电运输紧张问题，能够建设大通道、构建大电网、发展大市场，大规模开发和大范围优化配置清洁能源，以清洁能源替代化石能源，使清洁能源逐步成为未来主导能源，实现能源清洁发展；能够促进"以电代煤、以电代油、电从远方来"，有效解决雾霾等污染问题，实现能源环保发展；能够构建友好、互动、开放的智能化服务平台，适应各类电源和负荷灵活接入与互动，满足客户多样化需求，实现能源友好发展；同时也可提高我国能源安全保障能力，实现能源安全发展。国家电网公司"四交四直"特高压工程已列入国家大气污染防治行动计划，并在此基础上加快推动"五交五直"，标志着特高压电网从技术创新、工程示范进入全面大规模建设的新阶段。

　　山西省作为国家重要的"电力供应基地、能源输出基地"和国家"五大综合能源基地"之一，距离京津冀鲁、长三角等负荷中心较近，在转型跨越发展中，全力加快建设综合能源基地，借势借力拓展以特高压为支撑的晋电外送新通道。通过向省外大量输送清洁能源，替代化石一次能源消耗，既是实现"两个一百年"发展目标的能源支撑，更是落实国家大气污染防治行动计划、破解雾霾困局、建设美丽中国的现实需要。据估算，到"十二五"末，山西省电力装机容量将超过 8000 万 kW，发电能力的大幅增长不仅是满足山西省内用电负荷增长的需求，还可给周边省份提供更多的电力供应，使输电成为山西省除煤炭之外又一个强有力的经济支点。

山西省电力公司作为山西省唯一的大型电网企业，一贯高度重视特高压工程建设运行工作，将"拓展特高压外送电力大通道"列为公司四件大事之首，对特高压工程前期、建设、生产准备等方面工作进行了全面部署，全力加快"蒙西—晋北—天津南"、"榆横—晋中—潍坊"、"蒙西—晋中—晋东南—长沙"、"陇彬—晋东南—连云港"特高压工程建设。同时山西省电力公司在 1000kV 长治—南阳—荆门特高压交流试验示范工程成功投运和安全运行的基础上积累了丰富的特高压交流变电站运行维护管理经验，为满足后续特高压交流工程大规模建设运行对特高压交流变电运维人员技能培训的需要，结合特高压交流变电站运维实际和专业特点，山西省电力公司组织编写了《特高压交流变电运维技能培训教材》。本书坚持以能力为核心，遵循"知识够用、为技能服务"的原则，系统研究了特高压交流变电站设备运行维护、检修试验等关键知识，对特高压交流变电站运维业务的开展具有较强的针对性和指导性。

希望本书能够让从事特高压交流变电站运维检修专业的人员受益，在特高压交流电网波澜壮阔的发展中发挥积极的作用。

编委会

2014 年 9 月 25 日

前　言

　　特高压相比常规电压等级交流输电具有输送容量大、输送距离远、线路损耗小、占地走廊少等特点，国外自 20 世纪 70 年代开始研究特高压交流输电技术，到 80 年代中期苏联建成世界上第一条特高压交流输电线路，投入运行 6 年后降压运行，目前其他国家因电力需求乏力，都处于研究试验阶段。但对我国而言，由于资源分布极不均衡，火电容量集中在山西、内蒙古、陕西、宁夏、黑龙江、贵州和安徽等省（自治区），且随着我国西南水电的开发，发展特高压可将目前电网的整体输电能力提高 4～5 倍，实现西南 7000kW 富裕水电和山西、陕西、蒙西、宁夏等西部地区的 9900kW 富裕火电容量的东送和南送，实现跨流域调节和水火电互济，减少备用和弃水电量。同时，全国经济发达城市所面临的环境污染也迫在眉睫。因此全面开展以特高压为重点的跨区域输电工程建设，是保障国家能源安全、提高能源利用效率、服务清洁能源、促进生态文明建设的重要选择，可以有效提升我国进行长距离、大容量能源转移的能力，缓解能源运输压力，提高经济效益，对转变经济发展方式、调整能源结构具有深远的影响。

　　我国第一条特高压交流输电线路 1000kV 晋东南—南阳—荆门特高压交流试验示范工程，于 2006 年 8 月经国家发改委核准，同年底开工建设，2009 年 1 月 6 日正式投入商业运行。目前国网山西省电力公司受国家电网公司委托，不但负责 1000kV 长南 I 线（山西段）的生产管理和运行维护工作，而且也负责 1000kV 长治变电站包括安全管理、运行管理、检修抢修、技术监督、专业管理和科技项目管理等的安全生产管理。该工程投运至今一直保持安全稳定运行，经受了雷雨、大风、高温和严寒等恶劣条件的考验，进一步验证了特高压交流输电技术应用的安全性、可靠性和成熟性。

　　目前，我国在运的特高压交流工程有两条（晋东南—南阳—荆门、淮南—皖南—浙北—上海），在建的一条（浙北—福州）。根据国家电网公司特高压交流互联电网发展规划，到 2015 年、2017 年、2020 年，国家电网将分别建成"两纵两横"、"三纵三横"、"五纵五横"特高压"三华"（华北、华中、华东）交流同步电网。为满足后续特高压交流工程建设运行对特高压交流变电运维人员技能培训的需要，国网山西省电力公司组织技术人员，编写了本教材，旨在通过不断提高运行维护人员自身技能水平，全面提升运维人员驾驭特高压交流变电设备的能力，为保障特高压交流变电站的安全稳定运行做出更大的贡献。

本书共十章，其中第一章特高压交流变电站概述主要由成小胜编写；第二章 1000kV 变压器由高辉编写；第三章 1000kV GIS 设备由叶严军编写；第四章、第五章 1000kV 隔离开关、接地开关、电压互感器、避雷器、套管由解涛编写；第六章 1000kV 高压并联电抗器由高吉编写，1000kV 串补设备由赵成运编写，1000kV 串补控保系统由高文彪编写，110kV 无功补偿设备由时伟光编写；第七章特高压变电站综合自动化系统由赵宇亭编写，特高压交流设备继电保护由李东敏编写，特高压变电站通信系统由贺彦龙编写；第八章特高压变电站在线监测和带电检测技术由张雍赟编写；第九章特高压交流变电站消防系统由马伟伟编写；第十章特高压交流变电站运行管理及生产准备由胡多编写。全书由成小胜、解涛统稿，并由国网山西省电力公司李坚对全书进行了最终补充和修编。

由于时间仓促、水平有限，书中难免出现疏漏之处，恳请各位专家、读者批评指正。同时本书在编写过程中得到了多位上级领导专家的大力支持，也引用了公开发表的国内有关研究成果和各设备制造厂家公开发布的技术成果，在此特向有关专家和作者一并表示衷心的感谢！

编者

2014 年 9 月

目 录

第一章 特高压交流变电站概述

第一节 特高压交流变电站电气主接线

一、变电站电气主接线简介

（一）变电站电气主接线的功能

变电站电气主接线是根据电能汇集、输送和分配的要求，表示主要电气设备相互之间的连接关系和本变电站（或发电厂）与电网的电气连接关系，通常用单线图表示。它对电网运行安全、供电可靠性、运行灵活性、检修方便及经济性等均起着重要的作用；同时也对电气设备的选择、配电装置的布置以及电能质量的好坏等都起着决定性的作用，同样也是运维人员进行各种倒闸操作和事故处理时的重要依据。

（二）变电站电气主接线的要求

电气主接线应根据变电站在电力系统中的地位和作用，按照规划容量、供电负荷、电力系统短路容量、线路回路数以及电气设备特点等条件，满足电力系统的安全运行和经济调度的要求确定，其中应该考虑供电可靠性、运行灵活性、操作检修方便、节约投资及便于过渡和扩建等。

由于特高压变电站的重要性，其电气主接线的可靠性必须很高。

（三）特高压变电站电气主设备

特高压变电站主设备包括电力变压器、开关设备、电压互感器、电流互感器、避雷器、母线、支柱绝缘子以及各种无功补偿装置（包括并联电抗器、并联电容器、串联补偿电容器等）等，其中配电装置主要分为户外敞开式和户外气体绝缘金属封闭式两种。

（1）在电网中，变压器是一种变换电压的主要电气设备，按照用途不同可分为升压变压器、降压变压器及联络变压器等。依靠变压器可以把不同电压等级的电网联络在一起，组成复杂的大电网。电能经升压变压器升压后可以输送到很远的地方，能够达到减少线路损耗，提高送电经济性的目的；而在负荷中心则安装若干级降压变压器和大量分散装设的配电变压器，可将高电压降低为用户所需要的各级电压，以满足用户用电电压等级的需要。特高压变压器按照结构不同可分为普通变压器（两绕组一般用于发电机升压变压器）和自耦变压器等，且中性点直接接地。其中自耦变压器采用中压末端，即中性点调压的调压方式；并有第三绕组以流通三次及其他高次谐波，可装设无功补偿设备，通过补偿变压器无功消耗，以利于功率传输和站用电源使用。

（2）并联电抗器主要用于 330kV 及以上的超高压电网和电缆线路较多的电网中，以吸收电网过剩的容性无功。特高压并联电抗器分为容量固定式（不可控）电抗器和容量可控电抗器两种，主要作用是补偿线路多余的容性无功，减少线路损耗，防止电力系统发生工频过电压，与中性点电抗器配合消除潜供电流以提高线路单相重合闸的成功率，有利于消除同步电机带空载长线路时可能出现的自励磁现象。

（3）特高压开关设备包括断路器、隔离开关、接地开关等，以及由上述产品与其他电气产品的组合产品，它们在结构上相互依托，有机地构成一个整体，以完成特高压系统正常接通和断开导电回路、切除和隔离故障等运行任务。其中特高压断路器除完成一般高压断路器的任务外，还要求采取特殊措施（如分闸和合闸电阻），尽量降低开断和关合时的操作过电压，以降低线路和变电站设备的绝缘水平和造价。

（4）电压互感器是将一次侧交流电压按照额定电压比转换成可供仪表、继电保护或控制装置使用的二次侧电压的变压设备。

（5）电流互感器是将一次侧交流电流按照额定电流比转换成可供仪表、继电保护或控制装置使用的二次侧电流的变流设备。

（6）避雷器是一种释放过电压能量限制过电压幅值的保护设备，它通过并联放电间隙或非线性电阻的作用，对入侵流动波进行削幅，以降低被保护设备所承受过电压幅值。在特高压电网中用于保护变电站电气设备免受雷电和操作过电压损害，其性能是变电站其他设备绝缘水平选择的基础。

（7）母线是用于汇集和分配多条进出线电能的设备，常用高压母线大体上可分为软母线和硬母线两种，其接线方式包括单母线、双母线、3/2 接线、4/3 接线等多种类型。

（8）支柱绝缘子是变电站和高压电器（如隔离开关）的绝缘支持物。

（9）套管是电气设备的一个较复杂又重要的配套元件，用于将高压导体穿过与其电位不同的隔板或外壳，起到绝缘和支撑作用。套管具有内外绝缘兼有、电场复杂，结构和尺寸要求严格等特点。

（10）特高压站电容器分为并联电容器和串联电容器两种。其中并联电容器安装于变压器低压侧，用于补偿输变电设备消耗的无功，减少输变电设备有功损耗和压降、提高传输功率、稳定电网电压等；串联电容器安装于线路中用于补偿线路电抗，减小线路总电抗值，缩短线路电气距离和线路两端角差，提高线路传输功率。

二、特高压交流变电站电气主接线

（一）特高压交流变电站电气主设备规模

以特高压长治站为例。

（1）1000kV 配电装置采用 GIS 设备。

（2）1000kV 变压器为单相、自耦、无励磁调压主变压器，共设两组，单组容量 3×（1000/1000/334）MVA，另装设一台备用变压器；1000kV 线路出线一回，至 1000kV 特高压南阳站，线路装设一组高压并联电抗器及一台中性点小电抗器，高压并联电抗器容量为 3×320Mvar，中性点小电抗容量为 248kvar，另装设一台备用高抗和备用中性点小电抗。

（3）1000kV 线路长治侧装设串补装置 1 组，采用固定式，额定容量 1500Mvar，补偿度为 20％。

（4）110kV 配电装置采用敞开式设备，共装设 4 组低压电抗器、8 组低压电容器及 2 台高压站用变。单组主变低压侧 110kV 系统无功补偿装置配置 2 组低压电抗器（每组容量 240Mvar）和 4 组低压电容器（每组容量 210Mvar）。

（5）500kV 配电装置采用 HGIS 设备，共 7 个不完整串。主变进线 2 串，线路出线 5 回，其中 2 回至 500kV 晋城变电站，3 回至 500kV 久安变电站。

（二）特高压交流变电站电气主接线的选择

由于特高压交流线路输送容量很大，发生故障时影响范围广，因此，应该采用高可靠性的电气主接线方式。另外，由于特高压设备昂贵，如何通过技术经济比较，在电气主接线的设计方面，选择最优设计方案，使用较少的电气设备，达到最好的性能和最高的可靠性，使得效益投资比最大，是特高压电气主接线设计上的一个重要问题。综上所述，特高压交流变电站 1000kV、500kV 系统一般采用 3/2 接线方式。

由于特高压交流线路及特高压交流主变输送容量很大，加上采用固定式特高压电抗器，大功率输电时所需的无功补偿装置容量相应也很大，按照相关电网运行规定，所需无功需要就地解决，因此主变低压侧主要用于装设无功补偿装置（同时为 1 号高压站用变和 2 号高压站用变供电）。考虑到无功补偿装置故障时的备用情况以及目前电容器断路器制造能力的限制，通过综合计算和统筹考虑，单组主变低压侧 110kV 系统无功补偿装置的容量确定为 2×240Mvar 容量电抗器和 4×210Mvar 容量电容器，110kV 系统接线方式采用两段单母线接线方式，即：每组主变低压侧 110kV 系统装设 2 台总断路器，每台总断路器对应设置一段 110kV 母线。

为了确保特高压交流变电站设备安全可靠运行，作为特级重要枢纽变电站，特高压交流变电站站用电系统必须配置三路电源，分别为 1 号站用电系统、2 号站用电系统、0 号站用电系统。其中 1 号站用电引自本站 1 号主变低压侧 110kV 母线，经降压后对 400V 1 号母线供电；2 号站用电引自本站 2 号主变低压侧 110kV 母线，经降压后对 400V 2 号母线供电；0 号站用电为备供电源，由地区电网站外电源供电，经降压后对 400V 0 号母线供电，主备用电源间设置备自投装置。

（三）特高压交流变电站典型电气主接线介绍

以特高压长治站为例。

（1）特高压交流变电站 1000kV 系统主接线，见图 1-1。

（2）特高压交流变电站 1000kV 串联补偿系统主接线，见图 1-2。

（3）特高压交流变电站 1000kV 线路并联高抗主接线，见图 1-3。

（4）特高压交流变电站 1000kV 主变压器主接线，见图 1-4。

（5）特高压交流变电站 500kV 系统主接线（含线路避雷器和电压互感器），见图 1-5。

（6）特高压交流变电站 110kV 系统主接线（以 1 号母线设备为例），见图 1-6。

（7）特高压交流变电站站用电系统主接线，见图 1-7。

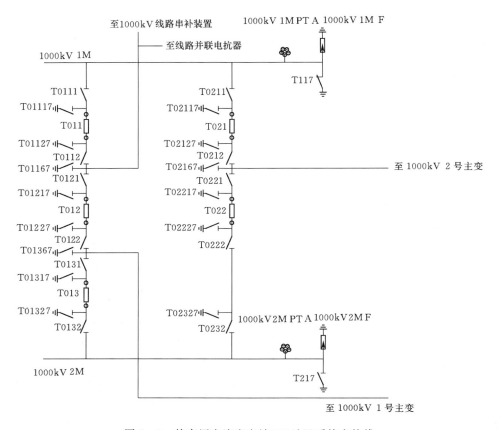

图 1-1　特高压交流变电站 1000kV 系统主接线

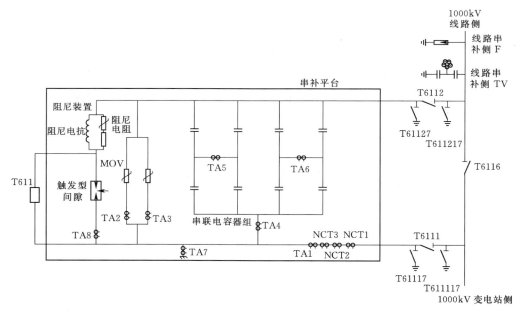

图 1-2　特高压交流变电站 1000kV 串联补偿系统主接线

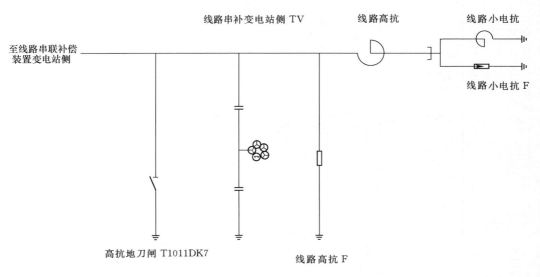

图 1-3　特高压交流变电站 1000kV 线路并联高抗主接线

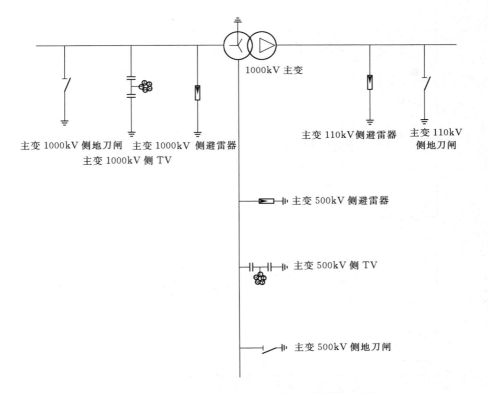

图 1-4　特高压交流变电站 1000kV 主变压器主接线

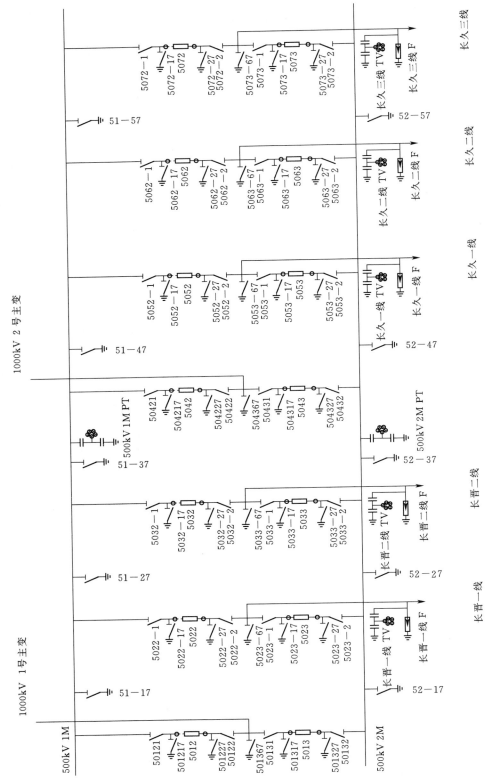

图 1-5 特高压交流变电站 500kV 系统主接线

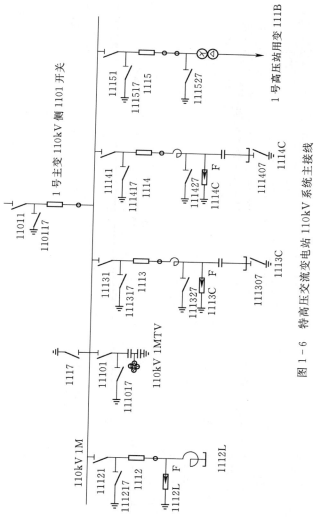

图 1－6　特高压交流变电站 110kV 系统主接线

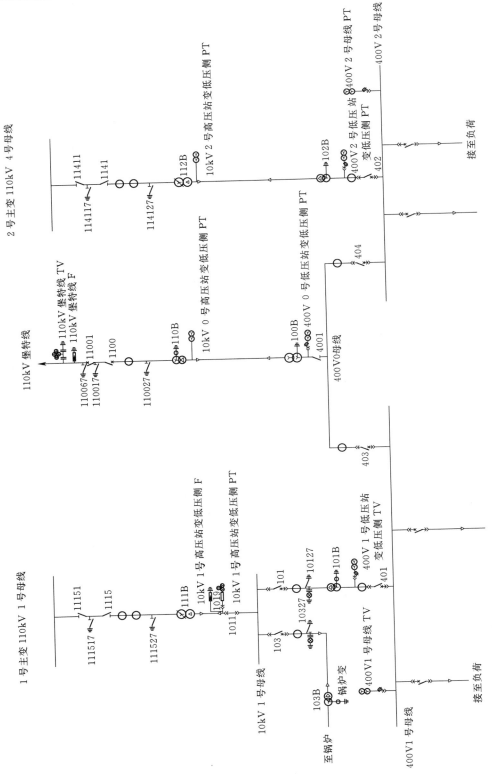

图 1-7 特高压交流变电站站用电系统主接线

第二节　特高压交流变电站主设备构成及主要技术指标

一、特高压交流变压器和并联电抗器

（一）特高压交流变压器

1. 结构类型

根据系统要求，特高压交流变压器调压方式采用无励磁调压。由于变压器中压侧线端电压为500kV，在中压侧线端调压无论从绝缘可靠性还是调压开关的选择性上，都存在很大困难。对变压器本身来说，500kV调压线圈和调压引线在制造中非常难以处理，会影响变压器的绝缘可靠性。如采用外置调压器的方式，由于调压器线圈必然为500kV全绝缘，绝缘结构也较为复杂，从技术、安全、经济角度来说都不理想。因此，特高压交流变压器采用中性点调压方式。

由于特高压变压器容量大、电压等级高，为便于运输及简化变压器结构，提高1000kV主变压器的安全性，故变压器分为主体变和调压变两部分，主体油箱外设调压变，调压变内包括调压补偿双器身以及正反调压开关。调压部分与主体部分分开，调压部分有问题时，主体仍可运行。但是相比中压侧线端调压来说，中性点调压会引起变压器相关第三绕组电压较大变化，这种方式称为变磁通调压，因此在第三绕组上需加装电压补偿变压器以保障调压时第三绕组电压恒定，所以严格意义上说特高压交流变压器由主体变、调压变和补偿变三部分组成。

综合考虑，特高压交流变压器采用单相、自耦、中性点调压、强迫油循环、强迫风冷变压器，变压器总体外部结构采用独立外置式调压变和补偿变方式（两者共用一个油箱），即变压器本体与调压补偿变分箱布置型式。

特高压交流变压器外形见图1-8。

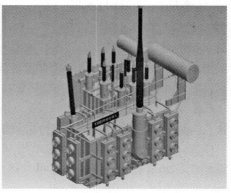

图1-8　特高压交流变压器外形图

2. 主要参数（单相）

设备主要参数根据工程需要、制造厂设计及制造能力以及设备运输、现场组装的条件等综合因素考虑选取。特高压交流试验示范工程选择 1000MVA 容量特高压交流变压器，目前国内已经可以制造出 1500MVA 容量特高压交流变压器。下面以特高压长治站为例进行说明。

（1）额定容量：1000/1000/334MVA。

（2）额定电压比：$1050/\sqrt{3}/525\pm4\times1.25\%/\sqrt{3}/110kV$。

（3）额定电流：1649A/3299A/3036A。

（4）额定频率：50Hz。

（5）连接组别：YNa0d11（Ia0i0）。

（6）冷却方式：OFAF/ONAN（主体变/调压补偿变）。

（7）额定工频短时耐受电压（高压侧 5min、其他 1min 有效值）：高压侧，1100kV（相对地）；中压侧，630kV（相对地）；低压侧，275kV（相对地）；中性点，140kV（相对地）。

（8）雷电冲击耐受电压（峰值）：高压侧，2250kV（相对地）；中压侧，1550kV（相对地）；低压侧，650kV（相对地）；中性点，325kV（相对地）。

（9）操作冲击耐受电压（峰值）：高压侧，1800kV（相对地）；中压侧，1175kV（相对地）。

（10）阻抗电压百分比：

1）$U_{h-m}=18\%$。

2）$U_{h-l}=62\%$。

3）$U_{m-l}=40\%$。

（11）调压方式：中性点无励磁（无载）。

（12）主体变总重量：577t。其中油重：130t；器身重：303t。

（13）调压补偿变总重量：153t。其中油重：48t；器身重：66t。

（14）主体变运输尺寸：12m×4.15m×4.9m。

（二）特高压交流并联电抗器

1. 结构类型

由于受技术条件的限制和高可靠性的要求，特高压交流电抗器选用容量固定式并联电抗器，采用单相油浸式。结构上多为带气隙的铁芯，带气隙的铁芯由硅钢片叠成的铁芯饼组装而成，饼间用弹性模数很高的硬质垫块（通常用陶瓷或石质小圆柱）同铁饼黏接而形成气隙。铁芯饼多采用扇形叠片组装的径向辐射形式，以防止向外扩散磁通中的一部分垂直进入叠片而引起涡流过热。绕组多采用纠结式，绕组与铁芯间装设若干层铝箔静电围屏用来均匀磁场分布。电抗器总体结构采用双铁芯柱加两旁轭的结构，铁芯片通过夹件夹紧，夹件和铁芯分别通过套管引出，单独接地。线圈首端通过套管从箱体中部引出，以保证 1000kV 出线结构的绝缘可靠性。

综合考虑，特高压交流电抗器选择单相、自然油循环、强迫风冷电抗器。采用三相星形接线方式，中性点装设一台 110kV 电压等级电抗器，采用单相、自然油循环、自然冷却电抗器。

特高压交流电抗器及中性点小电抗外形见图 1-9。

（a）特高压电抗器   （b）中性点小电抗

图 1-9 特高压交流电抗器及中性点小电抗外形图

2. 主要参数（单相）

根据工程需要选取。特高压交流试验示范工程包括 320 Mvar、240 Mvar、200 Mvar 三种容量特高压交流电抗器。下面以特高压长治站为例进行说明。

（1）高压并联电抗器。

1）额定容量：320Mvar。

2）额定电压：$1100/\sqrt{3}$ kV。

3）额定电流：503A。

4）额定频率：50Hz。

5）额定阻抗：1260Ω。

6）额定工频短时耐受电压（5min 有效值）：高压侧，1100kV（相对地）；中性点，230kV（相对地）。

7）雷电冲击耐受电压（峰值）：高压侧，2250kV（相对地）；中性点，550kV（相对地）。

8）操作冲击耐受电压（峰值）：高压侧，1800kV（相对地）。

9）冷却方式：ONAF。

10）总重量：350t。其中油重：99t；器身重：162t。

（2）中性点电抗器。

1）额定容量：248kvar。

2）额定电压：154kV。

3）额定电流：30A。

4）额定频率：50Hz。

5）额定阻抗：X1，251Ω；X2，280Ω（在用）；X3，310Ω。

6）热稳定电流（2S）：600A。

7）动稳定电流：1527A。

8）额定工频短时耐受电压（1min 有效值）：高压侧，325kV（相对地）；中性点，

11

85kV（相对地）。

9）雷电冲击耐受电压（峰值）：高压侧，750kV（相对地）；中性点，200kV（相对地）。

10）冷却方式：ONAN。

11）总重量：9.7t。其中油重：5.5t；器身重：1.9t。

二、特高压交流开关设备

（一）特高压交流断路器

1. 结构类型

（1）特高压交流断路器一般采用 SF_6 作为灭弧和绝缘介质，只有在某些天气寒冷地区，由于 SF_6 气体可能液化时才采用压缩空气断路器，或采用在 SF_6 气体中加入少量其他气体以降低液化温度的 SF_6 断路器。其特点是：①工作气压较低（一般不超过0.75MPa），安全可靠性高；②吹弧过程中气体在封闭系统中可以重复使用，不排向大气，无火灾危险等；③由于 SF_6 气体优异的灭弧和绝缘性能，导致该类型断路器断口电压高，开断能力强，允许连续开断短路电流次数多，适合频繁操作，同时开断容性电流可以无重燃和复燃，开断感性电流可以无截流等；④该类型断路器对材料、加工工艺、装配等要求较高，尤其是对气体密封性要求很高，年漏气率不得大于 0.5%，因此，运维检修工作中需配备气体回收装置、SF_6 检漏仪、微水及分解物测试仪等仪器设备。

（2）SF_6 断路器由若干个断口组成，每个断口承受一定的电压，以积木式组成整个灭弧室，目前 1000kV SF_6 断路器分为两断口、四断口两种结构形式，每个断口并联一个电容器用来均衡各断口电压。

（3）由于特高压交流线路较长，线路分布电容影响较大，断路器在关合和开断线路时容易产生操作过电压。为了降低操作过电压，往往需要采用分闸和合闸电阻，即：分闸时，断路器的主触头先打开，分闸电阻接入线路中经 30ms 延时后再断开；合闸时顺序相反，合闸电阻先接入线路中，经 10ms 延时后断路器主触头再闭合。这样在断路器分合闸过程中相当于线路中串接了一个过渡电阻，对分合闸引起的过电压有很大的抑制作用，从而有效地降低关合和开断线路时产生的操作过电压。分、合闸电阻的大小和有无取决于系统和线路的情况，通过计算确定，不一而足。一般来说，对合闸电阻和分闸电阻的最佳阻值要求不同，合闸电阻要求值较低，分闸电阻要求值较高，但为了简化结构，合闸和分闸电阻通常共用一个电阻，根据过电压计算情况和过电压需要限制的水平，折中选取一个值兼顾合闸过电压和分闸过电压。但由于共用一个电阻，分闸时对电阻热容量的要求更高，所以经过技术经济比较，一般只用合闸电阻，分闸引起的操作过电压由避雷器限制。

（4）SF_6 断路器按结构类型可分为敞开支柱绝缘子式（又称瓷柱式）、封闭落地罐式两种。封闭落地罐式 SF_6 断路器是在瓷柱式基础上发展起来，具有瓷柱式 SF_6 断路器的所有优点，而且可以内附电流互感器，产品整体高度低，抗振能力相对提高，由于特高压交流变电站 1000kV 配电装置一般采用 GIS，所以断路器为封闭落地罐式；1000kV 串补装置旁路断路器一般选择敞开支柱绝缘子式。

特高压交流断路器外形见图1-10。

（a）敞开式1　　　　（b）敞开式2　　　　（c）封闭式

图1-10　特高压交流断路器外形图

2. 主要参数（单相）

（1）封闭落地罐式断路器。

1）额定电压：1100kV。

2）额定电流：6300A。

3）额定频率：50Hz。

4）额定工频耐受电压（1min有效值）：1100kV（相对地）；（1100+635）kV（断口间）。

5）雷电冲击耐受电压（峰值）：2400kV（相对地）；（2400+900）kV（断口间）。

6）操作冲击耐受电压（峰值）：1800kV（相对地）；（1675+900）kV（断口间）。

7）额定短路开断电流：50kA（一期）/63kA（二期）。

8）额定峰值耐受电流：135kA（一期）/170kA（二期）。

9）额定短时耐受电流：50kA（一期）/63kA（二期）。

10）额定短路持续时间：2s。

11）额定线路充电开断电流：1200A。

12）合闸电阻：600Ω（仅线路断路器配置）。

13）合闸电阻提前接入时间：8～11ms。

14）断口数：2（平高、新东北）/4（西开）。

15）操作机构：氮气储能液压机构。

16）总重量：约30t，SF$_6$气体约1t。

（2）敞开支柱绝缘子式（1000kV串补装置旁路断路器）。

1）额定电压：相对地1100kV；断口245kV（ABB进口）/252kV（西开国产）。

2）额定电流：6300A。

3）额定频率：50Hz。

4）额定工频耐受电压（1min有效值）：1100kV（相对地）；460kV（断口间）。

5）雷电冲击耐受电压（峰值）：2400kV（相对地）；1050kV（断口间）。

6）操作冲击耐受电压（峰值）：1800kV（相对地）。

7）额定开断电流：10kA。

8）额定旁路关合电流：200kA。

9）额定峰值耐受电流：170kA。

10）额定短时耐受电流：63kA。

11）额定短路持续时间：2s。

12）断口数：1（进口）/2（国产）。

13）操作机构：电动弹簧机构（进口）/液压碟簧机构（国产）。

（二）特高压交流隔离开关

1. 结构类型

隔离开关分为敞开式和封闭式两种。

（1）敞开式隔离开关主要由绝缘瓷柱（支柱绝缘子）和导电活动臂组成，按照绝缘瓷柱数量和导电活动臂开启方式划分，一般有单柱垂直伸缩式、双柱水平旋转式、双柱水平伸缩式和三柱水平旋转式四种形式。

特高压交流敞开式隔离开关一般选择三柱水平旋转式、双柱水平伸缩式，主要用于1000kV串补装置隔离开关。

（2）封闭式隔离开关主要是指气体绝缘全封闭组合电气（GIS）中的隔离开关。由于分合速度较慢，在SF6气体中经常会发生重燃产生特快速瞬态引起的过电压，称为特快速瞬态过电压（VFTO）。这种操作过电压频率很高、波前很陡，其电压幅值虽然不高（一般不超过2倍，有时可达2.5倍），但因为频率高而过电压波头上升的陡度大，无间隙金属氧化物避雷器也很难保护。可能造成以下影响：

1）对连接在GIS母线上的带绕组设备（如变压器、电压互感器等）上的电压分布极不均匀，从而损坏匝间绝缘。

2）可能造成GIS瞬态外壳电压，导致瞬态地电位升高，有可能导致变电站二次测量、控制、保护等其他二次设备的电磁干扰和绝缘破坏。

3）可能造成GIS内部由于加工精度和保持清洁不够的地方发生绝缘击穿。

因此，为了降低这种威胁，特高压交流GIS的隔离开关上都安装有分合闸电阻，试验证明，可以将这种过电压降至1.2倍以下，效果明显。

特高压交流隔离开关外形见图1-11。

（a）敞开式1　　　　　（b）敞开式2　　　　　（c）封闭式

图1-11　特高压交流隔离开关外形图

2. 主要参数（单相）

（1）封闭式隔离开关。

1）额定电压：1100kV。

2）额定电流：6300A。

3）额定频率：50Hz。

4）额定工频耐受电压（1min有效值）：1100kV（相对地）；（1100＋635）kV（断口间）。

5）雷电冲击耐受电压（峰值）：2400kV（相对地）；（2400＋900）kV（断口间）。

6）操作冲击耐受电压（峰值）：1800kV（相对地）；（1675＋900）kV（断口间）。

7）额定峰值耐受电流：135kA（一期）/170kA（二期）。

8）额定短时耐受电流：50kA（一期）/63kA（二期）。

9）额定短路持续时间：2s。

10）额定开合容性电流：2A。

11）额定开合感性电流：1A。

12）额定母线转换电流：1600A。

13）分合闸电阻：500Ω。

（2）敞开式隔离开关（用于串联补偿装置的旁路隔离开关）。

1）额定电压：1100kV。

2）额定电流：6300A。

3）额定频率：50Hz。

4）额定工频耐受电压（1min有效值）：1100kV（相对地）；（740＋315）kV（断口间）。

5）雷电冲击耐受电压（峰值）：2400kV（相对地）；（1675＋450）kV（断口间）。

6）操作冲击耐受电压（峰值）：1800kV（相对地）；（1175＋450）kV（断口间）。

7）额定峰值耐受电流：170kA。

8）额定短时耐受电流：63kA。

9）额定短路持续时间：2s。

10）额定母线转换电流：6300A（配备小型灭弧装置）。

（3）敞开式隔离开关（用于串联补偿装置的串联隔离开关）。

1）额定电压：1100kV。

2）额定电流：6300A。

3）额定频率：50Hz。

4）额定工频耐受电压（1min有效值）：1100kV（相对地）；（1100＋635）kV（断口间）。

5）雷电冲击耐受电压（峰值）：2400kV（相对地）；（2400＋900）kV（断口间）。

6）操作冲击耐受电压（峰值）：1800kV（相对地）；（1675＋900）kV（断口间）。

7）额定峰值耐受电流：170kA。

8）额定短时耐受电流：63kA。

9）额定短路持续时间：2s。

10）额定开合容性电流：2A。

11）额定开合感性电流：1A。

12）额定母线转换电流：2500A。

（三）特高压交流接地开关

1. 结构类型

接地开关分为敞开式和封闭式两种。

（1）敞开式接地开关主要由绝缘瓷柱（支柱绝缘子）和导电活动臂组成，按照导电活动臂开启方式划分，一般有单柱垂直伸缩式、单柱垂直旋转式两种形式。

由于特高压设备尺寸高大，特高压交流接地开关一般选择单柱垂直伸缩式。

（2）封闭式接地开关主要是指气体绝缘全封闭组合电气（GIS）中的接地开关。

2. 主要参数（单相）

（1）额定电压：1100kV。

（2）额定频率：50Hz。

（3）额定工频耐受电压（1min 有效值）：1100kV（相对地）。

（4）雷电冲击耐受电压（峰值）：2400kV（相对地）。

（5）操作冲击耐受电压（峰值）：1800kV（相对地）。

（6）额定峰值耐受电流：135kA（一期）/170kA（二期）。

（7）额定短时耐受电流：50kA（一期）/63kA（二期）。

（8）额定短路持续时间：2s。

特高压交流接地开关外形见图 1-12。

（a）敞开式 （b）封闭式

图 1-12 特高压交流接地开关外形图

（四）特高压交流气体绝缘全封闭组合电器

1. 结构类型

特高压交流气体绝缘全封闭组合电器（简称 GIS 组合电器）里面封装有断路器、电流互感器、电压互感器、隔离开关、接地开关、避雷器、母线、套管等设备，采用 SF$_6$ 气体为绝缘介质，另外还包括波纹管和汇控柜等附件设备。GIS 内部元件只有组合在一起并充以规定密度的 SF$_6$ 气体时才能运行，不能拆开单独使用。为了安全起见，根据外壳材料强度大小选择的不同一般外壳上安装有安全阀或防爆膜片。在构造上，可以归纳为以下几部分：载流部件或内部导体、绝缘结构、外壳、操动机构、气体系统、接地系统、辅助回路和辅助构件等（见图 1-13、图 1-14）。

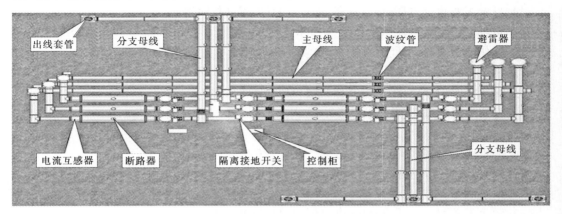

图 1-13　特高压交流 GIS 组合电器外形图

（a）电压互感器　　　　　　　（b）避雷器　　　　　　　（c）套管

图 1-14　特高压交流 GIS 电压互感器、避雷器、套管外形图

GIS 与敞开式高压电器相比，其优点如下：

（1）可以大幅减少占地面积。

（2）设备带电部分全部封装在金属外壳内，可避免高电压对环境的电磁污染，防止人员触电。

（3）设备运行可靠性高，检修周期长，一般 10～20 年内不必解体大修。

（4）设备绝缘性能不受周围大气环境影响，耐震性强，可大幅提高运行可靠性。

（5）日常运行维护工作量小。

因此，特高压交流配电装置一般选择 GIS 组合电器，现场一般采用一字形排列布置。

2. 主要参数（单相）

（1）断路器。同二（一）2（1）——封闭落地罐式断路器。

（2）隔离开关。同二（二）2（1）——封闭式隔离开关。

（3）接地开关。同二（三）2——主要参数（单相）。

（4）母线。

1) 额定电压：1100kV。

2) 额定电流：8000A。

3) 额定频率：50Hz。

4) 额定工频耐受电压（1min 有效值）：1100kV（相对地）。

5) 雷电冲击耐受电压（峰值）：2400kV（相对地）。

6) 操作冲击耐受电压（峰值）：1800kV（相对地）。

7) 额定峰值耐受电流：135kA（一期）/170kA（二期）。

8) 额定短时耐受电流：50kA（一期）/63kA（二期）。

9) 额定短路持续时间：2s。

（5）电流互感器。

1) 额定电压：1100kV。

2) 额定电流：6300A。

3) 额定频率：50Hz。

4) 额定工频耐受电压（1min 有效值）：1100kV（相对地）。

5) 雷电冲击耐受电压（峰值）：2400kV（相对地）。

6) 操作冲击耐受电压（峰值）：1800kV（相对地）。

7) 额定峰值耐受电流：135kA（一期）/170kA（二期）。

8) 额定短时耐受电流：50kA（一期）/63kA（二期）。

9) 额定短路持续时间：2s。

10) 额定一次电流：3000～6000A（TPY/5P）；1500～3000～6000A（0.2 /0.2s）。

11) 额定二次电流：1A。

12) 二次线圈额定容量：10VA；20VA；10VA；5VA。

13) 二次线圈准确级次：TPY；5P；0.2；0.2S。

（6）母线电磁式电压互感器。

1) 最高运行电压：1100kV。

2) 额定频率：50Hz。

3) 额定工频耐受电压（5min 有效值）：1100kV（相对地）。

4) 雷电冲击耐受电压（峰值）：2400kV（相对地）。

5) 操作冲击耐受电压（峰值）：1800kV（相对地）。

6) 额定一次电压：$1000/\sqrt{3}$kV。

7) 额定二次电压：$0.1/\sqrt{3}$kV；$0.1/\sqrt{3}$kV；$0.1/\sqrt{3}$kV；0.1kV。

8) 二次线圈额定容量：15VA；15VA；15VA；15VA。

9) 二次线圈准确级次：0.2；0.5/3P；0.5/3P；3P。

（7）母线氧化锌避雷器。

1) 额定电压：828kV。

2) 额定频率：50Hz。

3) 系统标称电压：1000kV。

4) 系统标称电流：20kA。

5）系统持续运行电压：638kV。

6）直流 8mA 电压：≥1114kV。

7）雷电冲击标称电流下残压：≤1620kV。

（8）套管。

1）额定电压：1100kV。

2）额定电流：6300A。

3）额定频率：50Hz。

4）额定工频耐受电压（1min 有效值）：1100kV（相对地）。

5）雷电冲击耐受电压（峰值）：2400kV（相对地）。

6）操作冲击耐受电压（峰值）：1800kV（相对地）。

7）额定峰值耐受电流：170kA。

8）额定短时耐受电流：63kA。

9）额定短路持续时间：2s。

10）爬电距离：40500mm。

三、特高压交流成套串联补偿装置

串联补偿技术的基本原理是利用串联于输电线路中的电容器组的容抗 X_C，部分地补偿线路感抗 X_L，使线路的等效感抗 X 大大降低，缩短线路等效电气距离，提高线路的输送功率极限，从而达到提高输送功率的目的。

特高压交流成套串联补偿装置包括：串联补偿电容器组、触发式火花间隙、阻尼装置、金属氧化物限压器（MOV）、电流互感器、绝缘平台、旁路开关、旁路隔离开关、串联隔离开关等设备。

串联补偿装置分为固定式和可控式两种。其中可控串联补偿是在固定串联补偿

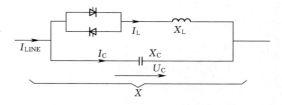

图 1-15 特高压交流可控串补装置原理示意图

的基础上并联一条可控电抗器（TCR）支路形成的，正常工作中，可控串补工作在容性区以补偿线路感抗，提高线路输送功率；当线路发生接地故障时，可通过调整晶闸管阀的触发角，使可控串补工作在感性区，增加线路的总电抗，减小短路电流，而且在相控电抗器配置合适的条件下，还可以降低可控串补装置的工频过电压。由于可控串补的电抗 X 可以连续调节，因此可用来阻尼线路的功率摇摆，消除次同步谐振，提高电力系统的稳定性（见图 1-15）。但是，与常规的固定串补相比，由于可控串补中增加了大功率晶闸管阀和纯水冷系统以及相应的相控电抗器，使得工程造价大大增加，同时降低了设备运行的可靠性。为了节省投资和提高运行可靠性，在特高压电网中仍应以固定串补为主。

由于线路串联补偿装置的参数是根据系统和线路的具体情况通过计算后确定，所以本节以 1000kV 晋东南—南阳—荆门特高压交流试验示范工程中 1000kV 长南Ⅰ线长治侧成套串联补偿（以下简称串补）装置（图 1-16）为例进行介绍。

1000kV 长南Ⅰ线长治侧装设串补装置 1 组，采用固定式，额定容量 1500Mvar，补偿

图 1-16　特高压交流串补装置外形图

度为 20%，采用单平台布置方式。

（一）特高压交流串补电容器组

1. 结构类型

电容器组是输电线路串联补偿装置的核心，它是由串联电容器单元通过串联、并联连接后组成的，电容器组安装在对地绝缘的串补平台上。

1000kV 长南Ⅰ线长治站侧串补装置每相电容器组由 8 个电容器塔组成，采用双 H 形接线，每塔 4 层，每层 28 台，共 896 台电容器。电容器单元采用单相、内熔丝结构，每个单元配有内部放电电阻，保证在 10min 内将电容器的电压从额定电压峰值降低到 75V 以下。

2. 主要参数（单相）

（1）电容器组。

1）系统标称电压：1000kV。

2）额定电流：5080A。

3）额定电压：98.4kV。

4）额定容量：500864kvar。

5）额定频率：50Hz。

6）额定容抗：19.38 Ω。

7）额定电容：164.3μF。

8）接线方式：单星形接线。

（2）电容器单元。

1）额定电压：6.16kV。

2）额定容量：559kvar。

3）额定频率：50Hz。

4）绝缘水平（工频/雷电冲击）：50/125kV。

5）额定电容：46.89μF。

6）额定容抗：67.88Ω。

（二）特高压交流串补金属氧化物限压器（MOV）

1. 结构类型

金属氧化物限压器（MOV）与电容器组并联，限制电容器组的过电压，是串补电容器组的主保护。正常运行工况下呈现高阻值，不导通。当流过电容器的电流超过正常范围，造成电容器电压过高时，MOV 导通吸收电流能量，以保护串联电容器组。

内部结构主要包括电阻片、绝缘件和绝缘外套等，与变电站内无间隙金属氧化物避雷器（MOA）相同。

特高压交流串补装置 MOV 外形见图 1-17。

2. 主要参数（单相）

（1）额定电压：169.7kV。

（2）额定频率：50Hz。

（3）保护水平：2.3 p.u.。

（4）持续运行电压：118kV。

（5）直流 8mA 电压：169kV。

（6）每相 MOV 并联单元数：15＋5。

（7）每相的能量吸收能力：68.7MJ。

（三）特高压交流串补火花间隙（GAP）

1. 结构类型

火花间隙也称为强制性火花间隙，主

图 1-17　特高压交流串补装置 MOV 外形图

要作用是防止发生单相接地故障时限压器组的过载，避免造成损坏。在线路出现短路故障时，限压器的能量积累是十分迅速的。要确保限压器安全，要求火花间隙在接收到触发指令后应能迅速动作，使串补装置旁路。

串补装置每组火花间隙系统主要由 2 台自放电型主间隙、2 台触发放电型密封间隙、2 只限流电阻器、2 台脉冲变压器、2 台高绝缘脉冲变压器、4 只均压电容器、1 台触发控制箱组成，两台主间隙 G2、G1 采用上下叠放串联连接方式，均压电容器设置在各主间隙外壳下方，其他部件均设置在主间隙 G1 外壳下方。主间隙由横向的闪络间隙（SL-G）和纵向的续流间隙（XL-G）并联组成，主间隙 G1 的套管低压端子接串补装置的低压母线，主间隙 G2 顶端的出线端子接高压引线。为避免产生电晕放电，间隙顶部有屏蔽件（PB）（见图 1-18、图 1-19）。

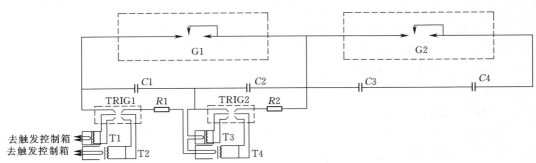

图 1-18　特高压交流串补装置 GAP 原理示意图

C1、C2、C3、C4—均压电容器；G1、G2—主间隙；R1、R2—限流电阻；

TRIG1、TRIG2—密封间隙；T1、T3—脉冲变压器；T2、T4—高绝缘脉冲变压器

2. 主要参数（单相）

（1）额定电压：98.4kV。

（2）额定频率：48～62Hz。

（3）间隙系统整体绝缘水平：410kV。

（4）间隙系统故障电流承载能力：63kA。

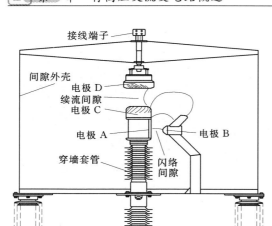

接线端子

间隙外壳

电极 D

续流间隙

电极 C

电极 A

电极 B

穿墙套管

闪络间隙

接线端子

图 1-19　特高压交流串补装置 GAP 结构图

（a）阻尼电抗器

（b）阻尼电阻器

图 1-20　特高压交流串补阻尼装置外形图

（5）触发允许电压：$250kV_p$。

（6）工频自放电电压：$352kV_p$。

（四）特高压交流串补阻尼装置

1. 结构类型

串补阻尼装置可以限制电容器组放电电流的幅值和频率，使其很快衰减；减小放电电流对电容器组、旁路开关和保护间隙的损害；迅速泄放电容器组残余电荷，避免电容器组残余电荷对线路断路器恢复电压及线路潜供电弧等产生不利影响。

阻尼装置由阻尼电抗器和阻尼电阻器两部分组成，采用并联接线方式。每相阻尼电抗器由两台干式空心阻尼电抗器并联组成；每相阻尼电阻器由两台阻尼电阻器并联组成。

特高压交流串补阻尼装置外形见图 1-20。

2. 主要参数（单相）

（1）额定电感：1.683mH。

（2）额定电阻：4.5Ω。

（3）电容器组放电电流频率：300Hz。

（4）故障电流和电容器放电电流承载能力：170kA。

（5）工频耐受电压：325kV。

（6）电抗器额定电流：6300A。

（7）电抗器热稳定电流（2s）：63kA。

（8）电抗器动稳定电流：170kA。

（9）阻尼率：≤0.5。

（五）特高压交流串补电流互感器

1. 结构类型

串补用电流互感器按原理不同分为两种，即电子式互感器和传统式互感器。由于串补平台与地面之间需要采用光信号通信，所以互感器的二次信号需转换为光信号传输。特高压工程采用传统式电磁感应原理互感器。

串补用电流互感器按功能不同分为三种：①供串补控制保护、测量系统使用，具体为MOV支路TA（支路一、支路二）、线路TA、电容器组总电流TA、平台TA、GAP TA等；②取能TA，安装在串补进线侧母线上，为串补平台二次控保设备提供工作电源；③串补电容器组不平衡TA。其中第一、第二种为穿心式电流互感器，第三种为充油式电流互感器（见图1-21）。

(a)穿心式　　　　　　　　　　　(b)充油式

图1-21　特高压交流串补装置电流互感器外形图

2. 主要参数（单相）

（1）串补控制保护、测量系统用电流互感器。

1）额定一次电流：5000A。

2）额定二次电流：1A。

3）最高工作电压：3.6kV。

4）额定频率：50Hz。

5）二次线圈额定容量：5VA；5VA。

6）二次线圈准确级次：0.2；5P30。

7）雷电冲击耐受电压：75kV。

8）1min工频耐受电压：30kV。

（2）取能用电流互感器。

1）额定一次电流：5000A。

2）额定二次电流：1A。

3）最高工作电压：3.6kV。

4）额定频率：50Hz。

5）二次线圈额定容量：100VA；100VA。

6）雷电冲击耐受电压：75kV。

7）1min工频耐受电压：30kV。

（3）串补电容器组不平衡用电流互感器。

1）额定一次电流：3A。

2）额定二次电流：1A。

3）最高工作电压：126kV。

4）额定频率：50Hz。

5）二次线圈额定容量：5VA；5VA。

6）二次线圈准确级次：0.2；5P5。

7）雷电冲击耐受电压：450kV。

8）操作冲击耐受电压：200kV。

9）工频耐受电压：126kV。

10）额定动稳定电流：5kA。

11）额定短时热电流（1s）：2kA。

（六）特高压交流串补绝缘平台

1．结构类型

串补绝缘平台用于放置电容器组、触发式火花间隙、阻尼装置、金属氧化物限压器（MOV）、电流互感器等串补设备，其电位与输电线路相同，即特高压串补平台的绝缘水平应与特高压变电站线路侧设备相同。

串补装置平台采用热镀锌钢结构制成，结构采用减振弹簧结构。平台主梁、次梁采用热轧 H 型钢，次梁与主梁的连接采用叠接，梁与梁之间采用刚性连接，平台上铺钢格栅。利用支柱绝缘子、斜拉绝缘子共同对串补平台起到支撑与对地绝缘作用。利用光纤信号柱传输地面控制保护与平台测量系统之间的交互信息。

特高压交流串补装置平台绝缘外形见图 1-22。

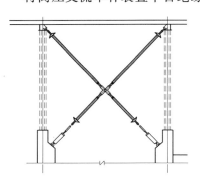

图 1-22　特高压交流串补装置平台绝缘外形示意图

2．主要参数（单相）

（1）平台。

1）平台尺寸：27m×12.5m。

2）平台荷重：100t。

3）平台下表面对地高度：11.47m。

（2）光纤信号柱。

1）额定电压：1100kV。

2）工频耐受电压：1100kV。

3）雷电冲击耐受电压：2550kV。

4）操作冲击耐受电压：1800kV。

5）光损：≤0.6dB。

6）爬电距离：≥27500mm。

（3）支柱绝缘子。

1）额定电压：1100kV。

2）工频耐受电压：1100kV。

3）雷电冲击耐受电压：2550kV。

4）操作冲击耐受电压：1800kV。

5）爬电距离：≥27500mm。

6）抗压强度：1200kN。

（4）斜拉绝缘子。

1）额定电压：1100kV。

2）工频耐受电压：1100kV。

3）雷电冲击耐受电压：2550kV。

4）操作冲击耐受电压：1800kV。

5）爬电距离：≥27500mm。

6）抗拉破坏负荷：600kN。

（七）特高压交流串补旁路开关

同二（一）2（2）——敞开支柱绝缘子式。

（八）特高压交流串补旁路隔离开关

同二（二）2（2）——敞开式隔离开关。

（九）特高压交流串补串联隔离开关

同二（二）2（3）——敞开式隔离开关。

四、特高压交流电压互感器、支柱绝缘子及套管、避雷器

（一）特高压交流电压互感器

1. 结构类型

（1）电压互感器按照原理可分为电磁式、电容式（图1-23）、电子式电压互感器。其中电磁式电压互感器性能稳定，但是线圈类设备耐受暂态过电压（如雷电冲击电压、VFTO等）的能力相对较弱，还存在与系统发生铁磁谐振的风险；电容式电压互感器（CVT）以耦合电容分压器承受一次电压，电压分布均匀，耐受雷电冲击电压能力强，相对制造成本低，但误差特性不好，受周边电场（邻近效应）、环境温度、电网频率（谐波含量）影响较大；电子式电压互感器（EVT）采用耦合电容分压器承担一次电压，利用光学器件等二次设备输出二次电压，目前运行的商业化电子式互感器存在可靠性较差、故障率较高、运行维护工作量大、误差特性不好等缺点。

我国的特高压电压互感器目前一般采用电容式电压互感器和电磁式电压互感器两种。

（2）电压互感器按照结构分为敞开式和封闭式两种。

1）敞开式电压互感器一般采用电容式电压互感器。主要由电磁单元与耦合电容分压器组成，二者可以叠装，也可以分离，特高压电压互感器选择电磁单元与耦合电容分压器相分离，目的是为了后续检修方便，便于现场试验。

2）封闭式电压互感器主要是指气体绝缘全封闭组合电气（GIS）中的电压互感器，受结构和制造难度影响，一般采用电磁式电压互感器。

图1-23　特高压交流电容式电压互感器外形图

2. 主要参数（单相）

(1) 电容式电压互感器。

1) 额定电压：1000kV。

2) 额定频率：50Hz。

3) 额定工频耐受电压（5min 有效值）：1200kV（相对地）。

4) 雷电冲击耐受电压（峰值）：2400kV（相对地）。

5) 操作冲击耐受电压（峰值）：1800kV（相对地）。

6) 额定一次电压：$1000/\sqrt{3}$kV。

7) 额定二次电压：$0.1/\sqrt{3}$kV；$0.1/\sqrt{3}$kV；0.1kV。

8) 二次线圈额定容量：15VA；15VA；15VA；15VA。

9) 二次线圈准确级次：0.2；0.5/3P；0.5/3P；3P。

10) 额定电容：$0.005\mu F$。

11) 额定开路中间电压：6kV。

(2) 电磁式电压互感器。

在二（四）2（6）已介绍。

（二）特高压交流支柱绝缘子及套管

1. 结构类型

(1) 支柱绝缘子一般是指敞开式配电装置中高压电器的绝缘支持物，主要包括纯瓷支柱绝缘子、瓷柱加硅橡胶外套及伞裙绝缘子、全合成组合绝缘子、玻璃绝缘子，特高压变电站一般选择纯瓷支柱绝缘子和瓷柱加硅橡胶外套及伞裙绝缘子两种。

(2) 套管是供高压导体穿过与其电位不同的隔板（如电力设备的金属外壳），起到绝缘和支持作用，具有以下特点：

1) 既有内绝缘又有外绝缘。

2) 电场复杂。

3) 结构和尺寸要求严格。尤其是特高压套管，由于电压等级高，电场强度也高，其内绝缘结构设计复杂，高度和直径要求很苛刻，同时还要考虑导体发热、介质损耗、热击穿和密封等问题，设计制造难度很大，成品率极低，造价很高。

按照外绝缘结构一般分为纯瓷套、硅橡胶复合外套两种；按照内绝缘结构一般分为油浸式、充气式两种。特高压工程中，主变、高抗等充油设备选择油浸式，GIS 选择充气式。

特高压交流支柱绝缘子和充油套管外形见图 1-24。

2. 主要参数（单相）

(1) 支柱绝缘子。

(a) 支柱绝缘子

(b) 套管

图 1-24　特高压交流支柱绝缘子和
充油套管外形图

1）额定电压：1100kV。

2）额定频率：50Hz。

3）额定工频耐受电压（1min 有效值）：1100kV（相对地）。

4）雷电冲击耐受电压（峰值）：2550kV（相对地）。

5）操作冲击耐受电压（峰值）：1800kV（相对地）。

6）爬电距离：≥25mm/kV。

7）额定弯曲破坏负荷：16kN。

（2）油浸式套管。

1）额定电压：1100kV。

2）额定电流：根据主设备容量确定，特高压交流试验示范工程中，主变、高抗套管选择 2500A。

3）额定频率：50Hz。

4）额定工频耐受电压（5min 有效值）：1200kV（相对地）。

5）雷电冲击耐受电压（峰值）：2400kV（相对地）。

6）操作冲击耐受电压（峰值）：1800kV（相对地）。

7）额定峰值耐受电流：135kA。

8）额定短时耐受电流：50kA。

9）额定短路持续时间：2s。

10）爬电距离：≥25mm/kV。

（3）充气式套管。

在二（四）2（8）已介绍。

（三）特高压交流避雷器

1. 结构类型

避雷器性能是变电站其他设备绝缘水平设计制造的基础。20 世纪 80 年代以来，无间隙金属氧化物避雷器（简称 MOA）得到广泛应用，与之前的阀式（普通阀式和磁吹阀式）避雷器相比，MOA 具有保护性能好，反应速度快，通流能力大，动作次数多，运行安全可靠等诸多优点，由氧化锌电阻片、绝缘件和绝缘外套等组件构成。因此，特高压交流避雷器选择无间隙金属氧化物避雷器。在确定避雷器性能上，有以下几个重要的关系：

（1）从保证避雷器运行安全方面考虑，其持续运行电压应不小于系统最大运行相电压。

（2）从保证避雷器不会老化太快方面考虑，其额定电压应不小于持续运行电压的 1.25 倍。

（3）避雷器在标称电流（雷电流）下的残压，等于额定电压（峰值）乘以保护比。目前避雷器保护比约等于 1.6～1.7。

特高压交流避雷器外形见图 1-25。

图 1-25　特高压交流
避雷器外形图

2. 主要参数（单相）

同二（四）2（7）——母线氧化锌避雷器。

五、特高压交流变电站 110kV 低压并联无功补偿装置

（一）110kV 低压并联电容器组

《电力系统安全稳定导则》（DL 755—2001）第 2.3.2 条规定，"电网的无功补偿应以分层分区和就地平衡为原则，并应随负荷（或电压）的变化进行调整，避免经长距离线路或多级变压器传送无功功率，330kV 及以上电压等级线路的充电功率应基本上予以补偿。"

因此特高压变电站低压并联电容器补偿的目的：补偿主变压器感性无功损耗；在大负荷情况下，补偿高压侧电网的无功缺额；向中压侧电网输送部分无功，以平衡其损耗。

110kV 低压并联电容器组为三相星形连接，每组电容器前串联一组低压电抗器，并联一组避雷器用于防止过电压。按照串抗率不同（一般分为 5％和 12％两种）分别配置不同容量的电容器组可以抑制不同级次的谐波，其中串抗率 5％的电容器组主要抑制 5 次及以上谐波，串抗率 12％的电容器组主要抑制 3 次及以上谐波。

由于各生产厂家提供的产品指标存在差异，以特高压长治站低压电容器组技术参数为例进行介绍。

1. 110kV 电容器

（1）结构类型。低压电容器组每相一般由上百台电容器单元组成，为双桥差结构，每个桥由 4 个桥臂组成，每个桥臂由几十台电容器按串并联方式连接而成。每相配置两台不平衡电流互感器用于监测桥差不平衡度，当不平衡度超过一定门槛限制时，则认为有电容器单元故障从而通过电容器不平衡保护使该组电容器退出运行。接线方式为单星形、中性点不接地接线。

特高压交流变电站 110kV 并联低压电容器原理和外形见图 1-26。

（2）主要参数（单相）。

1）电容器组。

①系统标称电压：110kV。

②额定电抗率：12％/5％。

③额定电压：$136.4/\sqrt{3}$kV（12％）/$126.32/\sqrt{3}$kV（5％）。

④额定频率：50Hz。

⑤额定容量：216500/3kvar（12％）/200500/3kvar（5％）。

⑥额定电容：37.08 μF（12％）/39.97 μF（5％）。

⑦不平衡电流互感器额定电流比：2/1。

2）电容器单元。

①额定电压：6.56kV（12％）/6.08kV（5％）。

②额定容量：501kvar（12％）/464kvar（5％）。

③额定频率：50Hz。

④保护方式：内熔丝。

⑤内电阻放电要求：10min 内≤50V。

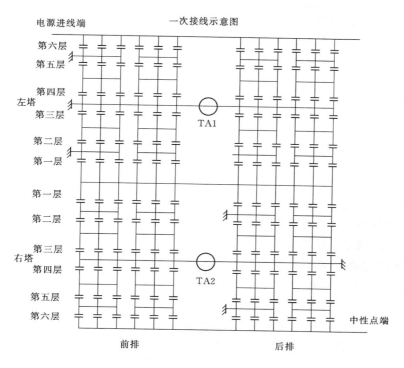

(a)原理图

(b)外形图

图 1-26 特高压交流变电站 110kV 并联低压电容器组原理和外形图

2.110kV 电容器用串联电抗器

（1）结构类型。低电压等级的电抗器按照绝缘材料的选择可以分为干式和油浸式两种结构，其中干式电抗器是将线圈用环氧树脂浇注而成；油浸式是将线圈浸泡在绝缘油中。低压电抗器一般采用空心结构，不安装铁芯。

特高压变电站中 110kV 电容器用串联电抗器和并联电抗器一般选择干式结构，1000kV 高压并联电抗器及其中性点小电抗器一般选择油浸式。

（2）主要参数（单相）。

1）额定电压：110kV。

2）额定端电压：9.45kV（12%）/3.65kV（5%）。

3）额定频率：50Hz。

4）额定容量：8660kvar（12%）/3441kvar（5%）。

5）额定电流：916.5A。

6）额定电感：32.82mH（12%）/12.67mH（5%）。

7）额定雷电冲击耐受电压：650kV。

8）额定交流耐压（均方根值）：275kV。

9）匝间绝缘强度：350kV。

10）直流电阻值：0.0361 Ω（12%）/0.0185 Ω（5%）。

3. 110kV 电容器用断路器

（1）结构类型。特高压变电站 110kV 断路器分为敞开支柱绝缘子式和 HGIS 式两种。在一期工程中选择敞开支柱绝缘子式，在后续工程中选择 HGIS 式专用负荷开关。

电容器组（电抗器组）在合闸过程中会产生高频大涌流，严重影响触头的寿命；在分闸过程中须具备耐受较高恢复电压的性能，如果发生重燃，将会产生操作过电压，对电气设备造成伤害。因此电容器组（电抗器组）断路器必须使用专用断路器，其技术指标远远高于常规断路器。

由于采用了先进的磁吹式灭弧设计，后续工程 HGIS 式专用负荷开关与一期工程敞开支柱绝缘子式断路器相比大大提高了电容器组（电抗器组）投切次数。一期工程敞开支柱绝缘子式断路器投切次数只能做到 1000 多次，1000 多次投切后断路器触头烧损严重，触头黏接，在开断时会发生重燃，烧毁电容器；而后续工程 HGIS 式专用负荷开关投切次数能做到 5000 多次，大大提高了断路器的使用寿命。但是，专用负荷开关设计及试验考核标准是根据电容器、电抗器回路的特点及频繁投切的实际运行工况制定的，电寿命的考核是最重要的试验项目，但不具备一期工程敞开支柱绝缘子式断路器的开断短路故障电流能力，因此不可作为断路器使用。

特高压交流变电站电容器（电抗器组）用断路器见图 1-27。

(a)专用负荷开关　　　　　　　　　　　　(b)断路器

图 1-27　特高压交流变电站电容器组（电抗器组）用断路器

（2）主要参数（单相）。

1）额定电压：≥126kV。

2）额定电流：3150A（断路器）/2000A（专用负荷开关）。

3）额定频率：50Hz。

4）额定工频耐受电压（1min 有效值）：275kV（相间及对地）；（275＋70）kV（断口间）。

5）雷电冲击耐受电压（峰值）：650kV（相间及对地）；（650＋126）kV（断口间）。

6）额定短路开断电流：40kA（断路器）/不考核（专用负荷开关）。

7）额定短路关合电流：100kA。

8）额定峰值耐受电流：100kA。

9）额定短时耐受电流：40kA。

10）额定短路持续时间：3～4s。

11）断口数：1。

12）操作机构：电动弹簧机构。

（二）110kV 低压并联电抗器组

特高压变电站低压并联电抗器的配置目的：①根据稳定导则要求，补偿变电站周围的 1000kV 和 500kV 线路的剩余充电功率；②补偿 1000kV 长距离输电线路的电容性充电电流，限制系统电压升高和操作过电压，从而降低系统的绝缘水平要求，保证线路可靠运行。

特高压交流低压电抗器组外形见图 1-28。

1. 110kV 电抗器

（1）结构类型。

同特高压交流变电站 110kV 低压并联无功补偿装置——110kV 电容器用串联电抗器。

（2）主要参数（单相）。

1）额定电压：$105/\sqrt{3}$kV。

2）最高工作电压：$126/\sqrt{3}$kV。

3）额定频率：50Hz。

4）额定容量：80Mvar。

图 1-28　特高压交流低压电抗器组外形图

5）额定电流：1320A。

6）额定电感：2×73.1mH。

7）额定雷电冲击耐受电压：650kV。

8）额定交流耐压（均方根值）：275kV。

9）匝间绝缘强度：650kV。

10）直流电阻值：0.0423Ω。

2. 110kV 电抗器用断路器

同特高压交流变电站 110kV 低压并联无功补偿装置——110kV 电容器用断路器。

六、特高压交流变电站二次系统

（一）特高压交流变电站继电保护设备

特高压交流变电站继电保护设备一般包括：串联补偿控制保护、变压器保护、并联电抗器保护、线路保护、母线保护、断路器保护、低压电容器组保护、低压电抗器保护、站用电备用电源自投等保护装置；稳态过电压控制装置、安全稳定控制装置、解列装置等安全控制装置；保护故障录波装置、保护故障测距装置、保护故障信息系统子站等故障分析装置。将在本书后续章节中详细介绍。

（二）特高压交流变电站综合自动化设备

特高压交流变电站综合自动化设备一般包括：微机监控系统、微机五防系统、电能计量系统、功角测量系统、在线监测系统、二次安全防护系统、同步时钟系统、工业电视系统、远动系统等。将在本书后续章节中详细介绍。

（三）特高压交流变电站通信设备

特高压交流变电站通信设备一般包括：光纤通信系统、调度交换系统和通信电源系统等。将在本书后续章节中详细介绍。

七、特高压交流变电站辅助设备

特高压交流变电站辅助设备一般包括：消防系统、安全保卫防护系统、给排水系统、照明系统、检修试验电源系统等。其中消防系统将在本书后续章节中详细介绍，其他系统与常规变电站类似，本书不再对其进行介绍。

第三节　特高压交流变电站主设备基本结构及运维检修特点

一、1000kV 交流特高压系统特点

（1）长距离输电线路分布电容导致线路充电电流大。

（2）电气设备短路故障过程中分布电容产生丰富的高次谐波、短路过程中非周期分量衰减常数较大。

（3）在故障、空载合闸、区外故障切除和重合闸等暂态过程中分布电容引起的暂态电流中含有相当的高频分量和非周期分量。

（4）特高压线路较长，线路高阻接地时，与大的电容电流相比经大电阻接地的故障分量较小。

（5）电气设备故障后会产生比较严重的过电压。

（6）1000kV 断路器开断后线路电压衰减时间长。

（7）1000kV 大型变压器的励磁涌流衰减时间长，而且空充过程中差电流中的谐波含量较小。

（8）1000kV 变压器工作磁密高，易处于过激磁工作状态，如当变压器区外故障切除恢复时会出现过电压的情况。

（9）1000kV 变压器低压侧国内首次采用 110kV 不接地系统进行低压无功补偿。

二、1000kV 交流特高压主设备结构特点

（一）1000kV 交流主变压器

1. 容量和电压

特高压变压器一般为 1000MVA、$1050/\sqrt{3}$kV，常规 500kV 变压器最大为 334MVA、$500/\sqrt{3}$kV。

2. 调压方式

特高压变压器为中性点无载调压，为变磁通变压器；常规 500kV 变压器为中压线端有载调压，为恒磁通变压器。

3. 总体结构

特高压变压器单独设置调压变压器，即由调压变压器和主体变压器两部分组成。在特高压试验示范工程及其扩建工程中，使用了西变、沈变和保变 3 个厂家变压器，不同厂家的变压器除了在主体变的芯柱数上有不同外（西变两柱式，沈变、保变三柱式），调压补偿变的内部接线方式也有差异，沈变、保变采取低压绕组先与调压励磁绕组并接后再与补偿绕组串接，而西变是低压绕组先与补偿绕组串接后再与调压励磁绕组并接。

常规 500kV 变压器只有一个主体，未设置单独的调压补偿变压器。

4. 铁芯结构

特高压变压器铁芯设计分为三相五柱式（保变和沈变）和四柱式（西变），其中三相五柱式中三主柱每柱套低压、公共、串联绕组，即每柱容量为 1000/3MVA；三相四柱式中两主柱每柱套低压、公共、串联绕组，即每柱容量为 1000/2MVA。常规 500kV 变压器为双框三柱结构。

5. 500kV 端出线方式

特高压变压器 500kV 端为端部出线，常规 500kV 变压器 500kV 端为中部出线。

6. 绝缘结构

特高压变压器高压端电压为 1000kV，绝缘结构复杂，为了处理好变压器内部的绝缘问题，高压侧采用中部出线，中压侧采用端部出线，减少了内部放电的几率。常规 500kV 变压器高压端为 500kV 端，绝缘结构相对简单。

7. 电磁关系

特高压变压器由 3 个变压器组成，相互之间没有磁的联系，只是电气连接在一起，相互之间的电磁关系复杂，常规 500kV 变压器只是一个变压器，电磁关系相对简单。

8. 工艺处理参数

特高压变压器制造过程中处理工艺参数不同，包括器身处理真空度、处理时间等。

9. 高压套管

由于变压器高压套管的外瓷套长度较长，为了减少套管的长度，增加抗弯拉力，因此套管的储油柜放在套管的中部，并有油位监视信号传送至后台监控。而一般的 500kV 套管的储油柜在套管的顶部。

（二）1000kV 交流电抗器

1. 铁芯结构

500kV 电抗器容量相对较小，已挂网运行的 500kV 并联电抗器单台最大容量为 70Mvar，其铁芯结构均采用单芯柱带两旁轭的结构；1000kV 电抗器是目前世界上单台容量最大的电抗器，最大容量为单台 320Mvar，采用两芯柱带两旁轭的铁芯结构型式。

2. 线圈结构

传统的 500kV 及以下的单相并联电抗器线圈大多采用多层圆筒式结构，1000kV 特高压并联电抗器采用插花纠结的饼式结构。

3. 引线结构

传统 500kV 电抗器，容量和电压等级相对较低，因此多采用高压套管从箱盖直插入电抗器油中方式，油中绝缘距离较大，无出线装置，费用低，但对 1000kV 特高压电抗器而言，为满足油箱运输尺寸的要求，采用了从箱壁侧面用进口魏德曼成套出线装置引出的引线结构，并由魏德曼进行三维电场分析计算，以保证 1000kV 出线结构的绝缘可靠性。

4. 油箱和总装结构

500kV 电抗器油箱采用钟罩式结构，器身连箱底，能承受真空和正压，无永久变形和损坏。500kV 电抗器储油柜为可抽真空的隔膜袋式储油柜，多采用自冷式结构，宽片散热器通过导油框架直接安装在油箱上，不需要单独的地基和支架，导油框架与宽片散热器和油箱之间设有真空蝶阀，可以在本体不用放油的情况下，更换宽片散热器，运行维护方便。1000kV 电抗器外观设计仍遵循上述的设计理念，但根据该产品的具体要求，油箱为桶式平顶箱盖结构，箱壁用加强筋加强，箱底为平钢板。散热器集中放置，与本体分开布置，下部安装有吹风装置，采用可拆式宽片散热器，可与油箱一起承受 13.3Pa 的真空压力试验，恢复常压后无永久变形。

（三）1000kV 交流断路器

（1）断路器为双断口卧式布置，灭弧室采用混合压气式结构，具有强大的短路开断能力。

（2）在两个断口间并联 1080pF 的电容器用来均衡电压和限制恢复电压的上升率。

（3）灭弧室设置了合闸电阻，在断路器关合时提前接入电阻用来抑制合闸操作过电压；为了限制分闸过电压，灭弧室设置了分闸电阻断口，并使分合闸共用一套电阻断口和电阻热容元件。灭弧室主断口由一组大功率液压机构操动。每相断路器的热容元件由阻值 $500\sim600\Omega$ 的电阻单元组成，设计热容量 150MJ，为了确保电阻不因过热损坏，在断路器开断失步电流后应间隔 3h 方可再次合闸，在开断短路电流后应间隔 30min 方可再次合闸，在带线路进行系统试验等连续合分后应间隔 5min 后方可再次合闸。

（四）1000kV 交流隔离开关

单相 DS/ES 为隔离和接地开关封装在一个独立的密闭气室内，并分别配有弹簧机构和电动机构。其中隔离开关具有内部结构紧凑、带有 500Ω 分闸电阻、能抑制 VFTO 产生的特点。同时，单相 DS/ES 的布置形式分别有 Z 形和 L 形，便于变电站的灵活布置。

（五）1000kV 交流串联补偿装置

以 1000kV 交流晋东南—南阳—荆门试验示范工程配置的线路串补装置为例进行

说明。

1. 串联电容器组

1000kV 长南 Ⅰ 线及南荆 Ⅰ 线，均采用固定式串补装置，额定电流 5080A。其中长南 Ⅰ 线串补装置布置在线路两侧，额定容量 1500Mvar/侧，补偿度为 20%/侧，采用单平台布置方式；南荆 Ⅰ 线串补装置布置在南阳侧，额定容量 2288Mvar，补偿度为 40%，采用双平台布置方式。

1000kV 长南 Ⅰ 线每相电容器组由 8 个电容器塔组成，采用双 H 型接线，每塔 4 层，每层 28 台，共 896 个单元。南荆 Ⅰ 线每相电容器组按双平台布置，变电站侧为平台 1，线路侧为平台 2，每个平台由 8 个电容器塔组成，采用双 H 型接线，平台 1 每塔 4 层，每层 24 台，共 672 个单元；平台 2 每塔 3 层，每层 28 台，共 672 个单元。

电容器单元采用单相、内熔丝结构，每个单元配有内部放电电阻，保证在 10min 内将电容器的电压自额定电压峰值降低到 75V 以下。

2. 金属氧化物限压器 (MOV)

长南 Ⅰ 线 MOV 额定电压 169.7kV，保护水平 2.3p.u，不含备用的每相 MOV 并联单元数为 15 个，可吸收能量 68.7MJ，备用 5 个。

南荆 Ⅰ 线 MOV 额定电压 130kV，保护水平 2.3p.u，不含备用的每相 MOV 并联单元数为 17 个，可吸收能量 59.7MJ，备用 3 个。

3. 火花放电间隙 (GAP)

火花间隙系统故障电流承载能力为 63kA，额定电压 98.4kV，触发允许电压 250kV，工频自放电电压 352kV，间隙距离整定为：长南 Ⅰ 线长治侧 103mm，南阳侧 98mm，南荆 Ⅰ 线 71mm。

4. 阻尼装置

长南 Ⅰ 线额定电感 1.683mH，额定电阻 4.5Ω，故障电流和电容器放电电流承载能力为 170kA，阻尼率不大于 0.5；南荆 Ⅰ 线额定电感 1.276mH，额定电阻 3.5Ω，故障电流和电容器放电电流承载能力为 170kA，阻尼率不大于 0.5。

5. 旁路开关

特高压交流试验示范工程扩建工程采用 ABB、西开和平高 3 个厂家的产品。其中 ABB 断路器采用电动弹簧操作机构，为单断口结构，额定电压 1100kV，端口电压 245kV，额定电流 6300A，额定旁路关合电流 200kA，短时耐受电流 63kA、2s，峰值耐受电流 170kA；西开断路器及平高断路器采用液压弹簧机构，为双断口结构，额定电压 1100kV，端口电压 252kV，额定电流 6300A，额定旁路关合电流 160kA（平高）、200kA（西开），短时耐受电流 63kA、2s，峰值耐受电流 170kA。

6. 旁路隔离开关

采用三柱水平双断口翻转式隔离开关，两侧不带接地开关，其静触头上专门设置了能开合 6300A、7000V 的母线转换电流的引弧触头及小型真空断路器装置，断口间耐压按 550kV 系统耐压设计，当该隔离开关处于分闸位置时如果任意一端带电则另一端不允许接地，否则将造成系统对地短路。

7. 绝缘平台

绝缘平台尺寸 27m×12.5m，高度 11.47m，荷重不大于 100t，额定电压 1100kV。

（六）110kV 交流并联电容器组

（1）传统方式的相对地避雷器不能保护电容器的极间绝缘。而特高压工程采用了过电压阻尼装置，因此对电容器组回路中各主要设备均能实现操作过电压保护。

（2）110kV 并联电容器组采用内熔丝设计，内熔丝电容器既摆脱了外熔丝运行稳定性差的困扰，又避免了无熔丝电容器内部元件串联数要求大而导致的单元并联台数超过耐爆能量的情况。

（3）采用桥差不平衡保护，灵敏度能够最大限度地反应特大型电容器组运行中内熔丝的变化。

（4）采用两段式保护不仅从根本上杜绝了在对称位置上出现故障的现象，堵住了不平衡保护天生的"漏洞"，而且使安全防范措施变消极被动为积极主动。

（5）采用缩小监控范围的双桥差电容器组接线，不但有效提高了内熔丝电容器组不平衡保护的整定值，而且使不平衡保护的抗干扰能力得到提高。双桥差方案的采用，标志着初始不平衡值校验在电容器组接线方式的设计中已经成为非常重要的内容之一。

三、1000kV 交流特高压主设备检修预试特点

1000kV 交流特高压设备电压等级较 500kV 电压等级提高了一倍，尺寸和重量较 500kV 设备明显增大，在原理、结构、技术性能等方面发生了显著变化，设备更加复杂、精密、贵重。比如主体变长宽高为 11.2m×4.97m×4.99m、重 577.8t；调压补偿变长宽高为 6.6m×2.9m×4.2m、重 153t；高压电抗器长宽高为 7.8m×3.64m×4.84m、重 350t；串补装置平台长宽高为 27m×12.5m×11.47m，荷重不大于 100t，上述变化对检修作业、检修工器具和仪器仪表以及人员作业强度等提出了新的挑战，常规的检修方法和手段无法满足新的技术变化所带来的需求，需要实现检修试验技术的升级和跨越。

（一）1000kV 交流主变压器及电抗器

（1）在进行油处理工作时，要严格控制油中 5～100μm 的颗粒小于 2000 个/100mL，常规 500kV 交流中没有严格要求。在保证高效、安全的前提下降低颗粒含量，如采用常规的单纯滤油机滤油不能满足要求，需要在滤油回路中串接精滤设备。

（2）在完成油处理工作后要求进行静置。常规 500kV 设备静置时间为 48h，但特高压变压器及电抗器静置时间至少为 96h。

（3）油色谱分析周期：常规 500kV 变压器及电抗器周期为 3 个月 1 次，特高压变压器及电抗器周期为 1 个月 1 次。

（4）油微水测量周期：常规 500kV 变压器及电抗器的周期为 1 年 1 次，特高压变压器及电抗器为 3 个月 1 次。

（5）运行中铁心接地电流的判断标准：常规的 500kV 变压器判断标准为一般不大于 0.1A，特高压变压器及电抗器的判断标准为不大于 0.3A。

（6）检修预试工作量的增加。由于特高压变压器是由本体变和调压补偿变两部分组成，在每年的检修预试中相当于分别检修了两台变压器。

(7) 套管式电流互感器二次绕组绝缘电阻的判断差异。常规 500kV 设备要求绝缘电阻不小于 1MΩ，特高压变压器及电抗器要求不小于 1000MΩ。

(8) 绕组直流电阻测量电流的差异。常规 500kV 变压器的测试电流不大于 5A，特高压变压器测试电流不大于 2.5A。

(9) 绕组的消磁试验。为了抑制剩磁对特高压变压器的运行危害，特高压变压器在直阻测试完成后，要进行变压器的消磁处理。

(10) 长时感应电压试验（ACLD）试验时间。特高压变压器 ACLD 预加电压高压为工频耐受电压 1100kV（标称电压的 1.1 倍），5min；常规 500kV 变压器 ACLD 的预加电压高压为工频耐受电压 680kV（标称电压的 1.36 倍），试验时间按频率进行折算（工频 1min）。

(11) 短时感应电压试验（ACSD）。特高压变压器高压与中压线端的工频耐压耐受时间不同，所以高压与中压的工频耐受电压不能同时进行试验，常规 500kV 变压器高压与中压的工频耐受电压同时进行试验。

（二）1000kV 交流 GIS

(1) 1000kV 交流 GIS 罐体体积尺寸大，每台断路器内部 SF_6 气体可达 1t，安装检修时气体处理工作量大，耗时长。

(2) 1000kV 交流 GIS 一般采用氮气储能液压机构，结构复杂，且线路断路器带有合闸电阻，总体质量很大，每台断路器质量可达 30t 左右，安装检修时吊装不易。

(3) 1000kV 交流 GIS 对 SF_6 气体泄漏要求较严格，年漏气率不得超过 0.5%，而 500kV 交流 GIS 年漏气率不得超过 1%。

(4) 1000kV 交流 GIS 对导电回路测试要求较严格，要求使用不小于 300A 的直流电流进行测量，而 500kV 交流 GIS 要求使用不小于 100A 的直流电流进行测量。

（三）1000kV 交流电压互感器

在测量特高压电压互感器下节介损电容时，由于下节电容量较大（近 50 万 pF），采用常规的正接线法不能检测，需要采用外施电压进行测量。

（四）1000kV 交流避雷器

(1) 为提高特高压避雷器密封防潮性能，采用了充高纯氮保持微正压的方式运行。在每年的年度检修中需要对每柱避雷器的氮气压力进行监测，确保满足厂家要求。

(2) 特高压避雷器由于结构上的原因，要求在检修预试时测量直流 8mA 下的电压和 $0.75U_{8mA}$ 下泄露电流，与常规的避雷器在直流测量电流（1mA）上存在区别。

(3) 特高压避雷器在运行时的泄露电流较常规 500kV 设备大，常规设备一般在 2～3mA，特高压设备的泄露电流一般为 5～10mA。

（五）1000kV 交流串补装置

(1) 电容器的检修试验：对于电容器组桥臂电容的测量，常规要求 6 年 1 次，特高压要求每年 1 次。

(2) 金属氧化物限压器的检修试验：绝缘电阻的测量，常规要求 6 年 1 次，特高压系统要求每年进行一次；特高压系统每 3 年进行 1 次 MOV 直流 1mA 下参考电压和 $0.75U_{1mA}$ 下泄漏电流。

（3）旁路断路器的检修试验：主回路电阻测量，每年进行 1 次，常规设备 6 年进行 1 次；分合闸线圈电压检验，每年进行 1 次，常规设备要求 6 年 1 次；辅助回路和控制回路绝缘电阻检查，每年 1 次，常规设备 6 年 1 次；断路器时间参数测试，每年进行 1 次，常规设备在大修后或必要时测量。

（4）由于特高压串补平台的运行高度达到了 12.5m，在正常运行下无法进行红外测温检测，在特高压系统中通过安装固定红外摄像头进行监测，但存在死角。

（六）110kV 交流断路器（无功设备专用）

特高压系统采用了 110kV 无功补偿装置，由于电抗器组、电容器组的容量大，对相应配套的 110kV 断路器切除感性、容性电流的性能提出了更高要求。为了保证 110kV 断路器的触头接触良好，具备可靠切断上千安感性、容性电流的能力，在每年的年度检修中需开展 110kV 断路器分合闸时间测量。

四、1000kV 交流特高压继电保护及安自装置特点

（一）1000kV 交流线路保护

（1）采用两个压板"投通道 A 差动"、"投通道 B 差动"，分别控制两个通道的差动保护的投入和退出。

（2）采用范围为 0~65535 的数字表示装置的纵联码。定值项中增加"本侧纵联码"、"对侧纵联码"定值。

（3）采用暂态电容电流补偿方案。对于较长的输电线路，电容电流较大，为提高经过渡电阻故障时的灵敏度，需进行电容电流补偿。传统的电容电流补偿法只能补偿稳态电容电流，在空载合闸、区外故障切除等暂态过程中，线路暂态电容电流很大，此时稳态补偿就不能将此时的电容电流补偿。线路保护采用暂态电容电流补偿方法，对电容电流的暂态分量也进行补偿。

（4）增加联跳功能，具体如下：

当一侧保护单相跳闸但是开关有两相以上断开时，发联跳三相命令给对侧使对侧三相跳闸。

当一侧保护三相跳闸时发联跳三相命令给对侧使对侧三相跳闸。

当接收到对侧的联跳三相命令时，本侧中止发送联跳三相命令。

接收到联跳三相命令且本侧保护动作后，强制性三跳并闭重。

注：此功能可经定值控制字"投三跳联跳"进行投退，当"投三跳联跳"控制字退出时，既不发送联跳三相命令，接收到联跳三相命令后也不出口。

（5）零序后备保护配置与所有的保护均不同，仅有一段定时限过流和零序反时限过流，TV 断线和 TA 断线时的处理与标准程序稍有不同。零序定时限仅为一段，即最后一段，任何情况下不退出零序定时限，有功能投入的控制字，有控制方向的控制字，不需要有跳闸后加速控制字。零序反时限有功能投入的控制字，有控制方向的控制字，有固定延时的控制字，任何情况下不退出零序反时限（此原则由 2008 年 1 月特高压设计联络会确定）。

（二）1000kV 交流主变压器保护

和常规电压等级自耦变压器结构不同，1000kV 变压器由本体变、调压变和补偿变组成，因此，主保护配置发生很大变化。其中差动保护配置有：差动（双套，包括波形对称＋二次谐波制动）＋分侧/零序差动＋调压变差动＋补偿变差动；非电量保护配置有：本体非电量＋调压补偿变非电量。

调压变差动保护定值与变压器档位关系密切，不同档位选用不同定值，分别存放在不同定值区，因此变压器档位变动后需相应调整调压变差动保护运行定值区号。

为了避免变压器直阻测量后的剩磁影响差动保护，需在直阻测量完毕后进行消磁处理。

（三）1000kV 交流并联电抗器保护

电气量保护配置由南瑞科技（PRS747）＋许继（WKB801A）组成；非电量保护由许继（WKB802A）组成。非电量保护与常规电压等级无异，不再赘述，下面重点介绍电气量保护特点。

1. 南瑞科技（PRS747）

匝间保护方向元件：根据电抗器匝间和内部接地故障后零序和负序电压的分布特点，采用了基于零序、负序电压分布绝对值比较式的方向元件，提高了匝间保护的灵敏度和可靠性，消除了系统运行方式对匝间保护的影响。

匝间保护启动判据：根据匝间故障时主电抗相阻抗测量值显著变化的特点，匝间保护启动元件采用了主电抗相阻抗启动判据，弥补了传统零序电流启动的不足，提高了匝间保护启动的灵敏度和可靠性。

双 CPU 与门出口：PRS－747 电抗器保护装置在成熟硬件平台的基础上为提高电抗器保护动作的可靠性，采用两块保护板互为闭锁，与门出口的方案，只有两块保护板同时出口保护才能跳闸出口（图 1－29）。

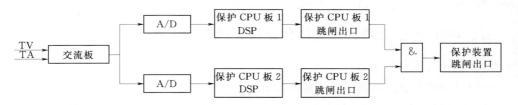

图 1－29　特高压交流变电站 PRS－747 电抗器保护双 CPU 与门出口示意图

差动保护多判据协同：在差动保护原理和算法上采用了多判据协同技术，可充分发挥判据各自的优势，实现功能互补，使保护的可靠性、灵敏性、速动性同时得到提高。

差流速断段反映区内特别严重故障；采样值差动保护反映区内比较严重故障；稳态量比率差动为差动保护的总后备；零序电流比率差动保护反映靠近中性点接地和高阻接地故障；电抗器空投期间比率差动无缝切换到采用采样值差动；PRS－747 电抗器保护装置采用免整定的方式，只需要输入电抗器的系统参数和保护功能投退控制字即可，运行维护方便。

独特的采样值差动：采样值差动本身具备识别 TA 饱和和抗干扰的能力，依靠多点重复判断来保证可靠性，其数据窗为小于一个周波的短窗，可以实现大多数电抗器内部故障的快速切除。

短窗的采样值差动闭锁：在保护算法上利用采样值进行波形识别，在不牺牲保护快速性的基础上提高了快速保护（如差速断）的可靠性。

2. 许继（WKB801A）

免整定：传统的电抗器保护装置需要整定相关保护的定值，给现场的实际使用带来诸多不便。WKB－801A 微机电抗器保护装置可根据电抗器的实际铭牌参数自动生成各个保护定值，现场使用极为方便。

比幅式零序方向原理匝间保护：许继 WKB－801A 微机电抗器保护装置的比幅式零序方向原理匝间保护，克服了传统的零序功率方向原理匝间保护动作灵敏度低，可靠性差的种种缺点，达到了灵敏性和可靠性的辩证统一。

动作方程：

$$|3\dot{U}_0-j\times3\dot{I}_0X_{L0}|>|3\dot{U}_0+j\times3\dot{I}_0X_{s0}|$$

试验证明，比幅式零序方向原理匝间保护能保证带线路正常空充、非全相空充电抗器以及空充外部故障时，匝间保护不误动，在空充匝间短路故障时保护灵敏、快速动作。在电抗器内部发生 1.7% 匝间短路故障时，保护灵敏动作。

自适应变特性的综合差动保护：WKB－801A 保护装置主保护根据不同的故障类型配置了不同原理的差动保护，形成了不同原理差动保护间的冗余性和互补性。各个原理的差动保护均采用自适应变特性技术，既有反映严重故障的快速动作区、典型故障的一般动作区，又有反映接地轻微故障的灵敏动作区。装置自动根据不同的故障类型，自适应选择不同动作特性和不同滤波算法，达到继电保护"四性"的辩证统一。

试验证明，差动保护在各种系统运行方式下的区外故障均能可靠不误动，在区内各种故障均能可靠动作，典型故障动作时间不大于 15ms。

五、1000kV 交流特高压变电站运行管理特点

以特高压长治站为例进行介绍。

（一）1000kV 交流特高压系统联网功能强

1000kV 晋东南—南阳—荆门特高压交流试验示范工程起于山西省长治市，止于湖北省荆门市，线路全长 640km。包括三站两线：1000kV 特高压长治站、1000kV 特高压南阳站、1000kV 特高压荆门站；长治至南阳 1000kV 输电线路（含黄河大跨越）360km、南阳至荆门 1000kV 输电线路（含汉江大跨越）280km。工程于 2006 年 8 月经国家发展和改革委员会核准，同年底开工建设，2008 年 12 月全面竣工，12 月 30 日完成系统调试并投入试运行，2009 年 1 月 6 日 22 时完成 168h 试运行并转入商业运行。特高压交流试验示范工程扩建工程（新增主变一组，串补一组）于 2010 年年底开工建设，2011 年 11 月26 日完成系统调试并投入试运行，12 月 2 日 20 时完成 168h 试运行，12 月 16 日正式转入商业运行。

1000kV 晋东南—南阳—荆门特高压交流试验示范工程在世界上首次实现了华北、华

中两大同步电网通过1000kV特高压线路的互联，系统总装机容量超过3亿kW。华北、华中电网通过特高压联网后，原有联络线500kV辛洹线已断开备用。实践表明，较原500kV联网系统，特高压联网系统实现了双向、全电压、大功率运行，经受了各种运行操作和运行方式的考验，表现出了良好的动态运行特性和抗扰动能力，系统联网功能显著增强。

同时，工程作为我国南北间的一条重要能源输送通道，实现了更大范围、更大幅度的资源优化配置，发挥了重要的送电功能和水火互济、事故支援联网功能。华北电网火电比例大，华中电网水电密集。枯水季节，工程将山西煤炭资源就地转化出的电能送到缺煤的华中电网，丰水季节则反转潮流方向，将华中电网富裕水电北送华北电网，进行优势互补，从而形成了水火互济、南北互供的独特优势。

（二）稳定控制要求高

特高压交流线路自然输送功率相当于4.5～5条500kV交流线路。特高压交流试验示范工程作为华北、华中两大电网的联络线，长期大功率运行，功率波动对两侧电网影响很大。特高压联络线功率波动不仅会引起电网无功电压波动、挤占稳定裕度，而且会引起两侧近区电网无功潮流涌动，进而造成电网中枢点电压波动，威胁特高压设备和电网的安全运行，其影响远非500kV系统联络线所能比拟。

（三）运行管理难度大

（1）工程采用了大量新技术，研制并应用了大量首台首套新型设备，新设备在原理、结构、技术性能等方面较常规工程发生了显著变化，设备更加复杂、精密、贵重。系统和设备的运行规律和特性需要在长期运行实践中进一步探索和总结。

（2）特高压系统电压等级较500kV电压等级提高了一倍，特高压设备较500kV设备结构尺寸和重量明显增大，这些变化对设备巡视工作等提出了新的挑战。

（3）特高压系统低压无功控制复杂。常规500kV及以下无功控制只考虑电压量即可，而特高压系统无功控制原则需要考虑以下多种情况：

1）根据国调《稳定及无功电压调度运行规定》，长治站110kV无功补偿装置根据1000kV长南Ⅰ线计划功率进行投切，若调压困难或主变与500kV系统无功交换量超过35万kvar时，可使用替代方案。

2）长治站110kV无功补偿装置投退应综合考虑110kV低压电容器/低压电抗器运行时间相对平衡、1号主变/2号主变低压侧电容器运行组数相对平衡、12%电抗率/5%电抗率电容器投退顺序以及110kV低压电容器开关投退次数要求。

3）按优先级划分，110kV低压电容器开关投退次数要求＞长治站110kV 12%电抗率/5%电抗率电容器投退顺序要求＞1号主变/2号主变低压侧电容器运行组数相对平衡要求＞110kV低压电容器/低压电抗器运行时间相对平衡要求。

（四）技术监督重要性突出

特高压交流试验示范工程作为特高压输电技术的试验工程，客观上决定了运行过程中可能存在的未知的安全风险较大。特高压联络线输送功率大，一旦发生故障对整个华北、华中及华东三大上亿千瓦电网影响很大，为保障特高压系统的长期安全稳定运行，必须依托深度的技术监督。工程中首次应用了大量新技术、新设备，特高压设备检修不易，采用全面的技术监督手段能及早发现问题，及时规避安全风险。对技术监督数据进行分析，有助于探索、总结特高压设备运行特性和规律。

与 500kV 工程相比，特高压交流试验示范工程技术监督覆盖面广、手段多、方法全、技术先进、效果显著。变电站各站均配置了全套绝缘油化验设备、红外和紫外检测设备等先进仪器；特高压主设备安装了油色谱、套管、SF_6 气体和局放 4 类在线监测装置；深入开展了油色谱、油简化、油颗粒度、主变压器/高压电抗器铁心和夹件对地电流、避雷器泄漏电流及微正压、电磁环境等监测，加强了监测密度和频率，实现了对工程的全面技术监督，在事故预防、总结特高压设备运行特性和规律等方面发挥了突出作用。

（五）运行管理要求高

国家电网公司高度重视特高压交流试验示范工程生产运行工作，超前谋划，提前介入，以"集团化、集约化、标准化、精益化"为管理目标，卓有成效地开展了各项工作，探索出了具有重要示范作用的特高压生产运行管理模式。该模式代表了当前国内电网生产运行管理的最高水平，具有以下显著特点。

1. 生产准备介入早、工作深

在工程核准后应立即成立运维单位，招聘各岗位人员，启动生产准备工作，购置安全工器具、运行维护工器具及仪器仪表。标准制度方面，在国家电网公司建立的特高压运行和检修技术标准体系的基础上，在工程投运前一个月，运维单位应组织完成现场运行规程、检修规程、维护规程、作业指导书、应急预案等技术标准和运维管理标准的编制工作；在人员培训方面，应深入开展特高压理论知识培训、赴设备厂家培训、赴 1000kV 输变电工程基地进行运维管理培训、安全培训和各种技术、管理及技能培训，接受相关部门的岗位培训及调度机构的调度培训，获取岗位和调度资格证；安装调试阶段，深度介入工程建设全过程，积极提出合理化建议，密切跟踪关键问题解决，参与设备监造，见证特高压设备研制历程，提前掌握特高压设备技术特点；工程验收阶段，应积极参与中间验收，发挥竣工验收主力军作用，高标准、严要求，确保工程零缺陷移交，同时做好备品备件及专用工器具的接收工作；系统调试和试运行期间，除配合做好相关倒闸操作外，建立特高压应急特护体系和现场工作机制，对特高压设备进行了深度巡视和全面技术监督。

2. 运行维护体系先进适用、独具特色

工程初期，建立了运行单位、技术监督单位、设备厂家和技术专家联动的数据动态分析机制；建立了运行单位、技术监督单位、设备厂家、施工单位"四位一体"的高效应急抢修机制和特高压主设备特护体系；建立了兼顾试验风险和后续工程需求的特高压备品备件管理体系；建立了运行单位、技术监督单位、设备厂家、施工单位、设计单位、科研单位等专家共同参与的协同巡视机制；建立了"日报告、周分析、月评估"的信息汇报制度和每周一次的生产会议制度。

3. 设备巡视频次高、力度大

为及时掌握设备的运行情况，尽早发现设备缺陷，运维单位大力加强设备巡检工作。变电站每日正常巡检 4 次（交接班巡检 1 次，上午、下午及晚间各全面巡检 1 次），在高温、大负荷等恶劣天气情况下增加巡视次数并安排特殊巡视、红外测温等，定期巡视及特殊巡视次数及力度远大于常规 500kV 变电站。同时，编写了标准化巡检作业指导书及设备巡视卡，各项巡检工作严格按照指导书及巡视卡执行。巡检过程中，高度重视充油、充气设备巡检，对充油、充气设备的油温、油位、气体压力等进行重点检查。巡检工作的有效进行，为及时发现处理设备缺陷提供强有力的保障。

4. 倒闸操作特殊规定多，人员技术水平要求高

由于 1000kV 特高压系统自身特殊性，特高压变电站在倒闸操作上有许多特殊的规定，如 1000kV 变压器及线路的停、送电操作同时应配合 110kV 低压电容器、低压电抗器操作，同时送电各阶段对 500kV 系统电压均有严格的规定；1000kV 系统解、并列操作同时应配合进行稳态过电压控制装置压板投退操作；开关检修、线路检修及主变检修对安控装置的不同要求等。这些特殊规定的存在都对现场运行人员的技术技能水平提出了很高的要求。

5. 技术监督工作要求高、作用大

由于 1000kV 特高压设备均为国内首台首套，特高压设备的安全稳定运行对特高压系统稳定运行至关重要。为加强 1000kV 特高压设备运行期间设备跟踪监督工作，设备技术监督工作应作为变电站工作的重中之重，运维单位每月定期组织开展设备带电检测工作，主要有红外测温成像检测、紫外放电成像检测、油色谱分析、铁芯夹件电流测量、变压器类设备的振动及噪音检测、避雷器阻性电流测量、SF_6 气体泄漏成像检测、1000kV GIS 位移检测等；技术监督单位定期开展 GIS 超声及超高频局放检测、主变/高抗超声波局放检测、SF_6 气体分解物纯度及微水检测等；委托有资质的单位定期开展全站沉降检测等。

6. 持续开展"日比对、周分析、月总结、年评估"工作

为进一步掌握特高压设备运行状态，指导现场各项工作的开展，运维单位大力开展运行分析工作。一是将"日比对、周分析、月总结、年评估"工作作为变电站主要例行工作之一进行开展。变电站运行人员每日填报运行数据分析日报，每周填报运行数据分析周报，每月定期进行总结，每年进行一次全面评估，在报表的基础上进行数据的横向及纵向对比分析，及时发现设备运行状态异常等现象并及时组织召开专题运行分析，对分析出的问题制定整改计划，及时组织进行整改。

7. 设备定期维护全面到位、不留死角

根据规程，运维单位组织各专业人员每月对变电站一次、二次设备及通信自动化设备进行一次全方位的专业巡检和维护检查，并编制设备月度维护总结，及时发现设备隐患和异常。

8. 高度重视在线监测装置数据的监视和分析工作

运维单位应将在线监测数据作为对特高压设备运行状态分析的一项重要的检测手段，积极组织开展在线监测数据的监视和分析工作，变电站运维人员应每日定时检查在线监测数据是否正常，每月对在线监测数据进行分析，同时将在线监测数据与人工带电检测数据进行误差对比，确保在线监测数据准备可信，全面掌握设备的运行情况。

（六）运行试验示范作用显著

特高压交流试验示范工程投运后保持了长期安全稳定运行，至 2014 年初工程已安全稳定运行 5 年。5 年来，特高压系统运行平稳，功率控制稳定，波动基本控制在正常范围（±30 万 kW）；特高压设备运行状态正常，保护装置、安全自动装置（包括稳态过电压装

置、特高压解列装置、安全自动装置）、通信系统运行正常。5 年来，工程已累计输送电量 500 多亿 kWh，其中华北送华中 300 多亿 kWh，华中送华北 100 多亿 kWh。最大输电能力达到 572 万 kW，稳定输电能力达到 500 万 kW，初步发挥了特高压电网大范围、大幅度的资源优化配置能力。随着特高压交流输电系统的进一步发展、扩建工程和配套工程的建设，工程的输送功率会进一步提高，更大范围内的资源优化配置能力将进一步显现。

特高压交流试验示范工程目前仍然承担着重要的试验和示范作用，意义重大，影响深远。试验作用主要体现在技术方面，包括深入验证特高压技术和设备的安全可靠性；检验特高压交流核心输电技术的掌握程度；积累运行经验，总结、掌握特高压系统和设备的运行规律；研究开发特高压运行和检修技术；建立健全特高压运行检修技术标准体系等。示范作用主要体现在管理方面，包括建立世界先进、国内一流的特高压运行管理模式；建立健全特高压运行标准化管理制度体系和工作流程；发挥试验基地和培训基地的作用，为后续特高压工程培养和储备高级别的运行维护管理人才；提高特高压设备精益化管理水平等。

第二章 1000kV 变 压 器

第一节 变压器基本原理及发展概述

一、变压器基本原理

变压器主要由闭合铁芯和铁芯上缠绕的绕组组成，是通过电磁感应以相同的频率，在两个或更多的绕组之间变换交流电压和电流而传输交流电能的一种静止电机。

变压器的最基本原理是电磁感应原理，即"电生磁，磁生电"，通过铁芯建立磁场，电能变为磁能，再变为电能，在该过程中电压得到变换，起到变换电压作用。以变压器一相为例：它由两个绕组和一个铁芯组成。在一次绕组施加交流电压 U_1，流过的电流为 I_1，则在铁芯中会有交变的磁通 Φ 产生，使这两个绕组发生电磁联系。根据电磁感应原理，交变磁通穿过这两个绕组就会感应出电动势 E_1、E_2，当二次侧接入负载后，在电动势 E_2 的作用下，将有二次电流 I_2 通过二次绕组。

法拉第电磁感应定律公式：

$$e = -n \frac{\mathrm{d}\phi}{\mathrm{d}t} \tag{2-1}$$

设交变磁通 $\Phi = \Phi_m \sin\omega t$，变压器两个绕组匝数分别为 N_1、N_2，则

$$E_1 = -\frac{\mathrm{d}\Phi}{\mathrm{d}t} \cdot N_1 = -N_1 \Phi_m \omega \cos\omega t = N_1 \Phi_m \omega \sin\left(\omega t - \frac{\pi}{2}\right)$$

从而

$$E_{1\max} = N_1 \Phi_m \omega$$

$$E_{1rms} = N_1 \Phi_m \omega / \sqrt{2}$$

同理可得

$$E_{2rms} = N_2 \Phi_m \omega / \sqrt{2}$$

则有

$$\frac{E_{1rms}}{E_{2rms}} = \frac{N_1}{N_2} \tag{2-2}$$

当变压器处于空载状态时

$$U_{1rms} = E_{1rms}, \ U_{2rms} = E_{2rms}$$

则有

$$\frac{U_{1rms}}{U_{2rms}} = \frac{N_1}{N_2} \tag{2-3}$$

这就是变压器改变电压的原理。

$F_1 = I_1 N_1$，$F_2 = I_2 N_2$，且一次绕组所受磁动势 F_1 和二次绕组所受磁动势 F_2 相等。

则有　$I_1 N_1 = I_2 N_2$　或　　　　　　$\dfrac{I_2}{I_1} = \dfrac{N_1}{N_2}$　　　　　　　　　　(2-4)

这就是变压器改变电流的原理。

二、变压器概述

（一）变压器发展历史

1885 年，匈牙利冈茨工厂的齐伯诺夫斯基、德里、布拉什三位工程师制造出世界上第一台单相变压器，齐伯诺夫斯基-德里-布拉什（Z-D-B）变压器是变压器技术发展史上的重要里程碑，它所采用的闭路铁芯、原边并联等基本结构一直沿用至今，可以说 Z-D-B 变压器已使现代变压器的结构基本定型。从此，变压器正式进入交流电流的输电、配电领域，使电能的长距离输送和安全使用成为可能，有力地推动了交流电流的普及应用，极大地推动了电力事业的发展。

随着现代社会快速发展，电力需求越来越大，电网电压等级也不断升高，相应的变压器等级也在不断提升，因此研发、制造并推广交流 1000kV 变压器已成为历史必然。

（二）1000kV 变压器发展概述

1. 国外特高压变压器研制概况

世界上能生产特高压变压器的国家不多，苏联所有的 1150kV 变压器均由乌克兰扎布罗热变压器厂（ZTR）生产，乌克兰扎布罗热变压器研究所（VIT）协助研制，提供给当时正在兴建的哈萨克斯坦新西伯利亚特高压输变电工程，见图 2-1。日本于 1996 年开始在新榛名变电设备试验场进行最高电压为 1100kV 的带电考核试验，其 3 套主设备分别为东芝公司、三菱公司和日立公司的产品，见图 2-2。意大利国家电力局在 1980 年与巴西、阿根廷和加拿大等国的公司共同参与了国际联合组织的 1000kV 特高压输变电技术研究开发工作。兴建的特高压实验工程有 2 座联络变电站和 20km 长的线路，其 1000kV 级特高压变压器均由 Ansaldo 公司 Milan 变压器厂生产。

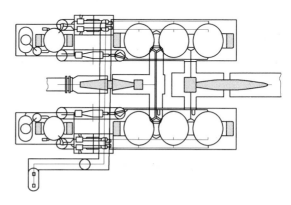

图 2-1　苏联 667MVA/1150kV 特高压变压器　　　图 2-2　日本 1000MVA/1050kV 特高压变压器

2. 国内特高压变压器研制概况

特变电工、西安西电变压器有限责任公司、保定天威保变电气股份有限公司三大变压器厂按双百万的标准新建或扩建了生产车间和试验室，具备了特高压变压器的设计、制造和试验能力，并且已经为特高压交流试验基地和特高压试验示范工程研制了 1000kV 变压器，其研制的 1000kV 变压器在特高压示范工程中已稳定运行 6 年多。

国内外 1000kV 变压器主要技术指标比较见表 2-1。

表 2-1　　　　　　　　　　国内外 1000kV 变压器主要技术指标比较

主要技术指标		中国	日本	苏联	意大利
最高电压 U_m/kV		1100	1100	1200	1050
额定容量/MVA		1000/1000/334	1000/1000/400	667/667/180	400/400/—
额定电压/kV		$(1050/\sqrt{3})/$ $(525/\sqrt{3}\pm4\times1.25\%)/110$	$(1050/\sqrt{3})/$ $(525/\sqrt{3}\pm7\%)/147$	$(1150/\sqrt{3})/$ $(500/\sqrt{3})/20$	$(1000/\sqrt{3})/$ $(400/\sqrt{3})/12.2$
冷却方式		OFAF	ODAF	—	—
引出线方式		套管	GIS	套管	电缆
调压方式		中性点无励磁调压	中性点有载调压	单相自耦 升压变	单相自耦
绝缘水平/kV	高压 全波/截波	2250/2400	1950	2550/2800 2250/2550	2250
	高压 操作冲击	1800	1425	2100 1800	1800
	高压 工频（5min）	1100	1100	1100（1min） 1000（1min）	1.5×1050/(1h)
	中压 全波/截波	1550/1675	1300	1550/1650	1300
	中压 操作冲击	1175	—	1230	—
	中压 工频 1min	630	550（5min）	630	—
	低压 全波/截波	650/750	750	—	95
	低压 工频（1min）	275	325	—	—
	中性点 全波/截波	325			
	中性点 工频（1min）	140	185		
空载损耗 P_0/kW		≈180	350	310	
空载电流 I_0/%		≈0.05	0.35	—	
负载损耗 P_k/kW		1420～1450	3395	1100	
短路阻抗 U_k/%		≈18	18	12.5	15
噪声/dB（A）		75	65		
运输尺寸/(m×m×m)		12×4.15×4.9	分体式10.5×3.1×4.1	—	10×4.1×4.6
运输重量/t		375	每箱体200	带油390	不带油275

三、1000kV 变压器技术参数

下面以保定天威 1000kV 变压器为例对 1000kV 变压器技术参数进行阐述。

（一）1000kV 变压器铭牌

保定天威 1000kV 变压器铭牌见图 2-3。

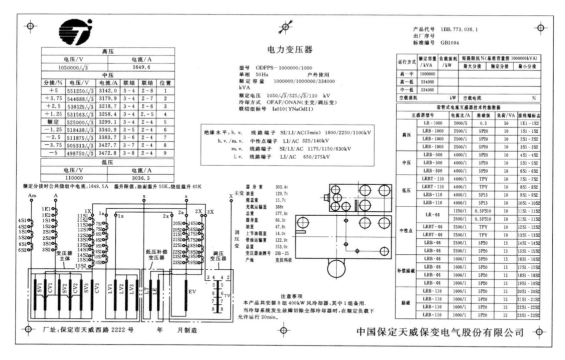

图 2-3 1000kV 变压器铭牌图

（二）1000kV 变压器技术参数

（1）产品型号：ODFPS-1000000/1000。

（2）产品名称：单相三绕组强迫油循环风冷自耦无载调压电力变压器。

（3）额定容量：1000/1000/334MVA。

（4）额定电压：$(1050/\sqrt{3})/(525/\sqrt{3}\pm4\times1.25\%)/110kV$。

（5）调压方式：中性点无励磁调压。

（6）额定分接短路阻抗（以高压绕组额定容量 1000MVA 为基准）：

高-中：18%，允许偏差，±5%（额定分接），±7.5%（其他分接）。

高-低：62%，允许偏差，±5%（额定分接），±7.5%（其他分接）。

中-低：40%，允许偏差，±5%（额定分接），+17%-10%（其他分接）。

（7）空载损耗：185kW，允许偏差，+15%。

（8）负载损耗：1580kW，允许偏差，+15%。

（9）总损耗：1765kW，允许偏差，+10%。

（10）效率：不小于 99.8%（功率因数为 1 时）。

（11）额定频率：50Hz。

（12）连接组标号：Ia0i0，三相连接组标号 YNa0d11。

（13）冷却方式：主体自耦变 OFAF、调压变 ONAN。

（14）中性点接地方式：直接接地。

（15）内绝缘水平：内绝缘水平见表 2-2。

表 2 - 2　　　　　　　　　　　　1000kV 变压器内绝缘水平

电压等级	长时工频耐受电压 （方均根值，kV，5min）	雷电冲击全波 （峰值，kV）	雷电冲击截波 （峰值，kV）	操作冲击 （峰值，kV）
高压	1100	2250	2400	1800
	短时工频耐受电压 （方均根值，kV，1min）	雷电冲击全波 （峰值，kV）	雷电冲击截波 （峰值，kV）	操作冲击 （峰值，kV）
中压	630	1550	1675	1175
中性点	140	325	—	—
低压	275	650	750	—

（16）局放水平：在规定试验电压下：高压线端视在放电量不大于 100pC，中压线端视在放电量不大于 200pC，低压线端视在放电量不大于 300pC；套管局部放电量不大于 5pC。

（17）噪声水平：噪声不大于 75dB。

（18）温升限值：线圈平均温升：65K；油面温升：55K。

（19）变压器油箱的机械强度：变压器能承受真空 13.3Pa 和正压 120kPa 的机械强度试验，油箱不得有损伤和不允许的永久变形。

（三）相关名词解释

1. **负载损耗（铜损）**

铜损指变压器一次、二次电流流过绕组，在绕组电阻上所消耗的能量之和。铜损与一次、二次电流的平方成正比。测量方法是在变压器低压侧短路，高压侧慢慢升高电压，当短路侧电流达到额定电流时，测得的损耗。因为这时一次侧加的电压很低，所以认为励磁电流很小，磁通也很小，铁损可以忽略不计。

2. **空载损耗（铁损）**

铁损指变压器在额定电压时，变压器铁芯所产生的损耗。测量方法是将变压器二次绕组开路，一次绕组施加额定频率正弦波形的额定电压，所消耗的有功功率称空载损耗。

变压器的空载运行是指变压器的一次绕组接入电源，二次绕组开路的工作状况。此时，一次绕组中的电流称为变压器的空载电流。空载电流产生空载时的磁场。在主磁场（即同时交链一次、二次绕组的磁场）的作用下，一次、二次绕组中便感应出电动势。变压器空载运行时，虽然二次侧没有功率输出，但一次侧仍要从电网吸取一部分有功功率来补偿由于磁通饱和，在铁芯内引起的铁耗即磁滞损耗和涡流损耗的总和，简称铁耗。

3. **总损耗**

总损耗＝负载损耗＋空载损耗

4. **短路阻抗（阻抗电压）**

短路阻抗指变压器二次绕组短路，使一次侧电压逐渐升高，当二次绕组的短路电流达到额定值时，此时一次侧电压与额定电压比值百分数为短路阻抗标幺值。

当变压器满载运行时，短路阻抗的高低对二次侧输出电压的高低有一定的影响，短路阻抗小，电压降小，短路阻抗大，电压降大。当变压器负载出现短路时，短路阻抗小，短路电流大，变压器承受的电动力大。短路阻抗大，短路电流小，变压器承受的电动力小。短路阻抗是变压器性能指标中很重要的项目，其出厂时的实测值与规定值之间的偏差要求很严格。阻抗电压是涉及变压器成本、效率及运行的重要经济技术指标。同容量变压器，阻抗电压小的成本低，效率高，价格便宜，另外运行时的压降及电压变动率也小，电压质量容易得到控制和保证。从变压器运行条件出发，希望阻抗电压小一些好。从限制变压器短路电流出发，希望阻抗电压大一些较好，以免电气设备如断路器、隔离开关、电缆等在运行中经受不住短路电流的作用而损坏。

5. 同名端

变压器的同一相高、低压绕组都是绕在同一铁芯柱上，并被同一主磁通链绕，当主磁通交变时，在高、低压绕组中感应的电势之间存在一定的极性关系。

在任一瞬间，高压绕组的某一端的电位为正时，低压绕组也有一端的电位为正，这两个绕组间同极性的一端称为同名端，记作"·"。

6. 连接组别

为了表明变压器各侧线电压的相位关系，将三相变压器的接线分为若干组，称为连接组别。

变压器连接组别用时钟表示法表示，把高压绕组线电势作为时钟的长针，永远指向"12"点钟，低压绕组的线电势作为短针，根据高、低压绕组线电势之间的相位指向不同的钟点。

以保变 1000kV 变压器为例，其连接组别：Ia0i0，单相三绕组自耦变压器标准连接组。一般单相变压器的不同侧绕组的电压相量是同向的，因此组别通常为 0。

变压器三相连接组标号：YNa0d11，"YN"表示一次侧为星形带中性线的接线，"Y"表示一次侧为星形，"N"表示带中性线；"d"表示二次侧为三角形接线。"11"表示变压器二次侧的线电压 U_{ab} 滞后一次侧线电压 U_{AB}330°（或超前 30°）。"a0"表明中压与高压是自耦即同相位。

第二节　1000kV 变压器结构特点及调压原理

一、1000kV 变压器总体结构

下面以天威保变生产的 1000kV 变压器为例进行介绍。

（一）整体结构

特高压变压器由于其容量大、电压等级高，产品制造体积较大，为了便于运输，将变压器主体和调压部分分别布置，形成两个变压器，即自耦变压器（主体）和调压补偿变压器。

自耦变铁芯采用四框五柱式，即三主柱带两旁柱。三主柱各相绕组并联，每柱 1/3 容量，即每柱容量 334MVA。从内向外依次套装低压绕组（LV）、中压（公共）绕组（CV）、高压（串联）绕组（SV）。

调压变铁芯采用单框三柱式，即一主柱带两旁柱。从内向外依次套装励磁绕组

（EV）、调压绕组（TV）。

补偿变铁芯采用口字式，即一主柱带一旁柱。主柱、旁柱、铁轭截面相同，从内向外依次套装低压励磁绕组（LE）、低压补偿绕组（LT）。补偿变置于调压变内。

主变、调压变、补偿变绕组排列见图2-4。

调压、低压补偿部分两个器身共用一个油箱。

调压（低压补偿）变压器与主变压器通过架空管母连接。

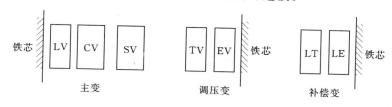

图2-4　主变、调压变、补偿变绕组排列

（二）自耦变压器结构

自耦变压器高压通过可卸式引线引出，高压套管布置于自耦变中间，中压套管布置于低压侧左端（以人面对于高压侧为准），高压、中压绕组末端出线套管（1X）布置于高压侧右端。低压绕组出线套管（1a、1x）布置于变压器低压侧右端。高压、中压套管为意大利P&V公司生产，高压套管均压球为环形结构，其结构和武高所变压器（DZ-40000/1000）所用结构相同，其余套管为抚顺传奇生产。

自耦变压器共有8组400kW风冷却器，其中1组备用。高压侧4组，低压侧2组，右端2组。

储油柜单独布置于本体右端，储油柜为全真空结构。

本体设三台压力释放器，高压侧2台，低压侧1台。开启压力70kPa。

主体端子箱布置于油箱左端，用于汇接信号接点以及互感器二次绕组接线。冷却器控制箱落地放置。

2只油面温度计、1只绕组温度计分别布置于油箱两端。

压力突变继电器安装在左端靠近油箱顶部。

铁芯与夹件分别通过箱盖上的套管一点引出，并通过接地铜排引至油箱下部与接地排连接。

（三）调压变压器结构

由于变压器采用变磁通调压方式，为了保证低压侧电压恒定，在调压变压器中设置低压补偿变压器，用于补偿低压侧电压的波动。故调压变压器中有调压变和补偿变两部分。调压变和补偿变的铁芯和器身独立布置于同一个油箱中。调压变的励磁绕组与自耦变压器的低压绕组并联，低压补偿变的励磁绕组与调压绕组并联，补偿绕组与自耦变压器的低压绕组串联，见图2-6（a）。

低压出线套管（2a、2x、x）布置于油箱右侧，中性点出线套管（2X、3X、X）布置于油箱左侧。

储油柜布置于变压器右端。

开关为德国 MR 无励磁调压开关，设置在油箱左端。

由于有调压变压器中有两个铁芯，所以铁芯与夹件共有 4 个接地点。

调压变上有 2 台压力释放器，2 只油面温度计，1 个端子箱。

自耦变和调压变之间通过管路母线连接，当调压变退出运行后，自耦变可以单独运行。

特高压变压器外部结构见图 2-5。

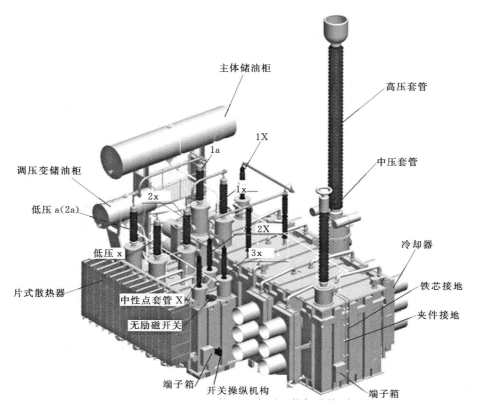

图 2-5 特高压变压器外部结构图

二、1000kV 变压器接线原理图

1000kV 变压器接线原理见图 2-6（a）、2-6（b）。

主体变高压侧为 A-X，中压侧为 Am-X，低压侧为 1a-1x。调压变为 3X-X，补偿变的低压励磁绕组部分为 2X-X，低压补偿绕组部分为 2x-x。SV 为串联绕组，CV 为公共绕组，LV 为低压绕组，EV 为励磁绕组，TV 为调压绕组，LE 为低压励磁绕组，LT 为低压补偿绕组。

三、1000kV 变压器调压原理介绍

（一）1000kV 变压器采用无励磁调压方式原因分析

变压器的调压方式分为有载调压和无励磁调压两种，选择不同的调压方式会对变压器

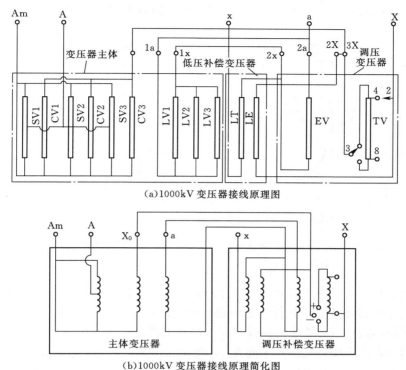

(a)1000kV 变压器接线原理图

(b)1000kV 变压器接线原理简化图

图 2-6 1000kV 变压器接线原理及其简化图

的结构产生重大影响。有载调压虽然有操作方便、电压稳定等优点，但是有载调压大大增加了变压器结构的复杂性和设备造价，降低了设备运行可靠性。国内外统计资料表明，有载调压开关故障在变压器故障中占很大比例，有载调压变压器的故障率约为无励磁调压变压器的 4 倍，而有载调压装置自身的故障约占 40%，有载调压开关自身的操纵机构、控制回路、灭弧部分都容易发生故障。

我国目前电网中运行的 500kV 变压器采用有载调压和无励磁调压两种方式，西北750kV 示范工程主变为单相自耦变，采用无励磁调压方式。系统电压等级越高，正常情况下电压波动范围越小。区域供电电压质量可以靠投切无功补偿装置以及依靠下一级有载变压器调整分接头来完成。采用无励磁调压的方式完全可以满足季节性运行方式电压调整的需要。

综合以上因素，从可靠性、经济性以及系统运行方式考虑，特高压变压器采用无励磁调压是完全可行的。

（二）1000kV 变压器采用中性点调压方式原因分析

按调压绕组的接线位置，自耦变压器的调压方式可分为线端调压和中性点调压。线端调压为定磁通调压，通常指的中压侧线端调压。中性点调压为变磁通，通过中性点进行调压。

目前电网中运行的 500kV 单相自耦变压器均是采用中压线端调压方式，调压引线和开关的电压水平为 220kV，见图 2-7。

而 1000kV 主变则采用中性点调压，其中中压侧为 500kV，见图 2-8。

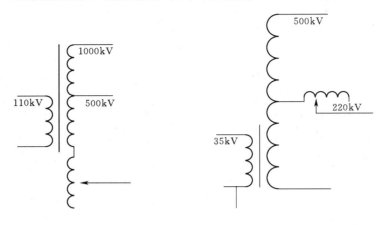

图 2-7　500kV 变压器采用　　　　　图 2-8　1000kV 变压器采用
　　　线端调压方式　　　　　　　　　　中性点调压方式

采用线端调压时，由于公共绕组部分的每匝电动势基本不变。当中压侧系统电压变化时，通过改变公共绕组的匝数使铁芯中的磁感应强度不变，这种调压方式称为恒磁通调压。因其为恒磁通调压，在中压侧线端调压时低压侧电压基本不受影响。这种调压方式简单可靠，但是变压器中压侧额定电流大、引线粗，大量引线绝缘处理难度大，高场强区域范围也较大，中压侧线端往往成为变压器绝缘的薄弱点。1000kV 变压器电压等级高，中压系统电压为 500kV，如采用线端调压方式，调压装置的绝缘水平要求很高，其可靠性难以保证，因此特高压变压器不易采用中压侧线端调压的方式。

采用中性点调压，则调压绕组和调压装置的电压低、绝缘要求低、制造工艺易实现，而且因调压装置连接在公共绕组回路内，分接抽头电流较小，使得分接开关易制造，整体造价较低。中性点调压缺点为变磁通调压，如果调整分接位置，则三侧电压均要随之变化，有可能使低压侧电压波动过大无法使用。但是，1000kV 变压器中压侧的波动一般都能保持在允许范围内，尽管中性点调压会出现过激磁和第三绕组电压偏移现象，但通过合理设计，理论上可实现中压侧电压调整时，低压侧电压不受影响。

特高压变压器主体和调压部分分体布置，分别置于两个独立油箱中，形成自耦变压器（主体）和调压补偿变压器。自耦变和调压变之间通过管路母线连接。因此，高压侧和低压侧之间没有磁的联系，只有电的联系。串联绕组和公共绕组这两个绕组之间既有磁的联系又有电的联系；低压绕组与公共绕组和串联绕组之间只有磁的耦合；低压励磁绕组和低压绕组并联，为调压变提供励磁电源；低压励磁绕组和调压绕组并联，为补偿绕组提供励磁电源；调压绕组和公共绕组相串联起到调压的作用；低压补偿绕组和低压绕组相串联起到稳定低压侧电压的作用。

（三）电压调节补偿原理

调压原理见图 2-9，SV 为串联绕组，CV 为公共绕组，LV 为低压绕组，EV 为励磁绕组，TV 为调压绕组，LE 为低压励磁绕组，LT 为低压补偿绕组。为了保证低压电压恒定，在调压变压器中设置有 LE 低压励磁绕组和 LT 低压补偿绕组，用于补偿低压电压的波动。由于主体变 1 个铁芯、调压变中有 2 个铁芯，根据匝电势 $e=4.44f\Phi_m$，当 f 一定时，匝电势和铁芯磁通成正比。因此，这 7 个绕组的电磁耦合关系如下：SV、CV、LV 有电磁耦合，SV、CV、LV 每匝线圈的感应电动势相同；TV、EV 有电磁耦合，每匝线圈感应电动势相同；LE、LT 有电磁耦合，每匝线圈感应电动势相同。

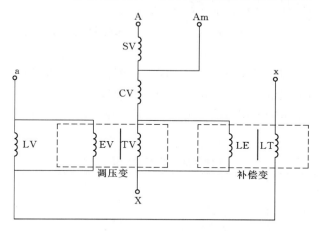

图 2-9　1000kV 变压器接线原理图

长治站主变这 7 个绕组的匝数如下：NSV：854；NCV：854；NLV：310；NEV：649；NLE：460；NLT：86；NTV：$\pm45\times4$，1 到 9 分接等差递减。根据图 2-9 的电磁耦合关系，变压器感应电动势 $U=4.44nf\Phi_m=ne$，可以列出式（2-5）：

$$\begin{bmatrix} N_{LV} & -N_{EV} & 0 \\ 0 & N_{TV} & -N_{LE} \\ N_{CV} & N_{TV} & 0 \end{bmatrix}\begin{bmatrix} e_1 \\ e_2 \\ e_3 \end{bmatrix}=\begin{bmatrix} 0 \\ 0 \\ U_m/\sqrt{3} \end{bmatrix} \qquad (2-5)$$

式中：e_1、e_2、e_3 分别为 SV、EV、LE 中每匝电势；U_m 为中压侧系统电压为已知量。利用上述矩阵方程可求出 e_1、e_2、e_3。由矩阵方程（2-6）可求出高、低侧相电压 U_h、U_l。

$$\begin{bmatrix} N_{SV}+N_{CV} & N_{TV} & 0 \\ N_{LV} & 0 & N_{LT} \end{bmatrix}\begin{bmatrix} e_1 \\ e_2 \\ e_3 \end{bmatrix}=\begin{bmatrix} U_h \\ U_l \end{bmatrix} \qquad (2-6)$$

SV、TV、EV 中的磁通见式（2-7）：

$$\Phi_1=e_1(4.44f),\ \Phi_2=e_2/(4.44f),\ \Phi_3=e_3/(4.44f) \qquad (2-7)$$

式中：f 为系统频率。

其调压原理如下。变压器工作原理 $E=4.44nf\Phi_m$。式中 E 为公共绕组感应的电动势，忽略励磁电流时其值约等于加在公共绕组上的电源电压。当中压侧系统电压高于额定值（525kV）时，分接头在 1~4 档（随系统电压高低调整分接头位置）。加在调压绕组上的电压为正，则公共绕组和励磁绕组上的电压降低。可知在铁芯中磁通量 Φ 将降低，串联绕组 SV 感应的电压将降低，则中压侧系统电压升高时，高压侧的感应电压基本不变；低压绕组感应电压降低，由调压绕组感应出和低压绕组同方向的电压进行补偿，低压侧电压也基本保持在额定值。

当中压侧电压低于额定值时，分接头在 5～9 档，其极性端和档位在 1～4 时正好相反，加在调压绕组上的电压为负，则加在公共绕组上的电压超过额定电压，铁芯中的磁通增加，公共绕组感应电动势升高，高压侧电压维持不变；低压绕组感应电压升高，而调压绕组感应电压的方向和低压绕组电压方向相反，由调压绕组感应的补偿电压和低压绕组的电压方向也相反，因此经补偿后的低压侧电压在偏离额定电压很小处波动。

根据式（2-5）、式（2-6）、式（2-7）经具体计算可知，当分接头分别位于 9 个档位下时，e_1、e_2、e_3、U_h、U_m、U_l、Φ_1、Φ_2、Φ_3 计算结果见表 2-3；U_h、U_m、U_l、U_{l1} 的电压波动见图 2-10，U_{l1} 是没有 LT 绕组时低压侧相电压。可以看出，虽然中性点调压可能会出现第三绕组电压偏移现象，但采用电压负反馈回路，对与 TV 同柱布置的 LE 进行电压补偿，可实现中压侧的调节范围为 ±5% 时，保证高压侧电压基本不变，低压侧电压变化不超过 ±0.2kV。

表 2-3　　　　　　　　　　9 种分接下重要电气量值

分接头	中压侧 U /kV	e/V			U/kV			Φ/T		
		e_1	e_2	e_3	U_h	U_m	U_l	Φ_1	Φ_2	Φ_3
1	551	338	161	63.1	606	318	110	1.52	0.727	0.285
2	544	342	163	47.9	606	314	110	1.54	0.735	0.216
3	538	346	165	32.4	606	311	110	1.56	0.745	0.146
4	531	351	167	16.3	606	307	110	1.58	0.754	0.074
5	525	355	169	0	606	303	110	1.60	0.763	0
6	518	359	172	−16.3	606	299	110	1.62	0.773	−0.076
7	511	364	174	−34.0	606	295	110	1.64	0.783	−0.153
8	505	369	176	−51.7	606	291	110	1.66	0.793	−0.233
9	498	374	179	−69.9	606	287	110	1.68	0.804	−0.315

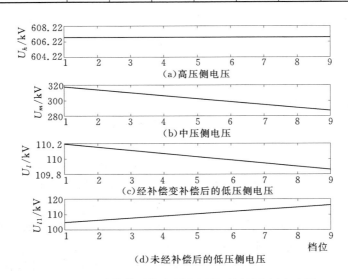

图 2-10　9 个档位下特高压变压器不同侧电压大小图

故对于特高压变压器来说，采用中性点无励磁调压方式（附加电压补偿）是最好的方法。

四、1000kV变压器铁芯结构

铁芯是由导磁材料制成的框形闭合结构。为了减少涡流损耗，变压器铁芯由很薄的附有绝缘层的硅钢片叠积或卷绕而成。铁芯部分是变压器的基本部件，由导磁体和夹紧装置组成，它有两个作用：

（1）构成变压器的磁路，它是一次和二次电路电能转换的媒介。

（2）通过铁芯的夹紧装置使导磁体成为一个完整的结构，构成变压器的骨架。

（一）自耦变压器铁芯

自耦变压器铁芯采用单相五柱式，即三主柱带两旁柱，见图2-11。三主柱各相绕组并联，从内向外依次套装低压绕组、公共绕组、串联绕组。

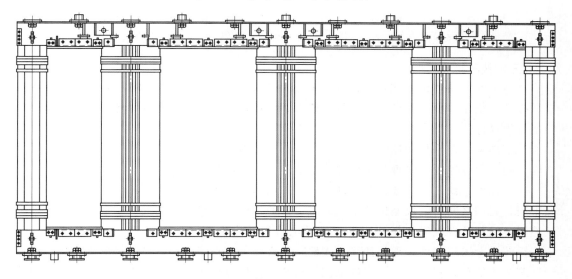

图2-11　主体变铁芯采用四框五柱式

采用六级阶梯接缝，有效改善接缝处磁通分布，较常规2级阶梯接缝结构，空载损耗可降低约8%。阶梯接缝示意图见图2-12。采用日本进口优质、高导磁、低损耗优质晶粒取向冷轧硅钢片叠成。铁芯内设置多个绝缘油道，保证铁芯的有效散热。铁芯末级叠片和拉板均开有隔磁槽，铁芯腹板加磁屏蔽，降低附加损耗以防止局部过热。

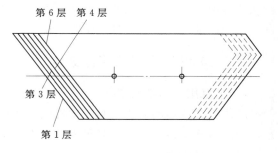

图2-12　阶梯接缝示意图

（二）调压变和补偿变铁芯

调压变铁芯采用单相三柱式，即一主柱带两旁柱，见图2-13。低压补偿变铁芯采用口字形，即一主柱带一旁柱，见图2-14。

叠片均为 6 级步进搭接，铁芯材料为日本产优质高导磁硅钢片。

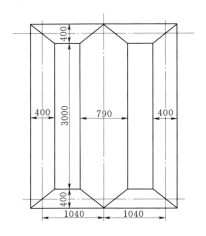

图 2-13 调压变铁芯采用
单相三柱式（单位：mm）

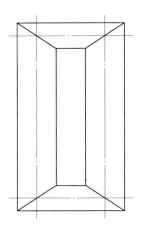

图 2-14 补偿变铁芯采用口子式

（三）铁芯组成

铁芯主要由铁芯叠片和铁芯结构件构成。铁芯结构件主要由夹件、垫脚、撑板及拉板、拉带等组成，叠片和夹件、垫脚、撑板、拉板、拉带之间均有绝缘件。垫脚和箱底之间也有绝缘件。

铁芯加紧：在叠片和拉板外绑扎稀纬带。夹件为板式结构。铁轭通过低磁钢拉带紧固铁轭。同时通过撑板、垫脚和拉板使将铁芯连接为刚性整体。

铁芯接地：铁芯及其金属结构件在绕组的电场作用下，具有不同的电位，与油箱电位又不同，它们之间的电位差虽然不大，也可能通过很小的绝缘距离而发生放电。为了消除铁芯和金属附件在绕组电场作用下产生的电位以及它们之间的电位差，避免造成游离放电，铁芯及金属结构件必须经油箱而接地，且必须是一点接地。铁芯如果两点接地，相当于铁芯两侧短路，就会产生一定的电流。这个电流导致局部过热，损耗增加，甚至接地片熔断，使铁芯产生悬浮电位，这是不允许的。所以，铁芯叠片及铁芯结构件分别由接地引线从箱盖引出接地，即为铁芯接地和夹件接地，且内部不允许存在多点接地情况。铁芯下部通过箱底的定位钉与夹件或垫脚定位，上部通过撑板上的定位件与箱盖配合定位。

五、1000kV 变压器绕组结构

（一）绕组的基本要求

绕组是变压器的心脏，是变压器变换和输配电能的中枢。要保证变压器长期安全可靠地运行，对变压器的绕组，必须满足以下基本要求。

（1）电气强度。

1）雷电冲击耐受电压。

2）操作冲击耐受电压。

3）工频耐受电压。

（2）耐热强度。在长期工作电流产生的热作用下，绕组的绝缘的使用寿命应不低于20年，变压器在运行条件下，在任意线端发生突然短路，绕组应能承受住短路电流所产生的热作用而无损伤。

（3）机械强度。变压器带负荷运行时，正常运行时绕组受到的电动力作用较小，突然短路时的短路电流为正常额定电流的数倍甚至十几倍，电动力与短路电流的平方成正比，因此绕组所受的电动力为正常运行的数十至数百倍。大型变压器所受的电动力可以达到几百t。在变压器短路强度不够时，就会发生绕组变形，匝间、饼间激烈的相互运动，导致变压器的绝缘发生机械损伤而引起内部短路。因此在设计中应采取有效措施，保证绕组具有良好的承受短路能力。而且在运行中变压器受到近区或出口较大短路电流冲击时，需要进行绕组变形试验，检查绕组是否良好。

（4）此外，变压器的阻抗、负载损耗等性能参数也必须满足要求。

（二）绕组的结构形式

由于变压器容量和电压的不同，绕组所具有的结构特点亦各不相同，包括匝数、导线截面、并联导线换位、绕向、绕组连接方式等，需要根据不同的要求进行设计，变压器绕组形式细分见图2-15。

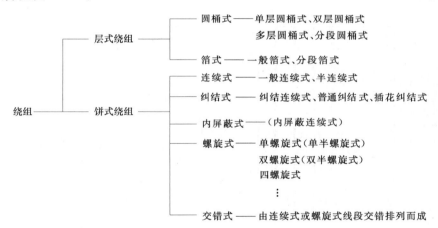

图2-15　绕组结构类型

（三）1000kV变压器绕组结构型式及基本参数

1000kV变压器绕组结构型式及基本参数见表2-4。

表2-4　　　　　　　　　　1000kV变压器绕组结构型式及基本参数

绕组参数	自耦变压器			调压变压器		补偿变压器	
	串联绕组	公共绕组	低压绕组	励磁绕组	调压绕组	励磁绕组	补偿绕组
容量/kVA	1000000/3	1000000/3	334000/3	59048	59048	19327	19327
额定电压/kV	1050/$\sqrt{3}$	525/$\sqrt{3}$	110	110	32（最大值）	32（最大值）	6（最大值）
额定电流/A	549.9	549.9	1011.9	508.9	1834.3	601.3	3040.4
绕组型式	内屏蔽连续式	内屏蔽连续式	内屏蔽连续式	内屏蔽连续式	双螺旋式	内屏蔽连续式	双螺旋式

（1）高压、中压、低压、励磁及低压励磁绕组采用内屏蔽连续式，高压绕组和中压绕组为四段屏结构。插入电容连续式（内屏蔽连续式）绕组是在连续式绕组的进线端部分线段插入一独立的屏蔽线匝，屏蔽线与工作线之间一般没有电的连接，但各个屏蔽线都有自己特定的电位。

内屏蔽式绕组：内屏蔽连续式绕组是通过增大线段间的串联电容的方式，来达到改善冲击电压分布的目的。其结构特点是将附加电容线匝直接绕在连续式线段内部，电容线匝的端头包好绝缘后在线段中悬空，电容线匝不载电流，只在冲击电压下起作用。

连续式绕组：当绕组是由若干个沿轴向分布，且由彼此不需要焊接的线段组成的绕组，称为连续式绕组。连续式绕组的端部支撑面大，承受轴向力大，抗短路能力强，且各线段上有较大的散热能力。这种绕组无论是电压等级还是容量范围，应用都很广泛。

内屏蔽连续式绕组的主要优缺点如下：

优点：可以根据插入线段中的屏蔽线匝数的多少调节纵向电容，改善冲击分布，绕组本身没有焊接头，绕制简单。

缺点：屏蔽线匝占据一定的空间位置，使绕组的填充率较低。

内屏蔽式绕组导线排列顺序见图 2-16。

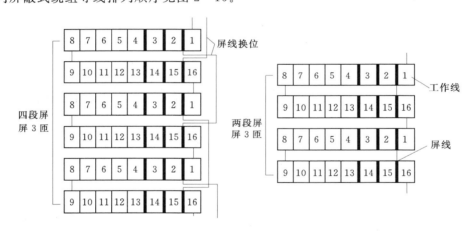

图 2-16　内屏蔽式绕组导线排列顺序

（2）调压绕组、低压补偿绕组为双螺旋绕组。螺旋式绕组是由多根导线并联叠绕而成，线饼绕成螺旋状，相邻匝间用垫块隔开，每个饼为一匝绕组，由于其良好的机械稳定性、良好的散热能力和工艺性而普遍应用于调压绕组、大电流的低压绕组或低电压的高压绕组（如厂用变压器）。

螺旋式绕组分为单（半）螺旋式、双（半）螺旋式、三螺旋式、四螺旋式、六螺旋、八螺旋式绕组等。

（四）绕组线材及绝缘

高压、中压、低压、调压、励磁绕组采用自粘换位导线，即换位导线中的单根扁导线上涂了一层环氧树脂，目的是漆膜热固化后，将所有小线粘在一起，以提高绕组的抗短路强度。

低压励磁、低压补偿绕组采用纸包扁线。

1000kV 绕组的匝绝缘纸选用进口芬兰产 TERTRANS I 型纸，该绝缘纸是专门用于特高压变压器，其击穿电压达到 9.2kV/mm，比 QB/T 3521—1999（500kV 匝绝缘纸）的规定值高 15%，电气性能明显优于 500kV 匝绝缘纸，提高了匝间及段间绝缘的可靠性。

（五）绕组温升

保变 1000kV 变压器绕组温升见表 2-5。

表 2-5　　　　　　　　　　　　绕 组 温 升 设 计 值

部　位	自耦变压器温升/K（冷却方式 OFAF）	调压变压器温升/K（冷却方式 ONAN）	补偿变压器温升/K（冷却方式 ONAN）
油平均	32.3	30.9	30.9
油顶层	35.4	40.9	40.9
高压绕组（平均/热点）	57.2	—	—
中压绕组（平均/热点）	58	—	—
低压绕组（平均/热点）	56.4	—	—
油平均	—	58	—
调压绕组（平均/热点）	—	58	—
励磁绕组（平均/热点）	—	54.7	—
低压补偿绕组（平均/热点）	—	—	54.4
低压励磁绕组（平均/热点）	—	—	56.3

注　1. 自耦变温升计算的总损耗，按变压器三绕组运行（同时满负荷）最大损耗：（215.9kW＋2265kW＝2480.9kW）计算，7 组 400kW 风冷却器投入运行。

　　2. 调压变和补偿变温升计算的总损耗按变压器三绕组运行（同时满负荷）最大损耗：调压变（31＋136.6）kW＋补偿变（11.6＋106.4）kW＝285.6kW 计算。

六、器身绝缘

（一）器身绝缘

电力变压器绝缘是电力变压器特别是高压电力变压器的重要的组成部分，它不但对变压器的单台极限容量和运行可靠性具有决定性意义，而且对变压器的经济指标也具有重要影响。

变压器的绝缘可分为内绝缘和外绝缘，内绝缘是油箱内的各部分绝缘，外绝缘是套管上部对地和彼此之间的绝缘。变压器器身绝缘是内绝缘，是变压器的重要组成部分。而内绝缘又可分为主绝缘和纵绝缘两部分。

主绝缘是绕组与接地部分之间，以及绕组之间的绝缘。在油浸式变压器中，主绝缘以油纸屏障绝缘结构最为常用。根据变压器油的体积效应，将大油隙分隔成为小油隙，则油间隙的耐电强度将有所提高。对均匀电场而言，希望被分隔的任一油间隙均具有相同的击穿概率，被分隔的任一小油间隙击穿时，则全部油间隙均将引起击穿。

绕组间绝缘结构有两种型式：厚纸筒大油隙结构形式和薄纸筒小油隙结构型式。薄纸筒小油隙结构一般认为主绝缘的击穿主要是油隙的击穿，而油隙一旦击穿，纸筒也就丧失绝缘能力。在 110kV 及以上等级的油浸式电力变压器中，则均采用薄纸筒小油隙结构。1000kV 变压器主绝缘采用薄纸筒小油隙结构，它的基本特点是油体积减小时，油的耐压强度增大。

纵绝缘是同一绕组各部分之间的绝缘，如不同线段间、层间和匝间的绝缘等。绝缘为油-隔板和纸筒-油隙的型式。

器身绝缘件是由电工纸板制成的块、筒、板组成，包括绕组端部护端圈和角环，以及为了改善电场在铁芯、铁轭处加装的屏蔽筒。

（二）绝缘材料

电气设备绝缘由各种电介质构成，一般分气体、液体和固体三类，三者及其不同组合都广泛应用于电力系统。1000kV 变压器绝缘主要使用变压器油和固体绝缘材料。

1. 变压器油

1000kV 变压器使用的变压器油为国产新疆克拉玛依油，按低温性能分两个牌号：DB-25 及 DB-45。DB-45 用在像黑龙江省这样环境温度比较低的地区，晋东南 1000kV 变压器使用的是 DB-25。

变压器油是弱极性的液体介质，相对介电常数 2.2，变压器油充满整个变压器油箱，起着绝缘和传导热量的双重作用，它的耐电强度、传热性比空气好得多，热容量也比空气大得多，因此目前的电力变压器绝大多数采用油浸式。变压器油的耐热等级为 A 级，最高允许工作温度为 105℃。

2. 固体绝缘材料

1000kV 变压器器身绝缘结构采用固体绝缘材料有：层压纸板（T4），绝缘纸板（T4），成型绝缘件和皱纹纸。这些固体绝缘材料经干燥浸渍变压器油后，电气性能非常良好，耐热等级为 A 级，因此，油纸组合绝缘广泛应用在油浸式变压器的绝缘结构中。

绝缘纸，如皱纹纸、电缆纸，用于绕组出头绝缘包扎。本产品关键部位采用 22HCC 丹尼森皱纹纸。

3. 固体绝缘与油配合的作用

（1）覆盖对油间隙击穿电压的影响。覆盖是用固体绝缘材料，如电缆纸、皱纹纸及绝缘漆等做成紧贴于电极表面比较薄（约十分之几到几毫米）的绝缘层，如导体所包绕的纸带或皱纹纸等。

覆盖的作用，在于消除任何情况下油中纤维杂质的积累并形成半导体小桥而将两电极短接的现象。因此，它的有效性与电场均匀程度有关。试验表明，电场越均匀，油中杂质含量越多，覆盖的作用越显著。

（2）绝缘层对油间隙击穿电压的影响。绝缘层与覆盖不同的是其厚度较大（有时甚至可达十几毫米），且承担一定比例的电压而使油中电场强度减小。因此，它在工频和冲击电压下都有显著作用。在极不均匀电场中，对于电场集中的那一个电极加以绝缘层，油间隙的耐电强度就提高很多。绝缘层在变压器中应用于高压绕组首端及末端线饼的加强绝缘、静电环的绝缘以及引线绝缘等。

在均匀电场中油间隙内存在一定厚度的固定绝缘层时，因为油间隙中的电场强度与介电系数成反比，故油中电场强度反而会提高。

（3）隔板对油间隙击穿电压的影响。油浸式变压器的绕组间插入隔板，即构成油-隔板结构型式。绕组间插入隔板目的是分隔油隙，即将大油隙分隔成小油隙，应用变压器油的体积效应，提高油的耐电强度，以及阻止局部放电的发展。

（4）变压器油中沿固体介质表面放电。在油浸式变压器的绝缘结构中，由于同时采用液体和固体绝缘材料，因此产生了沿固体和液体分界面放电的可能性。单纯增加沿面放电距离，并不能保证不出现沿面放电。实践表明：端部绝缘发生沿面放电在其路径长度达到一定距离后即呈现饱和现象，这主要是由于在绕组端部的电场强度超过油的局部放电的电场强度时，经过预放电导致电场畸变引起滑闪放电而击穿。沿面放电是结果，而局部放电才是原因。因此，解决沿面放电问题的关键是解决端部各处，特别是电场集中处的电场强度，使其低于油的局部放电场强值，同时对重要高压变压器安装局放放电在线监测系统也就很有必要了。

七、引线结构

变压器绕组的引线，一般是指各相绕组之间的连线，绕组出头与套管之间的连接线以及绕组分接头与分接开关之间的连线等。引线绝缘与变压器主、纵绝缘一样是变压器绝缘结构设计的重要组成部分。

1000kV及500kV出线采用瑞士魏德曼公司成型可拆卸引线。魏德曼公司根据变压器具体结构进行引线结构设计，并进行电场分析计算。同时保变天威变压器厂对引线绝缘的结构进行详细分析研究，以确保引线绝缘设计的可靠性。三柱高压、中压首端均采用并联结构。

八、油箱结构

油箱及其附属装置是油浸式变压器的外部结构，油浸式变压器油箱具有容纳器身、充注变压器油以及散热冷却的作用，因此油箱结构随变压器容量的大小而不同。

1000kV变压器主体变采用桶式结构，箱沿位于油箱顶部，箱盖与油箱之间通过螺栓连接。根据磁场计算结果，油箱壁内侧加屏蔽。主体变油箱结构见图2-17。

调压补偿变采用钟罩式结构，箱沿位于油箱下部。

油箱能够耐受真空度13Pa和正压0.12MPa的机械强度试验。

变压器油箱的平顶箱盖进行预处理，形成一定坡度，不会形成积水，并保证油箱内部不会有窝气死角。

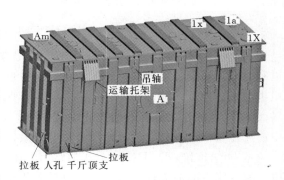

图2-17 主体变油箱结构图

油箱所有法兰的密封面平整，密封垫有合适的限位，杜绝渗漏。

油箱上设有温度计座、接地板、吊攀等，油箱下部设置供千斤顶顶起变压器的装置和水平牵引装置，以及装有足够大的事故放油阀。

油箱上装有梯子，梯子下部有一个可以锁住踏板的挡板，梯子位置便于在变压器带电时从气体继电器中采集气样。

九、冷却方式选择

为了防止油流带电，1000kV 变压器采用 OFAF 冷却方式，与 ODAF 冷却方式相比，主要区别是冷却油不再通过油泵打入器身，而是从器身外部流通，器身中油的流动则是由温差作用形成，从而显著降低器身中油的流速，从根本上消除油流带电。同时在结构设计中，对于绕组端部等电极表面，采取加大导油面积等措施，改进油流状态，消除油流带电。

OFAF 和 ODAF 冷却方式油路示意图见图 2-18。

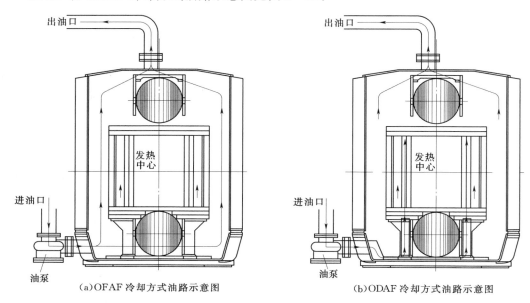

（a）OFAF 冷却方式油路示意图　　（b）ODAF 冷却方式油路示意图

图 2-18　OFAF 和 ODAF 冷却方式油路示意图

从图 2-17 可以看出，采用 OFAF 冷却方式时，冷却油主要从绕组外进行循环，可以有效降低高场强区的油流速度，试验研究数据和计算结果表明，OFAF 冷却方式下，绕组中油流速较低，约为 50cm/s 左右。在合理的绝缘结构下，当绕组中的油流速度控制在 50cm/s 以下时，就可有效地防止油流带电，1000kV 变压器采用 OFAF 冷却方式，绕组中油流速很低，不会发生局部油流放电现象，提高了变压器运行可靠性。

从 OFAF 和 ODAF 冷却方式油路示意图可以直观地看出，采用 ODAF 冷却方式时，由于流过绕组的油流量较大，冷却效果要优于 OFAF 冷却方式。为了确保 OFAF 冷却方式下产品能满足产品长期运行的要求，1000kV 变压器采取的控制温升的方法主要有以下几点：

（1）合理布置结构，保证油路设计合理、畅通。

（2）当绕组幅向尺寸过大时，在线饼中加散热油道，增大了绕组的散热面积。

（3）控制绕组内垫块恒压干燥后的厚度不小于规定值。

（4）绕组轴向方向放置内外导向，控制油流方向，避免出现死油区，能有效改善绕组冷却效果。

（5）根据漏磁场计算结果，合理调整安匝，使安匝尽可能趋于平衡，降低特殊部位处线饼中的涡流损耗，进一步降低绕组的热点温升。

十、1000kV变压器附件介绍

下面以保定天威变压器厂生产的1000kV变压器为例（见表2-6），对特高压变压器附件进行具体分类详述。

表2-6 1000kV变压器主要附件

组件名称	规格型号	数量	备 注
套管	PNO. 1100. 2400. 2500. HL	1	意大利P&V
	PNO. 550. 1675. 5000. HL	1	意大利P&V
	BRLW-170/4000-3	5	抚顺传奇
	BRDLW-145/2500-3	4	抚顺传奇
调压开关	DUI2403-123-12091BB	1	德国MR
冷却器	YF3-400	8	保定多田
散热器	PC3200-36/460	14	保定多田
温度计	AKM34401 12X-5.0	4	瑞典AKM
	AKM35401 12X-5.0	1	瑞典AKM
压力释放阀	208-015-01	5	美国QUALITROL
压力继电器	900-009-63	1	美国QUALITROL
气体继电器	BF80/10-2K	2	德国EMB公司
故障监测仪	TM8	1	美国SERVERON（华电云通代理）
套管监测仪	TMB	1	四台共用，美国SERVERON（华电云通代理）
便携式局放在线监测仪	TWPD-2b	1	四台共用，天威新域

（一）压力释放阀

1. 压力释放阀工作原理

压力释放阀是变压器的压力保护装置，安装在变压器油箱的顶部，当由于故障引起油箱内压力过高时，压力释放阀开启，将油箱内的油喷出以释放压力防止油箱爆裂，同时压力释放阀的微动开关动作发出跳闸信号使变压器停止运行。

当油浸式电抗器内部发生事故时，油箱内的油被气化，产生大量气体，使油箱内部压力急剧升高。此压力如不及时释放，将造成油箱变形或爆裂。安装压力释放阀就是在油箱内压力升高到压力释放阀的开启压力时，压力释放阀在2ms内迅速开启，使油箱内的压力很快降低。当压力降到压力释放阀的关闭压力值时，压力释放阀又可靠关闭，使油箱内永远保持正压，有效地防止外部空气、水气及其他杂质进入油箱。

在压力释放阀开启同时，有一颜色鲜明的标志杆向上动作且明显伸出顶盖，表示压力释放阀已动作过。在压力释放阀关闭时，标志杆仍滞留在开启后的位置上，必须由手动才能复位。

2. 压力释放阀的基本配置原则

压力释放阀的选用主要考虑两个因素，即有效口径和压力等级。

考虑到标准化的要求，保定变压器厂一般采用 Φ130 有效口径的压力释放阀。

压力等级按压力释放阀的关闭压力值选取，计算公式如下：

$$P_g = P_j + P_q + P_k \qquad (2-8)$$

式中：P_g 为压力释放阀的关闭压力，kPa；P_j 为压力释放阀工作时的静压力，即变压器最高油面到压力释放阀法兰盘的静油压，kPa（1m 油柱静压力＝8.8kPa）；P_q 为强油循环冷却的附加压力，kPa，取 0.5～1.5kPa；P_k 为安全裕度压力，kPa，取 0.5～1.5kPa。

每台变压器选用压力释放阀的数量按下式计算：

$$N = W/40（N 值小数四舍五入取整）$$

式中：N 为变压器选用压力释放阀的数量；W 为变压器油的总重，t。

例如：该台 ODFPS－1000000/1000 主变压器，总油量为 129.7t，储油柜最高油面到压力释放阀法兰盘的高度为 3.3m。则选用方法如下：

$N = W/40 = 129.7/40 = 3.2425（台）$　　　　压力释放阀台数取 3 台

$P_g = P_j + P_q + P_k = 8.8×3.3+1+1 = 31.04（kPa）$　压力释放阀的关闭压力取 31.5kPa

1000kV 变压器选用压力释放阀动作压力为 70kPa，配备 5 台美国 Qualitrol 公司208－015－01 型压力释放阀。主体变有 3 台压力释放阀，高压侧 2 台，低压侧 1 台。调压补偿变有 2 台压力释放阀。

3. 压力释放阀结构

压力释放阀的主要结构型式是外弹簧式，主要由弹簧、阀座、阀壳体（罩）、等零部件组成，压力释放阀外部安装有导油罩，具体见图 2－19。

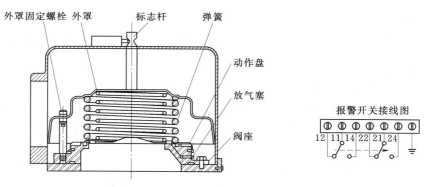

接点容量：在交流 125V、250V 和 480V 时是 15A；在直流 125V,0.5A(非感性负载)；
在直流 250V,0.25A(非感性负载)。

图 2－19 压力释放阀结构图

4. 压力释放装置注意事项

压力释放阀在安装完毕变压器投运前必须将闭锁装置卸下；如果压力释放阀带有两副

常开接点，为了防止压力释放阀误动作，建议两副常开接点串联；运行中的压力释放阀动作后，变压器再次运行前应将压力释放阀的机械电气信号手动复位；压力释放阀出厂前其弹簧的松紧度已调整好，不要擅自对压力释放阀任意解体。

（二）储油柜

1. 储油柜的工作原理

储油柜是变压器油存储、补充及保护的组件，安装在变压器油箱顶部，与变压器油箱相连。当油箱的油随温度升高体积膨胀时，多余的油通过联管到达储油柜，这样储油柜就完成了存储变压器油的作用；反之，当温度下降时，储油柜中的油通过联管到达油箱，补充变压器油的不足。

储油柜按内部结构分为胶囊式全密封储油柜、隔膜式全密封储油柜、金属波纹管式全密封储油柜和带半导体制冷干燥器的开放式储油柜四种。隔膜式储油柜已被淘汰，波纹管式属于限制使用范围之内，带半导体制冷干燥器的开放式储油柜在国外已运行多年，是在原来的开放式储油柜上加装一套半导体制冷干燥呼吸器（以下简称干燥呼吸器），国内曾有研究机构进行过研制，但未获推广。因此现国内使用最多的是胶囊式储油柜。

1000kV变压器储油柜为胶囊式全真空储油柜，油位表采用压力式油位表。

（1）胶囊作用。储油柜中变压器油质量的好坏直接影响变压器的使用寿命，变压器油的老化程度与其接触空气的时间有关，为了使储油柜中的变压器油不与空气接触，在储油柜内部设置了一个耐变压器油的胶囊，储油柜中的胶囊阻断变压器油与空气的接触，使变压器油免被氧化，与储油柜相连的吸湿器吸收进入胶囊的空气中的水分，使其免受潮湿。

（2）集气室的功能。为了避免储油柜注油时和变压器运行中产生的气体进入储油柜，在储油柜的下部设置了一个集气室，当变压器油经此进入储油柜时，它能使夹杂在变压器油中的气体分离出来，被分离出来的气体积存在集气室的上部，气体量可以从集气室外部的小管式油表观察出来，当小管式油表的油面降到中下部时，应从排气管路排除气体。

（3）压力式油位表原理。储油柜油位计分为两部分，传感器部分安装在储油柜的底部，显示器部分安装在变压器油箱上容易观察读数的位置，这两部分由毛细管连接并传递油位的变化。其工作原理是：传感器的浮子随着油面升降并通过浮子杆将位移传递给传感器中的连接结，经毛细管将位移传递给显示器从而驱动显示器里的指针转动，以达到显示储油柜的油位目的，并在储油柜的最低油位和最高油位时使微动开关动作，发出报警信号。

2. 储油柜安装注意事项

首先要检查油位表的毛细管是否损坏；如果在现场安装胶囊，一定要检查胶囊的密封情况，对于国外胶囊还应注意胶囊与储油柜壳体连接处的密封情况；储油柜真空注油完成后，一定要检查真空注油管路中几个球阀的闭合状态，见图2-20。

（三）变压器套管

1. 变压器套管的工作原理

变压器套管（以下简称套管）是将变压器内部的高、低压引线引到油箱外部的出线装

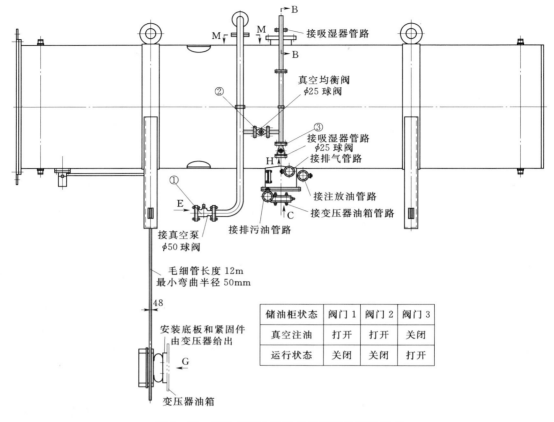

图 2-20 储油柜真空注油和运行时的阀门状态

储油柜状态	阀门 1	阀门 2	阀门 3
真空注油	打开	打开	关闭
运行状态	关闭	关闭	打开

置。它不但作为引线对地的绝缘，而且担负着固定引线的作用，因此必须具有规定的电气强度和足够的机械强度；同时套管又是载流组件，在变压器投入运行后能长期通过负载电流，同时应能承受短路时的瞬时过热，因此套管必须具有良好的热稳定性。

2. 套管的绝缘结构型式

电力变压器所用套管的内绝缘结构型式分两种，当额定电压≤40.5kV，额定电流≤8000A 的套管为纯瓷式；当额定电压>40.5kV，额定电流≥10000A 的套管为油浸纸电容式。外绝缘结构型式也分两种，一种为瓷套式，另一种为硅橡胶护套。

国内套管的型号表达方式为：BRLW-550/1600-3。其中 BR 表示油浸纸电容式，L 表示套管可带电流互感器，W 表示套管为防污型，550 表示套管的额定电压（kV），1600 表示套管的额定电流（A），3 为套管的污秽等级。

1000kV 变压器高压、中压套管均为意大利 P&V 公司产品，高压套管均压球为环形结构。

3. 套管注意事项

定期检查套管油位表里的油面是否正常；套管的头部密封结构是否完好；应注意套管的介损和电容量的变化值（与在套管制造厂出厂时的值和在变压器制造厂出厂时的值相比较），套管的介损值应控制在一个合理的范围内（0.0045～0.0055），套管的国家标准和国际标准均规定为不大于 0.007。

（四）无载分接开关

无励磁分接开关是变压器在无励磁状态下改变绕组分接位置的一种装置。在变压器无励磁的状态下，手动或电动操作手柄转动一个分接时，传动机构通过传动轴、齿轮组、回动轴等零部件使动触头移动改变所连接的定触头位置从而改变与定触头相连的变压器绕组的分接位置。有载分接开关是变压器在励磁状态下改变绕组分接位置的一种装置。

长治站 1000kV 变压器调压补偿变的分接开关采用德国 MR 无励磁调压开关，型号为 DUI2403-123-12091BB（D 表示无载；U 表示单相；2403 表示额定电流 2400A，3 个并联开关；123 表示对地电压 123kV；12091BB 表示接线图号），正反调，有 9 个档位 4±1.25%，额定档位是 5 分接。

手动摇把供紧急或调整时手动操作电动机构之用，手动摇把的安全开关只断开电机回路的两根电源线，不断开控制回路电源，分接变换指示器必须在绿色区域的中央标志，到了这个区域后才是下一个操作的基准。分接变换指示器的指针转一周表示一次分接变换操作，指示盘分 33 格，一格相当于手摇把转一圈。

（五）风冷却器

风冷却器的工作原理是：当油泵把变压器顶层高温油送入片散冷却管，热量就传给冷却管，再由管壁及翅片向空气中放出热量。与此同时，在空气侧，由风扇强制吹风，冷却空气带走放出的热量，从而使热油加速冷却。冷却后的油从冷却器下端再进入变压器油箱内。

1000kV 变压器自耦变共有 8 组 400kW 风冷却器，其中 1 组备用。高压侧 4 组，低压侧 2 组，右端 2 组。

（六）温度计

变压器用温度计是用来测量变压器油顶层温度和变压器绕组热点温度的测量和保护装置。

油面温度计是用来测量变压器油箱顶层油温的。它主要由温包、毛细管、表头组成；温度计温包插入油箱箱盖上的温度计座内，温度计表头则安装在油箱侧壁适当高度上，以便于接线和读数。当变压器内部油温升高时，油面温度计的温包内的感温介质体积随之增大，这个体积增量通过毛细管传递到仪表头内弹性元件上，使之产生一个相对应的位移，这个位移经机构放大后便可驱动指针指示被测油面温度，并驱动微动开关，开关信号用于控制冷却系统和变压器二次保护（报警和跳闸）。

绕组温度计是用来测量变压器绕组热点温度的。它主要由温包、毛细管、电流匹配器（分内置式和外置式）、表头组成；温度计温包插入油箱箱盖上的温度计座内，内置式电流匹配器安装在绕组温度计内部，外置式电流匹配器安装在油箱上绕组温度计附近，温度计表头安装在油箱侧壁适当高度上，以便于接线和读数。

当变压器内部油温升高时，绕组温度计的温包内的感温介质体积随之增大，这个体积增量通过毛细管传递到仪表内弹性元件上，使之产生一个相对应的位移；同时变压器的负载电流（与变压器负荷成正比）通过电流互感器 TA 二次侧输出给电流匹配器，经过电流匹配器变流后，输出与变压器铜油温差相对应的电流给电热元件，通过电热元件加热后，弹性元件又增加一个位移量，两个位移经机构放大后便可驱动指针指示被测绕组热点温度，并驱动微动开关，开关信号用于控制冷却系统和用于变压器二次保护（报警和跳闸）。

（七）气体继电器

气体继电器是油浸式变压器等设备的一种主要保护装置。因变压器内部故障而使油分解产生气体或造成油流冲动时，气体继电器的接点动作，以接通指定的控制回路，并及时发出信号或自动切除变压器。

1000kV变压器气体继电器采用德国EMB公司生产的BF-80型产品，具有一对轻瓦斯报警和两对重瓦斯跳闸无源信号接点，外形见图2-21

1. 气体继电器主要部件

气体继电器内部部件包括：上浮子、下浮子、上浮子恒磁磁铁、下浮子恒磁磁铁、上开关系统的一个或两个磁开关管、下开关系统的一个或两个磁开关管、框架、测试机械、挡板。挡板由恒磁磁铁拦挡，并操纵下开关系统。内部见图2-22所示。

气体继电器外部还通过连管和气体取样器相连，气体取样器用于采集气体继电器中的气体，它可以在变压器或附近的正常操作高度上采集气样。

图2-21　EMB公司BF-80型
气体继电器外形图

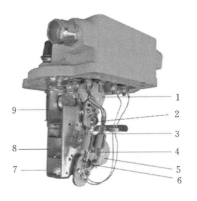

图2-22　EMB公司BF-80型
气体继电器外形图

1—上浮子；2—上浮子恒磁磁铁；3—上开关系统；
4—下开关系统；5—下浮子；6—下浮子恒磁磁铁；
7—框架；8—挡板；9—测试系统

2. 气体继电器原理

气体继电器是变压器内部故障的主要保护元件，安装在储油柜的下部储油柜与变压器油箱相连的联管上，允许通往储油柜的一端稍高，但其轴线与水平面的倾斜度不得超过5°，见图2-23。

变压器正常运行时，气体继电器内一般是充满变压器油。当变压器内部出现故障时，气体继电器会有如下反应（以双浮子气体继电器为例）：

（1）气体积累：如果变压器内部发生轻微故障，则因油分解而产生的气体聚集在气体继电器上部的气室内，并挤压油面使其下降，上浮子也随着下降，当聚集的气体量达到整定值时，通过上浮子的运动使气体继电器报警接点吸合并发出报警信号，见图2-24。

（2）渗漏油：若变压器因漏油而使油面下降，也同样发出报警信号（对于进口气体继电器则由下浮子下沉带动发出跳闸信号），见图2-25。

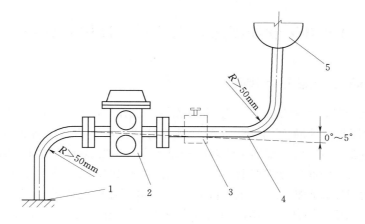

图2-23　变压器气体继电器安装图

1—油箱；2—气体继电器；3—截止阀；4—连接管路；5—储油柜

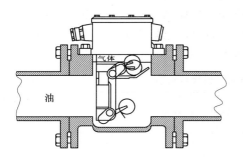

图2-24　气体积累

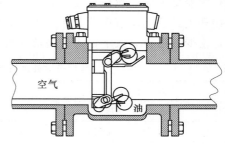

图2-25　渗漏油

（3）内部严重故障：如果变压器内部发生严重故障，油箱内压力瞬时升高，则在气体继电器所在的连接管路中产生油的涌浪，冲击气体继电器的挡板，当挡板旋转到某一限定位置时，气体继电器发出跳闸信号，切断与变压器连接的所有电源，从而起到保护变压器的作用，见图2-26。

3. 气体继电器安装注意事项

首先要注意气体继电器的跳闸动作值是否符合相关标准的规定和厂家要求；注意通过气体继

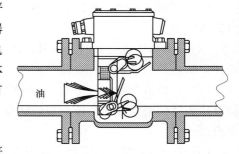

图2-26　内部严重故障

电器的油流方向，外壳上盖的红色箭头必须指向储油柜；如果气体继电器带有两副常开接点，为了防止气体继电器误动作，建议两副常开接点串联；安装完成后要使气体继电器和取气装置中都充满油。

（八）压力继电器

压力继电器是变压器的压力保护装置，安装在变压器油箱的顶部或侧壁，当变压器内部严重故障产生电弧时，油分解产生大量气体，使得油箱内压力升高的速率超过规定值，压力继电器迅速动作发出跳闸信号使变压器停止运行，防止变压器故障进一步发展。

第三节　1000kV 变压器运行维护基本操作要点和注意事项

一、1000kV 变压器运行规定

（1）主变运行时，正常情况时 3 组冷却器打"工作"状态，2 组冷却器打"辅助 1"状态，2 组冷却器打"辅助 2"状态，1 组冷却器打"备用"状态。当油面温度达到 55℃或高压侧电流达到 $0.6I_n$ 时，辅助 1 的两组冷却器投入，当温度降到 50℃时或高压侧电流低于 $0.6I_n$ 时辅助 1 的两组冷却器退出；当油面温度升高到 60℃或高压侧电流达到 $0.8I_n$ 时，辅助 2 的两组冷却器投入，当温度降到 55℃或高压侧电流低于 $0.8I_n$ 时，辅助 2 的两组冷却器退出；当运行中任意一组冷却器发生故障，备用的 1 组冷却器投入。当冷却器全停时，主变可以运行 60min，若油面温度达到 75℃，则可以运行 20min。

（2）运行中的主变压器高、中、低压侧避雷器必须投入运行。

（3）主变带电时，无载分接开关的手动操作机构应插入定位销、锁上挂锁，严禁带电调节分接开关。手动调节无载分接开关后，应进行直流电阻测试。

（4）主变各运行方式下最大传输功率见表 2-7。

表 2-7　　　　　　　　　单相主变各运行方式下最大传输功率　　　　　　　单位：mVA

运 行 方 式	最大传输功率
高压侧—中压侧	1000
高压侧—低压侧	334
中压侧—低压侧	334

（5）正常运行时，长治站发现任一 1000kV 变压器的电流接近限额值的 90%，应立即向国调汇报。

（6）1000kV 主变并列运行时，若一台主变故障跳闸，应加强对线路潮流及系统电压监视，防止另一台主变过负荷。

（7）一般情况下，长治站 1000kV 变压器分接头应处于 1050/525/110kV 档位。变压器分接头挡位调整须在变压器检修状态下进行，档位调整后需进行消磁和修改调压补偿变定值区。

（8）1000kV 变压器瓦斯保护或差动保护动作跳闸，不得试送电；通过检查变压器外观、瓦斯气体、保护动作和故障录波等情况，确认变压器无内部故障后，可试送一次；变压器后备过流保护动作跳闸，找到故障并有效隔离后，可试送一次。

（9）主变过负荷运行时的注意事项：

1）当上层油温温度达到报警值（85℃）时，应汇报调度。

2）主变过负荷运行时，其冷却器应全部投入运行。

（10）主变压器新投运、大修、事故抢修或换油后，在施加电压前静置时间不应少于 168h。

（11）主变压器检修完毕送电前进行全面详细检查。

1）检查有关安全措施已拆除。

2）投入主变压器的保护、操作、测量信号装置的电源并检查工作正常。

3）所有保护投入正常，保护压板投入正确。

4）调压变分接位置指示正确，操作把手加锁，定值区与分接头一致。

5）冷却器控制把手在正常位置，试运转正常。

6）所有阀门所处位置正确。

7）各组件安装正确，无渗漏油情况。

8）铁芯和主体的接地可靠，无多余接地点。

9）储油柜和套管等油面指示位置合适。

10）气体继电器、压力释放阀、油泵、风扇、油流继电器、温度计、电流互感器等保护、报警和控制回路正确。

11）变压器的油样化验符合要求。

（12）主变停、送电的操作原则：1000kV变压器停送电，一般在500kV侧停电或充电。单台1000kV变压器带功率运行，另一台主变投运时，应在1000kV侧充电，在500kV侧合环。操作1000kV变压器停、充电前，现场应确认该1000kV变压器110kV侧无功补偿装置未投入，且500kV母线电压满足相关要求。1000kV变压器分接头挡位的调整须在变压器检修状态下进行。

（13）潜油泵启动应逐台启用，延时间隔应在30s以上，以防止气体继电器误动。

二、1000kV变压器巡检

（一）新投运或大修后运行前巡检

（1）主体变、调压补偿变及其附件均无缺陷，且不渗油。

（2）固定应牢固可靠，油漆完整，相色、相序标志正确。

（3）各部位应清洁干净，无任何遗留杂物。

（4）事故排油设施完好，消防设施齐全且工作良好。

（5）气体继电器及其集气盒无气体，气体继电器的防雨罩齐全、完好。

（6）附件完整，安装正确，验收合格、整定正确。

（7）各侧引线安装合格，接头接触良好，各安全距离满足规定。

（8）接地引下线及其与主接地网的连接应符合设计要求，接地可靠。

（9）冷却装置油泵及油流指示、风扇电机转动正确。主体变、调压补偿变阀门开启位置正确。

（10）套管的末屏端子、铁芯、夹件及变压器中性线接地可靠。

（11）调压补偿变的分接开关位置正确，与保护定值一致，经直流电阻测量合格。

（12）储油柜、套管油位正常。

（13）压力释放阀的信号触点和动作指示杆复位。

（14）设计、施工、出厂试验、安装记录、试验报告、备品备件移交清单等技术资料应完整、准确。

（15）主变运行的第一个月，在投运后的第3天、第10天、第30天分别对主变各测量仪表读数进行记录，同时检查变压器密封情况。

（16）主变运行的第2~6个月，每月应对主变各测量仪表读数记录一次，每月测量一次变压器外部构件温升。

（二）日常巡检

（1）变压器负荷情况，包括电流、有功、无功等。

（2）变压器油温、绕组温度正常，与后台显示一致，误差不超过5℃。

（3）各油位指示正常，并抄录油位数值每日进行对比。

（4）主体变和调压补偿变油箱、油枕、套管、冷却器，特别检查阀门、法兰和焊缝等地方无渗漏油现象。

（5）套管油位正常，套管无破损裂纹、无严重油污、无放电痕迹及其他异常现象。

（6）变压器声响正常，无异声。

（7）冷却装置运转正常，自动切换开关位置正确，风扇、油泵运转正常，油流继电器工作正常，指示正确。

（8）导线、接头、母线上无异物，引线接头、母线无发热，导线无松脱、断股现象，管母无弯曲变形现象。

（9）压力释放阀完好，位置正确。

（10）分接开关的位置正常，现场与监控后台指示一致。

（11）呼吸器的硅胶变色在正常范围内，变色硅胶不超过2/3，油封杯的油色、油位正常。

（12）各表计无进水受潮现象。

（13）各控制箱和二次端子箱无受潮，加热器正确投入。

（14）变压器外壳接地和中性点接地良好，铁芯及夹件接地良好。

（15）油中溶解气体在线监测装置和局放在线监测装置工作正常。

（三）定期巡检

（1）消防设施齐全完好。

（2）阀门开启位置正确，油泵及风扇运行声音正常。

（3）各部位的接地完好，定期测量铁芯和夹件的接地电流。

（4）利用红外测温仪检查高峰负载时各接头的温度。

（5）贮油池和排油设施保持良好状态，无堵塞、无积水。

（6）各种表计在检定周期内。

（7）在线监测装置保持良好状态，定期对数据进行分析、比较。

（8）固定在箱体上的冷却装置端子箱的紧固螺栓、端子箱内的二次接线端子每年检查紧固情况。

（9）变压器冷却器控制箱内无异常，电源开关位置正确，加热器按季节和要求正确投退，箱内照明完好。

（10）变压器调压机构箱内无异常，控制电源开关位置正确。

（11）各种标志齐全明显。

（12）变压器各保护、测控装置保持良好状态。

（四）特殊巡检

下列情况须进行特殊巡检：

（1）新设备或经过检修、改造的变压器在投运 72h 内。

（2）有严重缺陷时或经受外部近区短路冲击后。

（3）气象突变（如大风、大雾、大雪、冰雹、寒潮等）前后。

（4）雷雨季节，特别是附近区域有雷电活动后。

（5）高温季节、高峰负载期间。

（6）设备缺陷近期有发展趋势时。

（7）跳闸或操作后。

（8）过负荷或过电压运行。

异常天气时应进行特殊巡检：

（1）气温骤变时，检查储油柜油位和套管油位是否有明显变化，各侧引线是否有断股或接头过热现象，各密封处有否渗漏油现象。

（2）大风、雷雨、冰雹后，检查引线摆动情况及有无断股，设备上有无杂物，套管有无放电痕迹及破裂现象，套管有无渗油现象。

（3）大雾、下雨、下雪时，套管有无沿面闪络和放电、覆冰现象，各接头在小雨中和下雪后如有水蒸气上升或立即融化现象，应用红外测温仪进一步检查其实际情况。

（4）高温天气应检查油温、油位、油色和冷却器运行是否正常，必要时，可启动辅助冷却器。

异常或缺陷情况下也应进行特殊巡检：

（1）变压器过负荷运行时，检查并记录负荷电流，检查油温和油位的变化，检查变压器声音正常、接头无发热、冷却装置投入量足够、运行正常、压力释放装置未动作过。

（2）系统发生外部短路故障后，进行相关检查，并加强监视变压器的状况，检查油温正常，电气连接部分无发热、熔断，瓷质外绝缘无破裂，接地引下线等无烧断等。

（3）铁芯、夹件的接地电流异常变化且色谱分析异常时，在缺陷消除前加强监视。

（4）变压器有部分冷却装置故障时，应加强监测本体运行温度。

第四节　1000kV 变压器运维检修项目及标准

一、变压器试验

变压器试验分为出厂试验、交接试验、预防性试验。

（一）变压器出厂试验

电力变压器的出厂试验分为例行试验、型式试验和特殊试验三种类型。例行试验是每台变压器出厂都要进行的试验项目，通常又称为出厂试验；型式试验是在一种类型的产品中抽测 1 或 2 台变压器来进行的试验项目；特殊试验是由用户提出，并与制造厂协商同意的试验项目。

1000kV 主体变和调压补偿变分体布置，所以部分试验需分别进行，部分试验项目需整体进行。

（二）变压器交接试验

变压器交接试验是指变压器现场安装以后，交付投运前所进行的试验。试验目的有两个：①检验变压器的安装质量；②建立变压器长期运行的比较基准。

（三）变压器预防性试验

变压器预防性试验是指对已投入运行的变压器按规定的试验条件（如规定的试验方法、试验设备、试验电压等）、试验项目、试验周期所进行的定期试验。

下面详述1000kV油浸式电力变压器、电抗器常用预防性试验项目、周期和要求。

1. 油中溶解气体色谱分析

（1）周期。

1）变压器、电抗器1个月1次；对新装、大修、更换绕组后增加第1、2、3、4、7、10、30天。

2）大修后。

3）必要时。

（2）要求。

1）新装变压器的油中任一项溶解气体含量不得超过下列数值：

总烃：$20\mu L/L$；H_2：$10\mu L/L$；C_2H_2：不应含有。

2）大修后变压器的油中任一项溶解气体含量不得超过下列数值：

总烃：$50\mu L/L$；H_2：$50\mu L/L$；C_2H_2：痕量。

3）变压器的油中一旦出现C_2H_2，即应缩短检测周期，跟踪变化趋势。

4）运行设备的油中任一项溶解气体含量超过下列数值时应引起注意：

总烃：$150\mu L/L$；H_2：$150\mu L/L$；C_2H_2：$1.0\mu L/L$。

5）烃类气体总和的产气速率大于0.5mL/h，相对产气速率大于10％/月，则认为设备有异常。

（3）说明。

1）1000kV变压器、电抗器注入前、注入后、变压器长时空载试验后、投运第1、2、3、4、7、10、30天时进行。

2）总烃包括：CH_4、C_2H_6、C_2H_4和C_2H_2四种气体，溶解气体组分含量的单位为$\mu L/L$。

3）溶解气体组分含量有增长趋势时，可结合产气速率判断，必要时缩短周期进行追踪分析。

4）总烃含量低的设备不宜采用相对产气速率进行分析判断。

5）新投运的变压器应有投运前的测试数据。

6）从实际带电之日起，即纳入监测范围。

2. 红外测温试验

定期对变压器和电抗器进行红外测温，可以提前发现很多较为隐蔽的缺陷，提高设备维护检修水平。如变压器漏磁通产生的涡流损耗引起的箱体发热；变压器内部异常发热，引起箱体局部温度升高；冷却装置及油路系统异常，潜油泵过热、管道堵塞或阀门未开、油枕缺油或假油位等；高压套管介损增大、套管缺油、导电回路连接件接触不良等。

红外测温试验的周期为带负荷一个月内（但应超过24h），每3个月一次或必要时。按《带电设备红外诊断应用规范》（DL/T 664）要求执行。注意事项：①测量套管及接头、油箱壳、油枕、冷却器及其进出口等部位；②试验时应记录运行电压和环境温度与湿度等。

3. 绕组直流电阻

绕组电阻测量是变压器实验中既简单又重要的一个试验项目，通过绕组电阻测量，可以检查绕组内部导线的焊接质量，引线与绕组的焊接质量，分接开关、引线与套管等载流部分接触是否良好等。

影响变压器绕组电阻测量准确度的因素包括：测量仪表的准确级，接线的方法，温度测量，读数的视差，试品的接触状况和电流稳定情况（电源的质量）等。采用直流电阻测试仪测量，测量准确性高，灵敏度高，并具有直接读数的优点。

测量时应准确地读取绕组温度（即所在油箱油温），并将电阻换算到参考温度（一般出厂试验温度为75℃）。

变压器的电感比较大，因此直流电路中电流的稳定时间比较长，特别是测量三相五柱铁芯大型变压器的低压三角形连接绕组的直流电阻时，在电路和磁路中不仅有电感的作用，还有电路的各支路及磁路的各支路中的过渡过程，电流的稳定时间特别长。但是不能增加电源电流的方法来缩短测试时间，为防止励磁涌流造成变压器差动保护误动，1000kV侧绕组测试电流不宜大于2.5A，其他绕组测试电流不宜大于5A，并在直流电阻试验后对变压器进行消磁。

绕组直流电阻试验周期为1年，在投运前、大修后、无磁调压变压器变换分接位置或必要时都需测量。要求：①各相绕组电阻相互间的差别，不应大于三相平均值的2%；且三相不平衡率变化量大于0.5%应引起注意，大于1%应查明原因；②各相绕组电阻与以前相同部位、相同温度下的历次结果相比，不应有明显差别，其差别不应大于2%，当超过1%时应引起注意；③电抗器参照执行。

绕组直流电阻测量注意事项：①不同温度下的电阻值按下式换算：$R_2 = R_1(T+t_2)/(T+t_1)$，式中R_1，R_2分别为在温度t_1、t_2下的电阻值；T为电阻温度常数，铜导线取235；②无激磁调压变压器投入运行时，应在所选分接位置锁定后测量直流电阻；③1000kV侧绕组测试电流不宜大于2.5A，其他绕组测试电流不宜大于5A。

4. 绕组绝缘电阻、吸收比和极化指数

绝缘特性试验是在较低电压下，以比较简单的手段，从各种不同的角度鉴定绝缘的性能。

绝缘特性试验一般包括：绝缘电阻测量、吸收比测量、极化指数测量、介质损耗因数测量。

绝缘介质在直流电压作用下，流过绝缘介质的电流是随着时间的增加而逐渐减小，并逐渐趋于稳定值。这种电流是三种电流之和，他们分别是位移电流、吸收电流及泄漏电流。

位移电流：是施加电压时对绝缘介质几何电容的充电电流，一般在极短的时间内衰减。当撤去电压时流过和充电时相反的放电电流，同样很快衰减。

吸收电流：是绝缘介质在施加电压后，由于介质的极化，偶极子转动等原因而产生的。它是随着时间缓慢衰减的电流。

泄漏电流：是由于在绝缘介质内部或表面移动的带电粒子产生的传导电流，它一般不随时间的改变而改变。

绝缘电阻：外施电压 U 除以全电流 I，由于电流是随着时间变化的量，所以绝缘电阻也是随着时间变化的量，当测量时间足够长时，全电流衰减到只有泄漏电流时，绝缘电阻达到稳定值。

吸收比：R_{1min}/R_{15s}，（即 1min 绝缘电阻/15s 绝缘电阻）。

极化指数：R_{10min}/R_{1min}，（即 10min 绝缘电阻/1min 绝缘电阻）。

介质损耗因数（tanδ）：变压器绝缘在交流电压的作用下有极化损耗和电导损耗，这种损耗用介质损耗因数来表示，介质损耗因数为有功功率与无功功率的比值。

周围大气条件、外绝缘表面污秽程度、油温等都会影响测量结果。绝缘电阻和介质损耗因数与油的温度关系都很大，所以在试验中要准确记录油的温度。绝缘电阻一般是随着温度的上升而下降。目前，随着变压器制造工艺水平的提高，现在变压器绝缘电阻的测量值较高，但吸收比较低。

绕组绝缘电阻、吸收比和极化指数试验周期为 1 年，投运前、大修后或必要时。要求：①绝缘电阻与上一次试验结果相比应无明显变化，一般不低于上次值的 70%（10000MΩ 以上可不考核）；②在 10～30℃范围内，吸收比一般不低于 1.3，极化指数不低于 1.5，绝缘电阻大于 10000MΩ 时，吸收比和极化指数可仅作为参考。

绕组绝缘电阻、吸收比和极化指数试验注意事项：①采用 5000V 及以上兆欧表；②测量前被试绕组应充分放电；③测量温度以顶层油温为准，尽量在相近的温度下试验；④尽量在油温低于 50℃时试验；⑤吸收比和极化指数不进行温度换算。

5. 绕组连同套管的电容量和 tanδ

绕组连同套管的电容量和 tanδ 的试验周期为 1 年，投运前、大修后或必要时。要求：①20℃时的 tanδ 不大于 0.6%；②tanδ 值与历年的数值比较不应有明显变化（一般不大于 30%），电容量也不应有明显变化；③试验电压 10kV。

绕组连同套管的电容量和 tanδ 测量注意事项：①非被试绕组应接地，被试绕组应短路；②同一变压器各绕组的 tanδ 标准值相同；③测量温度以顶层油温为准，尽量在相近的温度下试验；④尽量在油温低于 50℃时试验。

6. 电容型套管的 tanδ 和电容值

见第 6 章。

7. 铁芯（有外引接地线的）绝缘电阻

变压器或电抗器铁芯（有外引接地线的）绝缘电阻试验周期为 1 年，投运前、大修后或必要时。要求：①与以前试验结果相比无明显差别；②出现两点接地现象时，运行中接地电流一般不大于 0.1A。注意事项：①采用 2500V 兆欧表；②夹件也有单独外引接地线的需分别测量。

8. 绕组泄漏电流

绕组泄漏电流试验周期为 1 年，投运前、大修后或必要时。要求：

（1）试验电压见表2-8。

表2-8　　　　　　　　　　**1000kV绕组泄漏电流变压器试验电压**　　　　　　　单位：kV

绕组额定电压	110	500	1000
直流试验电压	40	60	60

（2）由泄漏电流换算成的绝缘电阻值应与兆欧表所测值相近（在相同温度下）。注意事项：①读取1min时的泄漏电流值；②泄漏电流值与历史数据比较无明显变化。

9.绝缘油试验

（1）周期。

1）投运前。

2）1年。

3）大修后。

4）必要时。

（2）项目。

1）外观：透明、无杂质或悬浮物；将油样注入试管冷却至5℃在光线充足的地方观察。

2）水溶性酸pH值：≥4.2；按《运行中变压器油水溶性酸测定法》（GB/T 7598）进行试验。

3）酸值（mgKOH/g）：≤0.1；按《石油产品酸值测定法》（GB/T 264）或《运行中变压器油、汽轮机油酸值测定法（BTB）法》（GB 7599）进行试验。

4）闪点（闭口）（℃）：与新油原始测量值相比不低于10℃；按《石油产品闪点测定法》（GB/T 261）进行试验。

5）水分（mg/L）：≤10；运行中设备，测量时应注意温度影响，尽量在顶层油温高于50℃时采样，按《运行中变压器油、汽轮机油水分测定法（气相色谱法）》（GB/T 7601）进行试验。周期为：①半年；②必要时。

6）击穿电压（kV）：≥60；按《绝缘油击穿电压测定法》（GB/T 507）和《电力系统油质试验方法　第9部分：绝缘油介电强度测定法》（DL/T 429.9）方法进行试验。

7）界面张力（25℃）（mN/m）：≥19；按《石油产品油对水界面张力测定法（圆环法）》（GB/T 6541）进行试验。

8）$\tan\delta$（90℃）：≤0.02；按《液体绝缘材料相对电容率、介质损耗因数和直流电阻率的测量》（GB/T 5654）进行试验。

9）体积电阻率（90℃）（Ω·m）：≥1×10^{10}；按《绝缘油体积电阻率测定法》（DL/T 421）进行试验。

10）油中含气量（v/v）（%）：一般不大于3；按《绝缘油中含气量的气相色谱测定法》（DL/T 703）进行试验。周期为：①投运前；②1年；③必要时。

11）油泥与沉淀物（m/m）（%）：一般不大于0.02；按《石油产品和添加剂机械杂质测定法（重量法）》（GB/T 511）方法试验，若只测定油泥含量，试验最后采用乙醇一苯（1∶4）将油泥洗于恒重容器中称重。

12）油中颗粒度：按《油中颗粒数及尺寸分布测量方法（自动颗粒计数仪法）》（SD 313）或《电力用油中颗粒污染度测量方法》（DL/T 432）试验，为今后运行积累数据。

10．测温装置及其二次回路试验

测温装置及其二次回路试验周期为 1 年或大修后。要求测温装置密封良好，指示正确。测温电阻值应和出厂值相符，在规定的周期内使用。绝缘电阻一般不低于 1MΩ，测量绝缘电阻采用 2500V 兆欧表。

11．气体继电器及其二次回路试验

气体继电器及其二次回路试验周期为 1 年或大修后。要求气体继电器整定值符合《气体继电器检验规程》（DL/T 540）要求，动作正确。绝缘电阻一般不低于 1MΩ，测量绝缘电阻采用 2500V 兆欧表。

12．冷却装置及其二次回路试验

冷却装置及其二次回路试验周期为 1 年、投运前或大修后。投运后，检查油泵流向、温升和声响正常、无渗漏；绝缘电阻一般不低于 1MΩ，测量绝缘电阻采用 2500V 兆欧表。

13．变压器绕组变形试验

变压器绕组变形试验周期为不超过 6 年、更换绕组后或必要时（如出口短路）。要求变压器绕组变形试验与初始结果相比，或三相之间结果相比无明显差别。注意事项：①每次测量时，变压器外部接线状态应相同；②应在最大分接下测量；③出口短路后应创造条件进行试验；④应采用频率响应法和低电压阻抗法。

14．振动测量

在变压器或电抗器振动声响异常时，进行振动测量。变压器、电抗器振动测量结果，与出厂值相比，不应有明显差别。

15．噪音测量

在变压器或电抗器更换绕组后或声响突然增大时，进行噪音测量。在额定电压及额定频率下不大于合同规定值；按《电力变压器 第 10 部分 声级测定》（GB/T 1094.10）的要求进行。

16．油中糠醛含量、绝缘纸（板）聚合度、绝缘纸（板）含水量

油中糠醛含量、绝缘纸（板）聚合度、绝缘纸（板）含水量在必要时才进行测量，具体要求见《1000kV 交流电气设备预防性试验规程》（GBZ 24846）。

二、变压器日常维护中需要掌握的试验项目

预防性试验、带电检测试验项目及试验方法是现场试验人员必须掌握的试验，下面的常用试验需重点进行学习。

（1）油中溶解气体色谱分析。

（2）红外测温试验。

（3）绕组直流电阻测量。

（4）绕组绝缘电阻测量吸收比和极化指数测量。

（5）绕组连同套管介损、电容量测量。

（6）套管介损、电容量测量。

（7）铁芯、夹件绝缘电阻、吸收比和极化指数测量。

（8）直流泄漏测量。

（9）绝缘油的试验。

（10）超高频局放测量和超声局放测量。

（11）振动测量和噪声测量。

三、1000kV 主变直流电阻测量及消磁方法

1. 主变绕组直流电阻测量的目的

通过绕组直流电阻测量，可以检查绕组内部导线焊接质量，引线与绕组的焊接质量，绕组所用导线的规格是否符合设计，分接开关、引线与套管等载流部分接触是否良好等。1000kV 采用无励磁调压方式，所以在分接头调整后，为了确保调整到位，也需要测量绕组直流电阻。

2. 剩磁的产生

电力变压器在运行过程中，其内部会产生稳态磁通。当变压器断电切除时，由于回路磁通守恒，稳态磁通不会立即消失，而会保留一个与最末时刻稳态磁通大小相等、极性相同的剩磁。

另一方面，在变压器绕组中通直流电流时，就会在变压器铁芯中产生剩磁，剩磁实质上是铁磁材料磁滞损耗的一种表现。磁滞损耗是铁磁元件吸收电能并转化成磁能的结果，在交流回路中表现为铁损。也就是说，磁滞损耗是能量转换所形成的，因此与输入的功率和时间有关。即在绕组上输入的电功率越大，作用时间越长，剩磁量也就越大。这是导致变压器产生剩磁的根本原因。在进行直流电阻试验时，试验时间越长，试验电流越大，剩磁量也就越大。特别是大容量变压器，剩磁更是一个不能不考虑的问题，以 1000kV 变压器为例，为减少剩磁，预试规程规定 1000kV 变压器 1000kV 侧绕组直流电阻测试电流不宜大于 2.5A，其他绕组测试电流不宜大于 5A。

3. 励磁涌流

变压器绕组中的励磁电流和磁通的关系由磁化特性所决定，铁芯越饱和，产生一定的磁通所需的励磁电流就愈大。由于在最不利的合闸瞬间，铁芯中磁通密度最大值可达 $2\Phi_m$，这时铁芯的饱和情况将非常严重，因而励磁电流的数值大增，这就是变压器励磁涌流的由来。

励磁涌流比变压器的空载电流大 100 倍左右，由于绕组具有电阻，这个电流是要随时间衰减的。二次负荷越小则涌流持续的时间越长，因此空载的变压器涌流持续的时间最长。且变压器的容量越大，涌流的幅度越大，持续的时间越长。

综上所述，励磁涌流和铁芯饱和程度有关，同时铁芯的剩磁和合闸时电压的相角可以影响其大小。

4. 剩磁危害

（1）剩磁易引发变压器的继电保护装置误动，其对瓦斯保护和差动保护的影响最大。当变压器剩磁较多时投入运行，铁芯剩磁会使变压器铁芯半周饱和，继而产生较大的励磁

电流并带有大量谐波。励磁涌流中的直流分量导致电流互感器磁路被过度磁化而大幅降低测量精度和继保的正确动作率；励磁涌流中的大量谐波还会对电网电能质量造成严重的污染。

（2）曾经发生过由于剩磁的原因，导致变电站变压器投运跳闸。同时，空载充电时形成的励磁电流会引起变压器及断路器因电动力过大而受损。

（3）剩磁存在增加变压器的无功消耗，造成一定经济损失。

（4）诱发操作过电压，损坏电气设备，造成重大经济损失。

变压器容量越大，励磁涌流问题越严重，所以 1000kV 变压器必须考虑铁芯消磁问题。

5. 直流剩磁的消除

变压器铁芯消磁有两种方法，分别是交流法和直流法。

（1）交流消磁法。具体操作是给变压器用一个较低电压等级的电压充电。这样可以降低铁芯磁通的峰值，从而达到减小励磁电流的目的。判断完全去磁的方法：①在电压上升和下降过程中，同一电压下的励磁电流值相同；②励磁电流的波形上下对称，无偶次谐波分量。

因此，现场采用交流消磁法对变压器的剩磁进行处理，效果较好且结果直观，但是交流消磁法设备较多，现场实施较为困难。

（2）直流消磁法。又称反向冲击法，是在变压器高压绕组两端正反向通入直流电流，并逐渐减小，以缩小铁芯的磁滞回环，从而达到消除剩磁的目的。据相关研究资料表明，一般情况下，反复冲击 4～5 次即可以取得较好的效果。其所用消磁电流不小于被试高压绕组的测试电流。实践证明，直流法所需设备简单，易于实现，且有良好的去磁效果，可广泛用于现场。

四、1000kV 主变日常维护项目、周期及标准

根据《1000kV 变电设备检修导则》（国网科〔2008〕1082 号）文件要求，1000kV 油浸式变压器检修划分为日常维护、例行维修和特殊性检修三大类型，日常维护和例行检修通常按周期定期进行。日常维护项目周期一般为每月，部分项目为每季度或每半年。

1. 本体

（1）检查主变本体油面温度计、绕组温度计、油位计指示，温度计和油位计内是否有潮气冷凝，并比较油温和油位之间的关系，看是否偏差超过标准曲线。

（2）检查主变本体是否有不正常的噪声和振动，如果确认不正常的噪声和振动是由于连接松动造成的，则需重新紧固这些部位的连接件。

2. 冷却装置

（1）检查冷却风扇和油泵运行时发出的噪声是否正常，若确认噪声是由冷却风扇和油泵发出的，则更换轴承。

（2）检查冷却管和支架的脏污情况：①每年至少用热水清洁冷却管一次；②每 3 年用热水彻底清洁冷却管。

（3）检查冷却装置管路、蝶阀和油泵是否漏油，若油从密封处渗出，需重新紧固密封处紧固件，如果还漏则需更换密封件。

（4）检查冷却风扇和油泵是否正常运转，端子箱密封是否良好；油流指示器是否正常运转，密封是否良好。若不正常，立即检修或更换。

（5）检查冷却器（散热器）上是否漆膜完好，漆膜破损处要即时补漆，以延长散热器的使用寿命。

（6）每季度检查风冷控制箱箱内的接线情况，开盖抽样检查交流接触器触头的烧损情况。

（7）风冷端子箱接线定期检查和紧固。

3. 套管

（1）检查套管油位是否正常，是否漏油，若漏油，则需更换密封件。

（2）检查瓷套上有无裂纹，如果有裂纹、破损，则修复或更换。

（3）检查瓷套上有无脏污，若有污物，则清洗，否则影响爬距。

（4）检查套管是否漏油。

（5）检查套管油位，并观察油位计内是否有潮气冷凝，如果发现油位计内有潮气冷凝，则查找结露原因并处理。

（6）红外测温检查套管接线端头的是否过热和紧固，不超过 90℃或相对温差不超过 35%。

4. 瓷瓶探伤

每年用探伤仪检查瓷瓶是否损伤，若发现损伤及时更换。

5. 吸湿器

（1）检查干燥剂（硅胶）的颜色，如果 2/3 的硅胶变色则需要更换或干燥处理。

（2）检查油杯的油位，油杯内油位与标准油位线平齐，缺油需补充。

（3）检查油杯的油色，当油杯内的油颜色变深时，及时更换新油。

6. 压力释放器

是否有油从压力释放器喷油口喷出或漏出，运行时若有大量油漏出则需要更换压力释放器。

7. 气体继电器

（1）检查气体继电器是否漏油，如果密封处漏油应重新紧固或更换密封垫。

（2）气体继电器中的气体量，如有气体，则分析成分，并排气。

8. 接地装置

检查铁芯接地电流，不超过 0.1A；检查夹件接地电流，不超过 1A。

9. 红外测温检查发热

检查一次、二次接线头、接线板温度，不超过 90℃或相对温差不超过 35%。

10. 变压器下部阀门

检查阀门关合正确，如果不正确，则经过确认后恢复正确位置。

11. 储油柜

（1）每季度对储油柜油样进行化验，具体方法是从储油柜的注放油管路下部的阀门处抽取油样进行化验，如发现变压器油已经老化，则应更换储油柜内的变压器油或将老化的变压器油进行处理，合格后再使用。同时检测储油柜微水不超过本体油箱的 2 倍。

（2）检查储油柜油位，如果储油柜油位计显示不随温度变化而变化，则可能是油位计内部卡阻，显示假油位，则立即处理；如果储油柜油位计显示器超出最高油位或降到最低油位，应检查变压器是否有故障，如有故障立即处理；如无故障且无漏油现象，则说明储油柜的注油量偏大或偏小，应从注放油管路适量地排油或注油，使油位恢复正常。

12. 本体及附件

（1）检查本体及附件锈蚀情况，检查表面无锈痕，如发现有漆层脱落现象，则在变压器修理时除锈涂漆。

（2）检查法兰、阀门、冷却装置、油管路等的密封情况，若有油从密封处渗出，需重新紧固密封处紧固件，如果还漏则需更换密封件。

13. 端子箱

检查端子箱密封、加热器是否正常，若有进水、受潮及加热器不正常工作，则立即检修处理。

14. 在线监测

（1）检查氢气：①氢气的压力表小于150psi时，需要更换氢气瓶；②氢气瓶4年更换一次，氢气干燥器4年更换一次；③若压力快速降低，检查气路气密性。

（2）检查标气：①标气的压力表小于25psi时，需要更换标气瓶；②标气瓶3年更换一次（生产日期+3年）；③若压力快速降低，检查气路气密性。

（3）外部清洁，避免用高压水直接冲刷检测仪箱门、指示灯、油/氢气连接头和电缆密封管。

五、例行维修项目、周期及标准

1000kV变压器例行维修项目、周期及标准见表2-9。

表2-9 　　　　　　　　　1000kV变压器例行维修项目、周期及标准

序号	项 目	周期	技 术 要 求
1	所有日常维护项目		符合要求
2	油位计检查		油位在正常范围内
3	冷却装置冲洗及维修		符合设备技术文件要求
4	安全保护装置维护（储油柜、压力释放阀、气体继电器、压力继电器等）		符合设备技术文件要求
5	测温装置检查		检查合格
6	调压变检查	1年	符合设备技术文件要求
7	接地系统检查		符合相关标准
8	所有阀门检查		阀门位置正确、无渗漏
9	油箱和附件清扫，补漆		符合设备技术文件要求
10	外绝缘和导电接头清扫		符合相关标准
11	预防性试验		按照预防性试验项目和要求
12	套管检修		符合设备技术文件要求

六、特殊性检修项目及标准

对于变压器内部检查、套管更换和变压器返厂检修等特殊项目，有如下要求。

1. 排油

(1) 工作要选择晴朗的天气进行，空气的相对湿度不大于 75%；备用油准备（油化验合格油 5t），1000kV 合格油标准为：耐压≥70kV、含气量≤0.8%、tanδ≤0.5%、微水≤10μL/L。

(2) 检查清扫油罐、油桶、管路、真空滤油机、油泵、干燥空气发生器等，应保持清洁干燥，无灰尘杂质和水分。

(3) 储油柜内油不需放出时，可将储油柜下面的阀门关闭。

(4) 排油时，必须将主变或高抗和油罐的放气孔打开，放气孔接入干燥空气装置，以防潮气侵入，选用的干燥空气装置所制造的干燥空气的露点小于－40℃；从排油开始到抽真空以前始终注入干燥空气以维持变压器本体压力 0.01MPa（厂家有要求，以厂家为准）；调节滤油机进油阀，控制排油速度不大于 6000L/h。

(5) 必须采用真空滤油机进行排油。

(6) 排油详细步骤参照厂家说明书。

2. 内部检查项目

(1) 分接引线、铜屏蔽、中性点引线检查。

(2) 升高座下端均压环接地螺栓检查。

(3) 磁分路接地螺栓、夹件和铁芯接地螺栓检查。

(4) 器身外表、结构件连接检查。

(5) 可见部分绝缘件的表面检查、位置检查。

(6) 其他有针对性的检查。

3. 油处理

油罐中油在注入主变前应先使用真空滤油机进行处理，处理流量不大于 6000L/h，油温控制在 70℃，处理后的油需满足耐压≥70kV、含气量≤0.8%、tanδ≤0.5%、微水≤10μL/L。

4. 抽真空及真空注油

(1) 1000kV 主变、高抗必须进行真空注油，并先进行抽真空，抽真空和真空注油应遵守制造厂规定，或按下述方法进行，通过试抽真空检查油箱的强度，一般局部弹性变形不应超过箱壁厚度的 2 倍，并检查真空系统的严密性。

(2) 以均匀的速度抽真空，达到真空度 133Pa 并保持 24h 后，开始向主变油箱内注油（一般抽真空时间＝1/3～1/2 暴露空气时间），注油温度宜略高于器身温度，约为 50℃。

(3) 以 3～5t/h 的速度将油注入主变距箱顶约 200mm 时停止，并继续抽真空保持 4h 以上，变压器经真空注油后补油时，需经储油柜注油管注入，严禁从下部油门注入，注油时应使油流缓慢注入主变至规定的油面为止，再静止。

(4) 对主变、高抗各气体继电器、油流继电器、压力释放阀、排气阀、排气孔进行排气。

（5）抽真空及真空注油详细步骤参照厂家说明书，相关技术参数以厂家为准。

5. 真空热油循环

（1）保证真空热油循环速度为 3000～5000L/h，油温控制在 70℃（厂家有要求，以厂家为准），热油循环 120h（厂家有要求，以厂家为准），取油样（上、中、下）化验（油色谱、微水、介损、耐压）合格后停止热油循环，油样检测详见 GBZ 24846。

（2）在热油循环期间，每间隔 8 小时手动启动四台潜油泵运行 10min。

（3）真空热油循环详细步骤参照厂家说明书。

6. 静置排气

（1）真空滤油完毕后必须进行静放排气后方可投运，静置时间为 120h（如厂家有规定，以厂家为准，1000kV 变压器和高抗为 168h），每 24 小时进行一次排气。

（2）油静止 24h 后取油样进行油化验（色谱、微水、耐压、介损），其结果在合格范围内。

第三章 1000kV GIS 设备

第一节 基 本 原 理

GIS（Gas Insulated Switchgear）全称气体绝缘全封闭组合电器，是将 SF₆ 断路器和其他高压电器元件（主变压器除外），按照所需要的电气主接线安装在充有一定压力的 SF₆ 气体的金属壳体内所组成的一套变电站设备。

GIS 包括断路器、隔离开关、接地开关、电流互感器、电压互感器、避雷器、进出线套管、母线、过渡元件、电缆连接头及密度监视装置等部件。与常规电器相比，GIS 在结构性能上有以下特点：

（1）由于采用 SF₆ 气体作为绝缘介质，导电体与金属地电位壳体之间的绝缘距离大大缩小，因此 GIS 的占地面积和安装空间只有相同电压等级常规电器的百分之几到 25% 左右。电压等级越高，占地面积比例越小。

（2）全部电器元件都被封闭在接地的金属壳内，带电体不暴露在空气中（除了采用架空引出线的部分），运行中不受自然条件影响，其可靠性和安全性比常规电器好很多。

（3）SF₆ 气体是不燃不爆的惰性气体，所以 GIS 属防爆设备，适合在城市中心地区和其他防爆场合安装使用。

（4）GIS 主要组装调试工作已在制造厂内完成，现场安装和调试工作量较小，因而可以缩短变电站安装周期。

（5）只要产品的制造和安装调试质量得到保证，在使用过程中除了断路器需要定期维修外，其他元件几乎无需检修，因而维修工作量和年运行费用大为降低。

（6）GIS 设备结构比较复杂，要求设计制造安装调试水平高。

（7）GIS 价格比较贵，变电站建设一次性投资大。但选用 GIS 后，变电站的土地和年运行费用很低，因而从总体效益讲，选用 GIS 有很大的优越性。

一、SF₆ 气体的基本特性

（一）SF₆ 基本物理化学性质

SF₆ 气体是目前高压电器使用的最优良的灭弧和绝缘介质，它无色无味无毒，不会燃烧，化学性能稳定，在常温下不与其他材料产生化学反应。

SF₆ 气体的分子结构是以 1 个硫（S）原子为中心，6 个氟（F）原子处于各顶端的八面体，SF₆ 气体的分子结构见图 3 - 1。氟原子是一个在各元素中负电性极强的元素（强力吸附电子的能力称为负电性，比空气高几十倍）。在 20℃ 时，SF₆ 的气体密度为

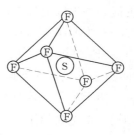

图 3 - 1 SF₆ 气体的
分子结构

87

6.14g/L，约为空气密度1.29g/L的5倍，所以在空气中易于下沉致使下部空间SF$_6$浓度升高，且不易扩散和稀释（这是造成窒息事故的重要原因）。

SF$_6$的临界压力和临界温度都很高（3.9MPa、45.6℃）。临界温度表示气体可以被液化的最高温度，临界压力表示在这个温度下出现液化所需的气体压力（即饱和蒸气压力）。气体临界温度越低越好，表明它不容易被液化。SF$_6$气体的临界温度为45.6℃，表明温度高于45.6℃后才能恒定地保持气态，在该温度下，只要压力足够就可以被液化。因此，SF$_6$气体不能在过低温度和过高压力下使用。

SF$_6$气体的传热特性：SF$_6$气体的热传导性能较差，导热系数只有空气的2/3。但是对气体介质而言，它的传热效应往往不单是传导作用，分子的扩散运动携带的热量可能产生更显著的影响，影响的程度决定于气体允许流动的空间尺寸，例如气体与热固体表面接触，紧靠表面的局部气体温度升高而膨胀向外扩散（流动），把热量传递出去，这种传热过程为自然对流传热。对流传热的能力与分子比热有关（即气体分子升高温度时吸收了热量，随着分子扩散运动而传递到别处）。SF$_6$分子的比热（定压比热）是N$_2$的3.4倍，因此其对流散热能力比空气大得多，热物体在SF$_6$中的表面散热效果比空气好。

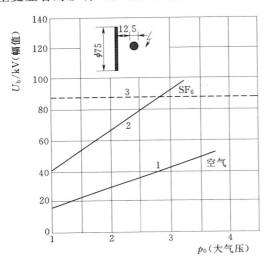

图3-2 SF$_6$气体和空气在工频
电压下击穿电压的比较

（二）优异的绝缘性能

SF$_6$气体的电子捕获截面极大，具有极强的吸收电子的能力。极强的负电性使SF$_6$气体具有优良的绝缘性能，电极间在一定的场强下发生电子发射时，极间自由电子很快被SF$_6$吸附，大大阻碍了碰撞电离过程的发展，使极间电离度下降而耐受电压能力增强。其次，SF$_6$分子直径比空气中的氧、氮分子大，使得电子在SF$_6$气体中的平均自由行程缩短，而不易在电场中积累能量，从而减小了它碰撞电离的能力。再者，SF$_6$的分子量是空气的5倍，因此SF$_6$离子的运动速度比空气中氮和氢离子的运动速度小得多，正负离子间更容易发生复合作用，从而使SF$_6$气体中带电质点减少，阻碍了气体放电的形成和发展。基于以上特点，SF$_6$气体作为介质不易被击穿，在同一压力下是空气绝缘强度的2.5～3倍，在0.3MPa下绝缘强度与变压器油相当。

SF$_6$气体和空气在工频电压下击穿电压的比较见图3-2。

（三）优异的灭弧性能

由于SF$_6$气体具有极强的负电性以及较高的热传导效率，因此在交流电弧下具有强烈的冷却电弧的能力。而且SF$_6$分子质量大，在交流电弧过零时，电极之间的电子移动缓慢，不能获得使电子再次冲击的速度，这时加上吹弧，电弧就会熄灭。因此，SF$_6$气体具有极其优异的灭弧性能。

二、断路器

(一) 断路器的原理功能

断路器在电力系统中起着两方面的作用：一是控制作用，即根据电力系统运行需要，改变运行，关合和开断正常运行的电路，将电力设备（线路）投入或退出运行；二是保护作用，即在电力设备（线路）发生故障时，通过继电保护装置作用于断路器，快速将故障电流开断，将故障部方从电力系统中迅速切除，保证电力系统无故障部分的正常运行，以减轻电力设备的损坏和提高电网的稳定性。

断路器串在跳闸回路中的跳闸辅助接点要先投入、后退出。先投入是指断路器在合闸过程中，动触头和静触头在未接通之前跳闸辅助接点就已经接通，做好跳闸准备，一旦合于故障就迅速跳开。后退出是指断路器在跳闸过程中，动触头离开静触头之后，跳闸辅助接点再断开以保证断路器可靠跳闸。

断路器中 SF_6 气体的水分会带来两个方面的危害：一是 SF_6 气体中的水分对 SF_6 气体本身的绝缘强度虽然影响不大，但在固体绝缘件（盘式绝缘子、绝缘拉杆等）表面凝露时会大大降低沿面闪络电压；二是 SF_6 气体中的水分还参与在电弧作用下 SF_6 气体的分解反应，生成腐蚀强的氟化氢等分解物，会降低绝缘件的绝缘电阻和破坏金属件表面镀层，使产品受到严重损伤。

(二) 断路器的技术参数

(1) 额定电压：指断路器能承受的正常工作线电压。

(2) 额定电流：指断路器可以长期通过的工作电流。断路器长期通过额定电流时，其各部分的发热温度不超过允许值。

(3) 额定短时耐受（热稳定）电流（kA）：指在规定的使用和性能条件下，在额定短路持续时间内，断路器在合闸位置时所能承载的电流有效值。它反应设备经受短路电流引起的热效应能力。

(4) 额定短路持续时间：在合闸位置能承载额定短时耐受电流的时间间隔。

(5) 额定峰值耐受电流（kA）：指在规定的使用和性能条件下，断路器设备在合闸状态下能够承载的额定短时耐受电流的第一个半波电流峰值。额定峰值耐受电流等于额定短路关合电流，且应等于 2.5 倍额定短时耐受电流的数值，按照系统的特性，可能需要高于2.5 倍额定短时耐受电流的数值。

(6) 额定开断电流：在额定电压下，规定时间内断路器能可靠切断的最大电流的有效值，称为额定开断电流 I_k，它表示断路器的开断能力。

(7) 动稳定电流：断路器在合闸位置时，所能通过的最大短路电流，称为动稳定电流，亦称额定峰值耐受电流，它表明断路器在冲击短路电流作用下，承受电动力的能力。这个值的大小由导电及绝缘等部分的机械强度所决定。

(8) 热稳定电流：指断路器在规定时间内，允许通过的最大电流，它表示断路器承受短路电流热效应的能力，以短路电流的有效值表示。

(9) 开断时间（又称全开断时间）：是指从断路器的操动机构接到开断指令起，到三相电弧完全熄灭为止的一段时间。开断时间可划分为分闸时间和燃弧时间两部分。

（10）分闸时间（又称固有分闸时间）：是指自断路器接到分闸指令起，到首先分离相的触头刚分开为止的一段时间。这一段时间的长短通常主要和断路器及所配操动机构的机械特性有关，受开断电流大小的影响较小，可以看成是一个定值。

（11）燃弧时间：是指自先分离相的触头刚分开起，到三相电弧完全熄灭为止的一段时间。这段时间的长短随开断电流的大小而变动。可见，要缩短断路器的开断时间，必须从改善断路器的机械特性和灭弧特性两方面着手。

（12）合闸时间（又称固有合闸时间）：是指自断路器的机构接到合闸指令起，到各相触头均接触时为止的一段时间。合闸时间的长短，主要取决于断路器的操动机构及传动机械特性。

（13）分闸相间同步：用来反映断路器三相触头分开时间差异。这一性能的衡量，是由断路器接到分闸指令，自首先分离相的触头刚分开起到最后分离相的触头刚分开为止这一段时间的长短来表示。一般分闸相间同步一般应不大于 3ms。同一相内串联几个断口时，还有断口间分闸同步的要求。断口间分闸同步一般应不大于 2ms。

（14）合闸相间同步：是指断路器接到合闸指令，首先接触相的触头刚接触起到最后相触头刚接触为止的一般时间。合闸相间同步一般应不大于 5ms。同一相内串联几个断口，还有断口间合闸同步要求，断口间合闸同步一般应不大于 2.5ms。

（15）合闸电阻触头动作时间：为了降低操作过电压，释放电网的能量，在断路器断口上并联了合闸电阻和合闸电阻触头。在合闸时，要求合闸电阻触头提前合上（8ms±2ms）。当主触头合上后，合闸电阻触头一般不分闸。因此，在分闸时，要求合闸电阻触头提前分闸时间（大于 5ms）。如果合闸电阻触头迟于主触头分闸，由于它的容量不足易被烧损。

（16）无电流间隔时间：是指断路器在自动重合闸过程中，自断路器重合闸触头全部接通起到断路器重合闸触头预击穿为止的一段时间（30ms）。

（17）金属短接时间：是指断路器自动重合闸过程中，断路器跳闸各相电弧熄灭起到断路器再次跳闸触头刚分为止的一段时间（40～75ms）。

（18）每相导电回路电阻值：是指动、静触头的接触电阻，其值在微欧级。

（19）开断容性的电流能力：是指断路器能开断空载线路或电缆等充电电流的能力。

（20）开断感性电流能力：是指断路器能开断空载变压器或电动机等电感负荷的能力。

（21）额定操作顺序：额定操作顺序分为两种，一为自动重合闸操作顺序，即分—θ—合分—t—合分，另一种为非自动重合闸操作顺序，即分—t—合分—t—合分（或合分—t—合分）。对于第一种顺序，为无电流时间，取值 0.3s 或 0.5s，t 为强送时间，取 180s。对于第二种顺序，通常取 t 为 15s。如有必要，断路器可分别标出不同操作顺序下对应的开断能力。由此可见，操作顺序是指在规定时间间隔内的一连串规定的操作。

（22）雷电冲击耐受电压：指高压线路在受到雷击时，在高压断路器上产生的雷电冲击高电压。雷电冲击电压一般都是高频的，短时的，有一定的冲击性，有正极性和负极性之分。操作冲击电压是在倒闸操作时，产生的操作过电压。操作过电压超过标准值，高压断路器可能发生爆炸的事故，或者影响高压断路器的使用寿命。操作过电压是工频电压，它是低频电压，是保持电压。

（23）相对漏气率（简称漏气率）：指设备（隔室）在额定充气压力下，在一定时间间隔内测定的漏气量与总气量之比，以年漏百分率表示。

三、隔离开关/接地刀闸

（一）隔离开关/接地刀闸的原理功能

隔离开关是一种没有专门灭弧装置的开关设备，在分闸状态时有明显的断开点，在合闸状态能可靠地通过正常工作电流，并能在规定的时间内承载故障电流和承受相应的电动力的冲击。当回路电流"很小"时，或者当隔离开关每极的两接线端之间的电压在关合和开断前后无显著变化后，隔离开关具有关合和开断回路电流的能力。接地刀闸是释放被检修设备和回路的静电荷以及为保证停电检修时检修人员人身安全的一种机械接地装置。它可在异常情况下（如短路）耐受一定时间的电流，但在正常情况下不通过负荷电流，它通常是隔离开关的一部分。

隔离开关的作用：①在设备检修时，用隔离开关来隔离有电和无电部分，造成明显的断开点，使检修的设备与电力系统隔离，以保证工作人员和设备的安全；②隔离开关和断路器相配合，进行倒闸操作，以改变运行方式；③用来开断小电流电路和旁（环）路电流。

（二）隔离开关的技术参数

（1）额定电压：指隔离开关能承受的正常工作线电压。

（2）额定电流：指隔离开关可以长期通过的工作电流，隔离开关长期通过额定电流时，其各部分的发热温度不超过允许值。

（3）动稳定电流：指隔离开关在闭合位置时，所能通过的最大短路电流，称为动稳定电流，亦称额定峰值耐受电流，它表明隔离开关在冲击短路电流作用下承受电动力的能力。这个值的大小由导电及绝缘等部分的机械强度所决定。

（4）热稳定电流：指隔离开关在规定时间内，允许通过的最大电流，它表示隔离开关承受短路电流热效应的能力，以短路电流的有效值表示。

四、电流互感器

（一）电流互感器的工作原理

同电力变压器一样，电流互感器也是根据电磁感应原理工作，当一次侧流过电流时，在电流互感器的铁芯中产生交变磁通，此磁通在二次绕组产生感应电势，由此产生二次回路电流。电流互感器的一次、二次额定电流之比称为额定电流比。根据磁势平衡原理，如果忽略励磁电流，其电流比也可以认为就是电流互感器的二次绕组和一次绕组之比。一次绕组匝数较少，串接在需要测量的回路中，一次绕组流过的电流就是被测回路的电流，随着负荷的大小而变化，电流变化很大。二次绕组的匝数较多，串接在测量仪表或继电保护回路里。因测量仪表、继电保护回路阻抗很小，所以电流互感器二次绕组回路在正常工作时近于短路状态。电流互感器的作用是把大电流按一定比例变为小电流，提供给各种仪表、继电保护及自动装置用，并将二次系统与高电压隔离。它不仅保证了人身和设备的安全，也使仪表和继电器的制造简单化、标准化，提高了经济效益。

（二）电流互感器的技术参数

（1）变流比：常以分数形式标出，分子表示一次绕组的额定电流（A），分母表示二次绕组的额定电流（A）。

（2）容量：是指允许带的负荷功率，即伏安数。除了用伏安数来表示之外，也可以用二次负载的欧姆值来表示。

（3）热稳定及动稳定倍数：指电力系统故障时，电流互感器承受由短路电流引起的热作用和电动力作用而不致受到破坏的能力。热稳定的倍数，是指热稳定电流（即不致使电流互感器的发热超过允许限度的电流）与电流互感器额定电流之比；动稳定倍数是电流互感器所能承受的最大电流的瞬时值与其额定电流之比。

（4）极性：即铁芯在同一磁通作用下，一次绕组和二次绕组将感应出电动势，其中两个同时达到高电位的一端或同时为电位低的一端都称为同极性端。而对电流互感器而言，一般采用减极性标示法来定同极性端，即先任意选定一次绕组端头作始端，当一次绕组电流瞬时由始端流进时，二次绕组电流流出的一端就标为二次绕组的始端，这种符合瞬时电流关系的两端称为同极性端。

（5）比差、角差：在理想的电流互感器中，励磁损耗电流为 0，由于初级绕组和次级绕组被同一交变磁通所交链，则在数值上初级绕组和次级绕组的安培匝数相等，并且一次电流和二次电流的相位相同。但是，在实际的电流互感器中，由于有励磁电流存在，所以一次绕组与二次绕组的安匝数不相等，并且一次电流与二次电流的相位也不相同。因此实际的电流互感器通常有变比误差（以下简称比差）和相位角误差（以下简称角差）。

比差：
$$I\% = \frac{KI_2 - I_{1e}}{I_{1e}} \times 100\%$$

其中
$$K = I_{1e}/I_{2e}$$

式中：K 为电流互感器的变比；I_2 为二次电流实测值；I_{1e} 为电流互感器的一次额定电流值。

角差 d 是指二次电流相量旋转 180° 以后，与一次电流相量间的夹角 d，并且规定二次电流相量超前于一次电流相量，角差 d 为正，反之为负。影响 TA 的误差的因数有：①TA 的角差主要由铁芯的材料和结构来决定，若铁芯损耗小，导磁率高，则角差的绝对值就小，采用硅钢片卷成圆环铁芯互感器的角差小。因此，高精度的电流互感器多采用优质硅钢片卷成的圆环形铁芯；②二次回路阻抗 Z（即负载）增大会使误差增大，这是因为在二次电流不变的情况下 Z 增大，将使感应电势 E_2 增大，从而磁通 ϕ 增加，铁芯损耗则会增加，因此使误差增大，负载功率因数的降低，则会使比差增大，而角差减小；③一次电流的影响。当系统发生短路故障时，一次电流则急剧增加，致使 TA 工作在磁化曲线的非线性部分（即饱和部分），这样比差和角差都将增加。

（6）准确等级：指互感器变比误差的百分值。互感器一次在额定电流下，二次负载越大则变比误差和角误差就越大；当一次电流低于电流互感器额定电流时，互感器的变比误差和角误差也就随着增大。在某一准确级工作时的标称负载，就是互感器二次在这样负载欧姆值之下，互感器变比误差不超过这一准确等级所规定的数值。根据使用要求，常用电流互感器分为 0.2、0.5、1、3、10 五个准确等级，使用时应根据负荷的要求来选用。

（7）末屏接地：为了改善其电场分布，使电场分布均匀，在绝缘中布置一定数量的均压极板—电容屏，最外层电容屏（末屏）必须接地。如果末屏不接地，则因在大电流作用下，其绝缘电位是悬浮的，电容屏不能起均压作用，当一次通有大电流后，将会导致电流互感器绝缘电位升高，而烧毁电流互感器。

五、电压互感器

（一）电压互感器的工作原理

电压互感器的结构和原理与电力变压器类似，在一个闭合磁路的铁芯上，绕有互相绝缘的一次绕组和二次绕组，将高电压转换成低电压。

电压互感器的主要作用：一是将一次回路的高电压、转为二次回路的标准低电压，可使测量仪表和保护装置标准化，使二次设备结构轻巧，价格便宜；二是使二次回路可采用低电压控制电缆，使屏内布线简单，安装方便，可实现远方控制和测量；三是使二次回路不受一次回路限制，接线灵活，维护方便；四是使二次与一次高压部分隔离，且二次装设接地点，确保二次设备和人身安全。

（二）电压互感器的技术参数

（1）变压比：指一次、二次绕组的额定电压标出，变压比 $K=U_{1e}/U_{2e}$。

（2）容量：包括额定容量和最大容量。所谓额定容量，是指在负荷 $\cos\phi=0.8$ 时，对应于不同准确度等级的伏安数；最大容量指满足绕组发热条件下，所允许的最大负荷（伏安数）。当电压互感器按最大容量使用时，其准确度将超出规定值。

（3）误差等级：即电压互感器变比误差的百分值。通常分为 0.2、0.5、1、3 四级，使用时根据负荷需要来选用。

（4）接线组别：表明电压互感器一次、二次线电压的相位关系。通常三相电压互感器的接线组别均为 Y_{N,y_n12}。

（5）电压比误差：指测量二次侧电压折算到一次侧的电压值与一次电压的实际值之间的差（以百分比数表示），它主要是受漏阻抗的影响所致。

（6）相角误差：指一次侧电压相量与转过 $180°$ 的二次侧电压向量在相位上不一致，相角误差主要是因铁耗而产生。

（7）准确度等级：指电压互感器比差的百分值，通常分为 0.2、0.5、1、3 四个等级。电压互感器的比差和角差不仅与一次、二次绕组的阻抗及空载电流有关，而且与二次负载的大小和功率因数都有关。当二次侧接近于空载运行时，电压互感器的误差最小。

（8）极性：规定电压互感器的一次绕组首端标为 A，尾端标为 X，二次绕组的首端标为 a，尾端标为 x。在接线中，A 与 a 以及 X 与 x 均称为同极性。假定一次电流 I_1 从首端 A 流入，从尾端 X 流出时，二次电流 I_2 是从首端 a 流出，从尾端 x 流入，这样的极性标志称为减极性。反之，为加极性。目前使用的电压互感器，一般均为减极性标志。

六、避雷器

（一）避雷器的工作原理

避雷器能释放雷电或兼能释放电力系统操作过电压能量，保护电气设备免受瞬时过电压危害，又能截断续流，不致引起系统接地短路。避雷器通常接于带电导线与地之间，与被保护设备并联。当过电压值达到规定的动作电压时，避雷器立即动作流过电荷，限制过电压幅值，保护设备绝缘；电压值正常后，避雷器又迅速恢复原状，以保证系统正常供电。

金属氧化物避雷器（氧化锌避雷器）是由氧化锌压敏电阻构成，每一块压敏电阻从制成时就有一定开关电压（叫压敏电阻），在正常的工作电压下（即小于压敏电压）压敏电阻值很大，相当于绝缘状态，但在冲击电压作用下（大于压敏电压），压敏电阻呈低值被击穿，相当于短路状态。然而压敏电阻被击状态是可以恢复的；当高于压敏电压的电压撤销后，它又恢复了高阻状态。因此，在电力线上如安装氧化锌避雷器后，当雷击时，雷电波的高电压使压敏电阻击穿，雷电流通过压敏电阻流入大地，使电源线上的电压控制在安全范围内，从而保护了电器设备的安全。

避雷器的作用是保护电力系统中各种电器设备免受雷电过电压、操作过电压、工频暂态过电压冲击而损坏。

（二）避雷器的技术参数

（1）持续运行电压：持续运行电压是能持续施加在避雷器端子间的工频电压最大允许值，一般相当于额定电压的 75%～80%。由于污秽、相间耦合、邻近效应及本体均压效果不好等原因，致使避雷器的电阻片柱在此电压下电位分布不均匀，电阻片会发生老化，泄漏电流增大，损耗增加，甚至引起避雷器的热崩溃。避雷器持续运行电压不等于系统中的长期运行电压。

（2）额定电压：避雷器额定电压是施加到避雷器端子间的最大允许工频电压有效值，按此电压设计的避雷器能在如动作负载试验中所建立的暂时过电压条件下正确地动作。正如标准中所定义，避雷器的额定电压即为在动作负载试验中用于大电流和长线放电后施加 10s 对应的工频电压。它也是建立避雷器工频电压—时间特性和定义线路放电试验要求的参考参数。

（3）标称放电电流：标称放电电流用于划分避雷器等级，具有 8/20 波形的雷电冲击电流峰值。它是表示避雷器保护特性和能量吸收能力的主要参数。

（4）避雷器的保护水平：避雷器的雷电冲击保护水平是在标称放电电流（8/20）下的最大残压和陡波电流（1/10）下的最大残压值除以 1.15 中取较大者，它应用于保护设备免受快波前过电压。避雷器的操作冲击保护水平是在规定的操作冲击放电电流（30/80）下的最大残压，它应用于保护设备免受缓波前过电压。对于金属氧化物避雷器陡波前过电压的保护特性，必须考虑如陡波电流冲击（1/10）所试验的电阻片导电机理中的时间延迟和避雷器本体固有电感的影响。

（5）大电流冲击耐受能力：具有 4/10 波形的雷电冲击电流峰值，用于试验避雷器耐受直击雷或近区雷击时的能力，以及产品在电、机、热方面的稳定性。

（6）长持续时间电流冲击耐受能力：研究发现通过避雷器的雷电流常常拖有比较长的尾巴，大约 300km 长输电线路上的操作过电压会在避雷器上产生 2ms 的方波电流，磁吹避雷器由于限流间隙弧压降，改变了方波电流的形状，故又提出线路放电试验。因此，现在规定：凡与长线路，电缆，电容器组相连的避雷器必须能耐受长持续时间电流冲击以验证其能否吸收操作过电压产生的操作冲击电流和能量。

（7）压力释放等级：压力释放等级与避雷器耐受内部故障电流而没有引起外套粉碎性爆炸的能力有关。

（8）耐污秽性能：避雷器污秽耐受能力涉及三种情况：①避雷器外套必须耐受污秽而不闪络；②避雷器必须耐受由于避雷器外套表面的污秽作用而导致非线性和瞬态电压分布变化可能引起的温度升高；③避雷器必须耐受由于避雷器外套表面的污秽作用而导致非线性和瞬态电压分布变化可能引起的内部局部放电且没有出现电阻片或内部组件的损害。

七、套管

套管的作用是将 GIS 内部的高压引线引到罐体的外部和固定引线。1000kV GIS 套管的 U 形接线端子用于和架空母线连接，中心导体用承载电流，瓷套、SF_6 气体及绝缘支撑筒担负着高低电压下的外绝缘和内绝缘，中间屏蔽和接地屏蔽可以使内绝缘的电压梯度减缓，降低导体表面的电场强度，屏蔽环可以改善外绝缘同时降低无线电干扰水平，套管支撑筒用于支撑套管和连接分支母线，同时在筒体内部装有吸附剂的分子筛框可以吸附 SF_6 气体中水分及有害分解物。

八、母线

1000kV GIS 用母线主导电回路封闭在接地的金属壳体内，壳体内充 SF_6 气体作为绝缘介质；中心导体用盆式绝缘子与支柱绝缘子支撑在金属壳体的中心部，由于盆式绝缘子不通气，因此又能够起到分隔母线气室的作用；同时母线筒体内部装有吸附剂，可以控制 SF_6 气体中水分及 SF_6 气体有害分解物的含量。

九、波纹管

波纹管的作用是温度补偿、长度补偿、振动补偿和方便拆卸。

第二节 结 构 特 点

一、断路器

1000kV GIS 断路器是由主开断部、电阻开断部、分压电容、电阻、支撑绝缘件、连接机构、操作机构、液压泵及基座组成。主开断部、电阻开断部是断路器的核心部分，操动机构接到操作指令后，经连接机构传送到主开断部、电阻开断部执行命令，使主回路和电阻回路接通或断开。主开断部包括触头、导电部分、灭弧介质和灭弧室等，安放在绝缘支撑件上，使带电部分与地绝缘，绝缘支撑件安装在基座上。

（一）本体结构

1000kV GIS 断路器单相外形见图 3-3，由断路器本体、灭弧室、液压机构构成，其内部详细结构见图 3-4。

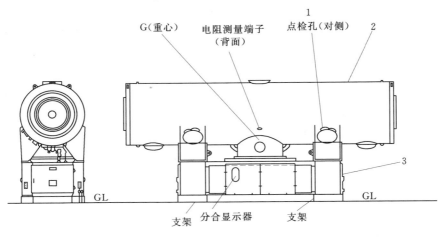

图 3-3　1000kV GIS 断路器单极外形图

1—断路器本体；2—灭弧室；3—液压机构

（二）灭弧室

灭弧室置于充 SF_6 气体的罐体内，开断部主要分为主断口和电阻断口，两个主断口水平串联布置，两个电阻断口分别布置在两个主断口的正下方，主断口两侧是电阻体单元。拆除断路器两端的导体和电阻体单元后其余的开断部分可由支撑绝缘筒支撑固定，由导体形成通电回路。壳体中间底部位置装有维持 SF_6 气体正常状态的吸附剂。

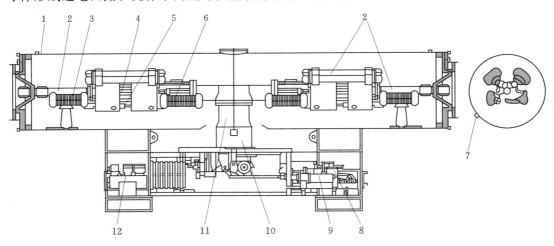

图 3-4　断路器本体内部构造

1—罐体；2—导体；3—电阻体单元；4—主断口；5—电阻断口；6—电阻体单元；7—电阻测定端子；8—贮压器；9—工作缸；10—吸附剂放置位置；11—支撑绝缘筒；12—液压泵单元

（三）开断部分

断路器开断部分见图 3-5。

开断部分主要分为主断口和电阻断口，主断口由动触头和对面的可动静触头构成，动触头由动主触头和动弧触头构成，可动静触头由可动静主触头和可动静弧触头构成。动主

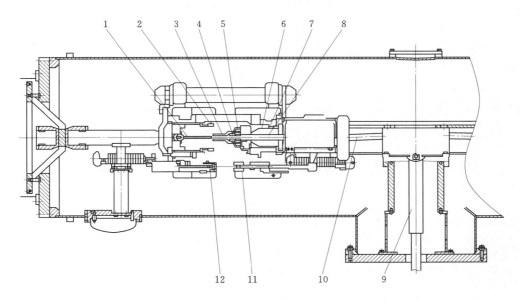

图 3-5　断路器开断部分图

1—可动静弧触头；2—可动静主触头；3—喷口；4—动弧触头；5—动主触头；6—压气缸；7—压气活塞；
8—压气室；9—绝缘拉杆；10—传动连杆；11—电阻动触头；12—电阻静触头

触头和可动静主触头合称为主触头，动弧触头和可动静弧触头合称为弧触头。由于主触头和弧触头在开断时，弧触头后分离，有效地保护了主触头。动触头侧设计有由压气缸和压气活塞组成的压气室，动触头向分闸方向驱动时，SF$_6$ 气体被压缩，通过喷口喷出高压 SF$_6$ 气体灭弧。分合时，可动静触头通过传动连杆的传动与动触头构成的双动连杆装置，使得可动静触头与动触头同时向相反方向动作。此连杆装置对触头移动的速度不一定有所提高，但提高了动触头和可动静触头间的相对速度。主断口并联有电阻断口，电阻动触头和电阻静触头提前主断口 8～11ms 接触，能够有效的限制操作过电压。另外，灭弧室内左右各装有电容单元与主灭弧室并联，改善了电压分担。

（四）液压机构

操动机构是完成断路器分、合闸操作的动力能源，是断路器的重要组成部分，1000kV GIS 采用氮气储能液压传动机构。氮气储能液压传动机构是利用液压油作为动力传递的介质，利用储压器中预储的氮气能量间接驱动断路器主开断部和电阻开断部。

液压机构用油的要求如下：①黏度小，黏度—温度特性平缓；②杂质少，包括气体杂质、机械杂质、酸碱含量等，以免工作中磨损或腐蚀机件；③化学性能稳定，长期使用不变质。

液压机构的结构见图 3-6。液压操作机构主要由工作缸（由控制阀类和其他模块构成）、油泵组件（包括油泵）、电机、油压开关、辅助油箱、贮压器以及连接它们的液压配管构成；还有灭弧室连杆装配以及 SF$_6$ 气体系统、气体压力表、辅助开关、分合指示牌、动作计数器等控制类，共同放置在液压机构箱中，可以完成单相操作。为了防潮、防锈，在机构箱中安装有加热器。

每相断路器液压系统原理见图 3-7。液压系统采用各相独立的控制方式、每相配有油压表、油压开关。在尽量减少液压配管的同时，全部在厂内装配，可靠性高。

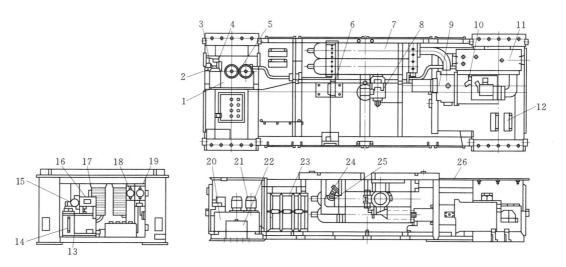

图 3-6 液压机构的结构图

1—油气分离器；2—安全阀；3—泄压阀；4—过滤器；5—浮动开关；6—辅助开关；7—储压器；8—连杆装配；9—防慢分装置；
10—工作缸；11—辅助油箱；12—加热器；13—液压配管；14—油标；15—油压表；16—油压开关；17—油箱；
18—气体阀门；19—气体压力表；20—油泵组件；21—电机；22—出线套（断路器本体用）；
23—端子排（断路器本体用）；24—分合闸指示牌；25—动作计数器；26—液压机构箱

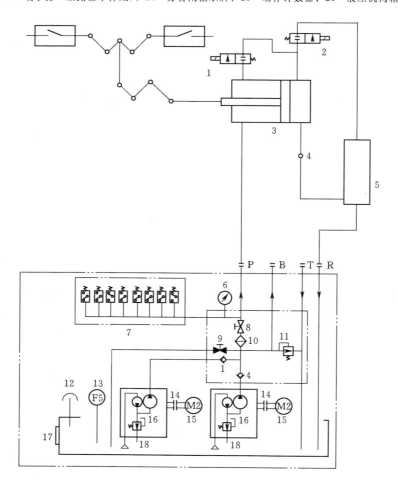

图 3-7 单相断路器液压系统

1—合闸电磁阀；2—分闸电磁阀；3—工作缸；4—单向阀；5—辅肋油箱；6—油压表；7—油压开关；8—保压阀；9—泄压阀；
10—过滤器；11—油泵；12—注油口；13—浮动开关；14—连轴器；15—电机；16—油泵；17—油标；18—油气分离器；
P—出气口；B—注入外部压力口；T—外部吸入口；R—返回口；▷◁—常开阀；▶◀—常闭阀

每相断路器 SF_6 气体系统见图 3－8。SF_6 气体系统采用各相独立的方式、每相配有压力表、密度开关。灭弧室的 SF_6 气体系统在工厂制造时装配，可靠度高。

（五）动作原理

1. 主灭弧室的动作原理。按照图 3－9 对主断口以及电阻断口的动作顺序进行说明

（1）分闸动作 (a)→(b)→(c)。

1) 电阻断口先打开，电流从主断口流过。

2) 主断口随后打开，切断回路电流，达到最终分闸。

（2）合闸动作 (c)→(d)→(a)。

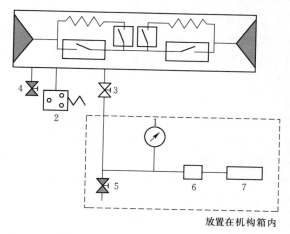

图 3－8　单相断路器 SF_6 气体系统
1—压力表；2—密度开关；3—补充气用常闭阀；4—GCB 罐体用充气阀；5—常开阀；6—绝缘接头；7—气体压力感应器；⊠—常开阀；◆—常闭阀

1) 电阻断口提前 8～11ms 合闸，电流先从电阻断口流过，限制合闸操作产生的过电压。

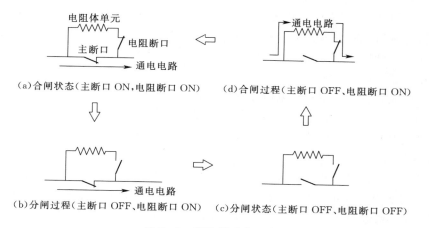

(a)合闸状态（主断口 ON，电阻断口 ON）　　(d)合闸过程（主断口 OFF、电阻断口 ON）

(b)分闸过程（主断口 OFF、电阻断口 ON）　　(c)分闸状态（主断口 OFF、电阻断口 OFF）

图 3－9　断路器动作顺序

2) 在电阻断口合闸后 8～11ms 内，主断口合闸，形成合闸时的通电回路。

2. 主断口以及电阻断口的各种详细动作原理

（1）分闸动作。当液压操作机构向分闸方向动作时，绝缘拉杆向下运动，通过拐臂和传动连杆实现主断口和电阻断口的分闸。

1) 主断口：首先可动静主触头和动主触头脱离接触，然后可动静弧触头和动弧触头分离。若断路器带有高电压，此时将在弧触头间出现电弧。在动主触头向分闸方向运动时，压气缸内的 SF_6 气体被压缩后通过喷口向电弧区域喷吹，使电弧冷却和去游离而熄灭，并使断口间的介质强度迅速恢复，以达到开断额定电流及各种故障电流的目的。

2）电阻断口：电阻动触头在分闸拉力下高速右移，此时被顶压着的电阻静触头也在弹簧力的作用下右移，运动到一定位置时，电阻动触头和电阻静触头脱离，之后电阻静触头恢复到原位，走完行程后分闸动作完成。分闸时电阻断口提前于主断口一定时间断开，电阻体在分闸过程中没有电流通过。

（2）合闸动作。

1）电阻断口的合闸动作。电阻断口动触头通过绝缘拉杆向合闸方向移动，电阻静触头也向合闸方向运动。因为在构造上电阻断口的开距比主断口的开距小，因此电阻断口动、静触头接触 8～11ms 后，主断口的动、静触头接触，电阻体被短接。当电阻断口动、静触头接触后，电阻动触头继续顶着电阻静触头运动，直到走完行程，电阻断口的合闸动作完成。

2）主断口的合闸动作。合闸动力传递到动主触头后，带动动弧触头、喷口和压气缸一起向左移动，运动到一定位置时，可动静弧触头首先插入动弧触头中，即动弧触头首先合闸。紧接着动主触头插入可动静主触头中，主导电回路接通，主断口合闸动作完成。

二、隔离开关、接地开关

隔离开关、接地开关由导电部分、支撑绝缘部分、传动元件、基座和操动机构五部分组成。1000kV GIS 隔接组合每相为单独气室，隔离开关配有弹簧机构，接地开关配有电动机构。其具有通流能力强、结构紧凑的特点，且隔离开关设置有投切电阻，能够有效抑制 VFTO 产生的特点。同时，隔接组合有灵活的布置形式，有 Z 形布置、T 形布置等，便于变电站布置。

为限制电流开合时产生的过电压，隔离开关内装设分合闸电阻。对具有切合母线转换电流功能的隔离开关，增设电阻增加了断口的开断能力；隔离开关配有观察窗，通过观察窗可以看到隔离断口的分合状态。

1. 隔离开关

隔离开关按照内部结构可分为两种形式：一种是隔接组合开关，即隔离开关、接地开关共在一个筒体中；另外一种是单独的隔离开关，隔离开关筒体内不含接地开关。同时隔接组合开关又可按出线方式的不同分为 T 形隔接组合开关和 Z 形隔接组合开关。图 3-10 为隔接组合开关的外形图，图 3-11 为隔接组合开关的内部结构。在隔离开关上安装了电动弹簧操作机构，电动弹簧操作机构的驱动力通过主轴直接传到本体，带动触头实现分合。同时又可以通过操作手柄对隔离开关进行手动操作。

由于隔离开关的触头是高速动作，因此在图 3-10 所示的操作机构的内部安装了液压缓冲器，同时在本体内部也装有分合闸缓冲器用于操作制动，隔离开关壳体内充入 0.45MPa 的 SF_6 气体。动触头屏蔽通过绝缘支撑筒与动触头底座连接。静触头通过导体由绝缘支撑筒安装在底板上。动触头及静触头通过盆式绝缘子及导电杆连接到相邻的设备。动触头通过绝缘拉杆由开合机构直线驱动。图 3-11 的开合机构是由主轴、将回转运动变为直线运动的拐臂、导向杆、决定"开、合"端头位置的缓冲器构成。气体中水分由吸附装置进行吸收。

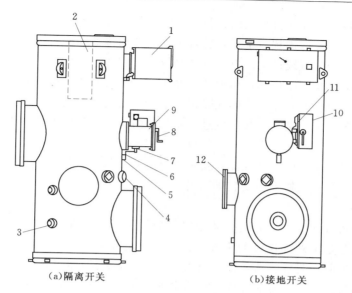

（a）隔离开关　　　　　　　　　　　　（b）接地开关

图 3－10　1000kV GIS 隔接组合开关外形

1—电动弹簧操作机构（含液压缓冲器）；2—隔离开关传动部分；3—电阻测定装置；4—观察窗；5—挂抛端子；
6—接地板；7—绝缘端子；8—操作手柄；9—接地开关传动部分；10—电动操作机构；11—连接板；
12—吸附剂（兼作检修孔）

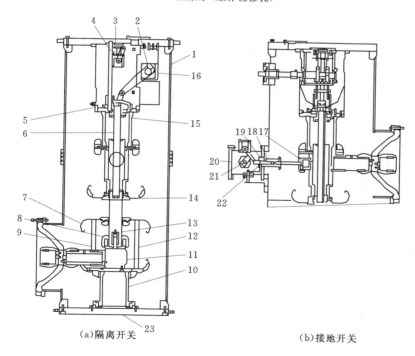

（a）隔离开关　　　　　　　　　　　　（b）接地开关

图 3－11　1000kV GIS 隔接组合开关结构

1—壳体；2—主轴；3—分闸缓冲器；4—导向杆；5—合闸缓冲器；6—绝缘拉杆；7—屏蔽罩；8—静触头；9—绝
缘棒；10—绝缘筒；11—导体；12—电阻体；13—动触头；14—动触头屏蔽；15—绝缘筒；16—电机；17—静
触头部分；18—动触头部分；19—动触头；20—分闸缓冲器；21—主轴；22—合闸缓冲器；23—底板

根据开、合指令，操作机构内的弹簧随着电机的运转储能，弹簧释放的能量转换为隔离开关的驱动力，直接传递到主轴上，随着主轴的转动传到连杆机构，通过拐臂及导向杆驱动力由回转运动变为直线运动。再通过绝缘拉杆来驱动动触头运动。

接到开或合的指令后，操作机构内的弹簧在数秒之内储能，弹簧释放能量的同时驱动动触头，完成开或合动作。母线一体式隔接组合开关与其他隔接组合开关的结构相同，在隔离开关中增设了为了控制重燃弧产生过电压的电阻体。电阻体安装在绝缘体、屏蔽罩和导体之间。

为了确认隔离开关电阻体的性能，安装了电阻测定装置。另外，在具有环流电流开合功能的母线用隔离开关的接点部安装了磁场消弧装置。

2. 接地开关

动触头部分通过绝缘支撑筒与壳体绝缘，静触头部分安装在隔离开关动触头的导体上。接地传动部分是由外部连接的主轴、将回转运动变换为直线运动的传动机构和决定分、合端头位置的制动装置、动触头、壳体、绝缘端子、接地板构成。接地开关进行操作时电机驱动电动操作机构，转动开合机构的主轴，主轴的旋转运动由拐臂拉杆转换为直线运动，再驱动动触头运动。

接地开关合闸后，与高电压端连接的导体通过静触头部分、动触头部分绝缘端子、接地板与壳体连接，壳体通过接地排接地。

3. 隔离开关磁场消弧方式的开断原理

隔离开关具有开合环流电流能力，其磁场灭弧方式开断原理见图 3-12。操作过程中首先作为主接点的动触头和静触头主接点分开，接着是弧触头接触的绕组和弧触头的开断。此时电弧在绕组和弧触头之间发生。电弧电流进入绕组形成磁场。此磁场和电弧成直

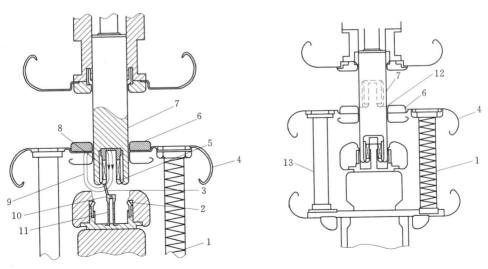

图 3-12 带电阻的 1000kV GIS 隔离开关灭弧原理图

1—电阻体；2—静触头；3—电弧；4—屏蔽罩；5—耐弧区；6—电阻触点；7—动触头；
8—线圈；9—磁场；10—耐弧区；11—静触头；12—测量端子；13—绝缘棒

角交替变换，电弧在磁场直角方向力驱动下。电弧在绕组和弧触头之间开始回转。电弧开始冷却，电流过零点时灭弧。另外，在电阻体处因为设置的电阻接点和动触头之间保持了一定的间隙，所以电弧电流不会流到电阻体处。

磁场消弧和缓冲方式构造简单，大幅度地降低了操作功。同时，因电弧消弧的原因，减少了耐弧片的消耗。

4. 带电阻隔离开关切超前小电流的分闸原理

电阻体设置在隔离开关的静触头侧，安装在静触头两侧，并由绝缘杆支撑。在屏罩蔽上安装电阻触点，此电阻触点和动触头保持一定的间隙。

合闸状态中是主接点导通的状态，电弧触点和电阻接点间隙可保证充分绝缘。隔离开关进入分闸动作后，由于主接点绝缘性能强，电弧接点的绝缘弱，开合状态中，再燃弧发生在电弧接点，因此通过电阻体可以抑制发生的过电压。

在带电阻隔离开关中把 4 个 2000Ω 电阻体并联，构成 500Ω 的电阻，可以抑制 1.3p.u.（=1167kV）以下的过电压。从分闸状态合闸与上述的原理相同，可抑制过电压。

三、电流互感器

1000kV GIS 采用贯穿式电流互感器，电流互感器采用内置穿心式结构。该电流互感器在线路正常运行、过载状态或短路故障时测量电流，给测量仪表和继电器保护提供电流。每只电流互感器内可装 4~5 只二次绕组。二次绕组分为暂态保护、测量、计量三种。

电流互感器的结构见图 3-13，一次为穿心式，即原边仅有一匝。每个绕组有三个抽头，它们都放置在金属壳体内，壳体内充额定压力的 SF$_6$ 气体，主绝缘是 SF$_6$ 气体和绝缘子。

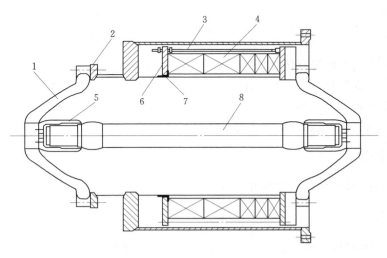

图 3-13 1000kV GIS 电流互感器结构
1—绝缘子；2—TA 壳体；3—压紧螺杆；4—TA 线圈；5—电连接；
6—压板；7—绝缘环；8—导电杆

四、电压互感器

1000kV GIS 采用电磁式电压互感器，原理见图 3-14。电压互感器在超过额定电压 1.3 倍的情况下进行试验时，D1、D2 开关必须断开，试验完成后必须合上；图中箭头表示在测量绝缘电阻时，将接地端子断开的部位，测量后应将端子闭合。

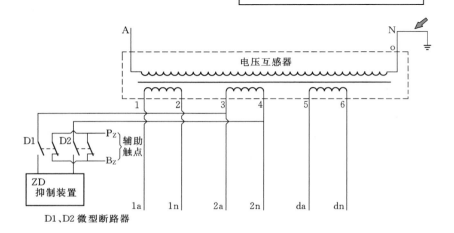

" ⇐ "表示在测量绝缘电阻时将接地端子断开的场所，请在测量后将端子闭合。

阻尼负载

TV 在超过额定电压 1.3 倍的情况下进行试验时，D1、D2 开关必须断开，但在试验完成后，必须合上。

图 3-14　1000kV GIS 电压互感器原理

按照 TV 实测参数进行仿真计算，工程不存在 TV 铁磁谐振的风险；而按照 TV 铁芯设计参数进行仿真计算，在"长治站 1000kV 2 号母线空载、与其相连的特高压断路器热备用"的工况下，可能产生分频（1/3 次）铁磁谐振，但最大谐振过电压仅为 1.26p.u.（特高压工程工频过电压的限制水平为 1.3～1.4p.u.）。

五、避雷器

1000kV GIS 避雷器结构见图 3-15。

六、套管

1000kV GIS 用进出线套管是该 GIS 的标准元件，供架空线与 GIS 母线连接使用。进出线套管用于对地绝缘和电压电流的引进引出，直接与架空母线相连，垂直布置在 GIS 的进出线侧。套管装配主要包括顶部屏蔽装配、U 形接线端子、瓷套管、中心导体、内屏蔽、吸附剂、绝缘支撑筒、套管支撑筒等元件，结构如图 3-16。

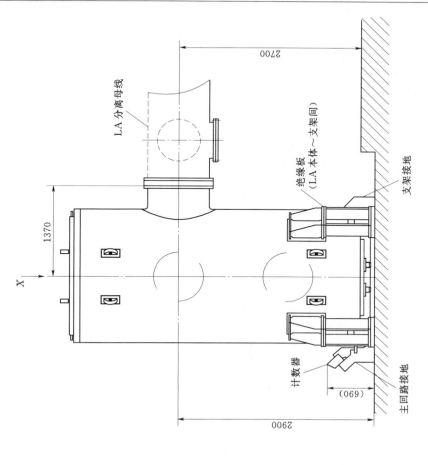

图 3-15 1000kV GIS 避雷器结构(单位:mm)

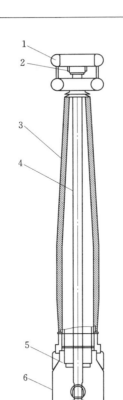

图 3-16　1000kV GIS 套管结构

1—顶部屏蔽装配；2—U 形接线端子；3—瓷套管；4—中心导体；5—内屏蔽；

6—套管支撑筒；7—吸附剂；8—绝缘支撑筒

七、母线

　　1000kV GIS 母线是 GIS 基本元件之一，通过导电连接件和 GIS 其他元件连通，满足不同的主接线方式，来汇集、分配和传送电能。

　　1000kV GIS 母线结构见图 3-17。主要包括盆式绝缘子、电连接、导体、筒体、吸附剂、支柱绝缘子、阀门、支架、端部屏蔽、端部筒体等元件组成。单节母线筒的长度（见图 3-17 中 $L1$）应小于 6m 并按照实际工程需要确定长度，母线筒中心距地距离（见图 3-17 中 $L2$）按照实际工程需要确定，并选择合适高度的支撑架对母线进行支撑。

　　1000kV GIS 母线为三极分相布置，主导电回路封闭在接地的金属壳体内，壳体内充 SF_6 气体作为绝缘介质；中心导体用盆式绝缘子与支柱绝缘子支撑在金属壳体的中心部，由于盆式绝缘子不通气，因此又能够起到分隔母线气室的作用；同时母线筒体内部装有吸附剂，可以控制 SF_6 气体中水分及 SF_6 气体有害分解物的含量。

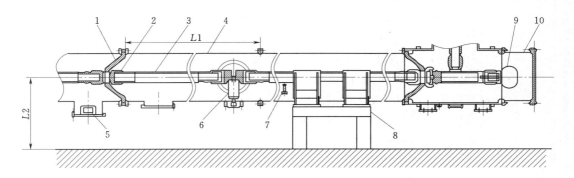

图 3-17　1000kV GIS 母线结构图

1—盆式绝缘子；2—电连接；3—导体；4—筒体；5—吸附剂；6—支柱绝缘子；

7—阀门；8—支架；9—端部屏蔽；10—端部筒体

第三节　1000kV GIS 运行维护基本操作要点和注意事项

一、1000kV GIS 巡视要点及注意事项

（一）日常巡检项目（1 次/天）

（1）断路器和隔离开关的动作指示正常，并记录动作次数。

（2）各种信号灯、指示灯和带电监测装置的指示正常，控制开关的位置及加热器工作正常。

（3）断路器、隔离开关及接地开关的位置指示正确，电气指示与机械指示相对应。

（4）各密度继电器、压力表指示正常，无漏气，各类配管及阀门无损伤、锈蚀、开启位置正确。

（5）裸露在外的接线端子无过热情况，汇控柜内无异常气味。

（6）外部接线端子无过热现象，套管清洁，无损伤、裂纹及积污闪络痕迹。

（7）各类配管及阀门应无损伤、变形、锈蚀，阀门开启正确。

（8）本体外壳、构架应无锈蚀、损伤、变形、无局部过热迹象，设备基础无下沉倾斜，设备接地良好，接地线、接地螺栓表面无锈蚀。

（9）压力释放装置无异常。

（10）均压环位置正确，无倾斜、松动、变形、扭曲、锈蚀等现象。

（11）避雷器的动作计数器指示无变化，泄漏电流值在正常范围内。

（12）各箱门关闭严密。

（13）汇控柜门密封完好，无变形。

（14）汇控柜面板上各元件分合闸指示与设备实际状态一致。

（15）汇控柜各把手位置正确。

（16）汇控柜各控制、操作及信号电源小开关位置正确。

（17）汇控柜内照明及加热回路正常。

（18）汇控柜面板上"三相不一致压板"在投入状态，正常运行时，严禁将其退出。

（19）汇控柜各光字牌指示正常，无异常光字牌闪烁。

（20）汇控柜内接线无脱落、松动、锈蚀、烧蚀现象。

（二）定期巡检项目（1 次/周）

（1）各控制箱和二次端子箱无受潮，驱潮装置正确投入。

（2）利用红外测温仪检查设备发热情况。

（3）利用紫外测试仪检查设备放电情况。

（4）在线监测装置保持良好状态，定期对数据进行分析、比较。

（5）端子箱内的二次接线端子检查紧固情况。

（6）记录开关的动作次数和操作机构的压力和 SF_6 压力。

（三）以下情况应对设备进行特殊巡检

（1）新设备或经过检修、技改的设备在投运 72h 内。

（2）有严重缺陷或经受外部近区短路冲击后。

（3）气象突变（如大风、大雾、大雪、冰雹、寒潮等）前后。

（4）雷雨季节，特别是附近区域有雷电活动后。

（5）高温季节、高峰负载期间。

（6）设备缺陷近期有发展趋势时。

（四）特殊巡检重点

（1）大风天气：引线摆动情况、均压环位置是否正常，有无搭挂杂物。

（2）雷雨天气：套管有无放电闪络现象。

（3）大雾天气：套管有无放电、打火现象。

（4）大雪天气：根据积雪溶化情况，检查接头发热部位，及时处理覆冰。

（5）温度骤变：检查注油设备油位变化及设备有无渗漏油情况。

（6）设备重合闸后：检查设备位置是否正确，动作是否到位，有无不正常的音响或气味。

（7）高峰负荷期间：增加巡检次数，监视设备温度，触头、引线接头，特别是限流元件接头有无过热现象，设备有无异常声音。

（8）短路故障跳闸后：检查断路器位置是否正确，相应压力是否正常及储能状态，检查现场电流互感器和电压互感器有无渗漏油。

二、1000kV GIS 维护要点及注意事项

（一）外观

（1）有无异常声音、异味；发现异常声音及异味，立即检查并处理。

（2）架子、箱体等无生锈、损伤以及污损现象；发现显著生锈及损伤，立即修补。

（3）螺栓、螺母有无松动；发现松动螺丝立即紧固。

（4）机构、汇控柜等箱门密封，机构观察窗的密封垫圈有无裂痕；应密封严密。若发现渗水，及时处理。

（二）机构箱

（1）确认各相计数器的动作次数，分合指示牌的指示；指示与实际位置一致。

（2）油压值的指示；液压操作机构是否漏油，确认油压表的指示在31.5～39MPa。

（3）是否有气体系统的漏气音；无漏气音、漏油现象。

（4）查看传动部螺丝有无松动现象，销类有无脱落、开裂损坏现象；链条的松弛确认；目视无异常。

（5）机构箱内设置的传动补充润滑油脂；传动灵活。

（6）传动轴部要适当润滑（二硫化钼）；传动灵活。

（7）对本体的转动密封部分进行定期检查，定性检漏；密封良好，无漏气现象。

（三）汇控柜

（1）出现异常响声、气味、烟雾和振动；柜体内存在潮气、雨水；柜体外观；柜体内部和外部出现脏污现象；通过外观检查设备；如果发现故障，查出原因及时处理。

（2）控制开关正确性；检查控制开关所指示的断路器、隔离开关、接地开关的状态是否正确；如果指示灯损坏立即更换；如果指示灯没有损坏，检查相关回路。

（3）检查指示器的正确性：设备出现故障时故障指示器显示橘黄色；故障指示器的橘黄色窗口不能复位；报警出现时，指示器不能工作；更换损坏元件。

（4）柜体内部异物渗入辅助继电器；清扫干净。

（5）柜体内部存在异常震动声音；查找原因并处理。

（6）柜体内部出现破裂、变色、生锈或其他接触器故障；出现故障及时修理。

（7）是否存在电线褪色或过热现象；发现故障及时排查并处理。

（8）是否存在接线端子松脱、褪色、过热或侵蚀现象；用新的同规格的元件更换掉损坏的元件。

（9）各部件是否存在异常响声或过热；发现故障及时排查并处理。

（10）接触器或其接触头上是否有污渍和杂质；发现有污渍及时处理干净。

（11）确认油泵运转次数；15次/天以下，如频繁运转则检查处理。

（12）继电器定值；按照厂家规定进行核对。

（13）加热器；加热器工作正常。常用加热器5℃启动，12℃停止；夏季用加热器30℃启动，35℃停止，湿度大于85%启动。用万用表检查加热器有无断线，始终保持湿度-凝露控制器处于工作状态。

（四）气室

（1）检查局放；不超过规定范围。

（2）密度表压力值的指示（SF_6气体的压力要保持在气体温度—压力曲线范围内）；如果气压降低则补气至额定压力（注意单元内充入SF_6气体时，不要充到额定气体压力以上，会损坏设备）。

（五）套管

（1）气体压力；利用设备一侧的压力表监视压力，保证最低压力为规定范围内。

（2）用目视方法观察陶瓷表面，确认是否有纤维状异物的存在；污痕不严重。

（3）用目视方法检查陶瓷部分是否有裂纹和缺伞；无裂纹和缺伞。

(4) 用耳朵听是否有像局部放电的声音；无异常声音。

(5) 用目视方法检查顶部端子是否有因热造成异常变色、周围是否有阳炎。用热成像仪测温；没有因热造成的异常变色，顶部端子的周围未出现阳炎。用热成像仪测量温度小于 90℃。

(6) 用耳朵听是否有漏气声音，用红外检漏仪探测漏气；无漏气声音，无漏气点。

(7) 电晕测定；用紫外成像仪测量电晕情况。

（六）避雷器

(1) 检查避雷器是否生锈和有损伤，是否发出异常声音；发现生锈和损伤，立即处理；发现反常声音，立即停电检查并处理。

(2) 检查在线监测显示是否正常；检查在线监测装置显示是否在规定范围内，如果超标，则用阻性电流测试仪测量泄漏电流，判断是否正常。

（七）局放在线监测

(1) 有无异常声音、异味等；无异常声音、异味。

(2) 箱体等有无损坏、生锈；无损坏、生锈。

(3) 螺栓螺母等有无松动；螺栓螺母等无松动。

(4) 配线的连接状态；无松动、损伤。

(5) 检查防水用帽；无剥落、破损。

(6) 局放探头接头接地；接地良好。

（八）基础沉降及本体位移

(1) 本体位移；与上月相比不超过 1cm。

(2) 每季度进行一次基础沉降检测。

（九）红外热成像和紫外检测

(1) 用红外热成像仪检测一次、二次设备，重点是接线板和套管；无需停电处理的缺陷要及时处理，需停电的缺陷根据缺陷性质制定消缺计划。

(2) 用紫外测试仪检测一次设备，重点是引线和套管；根据缺陷性质制定消缺计划。

三、开关类设备运行规定

（一）开关类设备通用规定

(1) 断路器保护包括重合闸、失灵保护、充电保护、三相不一致保护。当断路器失灵保护退出时，断路器应停运；正常情况下，断路器重合闸投入时仅投单重方式；系统正常运行时（特殊规定除外），断路器充电保护应退出。

(2) 一般情况下，交流母线为 3/2 断路器接线方式的，设备送电时，应先合母线侧断路器、后合中间断路器；设备停电时，应先拉开中间断路器，后拉开母线侧断路器。

(3) 断路器转热备用操作前，现场应确认继电保护装置已按规定投入；断路器进行合环或并列操作前，应加用同期装置；断路器合闸后，现场应检查确认三相均已接通。

(4) 断路器操作时，若远方操作失灵，现场规定允许就地操作的，必须三相同时操作，不得分相操作。

（5）断路器应具有可靠的防止跳跃、防止非全相合闸和保证合分时间的性能。液压操作机构本身应具有防止失压慢分的性能。断路器装置配有电气的分闸和合闸按钮，当分闸按钮一直按下时，开关分闸，如果此时合闸按钮也一直按下，开关就会出现合闸后立即分闸，分闸后又合闸的跳跃动作。因此需要防止跳跃的电气回路（简称防跳回路），以防止开关发生这种跳跃现象，进而保护开关装置以及负载免受频繁冲击。

（6）断路器投运前，应检查接地线全部拆除，防误闭锁装置正常。

（7）断路器操作前后应检查控制回路和辅助回路的电源正常，检查机构已储能，液压在规定范围内，各种信号正确、表计指示正常，相应隔离开关和断路器的位置正确。操作中应同时监视有关电压、电流、功率等表计的指示及红绿灯的变化。

（8）长期停运超过 6 个月的断路器，在正式执行操作前应通过远方控制方式试操作 2～3 次，无异常后方能带电操作。

（9）就地操作控制把手时，不能用力过猛，以防损坏控制开关；不能返回太快，以防时间短断路器来不及合闸。

（10）无电气联系的不同电网或同一电网内不同设备（如发电机组与电网的并网）间的连接称为并列操作。由于开关两侧频率不同、并存在电压差、相角差，在进行电网间解列、并列操作前需满足如下条件。并列条件：相序相同；频率偏差在 0.1Hz 以内；机组与电网并列，并列点两侧电压偏差在 1% 以内；电网与电网并列，并列点两侧电压偏差 5% 以内；并列操作应使用准同期并列装置。解列操作前，应先将解列点有功潮流调至接近 0，无功潮流调至尽量小，使解列后的两个系统频率、电压均在允许范围内。

（11）已具有电气联系的不同电网或同一电网内不同设备（如线路、变压器）间的断开或连接称为解合环。合环操作宜经同期装置检定，通常采用自动准同期合闸工作方式：

1）若 U_s、U_l 两电压至少有一个电压小于 30% 额定值，则执行无压合闸操作。

2）若 U_s、U_l 两电压均大于 60% 额定值，f_s、f_l 频率相同，两相角差小于允许合闸相位差 ±15°，则执行合环合闸操作。

3）若 U_s、U_l 两电压均大于 60% 额定值，f_s、f_l 频率不同，但同时满足：$|U_s-U_l|<\delta_U$（允许合闸电压差 5V）；$|f_s-f_l|<\delta f$（允许合闸频率差 ±0.1Hz）；$\Delta\phi<\delta\phi$（允许合闸相位差 ±15°），则执行同期合闸。

（12）国调直调线路中，两侧均为变电站的，一般在短路容量较大侧停、充电，短路容量较小侧解、合环；一侧为变电站（开关站）、一侧为发电厂的，一般在变电站（开关站）侧停、充电，发电厂侧解、合环。

（13）断路器发生故障跳闸时，应按相别记录切断的故障电流；对于国产断路器实际故障开断次数仅比允许故障开断次数少一次时，应停用该断路器的自动重合闸，对于进口断路器，当断路器弧触头剩余电寿命不足以切断两次额定短路开关电流时，亦应停用该断路器的自动重合闸。

（14）未经试验不允许使用刀闸向母线充电。

（15）不允许使用刀闸拉、合空载线路、并联电抗器和空载变压器。

（16）未经试验许可，不允许使用刀闸进行拉开母线环流操作。用刀闸进行经试验许可的拉开母线环流或短引线操作时，须远方操作。

（17）拉开隔离开关时，必须检查相应断路器确在拉开位置，严禁带负荷拉合隔离开关，先拉开负荷侧隔离开关，再拉开电源侧隔离开关；合上隔离开关时，必须检查相应断路器确在拉开位置，先合上电源侧隔离开关，再合上负荷侧隔离开关。

（18）操作接地开关之前，确认相应隔离开关应在拉开位置，联锁条件满足。操作隔离开关和接地开关后，必须现场检查设备实际位置。

（19）用隔离开关拉开断路器或隔离开关闭合的母线环流操作时，须远方操作，在拉合之前应将闭合环路的断路器的操作电源拉开。

1）对 3/2 接线方式，当某一串断路器出现分、合闸闭锁时，可用隔离开关来解环，但其他串的所有断路器必须在合闸位置。

2）隔离开关的分相操作，拉开时，先拉开中间相，后拉开其他两相；合上时顺序相反。

（20）接地开关操作（合上、拉开）后，必须登记记录其调度编号、操作接地开关在运行交接班时要进行详细交接。

（21）未装防误闭锁装置、防误闭锁装置失灵或仅有软件闭锁的接地开关，在正常运行时，要断开该接地开关操作电机电源。

（22）操作带有闭锁装置的隔离开关时，应按闭锁装置的使用规定进行，不得随便动用解锁钥匙或破坏闭锁装置。

（23）严禁用隔离开关进行下列操作：

1）带负荷分、合操作。

2）配电线路的停送电操作。

3）雷电时，拉合避雷器。

4）系统有接地（中性点不接地系统）或电压互感器内部故障时，拉合电压互感器。

5）系统有接地时，拉合消弧绕组。

（二）1000kV 开关类设备运行规定

（1）断路器经故障处理、检修后，应在投运前做一次遥控分闸、合闸试验，详细检查断路器的分闸、合闸情况。分闸、合闸试验时断路器两侧隔离开关在拉开位置。只有分闸、合闸试验正常，才允许将此断路器投入备用或运行，否则应隔离。

（2）线路、变压器的合环及线路并列操作须经同期装置检测。1000kV 线路解列前需调整电网频率和相关母线电压，尽可能将解列点的有功功率调至 0，无功功率调至最小。

（3）1000kV 线路故障跳闸后，应根据调度指令进行试送，一般试送一次；线路试送前应确认站内相关一次、二次设备具备带电运行条件。试送不成功，线路需较长时间停运时，按规定更改相关系统安控装置方式。

（4）带串补的 1000kV 线路应先将串补转特殊热备用状态，再进行试送。

（5）1000kV 断路器事故跳闸后应做好记录。

（6）正常运行时，断路器储能正常，油位在正常范围内，SF_6 气体压力在正常范围内。

（7）断路器现场手动储能时，应先拉开储能电机电源。

（8）1000kV断路器异常，出现"合闸闭锁"尚未出现"分闸闭锁"时，应立即拉开异常开关；出现"分闸闭锁"时，应停用开关的操作电源，断开相邻带电设备来隔离异常开关。

（9）1000kV断路器开合失步电流后，应间隔3h后方可再次合闸；不是失步开断时，开断故障电流的情况下，间隔30min以上再进行下次的合闸操作；在系统试验等连续合分输电线路时，应间隔5min以上后方可再次合闸。

（10）拉合隔离开关前，应检查相应断路器在拉开位置。

（11）操作断路器、隔离开关和接地开关后，必须现场检查设备实际位置指示。

（12）远方操作断路器、接地开关时，其现场汇控柜、机构箱的门必须关闭。

（13）合上接地开关的操作之前，应在现场检查其两侧的隔离开关确已拉开，联锁条件满足。

四、电流互感器运行规定

（1）在带电的电流互感器二次回路上工作时，应采取下列安全措施：

1）禁止将电流互感器二次侧开路。

2）短路电流互感器二次绕组，应使用短路片或短路线，禁止用导线缠绕。

3）在电流互感器与短路端子之间导线上进行任何工作，应有严格的安全措施，并填用"二次工作安全措施票"。必要时申请停用有关保护装置、安全自动装置或自动化监控系统。

4）工作中禁止将回路的永久接地点断开。

5）工作时，应有专人监护，使用绝缘工具，并站在绝缘垫上。

（2）对电流互感器及其二次线需要更换时，除应执行有关安全工作规定外，还应注意以下几点：

1）个别电流互感器在运行中损坏需要更换时，应选用电压等级不低于电网额定电压、变比与原来相同、极性正确、伏安特性相近的电流互感器，并需经试验合格。

2）因容量变化而需要成组的更换电流互感器时，除应注意上述内容外，还应重新审核继电保护定值以及计量仪表倍率。

3）更换二次电缆时，应考虑截面、芯数等必须满足最大负载电流和回路总负载阻抗不超过互感器准确等级允许值的要求，并对新电缆进行绝缘电阻测定，更换后，应进行必要的核对，防止错误接线。

4）新换上的电流互感器或更动后的二次接线，在运行前必须测定大、小极性。

五、电压互感器运行规定

（1）在带电的电压互感器二次回路上工作时，应采取下列安全措施：

1）严格防止短路或接地。应使用绝缘工具，戴手套。必要时，工作前申请停用有关保护装置、安全自动装置或自动化监控系统。

2）接临时负载，应装有专用的刀闸和熔断器。

3）工作时应有专人监护，禁止将回路的安全接地点断开。

（2）电压互感器的二次回路通电试验时，为防止由二次侧向一次侧反充电，除应将二次回路断开外，还应取下电压互感器高压熔断器或断开电压互感器一次刀闸。

（3）运行中如果电压互感器的绝缘发生击穿，高电压会窜入二次回路，损坏二次设备及电气运行人员的人身安全。因此要求电压互感器的二次回路有一点接地（属于保护接地）。但若多点接地，当发生接地故障时，由于铁质地网各点电位差很大，使电压互感器各接地点电位浮动，二次电压发生畸变，引起阻抗元件拒动或误动。

（4）电压互感器二次约有100V电压，应接于能承受100V电压的回路里，其所通过的电流由二次回路阻抗的大小来决定，电压互感器本身阻抗很小，如二次短路时，二次通过的电流增大造成二次熔断器熔断影响表计指示及引起保护误动，如熔断器容量选择不当极易损坏电压互感器。

（5）电压互感器在下列情况下，必须进行核相（所谓核相，就是测定电压互感器二次侧电压相位是否与一次侧相位一致）。

1）新安装或大修后投入，或易地安装。

2）变动过内外连接线或接线组别。

3）电源线路或电缆接线更动，或架空线走向发生变化。

若相位不正确，会造成如下后果：①破坏了同期的正确性；② 倒母线时，两母线的电压互感器会短时并列运行，此时二次侧会产生很大的环流，造成二次侧熔断器熔断，使保护装置误动或拒动。

（6）电压互感器检修时，应将二次回路开关全部拉开，以防二次回路反送电。

（7）1000kV、500kV电压互感器退出运行时，应先将电压互感器停电，再拉开二次侧空开、刀闸；投入运行时，顺序与之相反。

六、避雷器运行规定

（1）运行中应对避雷器泄漏电流进行监视。

（2）定期抄录避雷器动作次数及泄漏电流。

（3）发现避雷器异常动作或泄漏电流过大情况应立即联系检修处理。

（4）事故和雷雨后应记录避雷器动作次数，并抄录泄漏电流。

（5）避雷器压力释放装置的排气口应无电弧的烟末或痕迹、挡板未被冲开，如发现有此现象，需申请停电检查处理。

（6）每次雷雨天气之后，要检查防雷系统是否有放电的痕迹。

七、母线运行规定

（1）1000kV交流系统正常运行工况时，母线电压按调度下达的季度电压曲线监视。

（2）500kV交流系统正常运行工况时，母线电压按调度下达的季度电压曲线监视。

（3）进行1000kV母线转热备用操作时，应密切监视母线电压、电流。若发现相关设备发生铁磁谐振，应立即退回操作前状态，消除铁磁谐振并向调度汇报。

（4）正常运行时，发现1000kV、500kV母线电压越限，应立即向调度及相关调度机构汇报。

第四节　1000kV GIS 技术监督项目及标准

一、SF₆ 气体的湿度检测

试验周期为 1 年；断路器灭弧室气室要求：大修后不大于 $150\mu L/L$，运行中不大于 $300\mu L/L$；其他气室要求：大修后不大于 $250\mu L/L$，运行中不大于 $500\mu L/L$。

二、SF₆ 气体泄漏试验

大修后，必要时进行；年漏气率不大于 0.5％，按《高压开关设备六氟化硫气体密封试验导则》（GB 11023）方法进行。

三、辅助回路和控制回路绝缘电阻

试验周期为 1 年，大修后；绝缘电阻不低于 $2M\Omega$，用 2500V 兆欧表。

四、交流耐压试验

大修后，必要时进行；交流耐压试验电压为出厂试验电压值的 80％，试验在 SF₆ 气体额定压力下进行，对 GIS 试验时不包括其中的避雷器。

五、操作冲击耐压试验

必要时进行；操作冲击耐压的试验电压为出厂试验电压值的 80％，对 GIS 试验时不包括其中的避雷器。

六、辅助回路和控制回路的交流耐压试验

必要时进行；试验电压为 2000V。

七、断口间并联电容器的绝缘电阻、电容量和 tanδ

必要时进行；与初值相比，tanδ 应无明显变化，GIS（含 HGIS）中断路器断口间并联电容器试验按照制造厂规定。

八、合、分闸电阻及接入时间

大修后、必要时进行；除制造厂另有规定外，阻值变化允许范围不得大于 ±5％，合闸、分闸电阻的有效接入时间按制造厂规定校核。

九、断路器的速度特性

必要时进行；测量方法和测量结果应符合制造厂规定，制造厂无要求时不测。

十、断路器的时间参量

试验周期为 1 年，投运前，大修后，机构大修后；除制造厂另有规定外，断路器的分

闸、合闸同期性应满足下列要求：合闸、分闸及合分时间应符合制造厂规；相间合闸不同期不大于 5ms；相间分闸不同期不大于 3ms；同相各断口间合闸不同期不大于 3ms；同相各断口间分闸不同期不大于 2ms。

十一、分闸、合闸脱扣器的动作电压

试验周期为 1 年，大修后，机构大修后；操动机构分、合闸脱扣器上的最低动作电压应在操作电压额定值的 30%～65%之间。

十二、导电回路电阻

试验周期为 1 年，大修后；回路电阻测量值应符合制造厂的规定，且不应超过型式试验时测量值的 1.2 倍；用直流压降法测量，电流不小于 300A。

十三、分闸、合闸脱扣器直流电阻

大修后，机构大修后进行；应符合制造厂的规定。

十四、SF₆ 气体密度继电器（包括整定值）检验

试验周期为 1 年，投运前，大修后，必要时；按制造厂规定。

十五、机构压力表校验（或调整），机构操作压力（液压）整定值校验，机械安全阀校验

试验周期为 1 年，大修后；按制造厂规定。

十六、操动机构在分闸、合闸、重合闸下的操作压力（液压）下降值

大修后，机构大修后进行；应符合制造厂规定。

十七、液（气）压操动机构的泄漏试验

试验周期为 1 年，大修后，必要时；按制造厂规定，应在分、合闸位置下分别试验。

十八、油（气）泵补压及零起打压的运转时间

试验周期为 1 年，投运前，大修后，必要时；应符合制造厂规定。

十九、液压机构防失压慢分试验

大修后，机构大修后进行；按制造厂规定。

二十、闭锁、防跳跃及防止非全相合闸等辅助控制装置的动作性能

大修后，必要时进行；按制造厂规定。

二十一、GIS 中的电流互感器和避雷器

大修后，必要时进行；按制造厂规定，或分别按《1000kV 交流电气设备预防性试验

规程》（GB/Z 24846—2009）中互感器章节、金属氧化物避雷器章节进行。

二十二、隔离开关、接地开关时间特性试验

大修后，必要时进行；合闸、分闸时间符合制造厂要求，隔离开关合分闸电阻投入、退出时间及与主触头的配合符合制造厂的要求。

第五节　1000kV GIS 检修项目及标准

一、1000kV GIS 组合电器

（一）断路器

1. 检修周期

1000kV GIS 组合电器断路器检修周期见表 3 - 1。

表 3 - 1　　　　　　　1000kV GIS 组合电器断路器检修周期

分　类		期间（次数）	内　　容	检修时间
定期检修	普通检修	每隔 3 年；每进行 1000 次无负荷分合	设备停止运转，不放 SF_6 气体的情况下进行；主要进行注油、清扫	8h
	精细检修	每隔 6 年；本体每隔 12 年	设备停止运转，液压机构和本体分解后进行；按照标准更换部件	100h
临时检修		异常时	对必要处进行检修，更换部件	
		达到规定次数的无负荷及分合小电流——2000 次； 额定负荷电流分合： （1）4kA 以下——1000 次； （2）超过 4kA——500 次； 额定开断电流 10 次	灭弧室断口检修，更换摩擦部件；对必要处进行检修，更换部件	

注　普通检修、精细检修和更换部件改造在厂家技术人员的指导下进行。

2. 检修项目

（1）日常维护。日常维护项目如下：

1）检查瓷瓶的损坏和污秽。

2）检查主接线端的颜色变化。

3）检查接地端的松动情况。

4）检查液压机构是否漏油。

5）进行机构润滑。

6）检查液压机构的油压、SF_6 气体压力，如果压力降低，必要时要补充 SF_6 气体。

7）检查驱潮加热回路的工作情况。

8）检查接触器、继电器绕组及接线端头温度正常无过热。

9）检查接触器铁芯音响正常，无啸叫声。

10）检查有无异常声音、异味。

11）检查架子、箱体等无生锈、损伤以及污损现象。

12）检查螺栓、螺母有无松动。

13）确认各相计数器的动作次数、分合指示牌的指示；密度表压力值的指示；油压值的指示。

14）检查是否有气体系统的漏气声。

15）确认油泵运转次数，指示灯的指示。

（2）普通检修。

1）1000kV GIS 组合电器断路器普通检修内容，见表 3-2。

表 3-2　　　　　　　　　　　　1000kV GIS 组合电器断路器普通检修内容

项　目	检修内容	作业内容	标准	使用器材
分合操作	分合指示牌的状态 计数器的状态	目视	断路器分合时间正常动作	
	辅助开关的状态	在各动作位置用万用表确认导通	导通	万用表
	确认低油压动作	按操作油压为 24.5MPa 用现场电压分合操作	动作	
	非全相保护回路的确认	非全相动作	3 相最终断开	
	分合闸特性试验	用现场电压，通过额定压力值、闭锁压力值进行	与上次数据比较 ±10% 以内	示波器
	确认地基用螺栓的紧固状态	目视	不松动	
	接地端子处螺栓螺母的紧固状态			
	生锈、涂层的起泡		无生锈、涂层	
液压机构	油压开关的动作确认	升降操作压力，用油压表读取动作值	规定值内的 ±1.0MPa 以内	力矩扳手 万用表 螺丝刀
	油压表（操作压力）的校正	标准油压表校正	最大刻度 ±1.5%（JIS 公差）以内	力矩扳手 标准压力表
	密度开关的动作确认	升降操作压力，用压力计读取动作值	规定值内的 ±0.02MPa 以内	力矩扳手 万用表 螺丝刀
	压力表（气压）的校正	标准压力计校正	最大刻度 ±1.5%（JIS 公差）以内	力矩扳手 标准压力表 拔针工具
	润滑剂的状态	目视	不缺油	硅脂 二硫化钼 BR2+ 润滑脂
	油泵单元的油位位置状态确认	目视，油位下降时应补充液压油	在油标绿色区域内	

续表

项　　目	检修内容	作业内容	标准	使用器材
通用项目	螺栓、螺母类的紧固状态	目视	无松动	
	箱内有无潮湿、生锈、污损状态		无潮湿	
	二次配线是否松动		无松动、断线、生锈	
	配管的检修		无松动、生锈、污损	
检测试验	加热器有无断线	确认加热器各接点是否导通	无断线	万用表
	油泵的动作确认	最初充油时间的确认；31.5～33.5MPa加压的时间	上次数据的±20％以内；150s以内	
	储压器气压确认	在储压器充气阀处安装压力表，测试氮气气压	20.0MPa 以上〔若20.0MPa（20℃）以下，需要充氮气〕	压力表氮气增压器

注　检修前确认主回路是否有电压，防止引起短路、触电。必须按照检修顺序进行检修。

2）1000kV GIS组合电器断路器普通检修顺序，见图3-18。

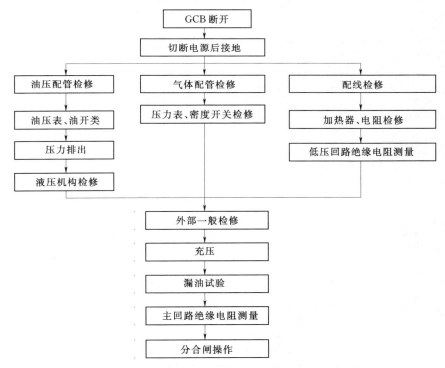

图3-18 1000kV GIS组合电器断路器普通检修顺序

（3）精细检修。

1）注意事项。精细检修是在厂家技术人员的指导下进行的，在参照普通检修的基础上，需注意以下事项：

a. 避免在雨天进行，筒体内如果残留水分，将无法满足电气性能的要求。

b. 充分进行抽真空，排除 SF_6 气体，断路器内不要残留气体，充入空气，另外，作业前请确认氧气浓度不低于 18%，防止由于缺氧而发生事故。

c. 防止壳体内进入水分、污物后不能满足电气性能的要求。

d. 原则上要在防尘间进行检修，用灰尘表测量灰尘，灰尘要在 20 以下进行装配，避免因灰尘进入壳体内，满足不了电气性能的要求。

e. 使用厂家规定的润滑脂。

f. 在检修完成后抽真空前更换吸附剂，已吸湿的吸附剂将不能充分吸收水分及 SF_6 分解物，不能满足电气性能的要求。

g. 拆下的密封处的密封圈要全部更换成新的，因为旧的密封件和密封圈有损伤或异物，不能满足气密性能的要求。

h. 检修前需确认主回路无电压，防止触电。

i. 严格按照检修顺序进行作业，防止因误操作引起设备的损坏。

2）检修内容，见表 2 - 3。

表 3 - 3　　　　　　　　　　1000kV GIS 组合电器断路器精细检修内容

项目	检查内容	作 业 方 法	管理标准	适用器材
灭弧室	主灭弧室触头有无损伤	拆分触头进行检查，清洗触头，涂抹 55 号润滑脂	损耗量 动弧触头 可动静弧触头 AB 共 0.5mm 以上更换	扭矩扳手 卡尺 清洁布 55 号润滑脂
	检查喷口有无损伤并进行清洗	从拆卸动触头并开始检查、清洗		
	润滑油的状态	目视	不可断油	55 号润滑脂
	电阻体单元的电阻值测量	用测量仪测量主回路端子	与上次进行比较，应在 15% 以内	测量仪
	检查电阻灭弧室及壳体内表面	拆下电阻灭弧室的触头进行检查清洗触头	静触头动触头 D、E 共 0.5mm 以上更换	扭矩扳手 酒精 卡尺 清洁布 55 号润滑脂
	清理灭弧室及壳体内表面	安装触头后清理灭弧室及壳体内表面	壳体内不能有污物、金属粉等	吸尘器 清洁布
	更换吸附剂	取出吸附剂更换新吸附剂 一、使用完的吸附剂不能再使用 二、在检查完成后抽真空前更换吸附剂 三、加入适量的吸附剂	30kg/相	扭矩扳手

续表

项目	检查内容	作 业 方 法	管理标准	适用器材
液压机构	更换液压油	确认在分闸状态操作压力是 0MPa； 从注油口抽取液压油； 注入新油； 油泵运转后，油压上升，要确认油压； 在油泵运转状态下进行 20 次抽空和分闸、合闸操作		液压油（MIL-5606）注油、排油
	确认浮动开关的动作	在更换液压油过程中，要确认浮动开关的动作	动作	检测器
	确认储压器的气压	在贮压室充气阀处安装压力表，测试氮气气压	20.0MPa（20℃）以上	压力表 氮气 增压器
	更换过滤器	更换油泵单元的过滤器		过滤器 扭矩扳手
	更换密封件	更换分解部密封件		
检测试验	水分测量	抽样检测气体	150μL/L 以下	水分表
	漏气试验		年漏气率不超过 0.5%	漏泄检测器
	测量主回路电阻	用电阻仪表在主回路之间测量	安装时数据＋10% 以下	电阻表

1000kV GIS 组合电器断路器涂润滑剂的标准见表 3-4。

表 3-4　　　　　　　1000kV GIS 组合电器断路器涂润滑剂的标准

润滑剂	涂 抹 部 位	涂 抹 量
55 号润滑脂	可动静弧触头	膜厚 0.025～0.04mm 5cm 角的平面涂抹 2～3mm
	可动静主触头	
	动触头	膜厚 0.01～0.02mm 5cm 角的平面涂抹 2～3mm
	动主触头	
	压气缸周围	膜厚 0.025～0.04mm 5cm 角的平面涂抹 2～3mm
	电阻灭弧室静触头	
	电阻灭弧室动触头	膜厚 0.01～0.02mm 5cm 角的平面涂抹 2～3mm
硅酮润滑（SH-45） 二硫化钼 BR2 加润滑脂	液压机构轴销	膜厚 0.01～0.02mm 5cm 角的平面涂抹 2～3mm
	液压操作机构传动部分	

3）检修顺序，见图 3-19。

4）临时检修，见表 3-5。

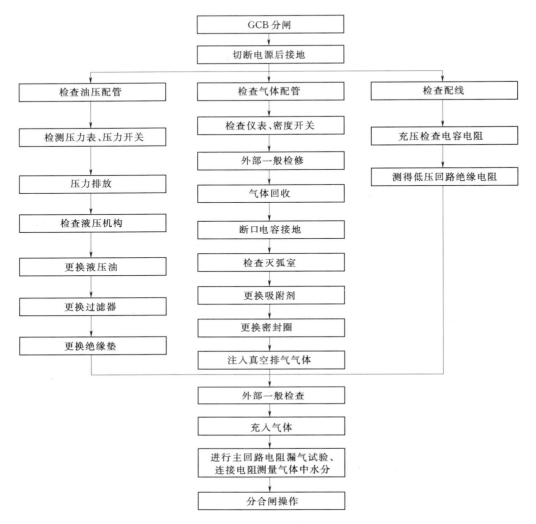

图 3-19 1000kV GIS 组合电器断路器精细检修顺序

表 3-5   **1000kV GIS 组合电器断路器临时检修内容**

项目	认为有必要进行临时检修的条件	
1	巡视检查、定期检查发现有异样	
2	认为操动有异常时	
3	分合次数达到 2000 次时	
4	分闸次数	小电流分、合 2000 次
5		额定负荷电流分、合 (1) 4kA 以下，1000 次； (2) 4kA 以上，500 次
6		额定开断电流分合 10 次
7	抽样检查气体时	

（二）隔离开关/接地开关

（1）检修周期，见表3-6。

表3-6　　　　　　1000kV GIS组合电器隔离开关/接地开关检修周期

序　号	检修类别	检修周期	说　明
1	日常维护	3个月	
2	定期检修	1年	

（2）检修项目，见表3-7。

表3-7　　　　　　1000kV GIS组合电器隔离开关/接地开关检修内容及要求

序号	项　目		标准和要求	说　明
1	操作检查		电动操作和手动操作正常	
2	用内窥镜通过观察窗检查管状触头		接触良好，触头应无点蚀和磨损，必要时按厂家要求进行更换	5年
3	传动装置	机械联锁检查	机械联锁位置正常、功能正常	
		传动部件检查及润滑	转动部件灵活、无卡涩现象，对传动机构进行润滑	
4	操作机构	各转动部件检查及润滑	转动部件灵活、无卡涩现象	
		辅助开关节点功能检查及润滑	辅助开关转动灵活，功能正常	
		限位开关和安全接点功能检查	限位开关和安全接点功能正常	
		加热器功能检查	加热器工作正常	
		操作机构功能检查	就地电动和手动操作均动作正确	
		机构箱的密封检查	机构箱密封良好，必要时更换密封条	
		机构部件外观、受潮检查及清扫	机构部件清洁、无受潮现象	
		通风滤网的检查及清洁检查	通风滤网应清洁、完好	
5	所有接地线接地情况检查		接地线接地良好，表面无锈蚀，必要时进行防腐处理	
6	构架锈蚀检查		构架表面油漆完好、无锈蚀必要时进行防腐处理	
7	金具和螺栓连接检查		金具和螺栓连接牢固，必要时紧固所有的螺栓连接	

（三）快速接地开关

（1）检修周期，见表3-8。

表3-8　　　　　　1000kV GIS组合电器快速接地开关检修周期

序　号	检修类别	检修周期	说　明
1	日常维护	1个月	
2	定期检修	1年	

（2）检修项目，见表 3-9。

表 3-9　　　　　　1000kV GIS 组合电器快速接地开关检修项目及要求

序　号	项　目	标准和要求	说　明
1	操作检查	电动操作和手动操作正常	
2	缓冲器的油密封检查	不渗漏	
3	储能机构的传动装置部分润滑的检查	润滑正常	
4	检查管状触头	接触良好	用内窥镜观察（5 年）

（四）出线套管

（1）检修周期，见表 3-10。

表 3-10　　　　　　1000kV GIS 组合电器出线套管检修周期

序　号	检修类别	检修周期	说　明
1	日常维护	1 个月	
2	定期检修	1 年	

（2）检修项目，见表 3-11。

表 3-11　　　　　　1000kV GIS 组合电器出线套管检修项目及要求

序　号	项　目	标准和要求	说　明
1	红外测温	无异常	
2	外观检查	外绝缘护套无损伤，表面清洁	
3	紫外检查	无异常	
4	引线连接检查	引线连接紧固	
5	清扫		

（五）电流互感器

（1）检修周期，见表 3-12。

表 3-12　　　　　　1000kV GIS 组合电器电流互感器检修周期

序　号	检修类别	检修周期	说　明
1	日常维护	1 个月	
2	例行维修	1 年	

（2）检修项目，见表 3-13。

表 3-13　　　　　　1000kV GIS 组合电器电流互感器检修项目及要求

序　号	项　目	标准和要求	说明
1	设备外观检查	设备外观应完整无损，各连接部件应牢固可靠，必要时进行防腐	
2	检查及紧固二次引线连接	各连接部件应牢固可靠	
3	端子盒密封检查及处理	端子盒密封良好	
4	各部位接地情况检查	各部位接地应良好	

（六）避雷器

（1）检修周期，见表 3-14。

表 3-14　　　　　　　　　1000kV GIS 组合电器避雷器检修周期

序　号	检修类别	检修周期	说　明
1	日常维护	1个月	
2	例行维修	1年	

（2）检修项目

1）日常维护项目，见表 3-15。

表 3-15　　　　　　　1000kV GIS 组合电器避雷器日常维护项目及要求

序　号	项　目	标准和要求	说　明
1	红外测温	无异常	
2	放电计数检查	正常	
3	泄漏电流	符合要求	
4	SF_6 气体压力	正常	

2）例行检修项目，见表 3-16。

表 3-16　　　　　　　1000kV GIS 组合电器避雷器例行检修项目及要求

序号	项　目	标准和要求	说　明
1	设备外观检查	设备外观应完整无损，各连接部件应牢固可靠，必要时进行防腐	
2	避雷器用监测器的检修	避雷器用监测器的检修应先检查避雷器基座的情况，如避雷器基座良好，则对放电动作计数器小套管进行检查，若小套管已损伤或表面严重脏污，则对其进行更换或擦拭	
3	基座的检修	基座的检修应先检查基座是否严重积污，如严重积污或螺丝锈蚀，则将污秽清除	
4	接地情况检查	采用截面足够的接地引下装置进行可靠的焊接。若主接地网或避雷器附属的集中接地装置已严重锈蚀，则应先对其进行彻底改造	

（七）其他

汇控柜故障情况检查，见表 3-17。

表 3-17　　　　　　　　　　汇控柜检查表

序号	故障情况	检　查　点	处　理　措　施
1	不能合闸操作	（1）检查控制电源是否有电压； （2）检查转换开关是否在"近控"位置； （3）检查合闸状态是否满足； （4）检查控制开关是否正常； （5）检查本体是否正常： 1）检查本体是否损坏； 2）检查合闸回路是否断开、过热； 3）检查合闸回路的电压是否正常； 4）检查气体压力是否正常； （6）检查 GIS 控制柜中的合闸回路	（1）如果控制电源没有施加电压，合上控制电源开关； （2）将转换开关操作到"近控"位置； （3）根据原理来确认合闸状态正确； （4）如果控制开关失灵，更换控制开关； （5）检查本体： 1）如果本体损坏，及时检修； 2）检查合闸回路上的电线和紧固点； 3）测量合闸回路上的电压是否正常； 4）检查气体压力是否正常； （6）检查 GIS 控制柜中的控制回路是否正常

序号	故障情况	检 查 点	处 理 措 施
2	无故障时，故障指示器报警	（1）检查指示器是否损坏： 1）检查是否过热； 2）检查绕组是否断开； 3）检查其余的按钮和信号板运行是否正确； （2）故障指示器可以根据故障点的程序命令进行动作	（1）如果指示器损坏，更换指示器； （2）按照下面步骤操作后，给故障点提供电压： 1）把气压系统调整好； 2）如果气压表达到额定值后提供给故障点电压； 3）如果故障点在工作期间故障指示器接通，将其复位
3	当发生故障时，故障指示器不报警	检查故障指示器是否损坏	如果故障指示器损坏，更换指示器

第四章 1000kV 隔离开关和接地开关

第一节 1000kV 隔离开关和接地开关概述

隔离开关又称刀闸，是一种没有灭弧装置的高压电器开关设备，在分闸位置时其触头之间有符合规定的绝缘距离和可见断口；在合闸位置时能承载正常工作电流，并能在规定的时间内承载故障短路电流和承受相应电冲击，但不能切除短路电流和大的工作电流。隔离开关是电力系统中使用量最大、应用范围最广的高压电器设备，主要功能是起隔离作用，不开合负载电流和故障电流，长期处于合闸状态而较少进行操作。

接地开关是用于电路接地部分的机械式开关，是释放被检修设备和回路的静电荷以及为保证停电检修时检修人员人身安全而将已退出运行的设备或线路进行可靠接地的一种机械接地装置，属于隔离开关类别。它可以在异常情况下（如短路）耐受一定时间的电流，但正常不通过负荷电流，通常是隔离开关的一部分。

1000kV 隔离开关和接地开关均分为敞开式和封闭式两种，本章所述 1000kV 隔离开关和接地开关均为户外敞开式设备，封闭式隔离开关和接地开关设备在第 2 章 1000kV GIS 设备中介绍。1000kV 敞开式隔离开关主要作为 1000kV 串补设备的旁路和串联隔离开关使用，1000kV 接地开关主要用于作为 1000kV 高抗和串补的接地开关。

隔离开关没有灭弧装置，因此机构比断路器简单得多，只需要考虑工作电流的发热和短路电流的动、热稳定性能，户外敞开式隔离开关主要由绝缘磁柱（支柱绝缘子）、导电活动臂和操动机构构成。按照绝缘瓷柱数量和导电活动臂开启方式划分，一般有单柱垂直伸缩式、双柱水平旋转式、双柱水平伸缩式和三柱水平旋转式四种形式。特高压交流隔离开关由于尺寸较大，一般选择三柱水平旋转式。

敞开式接地开关主要由绝缘瓷柱（支柱绝缘子）和导电活动臂组成，按照导电活动臂开启方式划分，一般有单柱垂直伸缩式、单柱垂直旋转式两种形式。特高压交流隔离开关由于尺寸较大，一般选择单柱垂直伸缩式。

第二节 1000kV 隔离开关基本原理和结构

一、1000kV 隔离开关结构和工作原理

（一）1000kV 隔离开关结构

1000kV 串补装置的隔离开关均为敞开式，分为串联隔离开关和旁路隔离开关两种。1000kV 串联隔离开关的状态切换要求在 1000kV 线路无载流情况下进行，用于对检修的串补装置与带电的 1000kV 线路进行电气隔离，其两侧均装设接地开关，如图 4-1 中

T6111 和 T6112 隔离开关。1000kV 旁路隔离开关在串补回路的并联侧，可开合 6300A、7000V 的转移电流，与旁路开关配合用于实现串补装置的带电切换，见图 4-1 中的 T6116 隔离开关。

1000kV 串补装置串联隔离开关和旁路隔离开关均为三柱水平旋转式隔离开关，其动静触头上均设置引弧触头（当开合小电流及转换电流时避免烧坏主触头）。区别为串联隔离开关附装接地开关 4 组，分别装在串联隔离开关两侧，而旁路隔离开关两侧不设接地开关，以及旁路隔离开关的静触头上设置小型真空断路器装置，而串联隔离开关则没有。

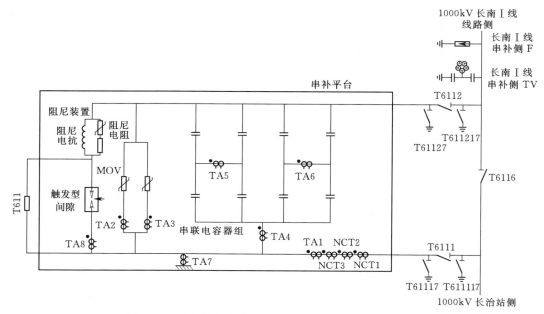

图 4-1 特高压交流变电站 1000kV 串联补偿系统主接线

1. 1000kV 串联隔离开关结构

1000kV 串联隔离开关为三柱双断口水平开启式，每组由三个独立的单极组成，每极主隔离开关和接地隔离开关分别配备了单独的电动操作机构，通过电气汇控实现三极开关同时分闸、合闸操作。每个单极由主闸刀、主静触头、接地静触头、支柱绝缘子、接地开关、横梁底座、主刀垂直连杆、主刀机构、主/地刀机械闭锁装置、接地开关垂直连杆、接地开关机构等部分组成。其结构示意图见图 4-2。

（1）底座：由整体式圆形钢管和钢板焊接而成，强度高、刚性好，安装调试方便；并整体热镀锌，防腐防锈性能良好，其上附装有由轴承座、转动轴、拐臂及连杆等组成的传动部分及主地刀机械闭锁装置。

（2）支柱绝缘子：隔离开关每极有三柱绝缘子，每柱由五个实心棒形成支柱绝缘子叠装而成，静触头和主刀绝缘支柱分别安装在底梁的固定支座和转动支座上。

（3）导电部分：导电部分由主闸刀和主静触头组成，主闸刀固定在中间绝缘子上，主静触头固定在两端的支柱绝缘子上，为达到电磁环境的控制要求，在导电部分装设有相应的均压环结构。

（4）接地开关：接地静触头安装在隔离开关主静触头的底板上，接地开关附装在隔离开关底座上，接地开关和隔离开关之间的机械闭锁装设在底架上。

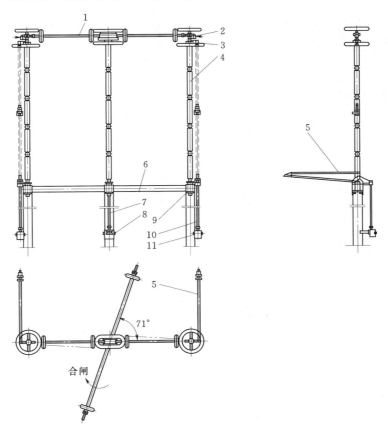

图4-2　GW7C-1100（ⅡDW）/J6300-63型三柱水平旋转式隔离开关结构示意图

1—主闸刀；2—主静触头；3—接地静触头；4—支柱绝缘子；5—接地开关；6—横梁底座；7—主刀垂直连杆；

8—主刀机构；9—主/地刀机械闭锁装置；10—地刀垂直连杆；11—地刀机构

2．1000kV旁路隔离开关结构

1000kV旁路隔离开关为三柱双断口水平开启式，每组由三个独立的单极组成，每极主隔离开关和接地隔离开关分别配备了单独的电动操作机构，通过电气汇控实现三极开关同时分、合闸操作。每个单极由主隔离开关、主静触头、支柱绝缘子、横梁底座、主刀垂直连杆、主刀机构等部分组成。其结构示意图见图4-3。

（1）底座：由整体式圆形钢管和钢板焊接而成，强度高、刚性好，安装调试方便；并整体热镀锌，防腐防锈性能良好，其上附装有由轴承座、转动轴、拐臂及连杆等组成的传动部分。

（2）支柱绝缘子：隔离开关每极有三柱绝缘子，每柱由五个实心棒形成支柱绝缘子叠装而成，静触头和主刀绝缘支柱分别安装在底梁的固定支座和转动支座上。

（3）导电部分：导电部分由主闸刀和主静触头组成，主闸刀固定在中间绝缘子上，主静触头固定在两端的支柱绝缘子上，为达到电磁环境的控制要求，在导电部分装设有相应的均压环结构。

（4）传动部分：由轴承、转动轴、拐臂以及连杆组成。

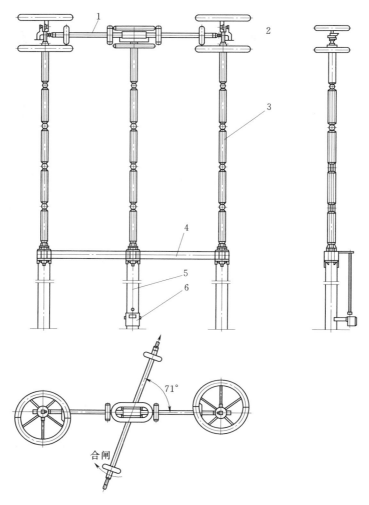

图4-3 GW7D-1100（W）/J6300-63型三柱水平旋转式隔离开关结构图
1—主闸刀；2—主静触头；3—支柱绝缘子；4—横梁底座；5—主刀垂直连杆；6—主刀机构

（二）1000kV隔离开关工作原理

1.合闸过程及原理

操作机构带动中间绝缘子顺时针旋转，从而带动主闸刀先水平顺时针旋转约71°进入静触头内；然后动触头碰到静触头上的限位件不能继续旋转，此时中间绝缘子继续顺时针旋转，通过拔叉拔销的传动使主闸刀克服弹簧的分闸保持力而绕自身轴线顺时针旋转45°，主闸刀不再完成合闸动作，此时动触头与静触头接触处于图4-4所示中的正确位置；主闸刀合闸到位后，弹簧在拔叉过死点后提供合闸保持力，使主闸刀牢靠地处于合闸位置，提高了开关的承载能力。合闸过程见图4-4。

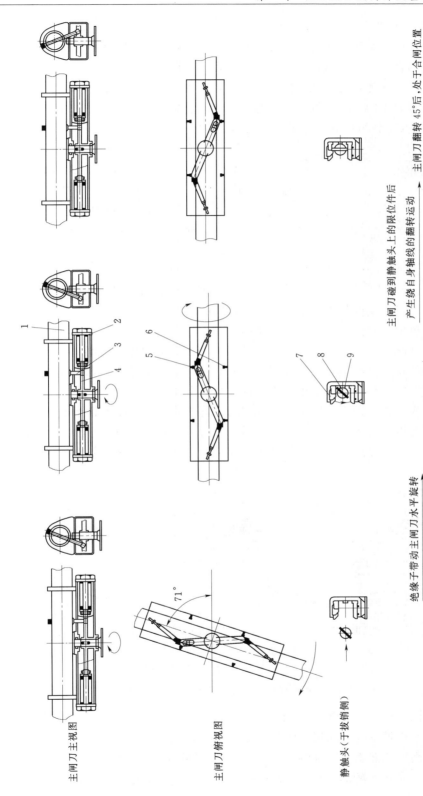

图 4-4 串联隔离开关合闸过程

1—闸刀;2—簧;3—销;4—叉;5—闸限位螺钉;6—闸限位螺钉;7—位钩;8—头;9—位件

2. 分闸过程及原理

操作机构带动中间绝缘子逆时针旋转，此时动触头被限位勾限制不能直接旋出，主闸刀只能克服弹簧的合闸保持力绕自身轴线逆时针翻转，在拨叉过死点后弹簧则由合闸保持变为分闸保持作用，在弹簧的分闸保持力作用下，主闸刀继续逆时针翻转45°，直至拨叉碰到分闸限位螺钉时主闸刀不再翻转，此时中间绝缘子继续逆时针旋转，带动主闸刀逆时针水平旋转至约71°至分闸位置，完成分闸动作。

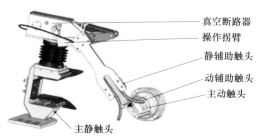

图4-5　带真空断路器一端静触头结构

主闸刀处于分、和位置时，开关底座传动杠杆主动臂均过死点位置，起到自锁作用，防止隔离开关本体在偶然的外力作用下由分闸位置到合闸（或由合闸位置到分闸）。

3. 开合母线转换电流装置回路结构及原理

在旁路隔离开关的一个静触头上，安装了一个真空断路器装置，并配以相应的辅助触头及操作机构，另一端则仅安装了动作结构相同的辅助触头。

安装真空断路器一端的主静触头结构见图4-5。

合闸过程中开合母线转换电流装置过程见图4-6。动辅助触头安装在主动触头端部，在主动触头合闸的动作过程中，先接触到由双平行杆构成的静辅助触头并滑入槽内夹紧，形成可靠接触，同时，静辅助触头也作为操作拨叉，由动辅助触头拨动并旋转，并通过与之旋转轴同轴的操作拐臂操作真空断路器。在动、静辅助触头已经可靠接触而主动、静触头间距离又能承受恢复电压的位置，真空灭弧室合闸，电流通过动、静辅助触头、真空灭弧室连接到主静触头。之后，主动、静触头继续合闸完成，电流通过主动、静触头连通。

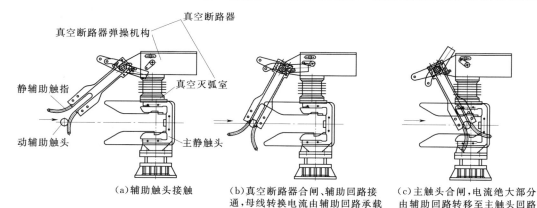

(a)辅助触头接触　　　(b)真空断路器合闸、辅助回路接　　(c)主触头合闸，电流绝大部分
　　　　　　　　　　　通，母线转换电流由辅助回路承载　　由辅助回路转移至主触头回路

图4-6　合闸过程中开合母线转换电流装置过程

分闸过程见图4-7。与合闸过程相反，分闸开始后，主动、静触头首先分开，电流经合闸状态的真空灭弧室、可靠接触的动、静辅助触头流通；继续分闸到辅助触头仍可靠接触而主触头之间形成能承受恢复电压的空气断口的位置后，真空断路器分闸，母线转换电流在真空灭弧室内被开断；之后隔离开关继续分闸，动、静辅助触头脱离接触。

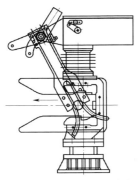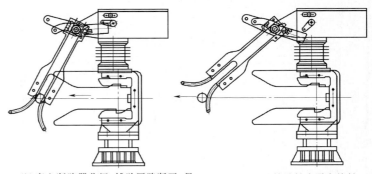

(a)主触头分闸,电流由主触头　　(b)真空断路器分闸、辅助回路断开,母　　(c)辅助触头脱离接触
回路转移至辅助回路　　　　　线转换电流由真空断路器切断

图 4-7　分闸过程中开合母线转换电流装置过程

另一端主静触头不带真空断路器,但其主动、静触头,动、静触头结构与上图结构一致,其静辅助触头通过安装架安装在主静触头上,并通过连接绞线直接与静触头形成固定通流回路。由于两端动、静辅助触头结构一致,因此其动作状态,接触时间完全一致,可以视为联动的两对触头。

以上机构的电气连接见图 4-8。

图 4-8　旁路隔离开关简化示意图

为了可靠开合母线转换电流,辅助触头、真空灭弧室触头、主触头在分闸、合闸过程中依照下列顺序依次合上或打开。

(1) 合闸过程见图 4-9。

(2) 分闸过程见图 4-10。

(三) 1000kV 隔离开关操作机构

1. 基本结构

(1) 机械减速系统由电动机、涡轮减速器、齿轮减速器、输出轴及无级调节抱箍组成,减速系统为三级减速系统。

(2) 电气控制系统由小型断路器,控制按钮、电动机综合保护器、交流接触器、限位开关、辅助开关和接线端子组成。

(3) 箱体由不锈钢板制成,起支撑和保护作用,为便于安装和检修,在正面和侧面各设有门,且各自采用迷宫结构防止雨水进入箱内。

(4) 温度、湿度控制系统由凝露控制器、加热器和中小型断路器组成。

(5) 为方便机构的检查和操作,机构辅助回路中设有照明灯。

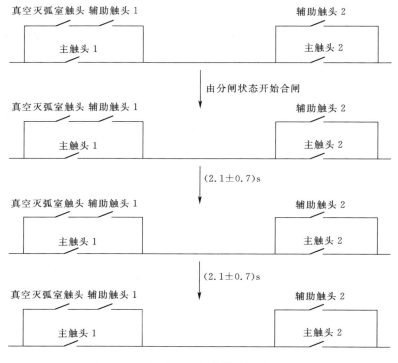

图4-9 合闸过程示意图

2. 工作原理

先关合电源开关，接通电机电源和控制电源，分闸时按分闸按钮，将分闸用交流接触器的控制绕组接通，接触器三对主触点闭合，使三相交流电动机接通电源，电动机通过机械减速系统将力矩传送给机构主轴，使主轴旋转90°或180°，当主轴转到分闸位置时，装在主轴上的定位件使限位开关动作，切断分闸接触器的控制电源，接触器恢复原位，随之电机停止转动，装在背板上的缓冲定位装置，使机构主轴转动角度限制在90°或180°范围内。合闸时按合闸按钮，主轴按相反的方向转动使隔离开关合闸，其原理与分闸时相同。除分合闸按钮外，还设有停止按钮以满足调试和异常情况下使用，在任何位置按停止按钮，电动机停止转动。

3. 联锁保护原理

（1）机械联锁：机构两个侧门均配有机械联锁装置，在侧门关合过程中，装在门上的弯型锁板，碰撞到箱体前立柱上的止挡销，止挡销回落，并准确可靠地落入弯型锁板的锁孔中，在正门未开启的情况下，侧门无法打开；正门关合后，其手柄锁自带有关锁孔，可以安装常规的五防机械锁，达到一把锁锁住三张门的功能。手动操作机构时，必须按照先解五防机械锁打开正门，扯开止挡销打开侧门的程序，才能使用操作手柄。

（2）电气联锁：在使用操作手柄的侧门上，安装有微动开关。关合此门，门板使微动开关的常开接点闭合，控制回路接通，才可以在正门的电气控制板上进行电动操作；避免了操作手柄未取出而摔出伤人；手动操作机构时，先打开侧门，微动开关接点断开，切断控制回路电源，即使误操作也不会启动电机，有效地保证了人身、设备的安全。

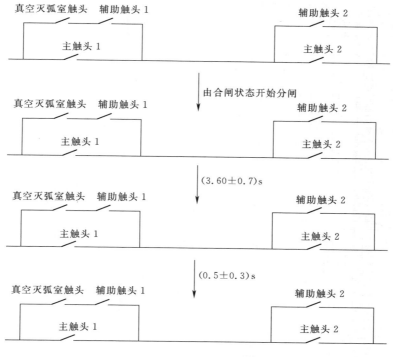

图 4 - 10　分闸过程示意图

二、1000kV 接地开关结构和工作原理

(一) 1000kV 接地开关结构

1000kV 接地开关由三台单极接地开关组合而成，每台单极接地开关的接地开关各配装单独的电动操动机构，通过电气控制回路来完成三相同时进行分、合闸的操作。每台单极接地开关主要有接地静触头、接地开关装配架、安装底座、绝缘子、均压环及操动机构等组成（见图 4 - 11）。

(二) 1000kV 接地开关工作原理

分闸过程及原理（见图 4 - 12）：当电动操动机构接受分闸操作指令时，机构输出轴将逆时针旋转 180°从合闸位置旋转到分闸位置；通过电动机构上垂直联杆带动底座上传动箱内的锥齿轮副旋转，锥齿轮副将垂直联杆的垂直方向旋转变换为传动拐臂的水平方向旋转；并通过传动联杆的传动使转动座及以下导电管绕在底座上的转轴旋转，从而使下导电管从垂直位置往水平位置旋转，同时也带动管内操作杆跟着旋转；由于可调连接与下导电管的铰接点不同，从而使与可调连接上端铰接的操作杆相对于下导电管作轴向位移，而操作杆的上端与齿条牢固连接，这样齿条的移动便推动齿轮转动，从而使与齿轮连接的上导电管相对于下导电管作折叠（分闸）运动，上导电管也由垂直位置相应地往水平位置旋转，将动触头从静触头内抽出并分闸到水平位置，完成从合闸到分闸的全部动作；另外，在操作杆轴向位移的同时，其上的可调螺套压缩平衡弹簧，使平衡弹簧按预定的要求储能，最大限度地平衡接地刀闸的自重力矩，以减小操作力矩，利于刀闸的运动。

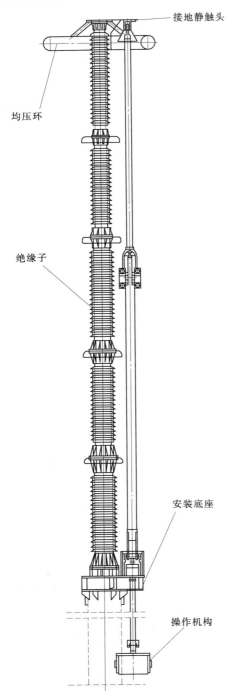

接地静触头

均压环

绝缘子

安装底座

操作机构

图 4-11　1000kV 接地开关结构示意图

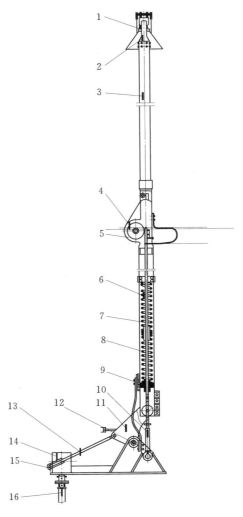

1
2
3
4
5
6
7
8
9
10
11
12
13
14
15
16

图 4-12　1000kV 接地开关动作原理图

1—静触头；2—动触头；3—上导电管；4—齿轮；5—齿条；
6—平衡弹簧；7—操作杆；8—下导电管；9—可调螺套；
10—可调连接；11—转动座；12—转轴；13—传动连杆；
14—底座；15—拐臂；16—垂直连杆

合闸过程及原理：接地开关的合闸过程与分闸过程相反。

第三节　1000kV 隔离开关和接地开关运行维护基本操作要点和注意事项

一、1000kV 隔离开关和接地开关运行规定

（1）正常情况下，1000kV 隔离开关和接地开关应远方操作。

（2）1000kV 串补刀闸不允许带电操作。一般情况下，带串补线路的送电操作顺序是先将串补转至特殊热备用状态，后送线路，最后操作串补到运行状态。带串补线路的停运操作顺序是先将串补转至特殊热备用状态，后停线路。

（3）串补装置投入时应先合变电站侧隔离开关（串补平台低压母线侧隔离开关），后合线路侧隔离开关（串补平台高压母线侧隔离开关），退出时先退线路侧隔离开关。

（4）正常运行时，严禁将 1000kV 隔离开关和接地手动机械操作箱箱门打开。

（5）1000kV 旁路隔离开关两侧不带接地开关，其动静触头上专门设置了能开合 6300A、7000V 的母线转换电流的引弧触头及小型真空断路器装置（真空断路器只装在一端），由于该隔离开关断口间耐压按 550kV 系统耐压设计，当该隔离开关处于分闸位置时如果任意一端带电则另一端不允许接地，否则将造成系统对地短路。

（6）特殊情况下，现场手动操作隔离开关或接地开关时应拉开其电机电源，并戴绝缘手套。

（7）若串联隔离开关、旁路隔离开关相邻的接地开关处于合闸位置，不得对串联隔离开关、旁路隔离开关进行解锁操作，防止对机械联锁造成损坏。

（8）若接地开关相邻的串联隔离开关、旁路隔离开关处于合闸位置，不得对接地开关进行解锁操作，防止对之间的机械连锁造成损伤。

（9）由于 1000kV 接地开关尺寸较大，接地开关合闸操作后位置不易观察，应现场检查接地开关三相确已操作到位。

二、巡检规定

（一）日常巡视

（1）瓷套清洁无破损、裂纹和放电。

（2）均压环无异常放电、无异响。

（3）动、静触头接触良好，无烧伤和变形。

（4）操作机构箱密封完好。

（二）定期巡检

（1）每半年对机构箱进行一次内部检查。机构箱内无受潮、无放电闪络痕迹；接线端子和线头无腐蚀及过热现象，箱内无积水、积灰；小开关、接触器、继电器等元件位置状态正确，二次线连接无松动现象；机械转动部分的润滑油无干裂现象，连接螺栓、销子无松动，轴承无破裂。

（2）每周进行一次红外测温无异常。

（3）每月进行一次紫外检测无异常。

（4）每月检查一次机构箱加热器工作正常。

（三）特殊巡检

（1）大风天气检查有无搭挂杂物。

（2）雷雨天气检查接头有无放电闪络现象。

（3）大雾天气检查接头有无放电、打火现象。

（4）大雪天气检查无严重覆冰现象。

（5）高峰负荷期间应增加巡检次数，监视引线、接头温度，设备无异常声音。

三、1000kV旁路隔离开关、串联隔离开关及接地开关定期维护项目及标准

（1）每月应定期检查支柱瓷瓶和操作瓷瓶外观，支柱瓷瓶和操作瓷瓶应清洁，无破损、裂纹和放电痕迹。

（2）每月应定期检查均压环，均压环应牢固平整。

（3）每月应定期检查动、静触头接触情况，动、静触头接触良好，无烧伤和发热变形。

（4）每月应定期进行操作箱机构密封检查，操作机构箱密封良好，防潮加热、通风设施按规定启动或停用，元部件完好。

（5）每月定期用红外成像测温仪器检查各导电部分及引线连接是否过热，检测和分析方法参考《带电设备红外诊断应用规范》（DL/T 664）。

（6）每月定期用紫外成像仪测量隔离开关、接地开关电晕情况。

第四节　1000kV隔离开关和接地开关技术监督项目及标准

一、二次回路的绝缘电阻测量

试验周期为1年、大修后、必要时；绝缘电阻不低于2MΩ，采用1000V兆欧表。

二、交流耐压试验

试验周期为大修后、必要时；试验电压值《高压开关设备和控制设备标准》（GB/T 11022）规定，用单元或多个元件支柱绝缘子组成的隔离开关，可对各胶合元件分别做耐压试验，其试验周期和要求按绝缘子的规定进行；在交流耐压试验前、后应测量绝缘电阻，耐压后的阻值不得降低。

三、二次回路交流耐压试验

试验周期为大修后、必要时；试验电压为2000V。

四、操动机构的最低动作电压

试验周期为大修后、必要时；最低动作电压一般在操作电源额定电压的30%～80%

范围内。

五、导电回路电阻测量

试验周期为大修后、必要时；测量结果不大于制造厂规定值的1.5倍；用直流压将法测量，电流值不小于300A。

六、瓷支柱绝缘子探伤

试验周期为大修后、必要时；要求：无缺陷，用超声法。

七、操动机构的动作情况

试验周期为大修后、必要时；操动机构在额定的操作电压下分、合闸5次，动作正常；手动操动机构操作时灵活，无卡涩；闭锁装置应可靠。

第五节　1000kV隔离开关和接地开关检修项目及标准

一、检修周期

旁路隔离开关、串联隔离开关及接地开关检修周期见表4-1。

表4-1　　　　　旁路隔离开关、串联隔离开关及接地开关检修周期

序　号	检 修 类 别	检 修 周 期
1	定期检修	1年或分合闸达500次
2	特殊检修	4～6年或分合闸次数达2000次

二、检修项目

（一）定期检修

（1）检查设备外观完整无损。

（2）检查外绝缘表面清洁、无裂纹和放电现象。

（3）检查操动机构及本体传动部位、齿轮、轴销和辅助开关的动作情况，并对可动部位涂以润滑剂。

（4）检查主闸刀各部、触头系统及导电接触面，观察其有无过热、烧伤现象，对主闸刀的引弧触头和静触头、主动触头和静触指表面的氧化层进行净化，并测量导电回路电阻。

（5）检查接地开关各部及其导电接触面有无异常，对导电接触面的氧化层进行净化后涂中性凡士林；对主开关的接地刀闸间的防止误操作机械闭锁装置进行检查、验证，其防止误操作闭锁功能不符合要求者应进行处理。

（6）检查接地开关装配缓冲橡皮托的变化及防雨罩的密封情况。

（7）检查各部连接螺栓及外壳与接地网的连接。

（8）支柱及金属外壳补漆。

（二）特殊检修

（1）将停电检修的隔离开关/接地开关，按厂家技术说明书进行解体检修。

（2）各大部件分别进行解体检修，对各部零件进行性能的核实（如弹簧等），如达不到技术条件的要求的则应予更换。

（3）对导电回路的备零件及连接部位、触头系统、机械传动系统的可动部位、支点及轴承、支架及底座等，均全面进行分解检查（检修），在检修中发现不符合技术条件要求、又无法修复的零件，则应进行更换。

（4）对于某些影响检修后使用寿命的零件，如密封橡胶热，金属弹簧垫圈、开口销等，检修时更换。

（5）经过彻底检修、已复装的隔离开关/接地开关，还需进行其关键部位安装尺寸、技术性能、保护功能、电气特性等试验验证，如不符合规定，重新修理。

（6）经检修，检验合格的隔离开关/接地开关，在验收、交工前进行全面清扫，对金属外壳必要时进行防腐蚀措施处理。

（三）运行前的检查

（1）表面不能留有异物。

（2）外部引线的连接接触良好并涂有电力脂，各螺栓连接紧固。

（3）传动部分转动正常。

（4）各项试验数据合格。

第五章　1000kV 电压互感器、避雷器及套管

第一节　1000kV 电压互感器

一、1000kV 电压互感器概述

目前在交流特高压工程中应用的电压互感器有柱式结构电容式电压互感器（CVT）和 SF_6 气体绝缘（罐式）电磁式电压互感器两种。

柱式结构电容式电压互感器主要由电容分压器和电磁单元组成。柱式 CVT 的主绝缘部分是耦合电容器，耦合电容分压器有多个电容元件串联而成，电压分布比较均匀。

罐式电磁式电压互感器为绕组设备，它利用电磁感应原理将一次电压按比例变换为二次电压，采用聚酯薄膜和 SF_6 气体作为绝缘介质，主要用于 GIS 设备中。

1000kV 电容式电压互感器（CVT）主要技术参数见表 5-1。

表 5-1　　1000kV 电容式电压互感器（CVT）主要技术参数

序号	技　术　参　数	
1	额定电压/kV（rms）	$(1000/\sqrt{3})/(0.1/\sqrt{3})/(0.1/\sqrt{3})/(0.1/\sqrt{3})/0.1$
2	准确级	0.2/0.5（3P）/0.5（3P）/3P
3	额定输出量/VA	15/15/15/15 或 10/5/5/2
4	额定电容/pF	5000
5	工频/雷电/操作绝缘水平/kV	1300/2600/1860
6	节数	4节或5节
7	抗震措施	瓷套自身

二、1000kV 电压互感器基本原理和结构

（一）1000kV 罐式电压互感器结构和工作原理

罐式 SF_6 气体绝缘电压互感器采用单相双柱式铁芯，器身结构与油浸单级式电压互感器相似，层间绝缘采用有纬聚酯黏带和聚酯薄膜，一次绕组截面采用矩形或分级宝塔形。引线绝缘根据互感器是配套式（应用于 GIS 和 HGIS 中）还是独立式而不同，配套式互感器的引线绝缘设置静电均压环以均匀电场分布从而减小互感器高度，独立式互感器过去有的采用电容型绝缘结构（与油浸单级式电压互感器相似）。1000kV 特高压变电站没有采用电容型绝缘结构，单纯依靠高压引线与其他附件的 SF_6 间隙来保证其绝缘强度。对器身内金属尖端处采用屏蔽方法均匀电场，罐式 SF_6 电压互感器结构见图 5-1。

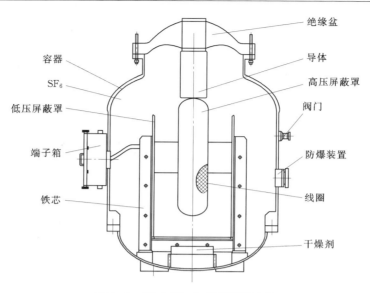

图 5-1 罐式 SF_6 电压互感器结构

（二）1000kV 电容式电压互感器结构和工作原理

1. 结构

特高压试验示范工程中长治、南阳、荆门三站的 1000kV 电容式电压互感器结构完全一样，为单相单柱式结构，它由电容分压器和电磁单元两部分组成，采用非叠装式结构，即电容分压器与电磁单元是分开安装的结构型式，见图 5-2。

图 5-2 电容式电压互感器结构

（1）电容分压器主要由电容器芯体、金属膨胀器及瓷套等组成。

1）电容器芯体是电容分压器的核心，为相串联的多个电容元件的组装体。电容器组由 5 节套管式电容分压器叠装而成，每节电容分压器单元装有数十只串联而成的膜纸复合介质组成的电容元件，并充以绝缘油密封，高压电容C_1和中压电容C_2的全部电容元件被装在5节瓷套内，由于它们保持相同的温度，所以由温度引起的分压比的变化可被忽略。电容元件置于瓷套内经真空处理、热处理后已彻底脱水、脱气，注以已脱水脱气的绝缘油并密封于瓷套内。电容器起到隔离工频高压电的作用。

2）膨胀器是电容分压器必不可少的部件。因为电容器内部都充有绝缘油，因此当温度变化的时候，绝缘油的体积亦将发生变化，为了适应这种变化，尽可能保证电容分压器内压恒定，电容分压器都装有膨胀器来补偿油体积的变化。

（2）电磁单元中有四个部件，分别是中间变压器、补偿电抗器、阻尼器及补偿电抗器两端的限压器。

1）中间变压器实际上是相当于$20\sim35$kV电压等级的电磁式电压互感器，只是其参数满足CVT的特殊要求。例如一次侧的调节绕组较多，选取的磁密较低等。

2）补偿电抗器的作用是降低负荷对准确级的影响。由CVT的等值回路可见，电容器（C_1+C_2）上的电压不是恒定值，是随着负荷的变化而变化，这样的CVT的负荷能力极差。如果补偿电抗器及中间变压器的短路阻抗之和与电容器的容抗相等（实际上前者略大），则负荷对准确级的影响就较小了。

3）补偿电抗器的电感调节方式分为两种：调抽头式及调铁芯气隙式。调抽头的电感调节是分级式调节，优点是结构牢固；调铁芯气隙式的电感连续可调，但铁芯固定不够牢固。

2. 工作原理

工作原理是电容分压器分压，中压变压器将中间电压变为二次电压。补偿电抗器的电抗及中压变压器漏抗之和与等值容抗$1/[\omega(C_1+C_2)]$工频下适当调谐以消除容抗压降随二次负荷变化引起的二次电压剧变，其原理见图5-3。

电容分压器由高压电容C_1及中压电容C_2组成，从外形看就是多节瓷套电容器。

由于CVT本身是电容及非线性电感组成，且电容与电感接近谐振状态。因此，必须加装阻尼器防止发生铁磁谐振。

三、1000kV电压互感器运行维护基本操作要点和注意事项

（一）1000kV电压互感器一般运行要求

（1）电压互感器二次绕组应有永久的、可靠的保护接地。

（2）电压互感器二次回路严禁短路。

（3）电压互感器检修时，应将二次回路开关全部拉开，以防二次回路反送电。

（4）电压互感器退出运行时，应采取措施防止相应的保护和自动装置误动，或将保护和自动装置退出运行。

（5）1000kV电压互感器退出运行时，应先将电压互感器停电，再拉开二次侧空开、刀闸；投入运行时，顺序与之相反。

（6）在带电的电压互感器二次回路上工作时，应采取下列安全措施：

1）严格防止短路或接地。应使用绝缘工具，戴手套。必要时，工作前申请停用有关保护装置、安全自动装置或自动化监控系统。

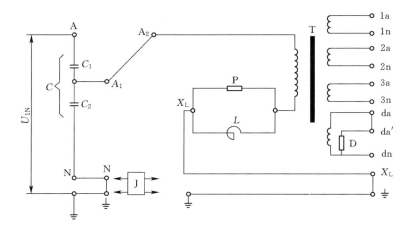

图 5-3 CVT 电气连接原理图

C—载波耦合电容；C_1—高压电容；C_2—中压电容；L—补偿电抗器；D—阻尼装置；N—载波通信端子；
T—中间电压变压器；A_1—电容分压器的中间电压端子；J—带有避雷器的结合滤波器；1a、1n—二次 1 号绕组
接线端子；2a、2n—二次 2 号绕组接线端子；3a、3n—二次 3 号绕组接线端子；dadn—剩余电压绕组
接线端子；da'dn—阻尼绕组端子；X_L—补偿电抗器的低压端子；U_{1N}—额定一次电压；
A_2—电磁装置的一次电压端子；P—保护装置

2）接临时负载，必须装有专用的隔离开关和熔断器。

3）工作时必须有专人监护，严禁将回路的安全接地点断开。

（7）电容式电压互感器的电容分压器单元、电磁装置、阻尼器等在出厂时，均经过调整误差后配套使用，安装时不得互换，运行中如发生电容分压器单元损坏，更换时应注意重新调整互感器误差；互感器的外接阻尼器必须接入，否则不得投入运行。

（8）电容型电流互感器一次绕组的末（地）屏必须可靠接地。

（二）巡检规定

（1）设备外观完整无损，油位正常。

（2）外绝缘表面清洁、无裂纹及放电现象。

（3）一次、二次引线接触良好，二次侧无短路，接头无过热。

（4）电压互感器端子箱熔断器和二次空气开关正常。

（5）无异常振动、异常声音及异味。

（6）电容式电压互感器二次电压无异常波动。

（7）均压环位置正确，无倾斜、松动、变形、扭曲、锈蚀等现象。

（8）瓷套、底座、阀门和法兰等部位无渗漏油现象。

（9）金属部位无锈蚀，底座、支架牢固，无倾斜变形。

（10）设备外壳接地可靠。

（三）1000kV 电压互感器定期维护项目及标准

（1）每月应定期检查电容式分压器底座内的油位，当互感器运行在最高环境温度 55℃时，油位不超过观察窗最高位置；当运行在最低环境温度 $-40℃$ 时，油位不超过观察窗最低位置。

（2）每月应定期检查电容器的机械、电气连接是否正常、可靠，是否漏油。

（3）每月应定期用紫外放电成像仪检查电晕放电情况。

（4）每月应定期用红外成像测温仪检查导电体及其接头温度，标准按照 DL/T 664 执行。

（5）每月应定期进行 TV 二次接地点电流测试。

四、1000kV 电压互感器技术监督项目及标准

1. 电磁单元一次、二次绕组直流电阻测量

试验周期为投运前、大修后、必要时；与初值比较，应无明显差别。

2. 电磁单元的绝缘电阻

试验周期为投运前、1 年、大修后、必要时；一次绕组对二次绕组及地应大于 $1000M\Omega$，二次绕组之间及对地应大于 $1000M\Omega$，用 2500V 兆欧表。

3. 电磁单元的绕组联接组别、极性和变比检查

试验周期为大修后、必要时；要求与铭牌标志相符。

4. 中间变压器的交流耐压

试验周期为大修后、必要时；要求试验电压为出厂试验电压的 80%。

5. 阻尼器检查

试验周期为大修后、必要时；阻尼器对地的绝缘电阻应大于 $1000M\Omega$，阻尼器的特性要求（阻尼电阻、电感参数）和检测方法按制造厂的规定进行；用 2500V 兆欧表，电容式电压互感器在投入前应检查阻尼器已接入规定的二次绕组的端子。

6. 电容器极间绝缘电阻

试验周期为投运前、1 年、必要时；在常温的绝缘电阻应不低于 $1000M\Omega$，用 5000V 兆欧表。

7. 电容分压器低压端对地绝缘电阻

试验周期为投运前、1 年；在常温的绝缘电阻应不低于 $1000M\Omega$；用 2500V 兆欧表，低压端指 "N" 或 "E" 或 "δ" 等。

8. 电容器值

试验周期为投运前、1 年、极间耐压前后、必要时；要求电容值与初值比较变化量不大于 ±2%，一相中任两节实测电容值差不应超过 5%；上节电容器测量电压 10kV，中压电容的试验电压按制造厂要求进行，一相中任两节实测电容之差是指实测电容之比值与这两单元额定电压之比值倒数之差，电容式电压互感器的电容分压器的电容值与出厂值相差超出 ±2% 范围时，或电容分压比相差超过 2% 时，应进行准确度校验。

9. $\tan\delta$

试验周期为投运前、1 年、极间耐压前后、必要时；要求膜纸复合绝缘不大于 0.002。

10. 电容分压器的交流耐压和局部放电测量

试验周期为必要时；要求交流耐压试验应为出厂试验电压值得 75%，当电压升至耐压试验电压 1min 后，降至 $1.2 \times U_m/\sqrt{3}$ 保持 1min，局部放电量不大于 10PC；分压电容器的试验，可分别对每节电容器进行交流耐压试验。

11. 保护间隙（或避雷器）工频放电动作试验

试验周期为必要时；要求保护间隙（或避雷器）的工频放电动作电压应不大于2000V或与出厂试验值相同，指电容分压器低压端子与接地端子间的保护间隙（或避雷器）。

12. 电磁单元绝缘油中溶解气体分析

试验周期为大修时、必要时；运行中油中溶解气体组分含量超过下列任一值时应引起注意：总烃：$150\mu L/L$；H_2：$150\mu L/L$；C_2H_2：$5\mu L/L$。

13. 电磁单元绝缘油中溶解气体分析

试验周期为大修时、必要时；油中含水量不应大于20mg/L。

五、1000kV电压互感器检修项目及标准

（一）检修周期

电容式电压互感器的检修周期见表5-2。

表5-2 电容式电压互感器的检修周期

序 号	检 修 类 别	检 修 周 期
1	日常维护	1月
2	定期检修	1年

（二）检修项目

（1）设备外观是否完整无损，各连接部件是否牢固接地，必要时进行底座防锈。

（2）外表面是否清洁、有无裂纹及放电现象。

（3）检查处理渗漏油现象，必要时进行补油。

（4）对导电接触面进行处理，涂导电膏，紧固一次和二次引线连接件。

（5）各接地线应可靠接地。

（6）出现盒中的端子应可靠连接。

（7）端子盒应密封良好。

（8）低压端子N应与载波回路连接（有载波通信时）或直接可靠接地（无载波通信）。

（9）准确度校验。对于测量用的准确度试验，应分别在80%、100%和120%的额定电压下进行；对于保护用的准确度试验，应分别在额定电压乘2%、5%、10%和额定电压因数下进行。

（10）二次绕组极性检查。检验时将二次绕组和剩余电压绕组分别对应于一次绕组进行。检验时，在二次绕组或剩余电压绕组的端子间接上一适当量程的直流电压表，在一次绕组之间通过一开关加1.5～12V的直流电压，并使对应端子的正负相同，如果在接通开关的瞬间电压表的指针正偏，则绕组的极性为减极性。

（11）电压互感器二次回路检查。其检查内容如下：

1）在二次极性（包括在接线箱处）检查正确完毕后，检查每个电压互感器二次绕组的中性点分别引出至控制室的接地。

2）检查电压互感器二次回路中所有空气开关的装设地点、开断电流是否合适，质量

是否良好。

3）检查串联在电压回路中的开关和切换设备接点接触的可靠性。

4）利用导通法依次经过所有中间端子，检查由电压互感器引出端子盒到端子箱、操作屏、保护屏、自动装置屏或至端子箱的电缆回路及电缆芯的标号。

5）测量电压回路自电压互感器引出端子盒到配电屏电压母线的每相直流电阻，并计算电压互感器在额定容量下的压降。

6）用摇表检查互感器二次绕组对外壳及绕组间、全部二次回路对地及同一电缆内的各芯间的绝缘电阻。

7）新投入或经更改的电压回路，应直接利用工作电压检查电压二次回路。电压互感器接入系统电压以后要测量每一个二次绕组的电压、相间电压、零序电压、检验相序、定相。

第二节　1000kV 避雷器

一、1000kV 避雷器概述

1000kV 特高压避雷器安装在特高压变电站主要电气设备附近，用来限制雷电和操作过电压，以起到保护特高压变电站电气设备的作用。避雷器的保护特性直接影响着变电站设备冲击绝缘水平和空气间隙距离的选取，是变电站绝缘配合的基础。同时，避雷器与高压电抗器和断路器合闸电阻一起，起到限制输电线路过电压水平的作用，直接影响输电线路塔头空气间隙距离的选择，是输电线路绝缘配合的基础。

1000kV 避雷器分为瓷套式和罐式避雷器两种。

与常规超高压交流避雷器相同，瓷套式特高压交流避雷器的整体结构为立柱式，由 4 个或 5 个单元串联构成，并安装有均压环。每个单元节主要由氧化锌电阻片和瓷外套组成。

罐式避雷器是将氧化锌电阻片安装在密闭的钢筒中，为单体机构。

1000kV 避雷器主要技术参数见表 5-3。

表 5-3　　　　　　　　　　1000kV 避雷器主要技术参数

序号	技　术　参　数	
1	系统标称电压/kV（rms）	1000
2	系统运行最高电压/kV（rms）	1100
3	额定电压/kV（rms）	828
4	持续运行电压/kV（rms）	638
5	标称放电电流/kA	20
6	工频参考电压/kV（峰值/$\sqrt{2}$）	$\geqslant$828/24mA
7	直流 8mA 参考电压/kV	$\geqslant$1114
8	局部放电量/pC	$\leqslant$10

二、1000kV避雷器基本原理和结构

1. 1000kV避雷器的主要性能参数

特高压避雷器的性能参数取决于特高压工程的系统条件和避雷器的制造技术，主要包括额定电压、保护特性、吸收能量和工频耐受特性等。

(1) 额定电压。对于1000kV特高压工程，为了进一步降低系统过电压水平，采用断路器联动方式，使线路侧工频暂时过电压的持续时间缩短到0.2s（考虑了断路器拒动而后备保护跳闸的情况），同时鉴于特高压避雷器具有良好的工频耐受特性，线路避雷器的额定电压选用与母线侧避雷器相同的值，即828kV。

(2) 保护特性。避雷器的保护特性是限制过电压水平的关键，保护水平越低，限压效果越好。但避雷器的参考电压限制了避雷器的保护特性不能过低，因此，需要进一步降低电阻片的压比（标陈放电电流下的残压与参考电压之比）。为此，1000kV特高压避雷器采用大直径电阻片和四柱并联结构，与单柱相比，压比降低约9%。

(3) 吸收能量。避雷器是过电压限制器，在操作和雷电过电压下需要吸收一定的能量，并保证不损坏。操作过电压仿真结果表明，在大多数操作过电压下避雷器吸收能量小，只有系统发生振荡解列时，避雷器吸收的能量较大，最大吸收能量为27MJ。

(4) 工频耐受特性。为进一步降低特高压输电线路的绝缘水平，要求避雷器能够耐受一定时间和一定幅值的工频暂时过电压，以满足变电站线路侧避雷器的额定电压选择与母线侧相同，即828kV（有效值）。为此，要求避雷器耐受1.1倍额定电压值的工频暂时过电压的时间不少于1s。

避雷器内部绝缘件的绝缘耐受电压值应满足表5-4的规定。

表5-4　　　　　　　　　1000kV避雷器绝缘试验电压值

雷电冲击耐受电压/kV（峰值）	2106
额定操作冲击耐受电压/kV（峰值）	1800
额定工频1min耐受电压/kV（有效值）	1095

避雷器瓷套的绝缘耐受电压值应满足表5-5的规定。

表5-5　　　　　　　　　1000kV避雷器瓷套绝缘试验电压值

雷电冲击耐受电压/kV（峰值）	2400
额定操作冲击耐受电压/kV（峰值）	1800
额定工频1min耐受电压/kV（均方根值）	1100

2. 1000kV瓷外套式无间隙金属氧化物避雷器的结构和原理

交流特高压避雷器的结构既有与超高压避雷器相似的方面也有其独特的结构特点，其独特的方面表现在：保护水平更低、通流容量极大、多柱并联结构、抗地震强度问题突出、电位分布问题须重点关注、污秽问题不确定因素更多、外绝缘要求高等许多方面。

（1）整体结构。交流特高压避雷器的整体结构为直立式，共有 4 个或 5 个电气元件组成。大致由接线板、均压环、电气元件、绝缘底座、场强屏蔽环（电极）等几大部分组成。其突出特点是结构高度高、体积直径大、重量重等。根据目前的设计，高度均在 12m 以上，外套最大伞径达到了 750～890mm，总重量最重的也达到了 100kN 以上。特高压避雷器通常均为支架式安装，支架高度一般大约为 4～6m。

（2）芯体结构。避雷器的芯体结构大致有电阻片、支撑绝缘杆、均压电容、金属固定件和隔弧筒等部分组成。目前，750kV 及以下电压等级的避雷器均采用单柱结构，但是由于极低的保护水平和极高的通流容量这两方面的要求，交流特高压避雷器必须采用四柱结构方可以满足要求。电阻片的固定通常采用特殊设计的绝缘杆和固定电极来实施，为了能同时取得满意的电流分布特性和可靠的机械强度特性，一般情况下每隔一定数量的电阻片会装一个电气连接板。为了获得满意的电压分布特性，除了采取合适的均压环外，还须在电阻片旁并联适当数量和合适电容量的均压电容柱，具体数量和数值是通过电压分布试验而获得的。在电阻片柱和瓷套之间有时会加装隔弧筒，其目的是为了使避雷器获得更好的防爆能力。作为一种有机材料，无论是绝缘棒还是隔弧筒都必须具备合适的电气强度、抗拉抗弯强度、冷热循环耐受能力、耐电弧性、耐燃性等各方面的性能。图 5-4 是一种典型设计的芯体结构示意图。

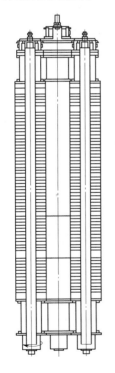 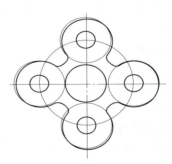

图 5-4 芯体结构示意图

（3）电阻片。电阻片的选择主要基于保护水平和通流容量等方面的要求，用于特高压示范工程的避雷器必须具备的能量吸收能力不低于 20MJ（两次操作），工频暂时过电压水平相当于 1.10U_r，持续时间 0.35s。

（4）压力释放结构。压力释放结构由隔弧筒、压力释放板、压力释放排气口等组成。其中隔弧筒的作用是为了避免电弧直接烧瓷壁，放压板的作用是保证压力释放动作可靠，压力释放排气口的作用是将电弧从内部快速转移到外部。性能可靠的压力释放装置将保证即使避雷器发生内部短路故障也不会导致瓷外套恶性爆炸。

（5）绝缘结构。避雷器的绝缘结构分为外绝缘结构和内绝缘结构两部分。外绝缘结构涉及的因素包括干弧距离、爬电距离（或爬电比距）、伞裙结构等方面的内容。其中干弧距离是决定避雷器外绝缘的工频、雷电冲击、操作冲击耐受水平的最重要因素。而伞裙结构（主要由形状系数加以描述）则对避雷器的耐污能力起决定作用。足够大的爬电距离（或爬电比距）和合适的伞裙结构则是保证避雷器耐污性能力的重要保障。内绝缘结构则包括了电阻片侧面、内瓷壁、绝缘棒（筒）、内充（绝缘）气体等。避雷器内部充以微正压的 SF_6 气体或氮气以形成微正压结构，有利于避免潮气侵入，提高内绝缘。

（6）密封结构。通常瓷外套式避雷器均是通过盖板压紧密封圈进行密封的。影响密封效果的有密封圈质量、密封面的粗糙度（需作精细加工）、密封圈的表面涂层（密封胶）以及密封装配工艺等方面的因素。密封圈材料常用的主要有氯丁橡胶和三元乙丙（或丁基胶）。氯丁橡胶抗臭氧性能好，但弹性差且易永久变形。三元乙丙（或丁基胶）气密性好，永久变形小。密封圈的断面的形状多为椭圆形，合适的压缩量将会获得合适的密封效果。密封结构看似简单但对避雷器的质量影响极大，据统计瓷外套式避雷器的事故中属于密封问题的超过了 50%。

（7）均压结构。通常是通过设计合适的均压环和使用内部均压电容来达到调整电压分布不均匀系数的目的。

三、1000kV 避雷器运行维护基本操作要点和注意事项

（一）1000kV 避雷器运行规定

（1）运行中应对避雷器泄漏电流进行监视。

（2）定期抄录避雷器动作次数及泄漏电流。

（3）发现避雷器异常动作或泄漏电流过大情况应立即联系检修处理。

（4）事故和雷雨后应记录避雷器动作次数，并抄录泄漏电流。

（5）避雷器压力释放装置的排气口应无电弧的烟末或痕迹、挡板未被冲开，如发现有此现象，需申请停电检查处理。

（6）每次雷雨天气之后，要检查防雷系统是否有放电的痕迹。

（二）避雷器巡检

1. 避雷器的正常运行巡检项目

（1）避雷器绝缘外套清洁完整、无裂纹和放电、电晕及闪络痕迹，法兰无裂纹锈蚀、进水等现象。

（2）避雷器内部无异常声响。

（3）与避雷器、计数器连接的导线及接地引下线无烧伤痕迹或断股现象。

（4）内部无放电响声，放电计数器和泄漏电流监测仪指示无异常，并比较前后数据变化，放电计数器和泄漏电流监测仪内部无积水。

（5）避雷器均压环位置正确，无倾斜、松动、变形、扭曲、锈蚀等现象。

（6）避雷器一次连线良好，接头牢固，接地可靠。

2. 避雷器的特殊巡检规定

（1）雷雨时，巡检人员不得接近避雷器及其他防雷装置。

（2）遇有雷雨、大风、冰雹等特殊天气后，应及时重点检查：

1）引线摆动情况。

2）计数器动作情况，内部是否进水。

3）接地线有无烧断或开焊。

4）避雷器的覆冰情况。

（3）大风及沙尘天气的特殊巡检主要应观察引线与避雷器间连接是否良好，是否存在放电声音，垂直安装的避雷器是否存在严重晃动，沙尘天气中还应观察避雷器外套是否存在放电现象。

（4）每次雷电活动后或系统发生过电压等异常情况后，应尽快进行特殊巡检工作，观察避雷器放电计数器的动作情况，观察瓷套与计数器外壳是否有裂纹或破损，与避雷器连接的导线及接地引下线有无烧伤痕迹。巡检时，应注意与避雷器设备保持足够的安全距离。

（5）对于运行 15 年及以上的避雷器应重点跟踪泄漏电流的变化，停运后应重点检查压力释放板是否有锈蚀或破损。

（三）1000kV 避雷器定期维护项目及标准

（1）每月应定期检查避雷器瓷套是否脏污损坏、元件法兰是否腐蚀。

（2）每月应定期检查避雷器接地线接触是否牢靠。

（3）每月应定期检查避雷器计数器及泄漏电流显示值是否在规定范围内。

（4）每月应定期测量避雷器在持续运行电压下的阻性电流是否在规定范围内。

四、1000kV 避雷器技术监督项目及标准

1. 绝缘电阻

试验周期为投运前、每年雷雨季节前、必要时；要求不低于 2500MΩ，用 2500V 兆欧表。

2. 直流 8mA 电压（U_{8mA}）及 $0.75U_{8mA}$ 下的泄漏电流

试验周期为投运前、1 年、必要时；U_{8mA} 实测值与初值比较，变化不应大于 ±5%，$0.75U_{8mA}$ 下的泄漏电流与初值比较，变化不应大于 30%；$0.75U_{8mA}$ 中的 U_{8mA} 使用出厂值，可以分单元进行。

3. 运行电压下的泄漏电流

试验周期为投运 3 个月后带电测量一次，以后每个雷雨季前、后各测量一次；测量运行电压下的全电流、阻性电流或功率损耗，测量值与初始值比较，不应有明显变化，当阻性电流增加一倍时，必须停电检查，当阻性电流增加到初始值的；测量时应记录环境温

度，相对湿度，和运行电压，应注意瓷套表面状况的影响及相间干扰的影响。

4．工频参考电压

试验周期为必要时；要求测量值与初值比较变化不大于 5%，测量环境温度 20℃±15℃；测量可分单元进行，整相避雷器有一节不合格，应更换该节避雷器（或整相更换），使该相避雷器为合格。

5．底座绝缘电阻

试验周期为每年雷雨季前、必要时；采用 2500V 及以上兆欧表。

6．检查放电计数器动作情况

试验周期为每年雷雨季前、必要时；要求测试 3～5 次，均应正常动作。

五、1000kV 避雷器检修项目及标准

（一）检修周期

1000kV 避雷器的检修周期见表 5-6。

表 5-6　　　　　　　　　　　1000kV 避雷器的检修周期

序　号	检　修　类　别	检　修　周　期	说　　　明
1	日常维护	1 个月	避雷器阻性电流测试 1 次/3 个月
2	定期检修	1 年	
3	特殊性检修	必要时	

（二）检修项目

定期检修项目如下：

（1）连接引线的紧固及清扫。

（2）绝缘瓷套的清扫。

（3）均压环的清扫。

（4）动作计数器的清扫。

（5）接地线的检查。

（6）基础构架的检查。

（7）接地情况的检查。

（8）所有连接螺丝紧固。

（9）放电通道应无脏物。

（三）检修工艺及质量验收标准

（1）检修时必须注意以下工艺要求：

1）外观检查各紧固部件不得有松动，瓷套必须完好无损。

2）避雷器喷口不能正对电气设备。

3）检查喷口不能有杂物堵塞。

4）计数器必须动作正确，接地可靠。

（2）质量验收标准。检修完验收时必须注意以下事项：

1）组装好并经过电气试验合格的避雷器，在运抵现场进行组合前，应仔细清扫避雷

器的法兰接合面，去掉氧化膜和凡士林油，使之接触良好，在安装时要保持避雷器垂直，固定时应均匀的拧紧螺丝，安装完毕后，用腻子将法兰接合缝堵塞，最后对法兰进行涂漆，均压环应安装水平、不应倾斜，避雷器的拉紧瓷瓶应紧固可靠，接地线应良好，按最短方式接接地引线。

2）连接引线完好牢固，可靠。

3）绝缘瓷套清洁，无损坏和裂纹。

4）均压环完好圆正。

5）动作计数器完好。

6）基础构架和接地线完好，牢固可靠。

7）试验合格。

第三节　1000kV　套　管

一、1000kV 套管概述

当高压载流导体需要穿过与其电位不同的金属箱壳或墙壁时，就要用到高压套管。用以把电流引入或引出变压器、电容器、断路器或其他电器设备的金属箱壳的套管属于电器用套管；用于穿过墙壁用的套管称为穿墙套管，它属于变电站用套管。

套管按电力设备的主绝缘材料可分为瓷套管和复合套管两类；按结构型式可分为电容式和非电容式套管两类；按使用场所可分为变压器、电抗器、GIS、断路器、电缆终端、互感器、避雷器等设备用的套管；按安装位置和运行状态可分为户内、户外套管两类；按安装方式可分为垂直、倾斜和水平安装三类套管。中国 1000kV 交流套管分别使用了瓷套管和复合套管，主要使用在户外变压器、电抗器、GIS、断路器、互感器和避雷器等电力设备上，其安装方式有垂直、倾斜两类。

1000kV 油浸式电容式套管及气体绝缘套管主要技术参数见表 5-7 及表 5-8。

表 5-7　　　　　　　　　1000kV 油浸式电容式套管主要技术参数

序　号	主 要 技 术 参 数	
1	额定电压/kV（rms）	1100
2	额定电流/A	2500
3	工频 1min 湿耐受电压/kV（rms）	1200（5min）
4	雷电冲击耐受电压/kV（peak）	2400（全波） 2760（截波）
5	操作冲击湿耐受电压/kV（peak）	1950
6	套管介质损耗因数/%	≤0.40
7	局部放电量（$1.05U_r/\sqrt{3}$）	≤5
8	局部放电量（$1.5U_r/\sqrt{3}$）	≤10

表 5-8 　　　　　　　　　　　1000kV 气体绝缘套管主要技术参数

序号	主　要　技　术　参　数	
1	额定电压/kV（rms）	1100
2	工频 1min 湿耐受电压/kV（rms）	1100
3	雷电冲击耐受电压/kV（peak）	2400
4	操作冲击湿耐受电压/kV（peak）	1800

二、1000kV 套管基本原理和结构

（一）1000kV 主要性能参数

特高压交流试验示范工程电力设备上使用的瓷套管的结构高度和直径均比 500kV 套管大 1 倍以上，属于特大空心绝缘子，同时要求制造工艺采用无机黏接。这些对瓷套管的制造结束提出了更高的要求。

1. 电气特性

特高压交流试验示范工程中使用的瓷套管污秽等级为 d 级，爬电比距不小于 25mm/kV，最小伞间距不小于 80mm。电抗器套管的额定电流为 800A，变压器的额定电流为 2500A，开关类套管的额定电流为 4000A。

2. 机械性能

特高压套管的长度超过了 10m，最长可能达到 15m。其机械性能不仅要满足正常环境的需要，还需要满足特殊运行工况及运输、吊装等的需要。空心绝缘子应通过逐个内压力试验和抗弯试验，要保证产品内充 1.6MPa 的气体，保压 5min，不掉压不破坏，其对产品顶端加 18kN 的拉力，要求残压偏移量小于最大偏移量 5％。

（二）1000kV 套管结构和工作原理

1. 1000kV 变压器用套管结构和工作原理

特高压变压器套管是油浸纸电容式套管。主要靠电容芯子来改善电场分别，它是在导杆上包以多层绝缘纸而构成，而在层间按设计要求的位置夹有铝箔，组成了一串同轴圆柱形电容器。这种结构不但场强分布均匀的多，而且相邻的铝箔间的绝缘层很薄，介电强度也可提高。1000kV 特高压套管结构尺寸与主要技术参数见图 5-5。

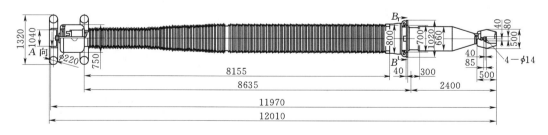

图 5-5　1000kV 特高压套管结构尺寸与主要技术参数

油浸纸套管的芯子是以电缆纸浸以矿物油为绝缘，芯子制成后经过干燥、真空浸油处理，因而 tanδ 小，局部放电起始电压高。

1000kV 电容式套管示意图见图 5-6。

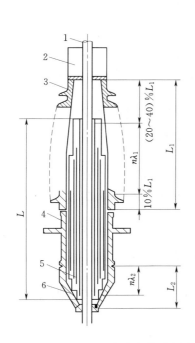

图 5-6　1000kV 电容式套管示意图
1—导杆；2—油枕；3—上瓷套；
4—中间法兰；5—电容芯子；
6—下瓷套

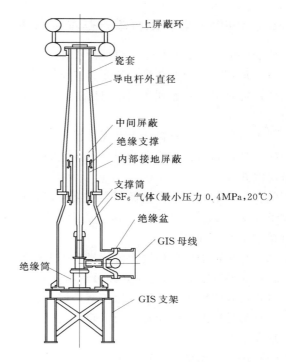

图 5-7　1100kV 瓷套管装置结构图

2. 1000kV GIS 用套管的结构和工作原理

GIS 用套管的组成部分包括套管基座、瓷套、套管内屏蔽、套管外均压（球），其结构见图 5-7。

（1）套管基座。套管基座不仅仅起到套管支撑作用，侧面还要和 GIS 管道相连接。基座内部安装有一次导管支撑架，连接用梅花触头，三通连接等辅助件，还有均压屏蔽。

（2）套管内屏蔽。为了均衡套管内部电场及外部电场强度，套管内部要采用均压措施。对于气体绝缘结构套管，内部均压结构有三种主要模式：一种是数个金属屏蔽组合的均压方式；另一种是纯端屏结构均压方式，这种结构可以用到超高压电压等级套管；还有一种是锡箔和聚酯薄膜绕制的多层方式。

1000kV GIS 气体绝缘套管采用了接地屏、中间屏，和中心导电管之间将电场分为两个区域的结构

（3）外套。套管最关键的部件是外套（我国特高压 GIS 套管外套采用了瓷外套和复合绝缘外套两种形式），对 1000kV 电压等级尤其如此。瓷套是多节黏接的，黏接数 16，然后再置入炉窑烧制。炉窑是叠装式的蒸笼窑，可一级级串接。瓷套最底部一节的内径

达 1160mm。

三、1000kV 套管运行维护基本要点和注意事项

1. 1000kV 油浸式套管定期维护项目及标准

（1）每月定期检查套管油位是否正常，是否漏油，如果漏油，需更换密封件。

（2）每月定期检查脏污附着处的瓷件上有无裂纹，如果有裂纹、破损，则修复或更换。

（3）每月定期检查瓷件上有无脏污，若有污物，则清洗，否则影响爬距。

（4）是否漏油、油位和油位计内潮气的冷凝，如果发现油位计内有潮气冷凝，则查找结露原因并处理。

（5）每月定期用红外成像测温仪器检查套管接线端头是否过热，测温时应在空气湿度不大于 85%，风速不大于 0.5 m/s 的天气状况下进行，相对温差不超过 20%（发热点温升值超过 10K 时适用）。

（6）每月定期用紫外成像仪测量套管电晕情况。

2. 1000kV 气体绝缘套管定期维护项目及标准

（1）每月定期检查套管气体压力，保证套管压力正常。

（2）每月定期检查陶瓷表面，确认是否有纤维状异物的存在，检查陶瓷部分是否有裂纹和缺伞。

（3）每月定期检查套管是否有异常声音。

（4）每月定期用红外成像测温仪器检查套管接线端头是否过热，检测和分析方法参考 DL/T 664。

（5）每月用红外成像 SF_6 检漏仪探测套管是否有漏气。

（6）每月定期用紫外成像仪测量套管电晕情况。

四、1000kV 套管技术监督项目及标准

1. 主绝缘及末屏绝缘电阻测量

试验周期为投运前、1 年、大修（包括主设备大修）后、必要时；要求主绝缘的绝缘电阻值不应低于 10000MΩ，末屏对地的绝缘电阻不应低于 1000MΩ；采用 2500V 兆欧表，若有电压测量抽头，则应测量其绝缘电阻，并不应低于 1000MΩ。

2. 主绝缘及套管末屏对地 tanδ 与电容量

试验周期为投运前、1 年、主设备大修后、必要时；要求 20℃时的 tanδ 值：主绝缘应不大于 0.006；末屏对地应不大于 0.01，电容量与初值比不超过±2%；油纸电容式套管的 tanδ 一般不进行温度换算，当 tanδ 与出厂值或上一次测试值比较有明显增长或接近规定数值时，应综合分析，测量套管 tanδ 时，与被试套管相连的所有绕组端子连在一起加压，其余绕组端子均接地，末屏接电桥，正接线测量，测量末屏对地介质损耗正切值 tanδ 时的试验电压为 2000V，采用反接线进行测量。

3. 油中溶解气体色谱分析

试验周期为投运前、主设备大修后、必要时；油中溶解气体组分含量超过下列任一值

时应引起注意：H_2 含量大于 $100\mu L/L$，C_2H_2 含量大于 $0.5\mu L/L$，CH_4 含量大于 $10\mu L/L$。

4. 交流耐压试验

试验周期为必要时；要求试验电压为出厂值的 80%。

第六章　无　功　补　偿　设　备

第一节　1000kV 高压并联电抗器

一、高压并联电抗器基本作用

高压并联电抗器一般接在特高压输电线的首端与地和末端与地之间，起无功补偿作用，用来吸收线路的充电容性无功，调整运行电压。高压并联电抗器有改善电力系统无功功率有关运行状况的多种功能，主要包括：

（1）抑制空载长距离输电线路引起的工频电压升高。对特高压电网而言，工频过电压和操作过电压是选择和设计特高压电网系统绝缘配合的决定因素，也是特高压输电可行性研究的问题，研究表明，采用并联电抗器是限制 1000kV 系统过电压的有效技术措施之一。

输电线路具有电感、电容等分布参数特性，超高压、特高压输电线路一般均达数百公里，特高压线路电容产生的无功功率非常大，几乎是 500kV 线路的无功的 6 倍。长距离线路的电容效应将更加明显，由于容性无功功率使电压升高，使得线路的末端电压反而超过首端电压，这种现象又称为"弗兰梯"效应。

为了减弱这种因空载长距离输电线路引起的工频电压升高效应，常在长距离线路的首端、中途或末端加装并联电抗器，依靠电抗器的感性无功来补偿线路上的容性充电无功功率，从而达到抑制工频电压升高的目的。

（2）减少线路中传输的无功功率，降低线损。当线路上传输的功率不等于自然功率时，则沿线各点电压将偏离额定值，装设并联电抗器则可以抑制线路电压的升高，同时减少线路中传输的无功功率，降低线损，提高传输效率。

（3）减小潜供电流，加速潜供电流的熄灭，提高重合闸的成功率。所谓潜供电流是指线路发生单相瞬间接地故障时，在故障相两侧断开后，非故障相仍然继续运行，这时非故障相与断开的故障相之间存在静电（通过相间电容）和电磁（通过相间互感）的联系。使故障点弧光通道中仍有一定数值的电流通过，此电流称为潜供电流。它的大小与线路的参数有关，线路电压越高，越长，负荷电流越大，潜供电流越大。对于同杆并架线路，在一条线路两侧三相断路器跳闸后，也存在潜供电流。

由于潜供电流的影响，一般单相重合闸时间要比三相重合的时间长，以便熄弧。为了减小潜供电流，提高重合闸成功率，一方面可采取减小潜供电流的措施：特高压线路高压并联电抗器中性点加小电抗、短时在线路两侧投入快速单相接地开关等措施；另一方面可采用实测熄弧时间来整定重合闸时间。

（4）防止同步电机带空载长线可能出现的自励磁现象。当同步发电机带容性负载（远距离输电线路空载或轻载运行）时，发电机的电压将会自发地建立而不与发电机的励磁电流相对应，即发电机自励磁，此时系统电压将会升高，通过在长距离高压线路上接入并联电抗器，则可以改变线路上发电机端点的出口阻抗，有效防止发电机自励磁。

二、1000kV特高压并联电抗器及其主要附件的结构特点

特高压并联电抗器的主要特点是：电压等级高、单相容量大。这就决定了特高压并联电抗器在结构方面和超高压并联电抗器的差异。特高压并联电抗器一般星形联结，并在其中性点经一小电抗器接地。我国交流特高压的标称电压为1000kV，系统最高运行电压为1100kV，因此特高压并联电抗器的额定运行电压为$1100/\sqrt{3}$kV，绝缘水平和特高压变压器相同，中性点电抗器绝缘水平和500kV电抗器的中性点绝缘水平相当。

（一）1000kV特高压并联电抗器和传统500kV电抗器的区别

在500kV线路中，并联电抗器的典型容量为40、50、60Mvar和70Mvar，1000kV特高压电抗器的典型容量为200Mvar、240Mvar和320Mvar。1000kV特高压并联电抗器的电压等级比500kV电抗器大一倍，容量是常规电抗器容量的5～6倍，因此，为满足1000kV特高压并联电抗器的技术性能和运输界限的要求，1000kV电抗器的设计结构与500kV电抗器结构有较大的差异。主要体现在以下几个方面。

1. 铁芯结构

目前，500kV电抗器容量相对较小，已挂网运行的500kV并联电抗器单台最大容量70Mvar，其铁芯结构均采用单芯柱带两旁轭的结构，见图6-1。

1000kV输电线路无功补偿容量很大，电力系统希望单台并联电抗器的容量越大越好，以减低设备成本，减少占地面积，降低损耗，提高输电效率，但单台并联电抗器容量的大小不仅受技术水平和生产能力的限制，还往往取决于运输条件的限制。320Mvar电抗器是目前世界上单台容量最大的电抗器。

由于大容量并联电抗器的铁芯柱一般是由多个铁芯饼和间隙交替组成的，运行中会产生振动、噪音，大量的漏磁通会在绕组的导线和金属结构件中产生涡流损耗，严重时会造成局部过热，所以大容量并联电抗器的设计制造难度更大。

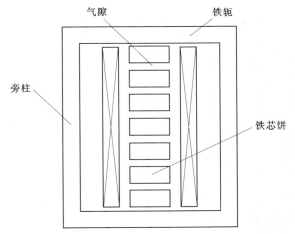

图6-1　单相并联电抗器的典型结构

对1000kV大容量并联电抗器，根据运输条件限制，一般有两种结构选择：一种方式是采用一个多芯柱铁芯结构，采用多个绕组；另一种方式是将大容量一分为二，两个电抗器放置在同一油箱，两个电抗器绕组一般采用串联联结，两个相互独立的铁芯仍采用传统的单相带两旁轭的典型结构。第二种方式不是真正意义上单台大容量并联电抗器，其技术

经济性要比第一种方式差。西变公司 1000kV 并联电抗器采用两芯柱带两旁轭的铁芯结构型式,见图 6-2。

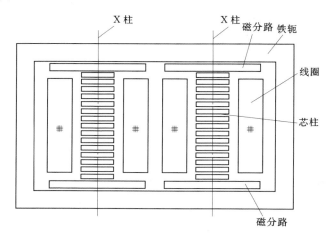

图 6-2 西变公司 1000kV 特高压并联电抗器的结构

2. 绕组结构

并联电抗器绕组可以采用饼式或多层圆筒式结构,多层圆筒式结构比较适合中性绝缘水平不高的单芯柱电抗器或多芯柱绕组并联的电抗器,当要求多芯柱绕组串联时,若其中一个绕组靠近铁芯芯柱部分的绝缘水平较高,经济性会下降。

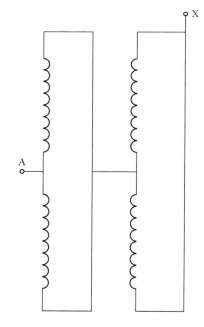

图 6-3 1000kV 并联电抗器绕组
接线原理图

传统的 500kV 及以下的单相并联电抗器绕组大多采用多层圆筒式结构。对于 1000kV 特高压并联电抗器,考虑产品运输条件的限制,采用两芯柱带两旁轭的铁芯结构形式,两柱绕组串联。1000kV 特高压并联电抗器绕组采用插花纠结的饼式结构。

1000kV 并联电抗器绕组接线原理见图 6-3。

3. 引线结构

500kV 电抗器多采用高压套管从箱盖直插入电抗器油中方式,油中绝缘距离较大,无出线装置,费用低,但对 1000kV 特高压电抗器而言,为满足油箱运输尺寸的要求,采用了从箱壁侧面用进口魏德曼成套出线装置引出的引线结构,以保证 1000kV 出线结构的绝缘可靠性。

4. 油箱结构

传统 500kV 电抗器油箱采用钟罩式结构,器身连箱底,能承受真空和正压,无永久变形和损坏。多边形油箱、箱盖为折板,油箱强度高、结构紧凑。上节油箱可用千斤顶顶起,便于检修。为便于现场检查,油箱箱壁上设有人孔和观察孔。油箱顶部设有一个压力释放装置,内部压力过大时,能迅速动作，保障电抗器本身的安全，压力释放装置带有导油罩，可把电抗器油导至基础油池中，使箱盖并不受到污染。电抗器油箱内放置有由硅钢片绕制而成的屏蔽，能有效吸收漏磁、降低损耗，避免油箱局部过热。500kV 电抗器储油柜为可抽真空的隔膜袋式储油柜，多采用自冷式结构，宽片散热器通过导油框架直接安装在油箱上，不需要单独的地基和支架，导油框架与宽片散热器和油箱之间设有真空蝶阀，可以在本体不用放油的情况下，更换宽片散热器，运行维护方便。散热器数量及冷却能力与最大持续工作电压时包括负载损耗及杂散损耗在内的总损耗相当。500kV 电抗器还装设有测温装置，气体继电器，油位表等保护装置。

1000kV 电抗器外观设计仍遵循 500kV 电抗器的设计理念，具体如下：

（1）油箱为桶式平顶箱盖结构，箱壁用加强筋加强，箱底为平钢板。油箱与箱盖的连接考虑焊死结构，焊接中使用优质焊条，用埋弧焊机、气体保护焊机等先进设备，能够确保焊接的质量。油箱可承受真空压力 13.3Pa 和正压 120kPa 的机械强度试验。

（2）高压套管在油箱侧壁通过出线筒引出。

（3）储油柜放置在散热器上，储油柜采用可抽真空的隔膜袋式储油柜，并带油位计等保护装置。

（4）散热器集中放置，与本体分开布置，下部安装有吹风装置，采用可拆式宽片散热器，可与油箱一起承受 13.3Pa 的真空压力试验，恢复常压后无永久变形。

（5）电抗器配有瓦斯继电器、压力释放阀，油面和绕组温度计等保护装置。

（二）1000kV 特高压并联电抗器绕组特点

绕组是电抗器主要组成部分，必须有足够的电气强度、耐热强度和机械强度，才能保证电抗器可靠地运行。

1. 绕组的型式

电抗器的绕组是由导线绕制而成，导线有铜线和铝线两种，铜的机械强度比铝高，电阻系数比铝小，因此，导线一般采用铜线。导线根据电抗器的电压等级和绕组排列方式的不同，可用裸线、漆包线、纸包线以及玻璃丝包线等，电抗器中一般用纸包线绝缘。纸包导线的型式有铜扁线、复合导线、换位导线等，在导线截面较大时，使用复合导线和换位导线可以降低绕组中的涡流损耗。铜扁线为单根导线外包纸绝缘，复合导线为单根导线包少许绝缘，然后多根导线在一起统包绝缘的纸包导线，换位导线每根小线外有漆膜，图6-4 所示为一般型式的导线。

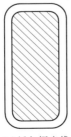 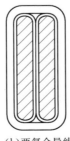 

(a)纸包铜扁线　　(b)两复合导线　　(c)换位导线

图 6-4　电抗器用导线的一般型式

电抗器绕组型式：电抗器的绕组有圆筒式和饼式两种。

（1）圆筒式绕组分为单层圆筒式和多层圆筒式。多层圆筒式绕组的结构特点是，绕组沿幅向每层层数逐渐减少，层与层之间设置有轴向油道，层间绝缘随着匝与匝之间的电位差的变化呈梯度变化。500kV 及以下的单相并联电抗器基本上采用多层圆筒式。

（2）饼式绕组有螺旋式、连续式、纠结式、纠结连续式、插入电屏式等多种型式。饼式绕组在饼与饼之间设有幅向油道，线饼内径、外径侧设有轴向油道，油道垫块起支撑、分隔油隙及绝缘的作用，在必要时，增加内、外挡油圈，使绝缘油在绕组内迂回，降低绕组温升。

（3）在目前的技术条件下，大容量高电压并联电抗器一般采用纠结式或纠结连续式绕组型式。全部是纠结式线饼的称纠结式绕组，一部分纠结一部分连续线饼组成的绕组称纠结连续式绕组。

纠结式又有普通纠结式和插花纠结式之分，插花纠结的型式适用于两根或两根以上导线并联的情况，并联的相同数序的线匝并不相邻，而普通纠结相同数序的线匝则是相邻的。插花纠结式绕组比普通的纠结型式具有更好的耐冲击特性，比层式绕组结构更为紧凑，油道的分布更利于散热。

（4）纠结式绕组与连续式绕组结构的不同之处：只在于线匝的排列顺序，纠结式绕组的线匝不以自然数序排列，而是在相邻数序线匝间插入不相邻的线匝。这样原连续式绕组段间线匝借助纠结换位，进行交错纠连形成纠结线段，从而形成纠结式绕组。

1000kV 电抗器采用的绕组采用插花纠结式绕制型式，中部出线，上下半柱并联，上下半柱绕向相反，导线采用复合导线型式，复合导线在绕制过程中半柱有数次换位过程，避免了在电抗器绕组中产生环流。

2．绕组及其材料介绍

（1）电抗器的绕组主要由导线绕制而成，因而导线的质量至关重要。1000kV 电抗器产品均采用国内优质导线，对导线的材料进行严格的控制，对导线的外形尺寸、绝缘纸厚度和漆膜厚度都有严格的要求。

导线中铜线的电阻率要求为 $0.017241\Omega mm^2/m$，且不能有局部电阻率增大的现象。对导线的力学性能，包括导线的屈服强度、抗拉强度、伸长率等项目都有具体的要求。

（2）1000kV 电抗器导线外包纸采用高性能的匝间绝缘纸，以满足电抗器绕组电气强度和耐热强度的要求。器身用所有绝缘纸板材料均为进口 T4 绝缘纸板，绝缘角环、绝缘成型件采用进口瑞士魏德曼绝缘成型件，大部分成型件都需要魏德曼厂家新做模具进行生产。

（3）1000kV 电抗器绕组内外部均采用多层薄纸筒小油隙结构，绕组的油道除了满足电气强度的要求，还必须满足散热的要求。作为散热的油道，应尽力减小油流阻力，避免有"死油区"。电抗器绕组内通常采用图 6-5 所示的冷却油道图，冷却油道用绝缘垫块均采用经过密化处理的进口纸板加工。

（三）铁芯的结构型式和特点

1．结构形式

1000kV 特高压并联电抗器电压高、容量大，对于磁路的设计非常关键。在总结以往

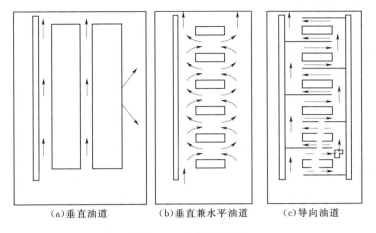

(a)垂直油道　　　(b)垂直兼水平油道　　　(c)导向油道

图6-5　冷却油道图

电抗器设计经验的同时，经过大量的分析验证，从磁路对称性、安全可靠和经济性出发，选择双芯柱带两旁轭磁路结构的方案（见图6-6）。

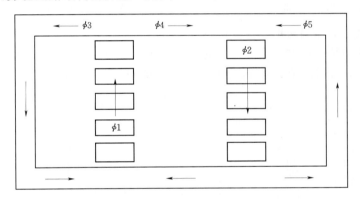

图6-6　双芯柱带两旁轭磁路结构

其中，铁芯芯柱由带气隙垫块的铁芯大饼叠装而成，合理分配主漏磁，有效控制漏磁分布，降低漏磁在金属结构件产生的涡流损耗，防止发生局部过热。

2. 铁芯的结构组成

电抗器铁芯结构主要由三大部分组成，即磁路部分、机械支撑部分和接地系统。磁路部分包括上下铁轭、芯柱、旁柱；机械支撑部分由夹件、压板、垫脚等金属结构件组成；接地系统包括铁芯片接地和金属结构件的接地和屏蔽接地。以上部分通过有效的夹紧和压紧装置将铁芯组成一个整体，压紧装置和夹紧装置均为成熟的结构，铁芯强度高，整体性好。可以抵御运输中、运行中的各种机械力的作用。

3. 结构介绍

铁芯的铁轭外框为矩形，夹件采用平板式结构，旁柱夹件和下铁轭夹件焊接为一体，成直角U形结构（图6-7）。通过高强度拉螺杆将夹件、铁芯片及夹件联成一个整体，整体强度高，有效保证铁芯可靠的压紧力，并有效减小电抗器电磁力引起的振动和噪音。

在铁芯下夹件与箱底板之间通过强力定位装置固定（图 6-8）。上夹件与箱盖之间通过强力定位装置固定，以降低铁芯的振动和噪音，铁芯和油箱之间设有四个方向的顶紧装置，可防止运输中产生位移。

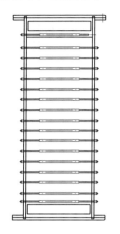

图 6-7　铁芯片夹紧示意图

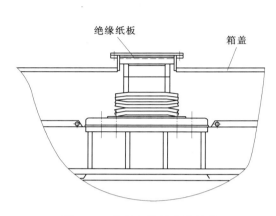

图 6-8　铁芯与箱盖定位结构

铁芯柱的铁芯饼为辐射形叠片，用特殊浇注工艺浇注成整体，确保其机械强度。铁芯芯柱、铁轭和油箱箱壁处均采取了可靠的屏蔽措施，改善电场分布。夹件和铁轭分别由接地套管分别引出，并采取有效措施防止铁芯多点接地。铁芯与油箱箱壁之间的定位见图 6-9。

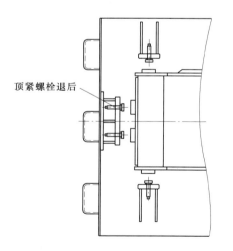
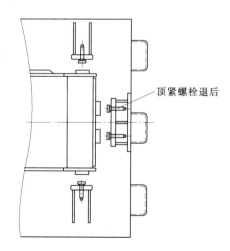

图 6-9　铁芯与油箱箱壁之间的定位

4. 接地系统介绍

铁芯接地系统见图 6-10。接地系统分三部分，铁芯片接地、金属结构件接地和屏蔽接地。铁芯片和金属结构件互相绝缘，且和油箱分别绝缘，单独通过套管引出油箱外，接地线引至油箱下部接地，便于在运行中的维护和检查，可以检查铁芯对地和夹件对地的绝缘情况是否良好。

电抗器的铁芯片结构为一个整体，其接地线只有一根，在铁轭上部，直接通过电缆线引出。金属结构件的接地，所有较大的金属部件都可靠接地，还要避免多点接地，重复接地，否则在运行中会产生环流和发热，在百万伏电抗器上采取的方式是将其他所有的金属件都单独接到夹件上。最后夹件通过一点由电缆线引出油箱。屏蔽接地包括旁轭屏蔽和铁芯接地屏，接地线没有单独引出，将屏蔽的接地线接到夹件，通过夹件接地引出。

电抗器的接地系统相对比较复杂，在厂内已经接好，现场无需接线，进箱检查时只需检查接地部分的螺栓是否有松动，接地是否良好。

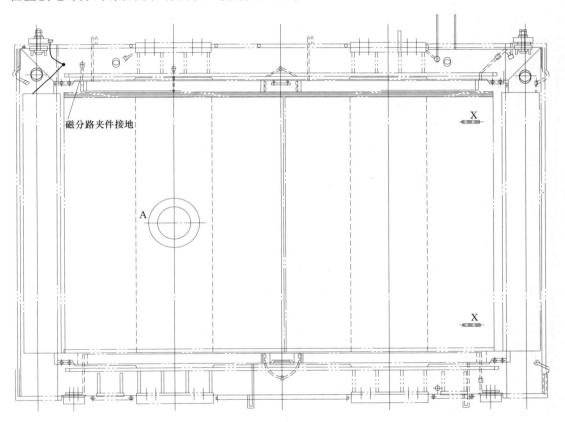

图6-10　铁芯接地系统图

5. 铁芯截面和直径

对于容量不同的产品，由于磁通大小不同，铁芯截面和心柱直径会有所变化。铁芯截面的选取原则是必须保证并联电抗器有很好的线性度，励磁特性曲线要满足技术要求。通过磁场分析和优化，合理控制磁场的分布，利用先进的电抗器设计软件，对电抗器电磁场进行了分析和优化，合理的选取铁芯截面和芯柱直径。

铁芯片的叠积型式采用每两片一叠，在拐角处的接缝采用标准角度的斜接缝，直线部分的接缝使每叠片之间的接缝错开，保证铁芯的整体性。

（四）电抗器绝缘

电抗器绝缘的目的是为了使不同电位的部件互相隔离，对于电抗器主、纵绝缘结构和参数的确定主要依据电抗器的绝缘水平，因此必须知道电抗器在各种试验电压（包括冲击、工频、操作波、局部放电）的作用下，电抗器绕组对地、绕组间（主绝缘）以及电抗器绕组的线饼间、线匝间的电位分布和电场强度，针对其中最严重的情况，来确定电抗器的绝缘参数和结构。

1. 电抗器绝缘水平

（1）高压侧的绝缘水平。

1）高压端子的绝缘水平为：

额定雷电冲击耐受电压：2250kV；额定操作冲击耐受电压：1800kV；额定短时工频耐受电压：1100kV（5min）。

2）高压套管的绝缘水平为。

额定雷电冲击耐受电压：2400kV；额定操作冲击耐受电压：1950kV；额定短时工频耐受电压：1200kV（5min）。

（2）中性点侧的绝缘水平。

1）中性点端子的绝缘水平为：额定雷电冲击耐受电压：550kV；额定短时工频耐受电压：230kV（5min）。

2）中性点套管的绝缘水平为：额定雷电冲击耐受电压：650kV；额定短时工频耐受电压：275kV（5min）。

2. 电抗器绝缘结构

1000kV电抗器绕组采用中部出头，每柱上下两段为并联结构，两柱绕组为串联结构，见图6-3。A柱绕组为电压等级较高的绕组（首端1000kV，末端500kV），X柱为电压等级较低绕组（首端500kV，末端110kV）。

绕组两端设置静电板、多层端圈（纸圈加垫块结构）以及多层角环，1000kV以及500kV出头设屏蔽筒和多层绝缘成型套筒，高压出线采用瑞士魏德曼生产的1000kV出线装置。铁芯大饼外放置接地屏，接地屏和绕组之间以及绕组外部为多层纸筒和撑条结构，为薄纸筒小油隙结构，此种结构能提高绝缘油的耐电强度。

在满足内绝缘要求基础上，还需保证外绝缘距离要求。外绝缘主要是套管之间和套管对地的空气绝缘距离，对于单相电抗器，不用考虑套管相间的距离，主要是对地的绝缘距离，1000kV电抗器套管采用进口ABB油纸电容式套管，保证套管到套管，套管对地的空气距离尺寸。

3. 内部主要绝缘材料

本电抗器所采用的绝缘材料主要为油浸纸绝缘，油浸纸绝缘有着优异的介电性能。绝缘油采用克拉玛依25号绝缘油。绕组以及器身的绝缘材料主要有：各种厚度的进口瑞士魏德曼的绝缘纸板；包扎引线用进口绝缘皱纹纸，100%绝缘皱纹纸、波纹纸板，以及进口的绝缘成型件等。铁芯采用的硅钢片为高性能晶粒取向冷扎硅钢片，性能良好，铁芯其他的绝缘材料主要有酚醛纸筒和绝缘纸板、无磁钢板等。

4. 绝缘材料性能等级

绝缘材料在应用方面的性能，归纳起来是电性能、机械性能、热性能和其他性能。

（1）电气强度方面：绕组绝缘不仅能在额定工作电压下长期安全运行，而且还必须能经受住各种过电压作用而无损坏。

（2）耐热强度方面：电抗器在额定负载下运行，绕组的温升不能超过其绝缘等级所规定的界线。

（3）机械强度方面：对于变压器而言，绕组应能承受短路电动力的作用而不致损坏，而对于电抗器则没有这方面的要求。

对电气绝缘材料而言，电性能当然是重要的，但却不一定是决定性的，也要综合考虑其他性能的需要。1000kV电抗器采用进口瑞士魏德曼的绝缘纸板，在电气性能和机械性能方面都优于国产的绝缘纸板。本电抗器采用的大部分绝缘材料与常规电抗器相同，为A级耐热等级的绝缘材料，耐热温度为105℃。

（五）电抗器引线结构的特点和绝缘距离

1. 接线原理

1000kV特高压并联电抗器由于电压高、容量大，产品在结构上采取两柱结构，这样两柱之间的连接方式就有两种形式，见图6-11。

（1）第1种结构，两柱先并后串的接线方式，A柱端部出线通过铝管与X柱中部出线相连，X柱两端出线连接后引出。这种结构优点是X柱两端部对轭的电压低，因此绕组端部结构和器身布置大为简化，使用的成型件数量少；缺点是引线结构和引线电场复杂。两柱间电位差为50%，对长期运行来说可靠性更高。

（2）第2种结构，两柱先串后并的接线方式，A柱端部出线通过铝管直接与X

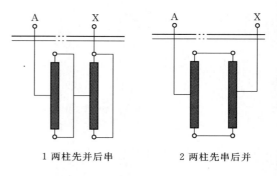

图6-11 接线原理图

柱端部出线相连，X柱中端直接后引出。这种结构优点是引线结构简单，引线电场简单；缺点是X柱两端部对轭的电压与A柱一样，这种结构，使用的成型件数量多，两柱间电位差为100%。

对于长期运行来说第1种结构的可靠性比第2种结构的高。因此通过研究对比，反复论证，本着产品可靠性第一的原则最终决定选用第一种接线方式。

2. 结构介绍

（1）1000kV引线及出线装置结构。1000kV引出线是特高压并联电抗器的一个十分关键的部分，直接关系到产品的可靠运行。一般结构是1000kV出线从A柱中部出来后，直接进入出线装置，在器身出头处围屏上设置了数道成型件，与出线装置的成型件互相交错配合。所用的的高压出线装置为进口瑞士魏德曼的成熟结构产品。

选用过程为：由魏德曼提供1000kV出线装置建议结构然后厂家进行具体结构设计，将设计完的结构再提给魏德曼计算校核，确保绝缘可靠性。采用的结构见图6-12。

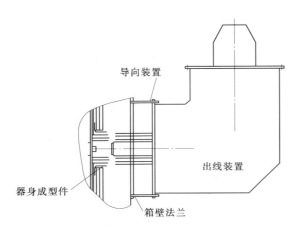

导向装置

出线装置

器身成型件

箱壁法兰

图 6-12　引线及出线装置结构

上述结构已在 1000kV 电抗器上成功应用，整个出线装置绝缘可靠，整体机械强度高，能够抵御运行中的振动和运输中的冲撞。

（2）两柱连线结构。由于绕组为中部出线，接线方式为两柱串联，因此两柱之间的连接方式见图 6-13，A 柱上下出头并联后与 X 柱中部出头相连。为了保证连接的可靠，电极的均匀，两柱通过大直径的铝管相连，铝管外包绝缘皱纹纸，这样夹持牢固，电极光滑，可靠性高。

（3）中性点引出线结构。中性点引出线为 X 柱的上下端并联后的引出线，由于电压已经降为 110kV，因此连线比较简单，上下端部用铜绞线连接后直接引出，通过绝缘支架和导线夹紧，见图 6-14。

图 6-13　两柱连线结构

图 6-14　中性点引出线结构

3. 绝缘距离和引线截面

（1）1000kV 出线部分的绝缘距离，由于出头从绕组出来后直接进入出线装置，其绝缘距离由出线装置保证，出线装置的可靠性经由出线装置专业制造厂家通过程序计算，保证了绝缘裕度，而且已经由多台产品成功运行的经验。

两柱连线部分的绝缘距离，其电压通过计算已经降到首端电压的一半左右，这部分连线与 1000kV 出线在同一侧，因此内部空间很大，在设计时尽可能的放大绝缘距离，经过计算，连线到绕组以及各种金属结构件的绝缘裕度都不低于其他结构的产品，保证产品的安全可靠。

中性点出线的绝缘距离的设计远大于标准要求值和实际经验值。

（2）引线截面的选取主要根据导线中流过电流的大小以及在不同电压等级侧所包绝缘的厚度。通过计算各种运行状态下引线中的电流的大小和导线的温升，来决定导线的选取截面。

高压侧由于导线表面场强高，包绝缘厚，所选导线截面较大；相反末端电压低，包绝缘薄，虽然电流相同，但导线截面相对高压侧要小。

（六）主要附件的结构型式和特点

1000kV电抗器采用双心柱加两旁轭铁芯结构，心柱带有气隙垫块，绕组采用饼式绕组结构，器身通过铁轭用高强度的拉螺杆压紧，油箱为桶式平箱盖结构，冷却方式为ONAF。外部装有百万伏套管、中性点套管、冷却设备，以及油面温控器、绕组温度计、压力释放阀、气体继电器、油位计、吸湿器、油色谱在线监测仪、蝶阀、阀门等保护装置。

1. 油箱结构

1000kV电抗器油箱采用桶式平箱盖结构，为长方形，箱盖和箱沿焊死成为全密封油箱。

（1）油箱为焊接钢板结构，不仅能承受真空和正压的要求，不会产生泄漏和永久变形及损坏，而且能承受和保持长期全真空。对于油箱的机械强度通过程序计算和辅助手段进行了验证，以保证油箱的强度和密封性能。在运的320Mvar的油箱已进行了正压120kPa、负压（真空133Pa）和泄漏率等强度试验，从试验结果来看，完全满足设计要求。

（2）高压侧和中性点侧的箱壁上都装有屏蔽，可对绕组漏磁通提供回路，有效吸收漏磁通，减小漏磁通在油箱壁表面产生涡流损耗，防止局部过热的产生。

（3）油箱材料均为高强度结构钢。箱盖用整块钢板制造，无拼接焊缝，机械强度高，在箱盖上并设有4道槽形加强铁，以提高箱盖的整体强度。箱壁用大张钢板拼焊，外部用数道槽形加强筋加强，该加强筋不仅外形美观而且使箱盖机械强度大大加强。箱底用整块钢板制成，无拼接焊缝。在箱底和箱壁之间设有槽形加强件，增加了箱体的机械强度，见图6-15。

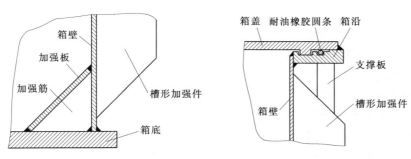

图6-15　箱壁、箱盖焊接图

油箱箱壁、箱底及加强筋间的焊缝大多数为直焊缝，便于采用自动焊机进行焊接；箱壁及箱壁的拼接焊缝均相互错开，降低焊接后内部应力的影响；从而提高油箱整体焊接质量、密封性能及强度。焊接时采用优质焊条，用埋弧焊机、气体保护焊机等先进设备，确保焊接的质量。

（4）箱盖和油箱箱沿的结构、焊接和密封如图6-15所示。在产品试验过程中用C形夹将箱盖和油箱夹紧，当产品试验合格后，再将箱盖和油箱箱沿焊死。

（5）在油箱的上、中、下部位各设有油样活门，方便从不同的位置取油样。箱盖顶部设有注油阀门、油冲洗阀门，油箱下部设有紧急事故放油阀门，箱底并设有排油装置，并且箱盖和箱底的注油、放油阀门成对角线布置，确保了油路流畅。

（6）油箱设有顶起千斤顶的位置，在电抗器需要顶起时，按照运输图中所示位置安装千斤顶支架。在短轴侧箱底上设有牵引孔，底座能在纵向、横向作平面滑动，满足滚杠运输的要求，并设有用于拖动的构件。

（7）电抗器为平底基座，该基座能均匀地将电抗器载荷分布到基础上。产品就位后，在箱底外边沿焊接连接板，连接板上带有螺栓孔。电抗器箱底与基础固定，通过该连接板用高强度 M42 螺栓与基础预埋钢板连接。所用螺栓的规格和数量足以承受电抗器的重量和惯性作用力，以及地震力产生的位移。

（8）密封件采用进口优质材料，密封面和密封件的尺寸均用工装控制，保证密封良好。所有的密封面能确保密封接头部位不渗漏油和发生气体泄漏。

（9）为了保护人身安全，油箱本体上设有带门锁的梯子，并有警示标志，而且梯子上部带有防护栏，真正将安全保护意识放在了首位。

2.1000kV 套管

1000kV 套管是特高压并联电抗器的关键组件。西变采用了国际上技术成熟的瑞典 ABB 油纸绝缘电容式 1000kV 套管 GOE 2600－1950－2500－0.6－B，套管为拉杆式结构，现场安装简单方便，性能可靠。

（1）套管的额定绝缘水平见表 6－1。

表 6－1　　　　　　　　　　套 管 额 定 绝 缘 水 平　　　　　　　　单位：kV

系统标称电压	设备额定电压	雷电冲击耐受电压（峰值）		操作冲击耐受电压（峰值）	工频 5min 耐受电压（方均根值）
		全波	载波	相对地	相对地
1000	1100	2400	2760	1950	1200

（2）套管技术参数和性能参数：

1）额定电压：1100kV。

2）额定电流：2500A。

3）套管为密封充油电容式套管，并有试验抽头。套管符合 IEC60137 要求。

4）伞裙为不等径大小伞，最小伞间距不小于 80mm；瓷套的爬电系数、外形系数、直径系数以及表示伞裙形状等参数符合 IEC60815 的要求。

5）瓷套符合《高压绝缘子瓷件-技术条件》（GB/T 772）的规定，绝缘污秽等级为Ⅲ级，爬电比距不小于 25mm/kV。

6）爬电系数 C.F 不大于 3.5。

7）合成套的绝缘距离宜在 10 m 的水平。

8）为棕色瓷套管，不渗漏油，且装有容易在地面检查油位的指示计。

9）最小爬电距离为：33000mm。

10）套管端允许荷载不小于表6-2数值。套管端子和设备线夹均能承受1000N·m的垂直力矩而不变形。当考虑上述三个方向的力同时作用时，其持续组合荷载的安全系数不小于2.75。

表6-2　　　　　　　　　　　　套管端允许载荷表　　　　　　　　　　　　单位：N

水　平	垂　直	横　向
4000	2500	2500

11）套管满足绕组承载额定电流和最大过电压励磁电流的要求。

12）在 $1.05U_m/\sqrt{3}$ 电压下，套管局部放电量不大于5PC。

13）绝缘介质损耗因数（tanδ）在20℃时应小于0.4%，在 $1.05U_m/\sqrt{3}\sim U_m$ 之间，tanδ 增量≤0.1%。

14）具有可以围绕接线柱转动的平板型出线端子。

3．中性点套管

为保证该可靠性，西变采用了西瓷公司生产的油纸电容式 BRDL1W-170/1250-3 套管，此中性点套管满足产品的性能要求，载流形式为穿缆式，现场安装简便可靠，套管顶部的密封采用先进的防水结构。

（1）套管的额定绝缘水平见表6-3。

表6-3　　　　　　　　　　　　套管额定绝缘水平　　　　　　　　　　　　单位：kV

雷电冲击耐受电压（峰值）		短时工频耐受电压（方均根值）
全波	截波	相对地
550	650	275

（2）套管技术参数和性能参数：

1）额定电压：170kV。

2）额定电流：1250A。

3）套管为密封充油电容式套管，并有试验抽头。套管符合 IEC60137 要求。

4）瓷套的爬电系数、外形系数、直径系数以及表示伞裙形状等参数符合 IEC60815 的要求。

5）瓷套符合 GB/T 772 的规定，绝缘污秽等级为Ⅲ级，爬电比距不小于 25mm/kV。

6）为棕色瓷套管，不渗漏油，且装有容易在地面检查油位的指示计。

7）最小公称爬电距离为：4250mm。

8）为棕色瓷套管，不渗漏油，且装有容易在地面检查油位的指示计。

9）最小爬电距离为：33000mm。

10）套管端允许荷载不小于表6-4的数值。套管端子和设备线夹均能承受1000N·m的垂直力矩而不变形。当考虑上述三个方向的力同时作用时，其持续组合荷载的安全系数不小于2.75。

表 6 - 4	套 管 端 允 许 载 荷 表	单位：N
水 平	垂 直	横 向
1500	1000	750

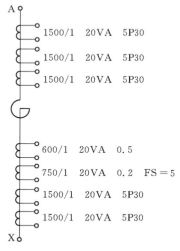

图 6 - 16 320Mvar 高压电抗器 CT 配置图

11）套管满足绕组承载额定电流和最大过电压励磁电流的要求。

12）在 $1.05U_m/\sqrt{3}$ 电压下，套管局部放电量不大于 5PC。

13）绝缘介质损耗因数（$\tan\delta$）在 20℃时应小于 0.4%，在 $1.05U_m/\sqrt{3} \sim U_m$ 之间 $\tan\delta$ 增量≤0.1%。

14）具有可以围绕接线柱转动的平板型出线端子。

（3）在中性点套管的 TA 部分装设 4 个套管式电流互感器，其中 2 个保护 CT 用于系统保护，1 个测量 TA 接二次回路测量仪表，1 个测量 TA 用于绕组温度计。具体配置详见图 6 - 16。

4. 冷却设备

散热系统由多组沈阳铭汉的可拆式 520 宽片散热器组成，独立放置，集中散热；宽片散热器的底部安装有底吹式低噪音风机，能保证产品的有效散热能力。散热器可与油箱一起承受 13.3Pa 的真空压力试验，恢复常压后无永久变形。

（1）散热系统通过管路与本体相连，散热系统的框架采用稳定性高的三角框架结构，并且用高强度钢质材料作为支撑，足以承受 $0.3g$ 的地震加速度。可拆卸的散热器与导油方管的连接采用优质蝶阀，能够承受散热器带油后的重量，在 $0.3g$ 的地震加速度作用下不会有损伤，且不会出现渗漏油现象。而且在安装和拆卸散热器时，不必排放电抗器油。

散热器的数目和冷却容量设计，完全满足在额定容量时包括负荷损耗和杂散损耗的总损耗的要求。

1000kV 电抗器配置了两种规格的散热器：PC 2800 - 29/520 和 PC 3200 - 29/520 的可拆式片式散热器，型号含义见图 6 - 17。

片式散热器由散热片、集油管、放气（油）塞、吊环和连接法兰盘等零件组成。散热片由 1.2 mm 厚钢板滚压再两两合片具有独立多的油道单元而成，各单元上下口外翻边与冲有多口的集油管外焊组成所需的散热器，散热片结构见图 6 - 18。

图 6 - 17 型号含义

散热原理：电抗器运行时，油由于散热器进出口温差，而产生流动，通过诸多散热片中的窄而薄的油道，利用用钢板的良好热传导性将其温度降低。

散热器出厂前的内腔清洁度已经过严格检查，在安装现场需检查清洁度时，可用耐压值不低于 60kV 的变压器油冲洗，测量出口变压器油的耐压值 60kV 合格。散热器可耐受 120kPa 压力（正压）；可抽真空至 13.3Pa（负压）。

（2）每台电抗器带 16 台风机，风机具有四种工作方式：工作、辅助、备用、停用。工作时，投入 8 台"工作"风机；当油温达到 65℃时，投入 6 台"辅助"风机，降为 45℃时退出 6 台"辅助"风机；当油温达到 75℃时，投入 2 台"备用"风机，降为 55℃时退出 2 台"备用"风机。

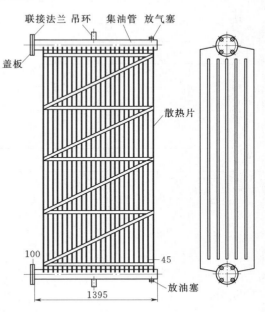

图 6-18　散热片结构图

（3）当并联电抗器在额定电压下运行时，如果风扇全部停运，电抗器可持续运行 7.5h，之后，二次控制部分根据延时设置有跳闸信号。

（4）工作风扇考虑自动投入回路，二次控制部分设有 I、II 交流电源投入，故障等就地信号指示灯，并有空接点信号发至控制室；电源投入、故障；控制电源故障；工作风扇投入、故障；辅助、备用风扇投入等应有就地信号指示灯，并有空接点信号发至控制室。

5. 储油柜

1000kV 高抗储油柜主要由储油柜柜体（壳体）、油位计、耐油橡胶隔膜袋（以下简称隔膜袋）、呼吸管及吸湿器组成（图 6-19）。

储油柜工作原理：储油柜内的隔膜袋内腔经过呼吸管及吸湿器与大气相接触，袋外和变压器油相接触。当变压器油箱中油膨胀或收缩时，储油柜油面将会上升或下降，使隔膜带向外排气或自行补充空气以平衡袋内外侧压力，起到呼吸作用；并使油位表浮球随储油柜油面变化，引起浮球所带连杆与水平线的夹角发生改变，通过油位表内部齿轮及磁钢传动，带动油位表指针指示出油面高度，当达到上限或下限位置时，通过接点发出相应信号。

注意：

（1）安装隔膜袋时，应打开人孔盖，顺柜体长度方向展开袋子，将袋子上两个吊攀挂在柜壁上的吊钩上，袋口从柜中上伸出后，应注意将袋口白色标记放在柜体长轴方向固定，不得扭转。

（2）在储油柜同电抗器一起抽真空注油时，一定要打开图 6-19 中的真空阀门，抽真空完毕后，一定要关闭该阀门。

6. 油面温度控制器

油浸式变压器等用温度控制器即通常所说温度计是用来测量（监视）变压器油顶层温度或变压器绕组温度，并带有电气接点用于控制变压器冷却系统及发出报警（跳闸）信号

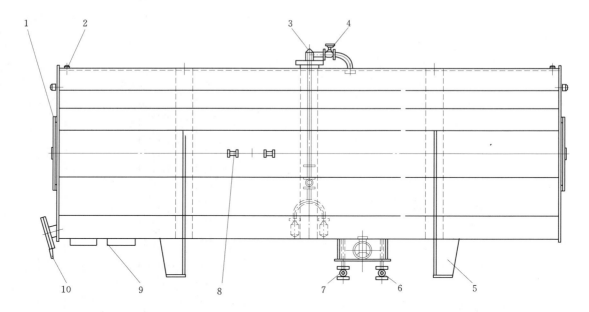

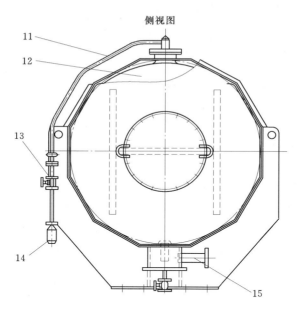

侧视图

图 6-19 储油柜结构图

1—人孔；2—放气塞；3—放气塞；4—真空阀门（抽真空用，运行时关闭）；5—柜脚；6—真空阀门（放油用）；7—真空阀门（放气用）；8—固定件（用于固定梯子）；9—固定件（用于油位表走线）；10—油位表（IMLO Y 345 FGM）；11—呼吸管；12—隔膜袋；13—真空阀门（运行时打开）；14—吸湿器（5kg）；15—联管（与电抗器连接）

的保护仪器。

特高压并联电抗器的油面温度控制器一般由指针式温度计、温度发送器、信号转换器三部分组成（图 6-20）。

174

指针式温度计带有 6 个可调整的微动开关。温度值由一个封闭的内充高压液体的管系统测量。由于油面温度的不同，管系统中的压力将其变化量转变成机械力驱动指针心轴转动，温度值即指示在刻度盘上，同时也带动微动开关在变化量达到设定值时动作，发出相应信号。

温度发送器在其双层温包中预埋有 2 个 Pt100 电阻，它主要作用是发出温度的远传信号，同时在其中也装有加热电阻。信号转换器主要用于将 Pt100 信号转换为 4～20mA 电流信号。

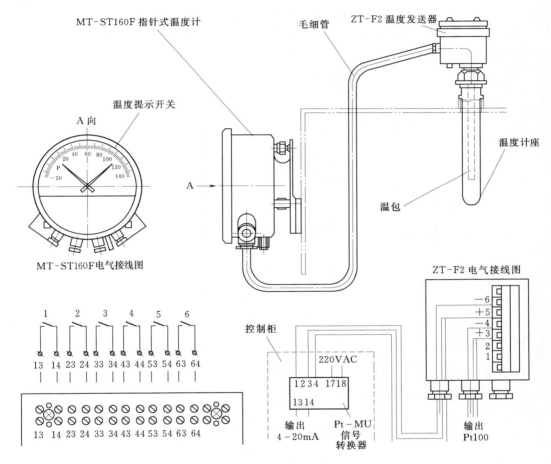

图 6-20　Messko 油面温度控制器

7. 绕组温度控制器

（1）绕组温控器的组成：特高压并联电抗器的绕组温度控制器一般由绕组温度计、温度发送器、信号转换器、匹配器四部分组成（图 6-21）。

（2）绕组温度的测量是使用间接方法：绕组和油之间的温差决定于绕组电流，而电流互感器二次电流与电抗器绕组电流成正比。将互感器二次电流经匹配器接至温度发送器的加热电阻，从而产生一个附加热量就比实测油温高一个温度即为绕组温度，其他元件作用同油面温控器。

注意：

（1）展开的毛细管不得扭转，避免猛拉、强扯、压扁或磕窝。

（2）不可用毛细管提携温度计。

（3）毛细管和温度计不可作任何改动。

（4）多余的毛细管要盘成圆圈，最小弯曲半径 10mm。

（5）温度计指针不可逆时针向刻度低端转动，否则将损坏测量系统。

（6）温度发送器内不需要充油，只有温度计座要充油至高度的 2/3。

（7）不可用力扭转温度发送器，要松开双螺母再扭转。

（8）所用测量系统都是敏感装置，所有部件都要防止跌落，撞击和震动，工作的环境温度不得超过 80℃。

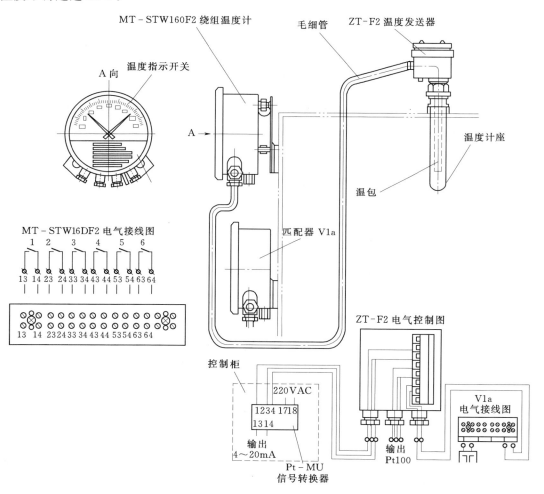

图 6-21　绕组温度控制器结构图

8.压力释放阀

见第五章 1000kV 主变压力释放阀部分。

9. 气体继电器

见第五章 1000kV 主变气体继电器部分。

三、1000kV 高抗运行维护基本操作要点和注意事项

(一) 1000kV 并联电抗器日常运维规定

1. 运行规定

(1) 电抗器未投入时，相应线路不允许投运；并联电抗器在正常运行时，其中性点小电抗器应投入运行。

(2) 电抗器可在系统额定电压下进行 3～5 次冲击合闸试验。监视激磁涌流冲击作用下的继电保护装置的动作情况。第一次送电后，持续的时间不应少于 10min。

(3) 允许温度和温升：采用 A 级绝缘材料的并联电抗器，其上层油温一般不超过 85℃，最高不超过 95℃；运行时的允许温升：绕组温升不超过 65K，上层油温不超过 55K。

(4) 并联电抗器在额定电压下运行时，如果风扇全部停运，电抗器可持续运行 7.5h。

(5) 在进行下列工作时，应将电抗器重瓦斯保护停用。

1) 除电抗器采油样外，在其他所有地方打开排气阀或排油阀。

2) 在瓦斯保护二次回路上工作。

3) 开、闭瓦斯继电器连接管上的阀门。

4) 电抗器进行补油。

(6) 并联电抗器检修完毕送电前进行全面详细检查。

1) 检查有关安全措施已拆除。

2) 投入并联电抗器的保护、操作、测量信号装置的电源并检查工作正常。

3) 所有保护投入正常，保护压板投入正确。

4) 冷却器控制把手在正常位置。

5) 冷却器试运转正常。

6) 所有阀门所处位置正确。

7) 各组件安装正确，无渗漏油情况。

8) 铁芯和主体的接地是否可靠，是否有多余接地点。

9) 储油柜和套管等油面指示位置是否合适。

10) 气体继电器、压力释放阀、风扇、温度计、电流互感器等接线、保护、报警和控制回路正确。

(7) 并联电抗器的油样化验符合要求。

(8) 运行中的电抗器发生以下情况应停运。

1) 电抗器声响明显增大，内部有爆裂声或强烈放电声。

2) 本体或油枕严重漏油。

3) 套管有严重的破损和放电现象。

4) 压力释放阀严重喷油或电抗器冒烟着火。

5) 在正常负载和冷却条件下，因非油温计故障引起的电抗器上层油温异常且不断升

高，经检查证明温度指示正确，则认为电抗器已发生内部故障。

6）当发生电抗器的有关保护装置拒动时。

7）自然油循环电抗器冷却系统故障不能及时排除或冷却器全部投运，电抗器油温接近100℃或绕组温度接近115℃时且有不断上升的趋势。

2. 设备巡检

（1）新投运或大修后运行前巡检。

1）本体、辅助设备无缺陷，且不渗油。

2）固定牢固可靠，油漆完整，相色、相序标志正确。

3）各部位清洁干净，无任何遗留杂物。

4）事故排油设施完好，消防设施齐全可靠。

5）气体继电器、集气盒及各排气孔内无气体，气体继电器的防雨罩齐全、完好。

6）附件完整，安装正确，试验、检修、二次回路、继电保护验收合格、整定正确。

7）各侧引线安装合格，接头接触良好，各安全距离满足规定。

8）接地引下线及其与主接地网的连接符合设计要求，接地可靠。

9）风机转动方向正确，冷却器及气体继电器等阀门开启位置正确。

10）电容式套管的末屏端子、铁芯、夹件接地可靠。

11）储油柜、套管油位正常。

12）压力释放阀的信号触点和动作指示杆未动作。

13）设计、施工、出厂试验、安装记录、试验报告、备品备件移交清单等技术资料完整、准确。

（2）日常巡检。

1）电抗器的无功负荷、运行电压正常。

2）对照检查主控制室和现场的上层油温、绕组温度读数。

3）本体油位表、套管油位表的油位指示正常。

4）外观检查冷却器、法兰、管道、电抗器油箱等部位无渗漏油。

5）接头无异常、发热，雨天无蒸气，夜晚无发红现象。检查金具、管母无变形，导线无断股、损伤。

6）套管无破损，无放电闪络现象。

7）电抗器无异声、异味，用手触摸检查无异常振动。

8）呼吸器的硅胶变色在正常范围内，变色硅胶不超过2/3，油封杯的油色、油位正常。

9）冷却器的散热片无锈蚀。

10）电抗器基础无下沉。

11）绝缘油在线监测装置指示灯无异常，标气瓶，载气瓶压力正常。

（3）定期巡检。

1）每月对控制箱、端子箱和电缆巡检。

a. 检查防水情况。

b. 检查所有电气连接牢靠。

c. 操作所有开关、信号装置和灯，能正确动作。

d. 检查电缆外绝缘未出现龟裂或破损等现象。

2）每月检查控制箱加热器和照明。

3）每日对套管接线进行红外测温。

（4）特殊巡检

1）下列情况须进行特殊巡检。

a. 新设备或经过检修、改造的电抗器在投运 72h 内。

b. 有严重缺陷时或经受外部近区短路冲击后。

c. 气象突变（如大风、大雾、大雪、冰雹、寒潮等）前后。

d. 雷雨季节，特别是附近区域有雷电活动后。

e. 高温季节、高峰负载期间。

f. 设备缺陷近期有发展趋势时。

g. 跳闸或操作后。

h. 过负荷或过电压运行。

2）异常天气时巡检重点。

a. 气温骤变时，检查储油柜油位和套管油位是否有明显变化，引线是否有断股或接头过热现象，各密封处有否渗漏油现象。

b. 大风、雷雨、冰雹后，设备上有无其他杂物，套管有无放电痕迹及破裂现象。

c. 浓雾、下雨、下雪时，套管有无沿表面闪络和放电、表面覆冰现象，各接头在小雨中和下雪后如有水蒸气上升或立即熔化现象，应用红外测温仪进一步检查其实际情况。

d. 高温天气应检查油温、油位、油色和冷却器运行是否正常，必要时，可启动备用冷却器。

3）异常或缺陷情况下的针对性巡检重点。

a. 过负荷运行时，应记录负荷电流，检查油温和油位的变化，检查电抗器声音是否正常、接头是否发热、冷却装置投入量是否足够。

b. 系统发生外部短路故障后，应加强监视电抗器运行状况，检查油温是否正常，电气连接部分有无发热、熔断，套管有无破裂。

c. 铁芯、夹件的接地电流异常变化或色谱分析异常时，在缺陷消除前应加强监视。

d. 电抗器冷却装置故障时，应加强监测本体运行温度。

（二）定期维护项目及标准

1. 本体

（1）油温、油位检查：比较油温和油位之间的关系，看是否偏差超过标准曲线。

（2）油温表、油位计检查：如果有潮气凝在温度计和油位计的刻度盘上，重点查找结露原因。

（3）密封检查：若有油从套管法兰、阀门、冷却装置、油管路密封处渗出，需重新紧固密封处紧固件，如果还漏则需更换密封件。

（4）不正常噪声、振动检查：如果确认不正常的噪声和振动是由于连接松动造成的，则需重新紧固这些部位的连接件。

(5) 检查锈蚀：检查表面无锈痕，如发现有漆层脱落现象，则在电抗器修理时除锈涂漆。

2. 冷却装置

(1) 冷却风扇运行时发出的噪声是否正常：如确认噪声是由冷却风扇发出的，需更换轴承。

(2) 检查冷却管和支架的脏污情况：每年至少用热水清洁冷却管一次。

(3) 冷却装置管路、蝶阀是否漏油：若油从密封处渗出，需重新紧固密封处紧固件，如果还漏则需更换密封件。

(4) 检查冷却风扇是否正常运转，端子箱密封是否良好：如果不正常，立即检修或更换。

(5) 冷却器（散热器）上漆膜是否完好：漆膜破损处要即时补漆，以延长散热器的使用寿命。

3. 套管

(1) 套管油位是否正常，是否漏油：如果漏油，需更换密封件或进行整体更换。

(2) 脏污附着处的瓷件上有无裂纹：如果有裂纹、破损，需修复或更换。

(3) 脏污附着处的瓷件上有无脏污：若有污物，需清洗，否则影响爬距。

(4) 是否漏油、油位和油位计内潮气的冷凝：如果发现油位计内有潮气冷凝，则查找结露原因并处理。

(5) 套管接线端头的是否过热和紧固：测温时应在空气湿度不大于 85%，风速不大于 0.5 m/s 的天气状况下进行，相对温差不超过 20%（发热点温升值超过 10K 时适用）。

4. 吸湿器

(1) 干燥剂（硅胶）的颜色：如果 2/3 的硅胶变色则需要更换或干燥处理。

(2) 检查油杯的油位：油杯内油位与标准油位线平齐。

(3) 检查油杯的油色：当油杯内的油颜色变深时，及时更换新油。

(4) 外观清洁：每月进行擦拭，渗油严重时检查密封情况。

(5) 呼吸正常：至少观察一次呼吸。

5. 压力释放器

(1) 是否有油从喷油口喷出或漏出：如果有很多油漏出则需要更换压力释放器。

(2) 喷油口有无杂物堵塞：若有杂物，及时清除。

6. 气体继电器

(1) 是否漏油：如果密封处漏油则重新紧固或更换密封垫。

(2) 防雨罩有无破损：若有损坏，及时更换处理。

(3) 气体继电器中的气体量：如有气体则分析成分，并排气。

7. 接地装置

(1) 检查铁芯接地电流：不超过 0.1A。

(2) 检查夹件接地电流：不超过 1A。

8. 发热情况

检查一次、二次接线头、接线板温度：测温时应在空气湿度不大于85%，风速不大于 0.5 m/s 的天气状况下进行，不超过90℃或相对温差不超过35%。

9. 电抗器下部及侧面阀门

检查阀门关合正确：如果不正确，则经过确认后恢复正确位置。

10. 储油柜

(1) 检查集气情况：检查气体继电器的油面，如果油面已经有部分气体时，应打开排气管路下部的阀门将气体排出。

(2) 检查油位：如果储油柜油位计显示不随温度变化而变化，则可能是油位计内部卡阻，显示假油位，则立即处理；如果储油柜油位计显示器超出最高油位或降到最低油位，应检查电抗器是否有故障，如有故障立即处理；如无故障且无漏油现象，则说明储油柜的注油量偏大或偏小，应从注放油管路适量地排油或注油，使油位恢复正常。

11. 主要附件

(1) 检查锈蚀：检查表面无锈痕，如发现有漆层脱落现象，则在电抗器修理时除锈涂漆。

(2) 法兰、阀门、冷却装置、油管路等的密封情况：若有油从密封处渗出，需重新紧固密封处紧固件，如果还漏则需更换密封件。

12. 端子箱

检查密封、加热器是否正常：若有进水、受潮及加热器不正常工作，则立即检修处理。

13. 绝缘油在线监测装置

(1) 氮气瓶检查：氮气的压力表小于 150psi 时，需要更换氮气瓶；氮气瓶 4 年更换一次；氮气干燥器检查气路气密性，氮气干燥器 4 年更换一次。

(2) 标气瓶检查：标气的压力表小于 25psi 时，需要更换标气瓶；标气瓶 3 年更换一次（生产日期＋3 年）；检查标气瓶气密性。

(3) 外部清洁：避免用高压水直接冲刷检测仪箱门、指示灯、油/氮气连接头和电缆密封管。

(4) 数据检查：后台数据无异常，能正常上传。

14. 局部放电在线监测装置

(1) 外观检查：检查设备探测头是否脱落，探头电源及信号线有无脱落，装置运行是否正常；局放在线装置箱密封是否良好，有无污损。

(2) 数据检查：后台数据无异常，能正常上传。

(三) 带电检测项目及标准

1. 噪声、振动测量

在电抗器四周选取若干点，并做出标记，每月定期对其进行测量，结果只做纵向对比，横向仅作参考，一年数据做趋势度进行分析总结。对于设置封闭隔音罩电抗器，噪声仅在距通风口侧一定距离测量。高抗振物测量记录表及高抗噪声测量记录表见表 6-5、表 6-6。

表 6-5   高抗振动测量记录表

测试位置	设备名称		高抗		
			A 相	B 相	C 相
测试点 1	加速度/(m/s²)	本月			
		上月			
	速度/(mm/s)	本月			
		上月			
	位移/mm	本月			
		上月			

表 6-6   高抗噪声测量记录表（有隔音罩，通风口在东侧）

测试位置	设备名称	高抗/dB		
		A 相	A 相	B 相
东侧	本月			
	上月			

2. 局部放电检测

人工局部放电检测仪在特殊情况下测量，如电抗器油色谱在线监测仪报警灯亮，并且特征气体持续增长时需要辅助测量判断故障类型。

安装局部放电在线检测仪，在电抗器箱壁上贴有若干超声局放传感器探头，铁芯上装有高频局放探头，当故障涉及铁芯时能及时反映出来，数据通过光纤传送至主控室，计算机检测分析软件设置管理值，当数据超过管理值，计算机发出报警信号。

3. 绝缘油色谱分析

每月定期对电抗器进行色谱分析，通过数据纵向趋势分析，是否有特征气体分析超标来判断电抗器的运行状况，同时对油色谱在线监测仪数据进行分析，判断仪器是否工作正常。

4. 铁芯、夹件接地电流测量

每月定期对高抗铁芯、夹件接地电流进行测量，如果铁芯存在多点接地，铁芯在电场作用下，多点之间产生环流，引起电抗器过热，所以需要定期测量铁芯、夹件接地电流。

通过对数据和标准值比对、三相之间比对、和历史数据的比对来综合判断接地情况。

表 6-7   铁芯夹件接地电流测量   单位：mA

设备名称	相序	铁芯接地电流			夹件接地电流		
		本月	上月	标准	本月	上月	标准
长南Ⅰ线高抗	A			<100			<1000
	B			<100			<1000
	C			<100			<1000

四、1000kV 高抗技术监督项目及标准

（一）额定参数

1000kV 特高压并联电抗器参数见表 6 - 8。

表 6 - 8　　　　　　　　　　　　1000kV 特高压并联电抗器参数

型　式	容量/Mvar	电压/kV	电流/A	阻抗/Ω	冷却方式
BKDF - 240000/1000	240	$1100/\sqrt{3}$	377.9	1680	ONAF
BKDF - 320000/1000	320	$1100/\sqrt{3}$	504	1260	ONAF

（二）预防性试验

1. 绕组连同套管的直流电阻测量

（1）周期：

1）投运前。

2）1 年。

3）大修后。

4）必要时。

（2）目的：

1）检查绕组焊接质量。

2）检查绕组或引出线有无断折。

3）检查层间、匝间有无短路的现象。

（3）试验方法：

1）可以不用断开电抗器两端的连接线，但要至少保证一端没有接地。

2）把试验线接在电抗器的两端的套管上，使用仪器直接读取直流电阻值。

3）注意：在试验过程中电源不允许突然切断。试验结束时，等放完电后才能拆线。

绕组连同套管的直流电阻测量接线见图 6 - 22。

（4）结果分析：

1）各相绕组电阻相互间的差别不应大于三相平均值的 2%。且三相平衡率变化量大于 0.5% 应引起注意，大于 1% 应查明原因；

2）不同温度下电阻值按下式换算：

$$R_2 = R_1(T + t_2)/(T + t_1)$$

式中：R_1、R_2 分别为在温度 t_1、t_2 下的电阻值；T 为电阻温度常数，铜导线取 235。

2. 测量绕组连同套管的绝缘电阻、吸收比和极化指数

（1）周期：

1）投运前。

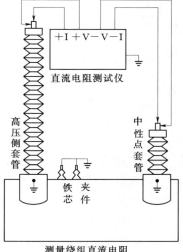

图 6 - 22　绕组连同套管的直流
电阻测量接线图

2）1年。

3）大修后。

4）必要时。

（2）目的：对检查电抗器整体的绝缘状况具有较高的灵敏度，能有效地检查出电抗器绝缘整体受潮，部件表面受潮或脏污，以及贯穿性的集中缺陷。

绝缘电阻：指自加压开始至 60s 时读取的仪表的指示值。

吸收比：60s 和 15s 时绝缘电阻之比。

极化指数：指 10min 的绝缘电阻与 1min 的绝缘电阻之比。

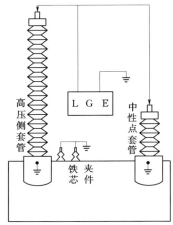

测量绕组连同套管绝缘电阻

图 6 - 23　测量绕组连同套管的
绝缘电阻、吸收比和极化
指数接线图

（3）试验方法：

1）断开电抗器两端的连接线，测量时铁芯，外壳应接地。套管表面应清洁、干燥。

2）高压接线排和中性点接线排连接，然后连上测试线，测试线另一端接地。读取数值。

测量绕组连同套管的绝缘电阻、吸收比和极化指数接线图见图 6 - 23。

（4）结果分析：

1）绝缘电阻换算至同一温度下，与出厂值相比应无显著变化，一般不低于上次值得 70%。

2）在 10～30℃ 范围内，吸收比在常温下不低于 1.3；吸收比偏低时可测量极化指数，应不低于 1.5。

3）绝缘电阻大于 10000MΩ 时，吸收比和极化指数仅做参考。

（5）注意：

1）使用 5000V 兆欧表。

2）测量前被试绕组应充分放电。

3）测量温度以顶层油温为准，各次测量时的温度应尽量接近。

4）尽量在油温低于 50℃ 时测量。

5）吸收比和极化指数不进行温度换算。

3．测量绕组连同套管的介质损耗角正切值 tanδ 和电容量

（1）周期：

1）投运前。

2）1年。

3）大修后。

4）必要时。

（2）目的：判断电抗器绝缘状态的一种有效的手段，主要用来检查电抗器整体受潮、油质劣化、绕组上附着油泥及严重的局部缺陷。绕组绝缘材料老化、绝缘油受水分或其他杂质污染以及电应力或外力对绝缘的破坏性作用，都可能导致绝缘介质损耗因数增大。

（3）试验方法：

1）断开电抗器两端的连接线，测量时铁芯、外壳应接地。套管表面应清洁、干燥。

2）高压接线排和中性点接线排连接，然后连上测试线，测试线另一端接地。读取数值。

测量绕组连同套管的介质损耗角正切值 tanδ 和电容量接线图见图 6-24。

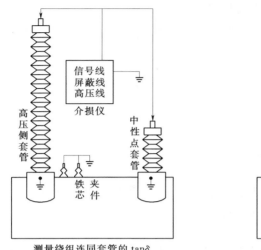

图 6-24　测量绕组连同套管的介质损耗角正切值 tanδ 和电容量接线图

（4）结果分析。

1）试验电压为 10kV 交流电压。

2）换算到 20℃ 的介质损耗角正切值 tanδ 应不大于 0.4%。

3）绕组连同套管的介质损耗角正切值 tanδ 不大于例行试验值的 130%。

4）绕组连同套管的电容值与例行试验值相比应无明显变化。

（5）注意：

1）测量绕组连同套管的 tanδ 采用反接法，测量电容型套管的 tanδ、电容量采用正接法。

2）防止接线错误。

3）注意高压测试线与非被试绕组或接地部位距离过近会影响测试结果。

4. 测量铁芯和夹件的绝缘电阻

（1）周期：

1）投运前。

2）1 年。

3）大修后。

4）必要时。

（2）目的：能有效地检查出相应部件绝缘的缺陷或故障。

（3）方法：采用 2500V 绝缘电阻表测量。测量时，首先检测是否存在其他接地点，若无可继续测量。拆开电抗器铁芯及夹件接地螺栓，分别测量铁芯对地、夹件对地、铁芯对夹件的绝缘电阻值。

（4）结果分析：

1）使用 2500V 兆欧表进行测量，持续时间为 1min。

2）分别测量铁芯对油箱（地）和夹件对油箱（地）的绝缘电阻，测试中无闪络及击穿现象且测量值与例行试验值相比应无明显差别。

3）测量铁芯与夹件间的绝缘电阻，测试中无闪络及击穿现象且测量值与例行试验值相比应无明显差别。

5.测量绕组连同套管直流泄漏电流

（1）周期：

1）投运前。

2）1 年。

3）大修后。

4）必要时。

（2）目的：测量泄漏电流的方法和绝缘电阻的相似，只是灵敏度较高，能有效地发现其他试验项目所不能发现的电抗器局部缺陷。

（3）方法：

1）断开电抗器两端的连接线，测量时铁芯、外壳应接地。套管表面应清洁、干燥。

2）高压接线排和中性点接线排连接，然后连上测试线，读取数值。

（4）结果分析：

1）使用 60kV 直流发生器进行测量，读取 1min 时的泄漏电流值。

2）由泄漏电流换算成的绝缘电阻值应与兆欧表所测值相近（在相同温度下）。

3）泄漏电流值与历史数据比较无明显变化。

6.测温装置及其二次回路试验

（1）周期：

1）投运前。

2）1 年。

3）大修后。

4）必要时。

（2）要求：

1）密封良好，指示正确，测温电阻值应和出厂值相符，在规定的周期内使用，绝缘电阻一般不低于 1MΩ。

2）采用 2500V 兆欧表。

7.气体继电器及其二次回路试验

（1）周期：

1）投运前。

2）1 年。

3）大修后。

4）必要时。

（2）要求：

1）整定值符合 DL/T 540 要求，动作正确，绝缘电阻一般不低于 1MΩ。

2）采用 2500V 兆欧表

8. 冷却装置及其二次回路试验

（1）周期：

1）投运前。

2）1 年。

3）大修后。

4）必要时。

（2）要求：

1）投运后，油泵流向、温升和声响正常、无渗漏。

2）绝缘电阻一般不低于 1MΩ。

3）测量绝缘电阻采用 2500V 兆欧表。

9. 电抗器油试验

见 1000kV 变压器预防性试验——绝缘油试验。

五、1000kV 并联电抗器检修项目及标准

1000kV 并联电抗器检修划分为例行维修和特殊性检修，例行检修通常按周期定期进行。

1. 例行维修项目、周期及标准

1000kV 并联电抗器例行维修项目参见第五章 1000kV 变压器部分。

2. 特殊性检修项目及标准

1000kV 并联电抗器特殊性检修项目参见第五章 1000kV 变压器部分。

第二节　1000kV 串补设备

一、串联补偿技术概述

（一）串联补偿的基本原理

对于长距离输电线路，其输电能力主要取决于线路的静态稳定极限，采用固定串补、可控串补可使系统稳定极限大幅提高，从而提高线路的输电能力。

将电容器串联于输电线路中，电容器的容抗 X_C，可以部分补偿线路自身感抗 X_L，使线路的等效感抗 X 大大降低，提高线路的输送功率极限，从而达到提高输送功率的目的。

串补基本原理见图 6-25，U_1 为始端电压，φ_1 为始端电压相位角，U_2 为末端电压，φ_2 为末端电压相位角，X_L 为线路自身感抗，

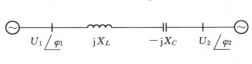

图 6-25　串补基本原理

X_C 为串联电容器容抗。

$$X_L = j\omega L = j2\pi f L \tag{6-1}$$

$$X_C = \frac{1}{j\omega C} = -j\frac{1}{2\pi f C} \tag{6-2}$$

串联补偿度 k 为

$$k = \frac{X_C}{X_L} \tag{6-3}$$

加装串联补偿装置后，线路静态稳定极限输送功率 P 为

$$P = \frac{U_1 U_2 \sin(\varphi_1 - \varphi_2)}{X_L - X_C} \tag{6-4}$$

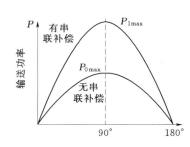

图 6-26 线路电抗的变化对静态稳定极限输送功率的影响

线路电抗的变化对静态稳定极限输送功率的影响见图 6-26。

同一条线路，在保持线路两端母线电压 U_1、U_2，以及相位差 δ 不变的条件下，线路输送功率提高倍数 A 可以由式（6-5）计算。

$$A = \frac{1}{1-k} \tag{6-5}$$

提高串联补偿度 k，可以大幅提高输送功率，见表 6-9。按特高压线路补偿度为 $k = 40\%$ 算，线路的稳定输送功率将是以前的 $1/(1-0.4)$ 倍即 1.67 倍。

表 6-9　　　　　　　　串补度与提高输送功率的关系

串联补偿度 k	$k=0.1$	$k=0.2$	$k=0.3$	$k=0.4$	$k=0.5$	$k=0.6$	$k=0.7$	$k=0.8$
输送功率提高倍数 A	1.111	1.25	1.429	1.667	2.0	2.5	3.333	5.0

串联电容器的容抗抵消掉线路部分感抗，相当于缩短了线路的电气距离，同时使线路两端电压的相角差变小，抗干扰裕度增大，从而提高了线路输电能力，提高了系统稳定水平。

由于线路损耗主要由线路电阻造成，在一定情况下，串联电容减小无功电流，抬高运行电压，从而减少网损。

串补技术在远距离、大容量输电中的应用，可减少输电线路回路数，从而节省投资。由于串补技术性能优越，投资省，见效快，所以串补技术在电力系统，特别是大容量、远距离输电系统中得到广泛的应用。

（二）串补的分类

按照串联补偿度是否可调，串补装置通常可以分为固定串联补偿和可控串联补偿。

1. 固定串联补偿

固定串联补偿（Fixed Series Compensation，简称 FSC）是将一定容量的电容器组串接于输电线路中，串联补偿度固定不变，并配有旁路断路器、隔离开关、串补平台、支撑绝缘子、控制保护系统等辅助设备组成的装置，简称固定串补。

串联补偿平台上主要设备有电容器组、金属氧化物限压器、火花间隙、阻尼装置、电流互感器等。

2. 可控串联补偿

可控串联补偿（Thyristor-Controlled Series Compensation，简称 TCSC）与固定串补类似，主要由电容器组、MOV、阻尼电路、旁路开关等主要部件组成，不同的是，增加了一个与电容器组并联的回路，它由一对晶闸管 SCR 和旁路电抗器串联组成。反向并联晶闸管 SCR，用于控制旁路电抗器的导通时间。通过可控硅不同的触发角来控制通过电抗器回路的电流从而控制总的等值阻抗，实现连续控制线路的补偿度的目的，大大提高系统的灵活性和可靠性，是柔性交流输电系统（FACTS）中的重要组成部分。

固定串补、可控串补接线图见图 6-27。

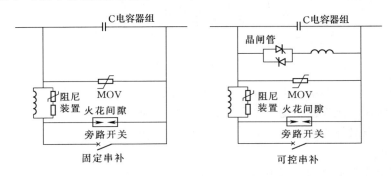

图 6-27　固定串补、可控串补接线图

3. 固定串补和可控串补的区别

在工程实际应用中，固定串补和可控串补的最主要区别主要有以下几点：

（1）没有晶闸管阀和阀室。

（2）没有阀控电抗器。

（3）没有阀冷却需要的水冷系统。

（4）没有冷却水绝缘子。

二、电容器组

电力电容器通常分为并联电容器和串联电容器。并联电容器主要用来补偿系统中的无功损耗，实现无功功率的就地平衡，以便调节系统电压、降低电网传输中的线损。串联电容器主要用来补偿长距离输电线路的感抗，缩短电气距离，提高线路输送容量和系统的稳定性。

串联电容器组是串联补偿装置的核心，它是由串联电容器单元通过串、并联连接后组成的。电容器组安装在对地绝缘的串补平台上，其主要作用是补偿线路感抗，是实现串联补偿功能的核心元件。电容器组要求具有高度安全性和容易维护性，尤其是对于重要线路的串联电容器组和直流输电滤波电容器组，要求保持全年持续稳定运行。

（一）电容器结构原理

电容器主要由芯子、外壳和出线结构三部分组成（见图 6-28）。将芯子或多个芯子组成的器身与外壳、出线结构进行装配，经过真空干燥浸渍处理和密封即成为电容器。

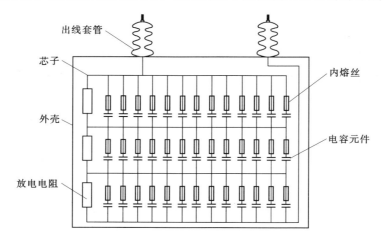

图 6-28 电容器单元结构图

（1）芯子。芯子主要由若干元件、绝缘件、紧固件经过压装，然后按照一定的串并联接线方式连接而成。元件由一定厚度和层数的介质和两块极板（通常为铝箔）卷绕一定圈数后压扁而成。包封件用电缆纸制成，是芯子对外壳的主绝缘。紧箍和夹板用薄钢板制成，起紧固作用。

（2）外壳。外壳由薄钢板或不锈钢板制造，金属外壳有利于散热，并且可以承受一定程度的机械力。通常外壳上设有吊装部件，以便于现场的安装、更换。

（3）出线结构。出线结构分为出线导体和出线绝缘两部分。出线导体包括金属导杆或软连接线（片）及金属接线法兰和螺栓等；出线绝缘通常为绝缘套管，以前用装配式套管，现在多采用银焊式套管，即先在套管根部涂敷一层银膏，经高温烧结使其金属化，然后再用焊锡与法兰连接。

特高压串联电容器一般采用全膜结构（二膜或三膜），全膜结构产品成本低，但制造工艺要求高。电容器多采用内熔丝结构，电容器单元中每个元件串接 1 根熔丝。当个别元件故障时，熔丝动作熔断，将故障元件隔离，提高整组电容器的可靠性。

（二）串联电容器组的配置方法和接线方式

1. 电容器组的配置方法

（1）根据线路的阻抗和串补度，确定串补的容抗值。

（2）根据线路的额定电流以及电容器制造水平，确定电容器并联个数，并由此确定电容器组的额定电流。

（3）根据电容器组的容抗值和线路电流，确定电容器组的额定电压，而后再确定串联个数，并由此确定电容器额定电压。

（4）根据并联个数和串联个数以及容抗值，确定电容器单元的容抗值和容量。

2. 电容器组的接线方式

电容器组在出现个别电容器元件或单元损坏时，会导致各个支路电流的差异。因此可通过测量电容器组支路的电流差值来监视电容器的状态。目前主要有 H 型接线、π 型接线两种接线方式（见图 6-29）。

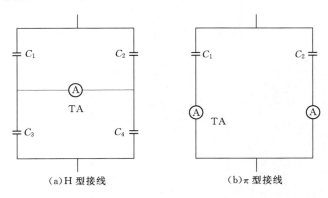

图 6-29 电容器不平衡电流接线图

（1）H 型接线。H 型接线方式是目前广泛采用的电容器组不平衡电流检测方式，见图 6-29（a）。

H 型接线方式由电容器 C_1、C_2、C_3、C_4 组成一个惠斯通电桥，当 4 个桥臂间参数平衡时，流过不平衡电流互感器 CT 的电流为零。当 $C_1 \sim C_4$ 任意一个电容器参数出线变化时，会有不平衡电流流过电流互感器，从而根据不平衡电流的方向和大小判断哪一个桥臂出现了问题。

该接线方式灵敏度高，能够同时监测 4 个桥臂的工作状态。

（2）π 型接线。π 型接线见图 6-29（b），在两个电容器支路中各串接一个电流互感器，通过比较两个电流互感器的电流，判断电容器组的工作状态。π 型接线方式结构简单，但检测灵敏度相对较低，需要每个电容器组支路都串接一个电流互感器，工程造价相对偏高。

接线方式会影响对电容器损坏程度检测的灵敏度。在设计串补时，一般会针对若干种接线方式进行计算，最后确定灵敏度最高的一种接线方式。特高压串补电容器组一般采用 H 型接线方式。

（三）特高压串联电容器特点

1. 质量稳定性要求高

每套特高压串补电容器单元数量高达 2500 多台，是 500kV 串补设备的 3 倍，为保证可靠性，需大幅提高单元的质量稳定性，平台抗震设计又以电容器重量小为优，设计上增加裕度有限。工程实际中采用滚压一体化套管，无需任何焊接（包括锡焊和氩弧焊），避免了锡焊存在的虚焊、假焊的缺陷，降低电容器单元套管漏油概率。

2. 熔丝设计难度大

由于特高压电容器容量大，放电能量大，熔丝工作电压范围更宽，隔离要求高。特高压串联电容器一般采用内熔丝结构、全膜结构电容器单元，整组设计组合采用双 H 型桥接线方式。

目前，国内交流 1000kV 特高压串联电容器的生产厂家主要有西安 ABB 电力电容器公司、上海思源电气公司、桂林电容器公司（图 6-30）。

图 6-30 西安 ABB、上海思源、桂林桂容
生产的电容器

3. 特高压串联电容器采用内熔丝的优点

与外熔丝相比，尽管内熔丝有故障位置不明显、保护不反应极对壳绝缘故障的不足，但仍在诸多方面显示出性能上的优势。也正是这些优势，为内熔丝电容器的长足发展打下坚实的基础。内熔丝电容器主要有以下几项优点：

（1）内熔丝以尽量少的容量为代价实现隔离故障。

（2）外熔丝在故障过程中动作时间长、注入能量大，单元箱壳可能爆破。内熔丝开断时间约几十微秒或几十毫秒，开断能量约为 50~200J。内熔丝动作快，且不需要更多的能量。在故障电容器的油箱里不产生开放式电弧和气体，箱壳爆破的可能性大大减少。

（3）内熔丝放电电流耐受能力较强，对周围影响小。当电容器端子间发生短路时，电容器单元的放电电流很大。对一台 400~1000kvar 的电容器单元（所有元件并联），从额定电压峰值放电的电流是额定电流的 200~300 倍。对内部 4~8 串的同容量单元，则可达到 600~1000 倍。内熔丝约按电容器元件额定电流的 4 倍设计，内熔丝的动作也不存在任何危险。显而易见，内熔丝具有较强的放电电流耐受能力，且对周围影响小。

（4）内熔丝灭弧机理和介质较理想，可以实现"不重燃"开断。内熔丝动作特性按限流熔断器设计并考核。外熔断器属喷射式熔断器，无论是灭弧机理，还是灭弧介质都不如内熔丝理想，容易发生"重燃"，造成电容器损坏。

（5）内熔丝电容器运行维护费用低。当采用外熔丝电容器组时，即使一个外熔丝动作也会中断运行，更换故障单元和外熔丝通常是必要的，仅仅是因为外熔丝的动作就必须要非常重要的输电线路中断或减少容量运行。

使用内熔丝电容器组内熔丝动作不影响整个电容器组的运行。内熔丝的熔断只是少量地引起不平衡保护，通过报警就可选择下一次适当的时间作检查。

（6）内熔丝无安装要求，不受气候影响，分散性小，动作一致性好，动作可靠性更高。外熔断器动作分散性较大、安装要求高、易受气候影响而误动或拒动。

（7）内熔丝"自愈式"保护，延长电容器使用寿命。内熔丝动作后，故障被隔离在一个元件范围内，单元各项参数变化约 1%~2%，不影响继续使用。外熔断器动作后，单元内故障仍然存在，无法继续使用，寿命终结。

（四）电容器内熔丝动作原理及过电压

1. 内熔丝动作原理

如图 6-31 所示，高压内熔丝电容器由 m 个串有内熔丝的元件相互并联后构成一个串联段，再根据电容器额定电压的高低由 n 个串联段相互串联后构成的。大部分高压全膜结构电容器的内部，在其出线端之间还并有一个内放电电阻，用以释放当电容器从电网中切除后在电容器上的剩余电荷。

在高压内熔丝电容器中，其每个元件的电容都是相同的。所以每个串联段的电容为

$$C_s = mC_y \tag{6-6}$$

式中：C_s 为串联段的电容，μF；C_y 为元件电容，μF；m 为每个串联段中元件的并联数。

整台电容器的电容为

$$C = C_s/n = mC_y/n \tag{6-7}$$

式中：C 为整台电容器的电容，μF；n 为电容器中的串联段数，$n > 1$。

当内熔丝电容器在运行中因某种原因使其中的一个元件击穿时，内熔丝的动作过程见图 6-32。

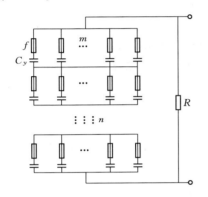

图 6-31 内熔丝电容器电气连接图

f：内熔丝
R：放电电阻
C_y：电容元件
n：串联元件数
m：并联元件数

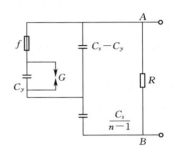

图 6-32 内熔丝动作原理图

f—内熔丝；R—放电电阻；$C_s - C_y$—故障串联段中除击穿元件外的其他完好元件的电容；

$\dfrac{C_s}{n-1}$—与故障串联段相串联的其他串联段的电容

从图 6-32 可以看到，元件击穿首先是击穿元件自身所贮存的电荷向击穿点 G 放电，接着与该元件并联的同一串联段上的元件所贮存的电荷通过与该击穿元件相串联的熔丝向击穿元件放电，在放电电流的作用下熔丝 f 迅速熔断，接着在绝缘油的作用下，在并联元件对击穿元件的放电过程中迅速将电弧熄灭，将击穿元件与故障串联段中的其他完好元件相隔离。

2. 内熔丝动作引起的过电压

通过分析电容器内熔丝的熔断过程，可以知道与击穿元件相串联的熔丝的熔断主要是靠与该击穿元件相并联的其他完好元件组上贮存的电荷（或能量）对内熔丝放电来实现的。为了使与击穿元件相串联的熔丝熔断，故障串联段中完好元件组中所贮存的电荷将减少 ΔQ_0，在故障串联段上的电压也会下降一个 ΔU，即

$$\Delta U = \Delta Q_0/(C_s - C_y) \tag{6-8}$$

式中：ΔQ_0 为在熔丝熔断的过程中，故障串联段中完好元件组释放的电荷；$C_s - C_y$ 为故障串联段中，完好元件组的电容；ΔU 为故障串联段上的电压降落。

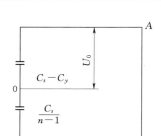

图 6-33　直流等值电路

这个 ΔU 是一个由 ΔQ_0 引起的直流电压，因而对其而言系统的阻抗近于 0，图 6-32 中的 A、B 两端近于短接，其等值电路见图 6-33。

从图 6-32、图 6-33 可知，在故障串联段因失去电荷 ΔQ_0 而产生电压降落 ΔU 的同时，电容器中的其余串联段则通过系统向故障串联段充电，最终在故障串联段和电容器的其余部分 $\dfrac{C_s}{n-1}$ 上都产生了一个直流电压分量，这两个直流电压大小相等，方向相反，所以 U_{AB} 等于 0，但 $U_{A0}=U_{B0}=U_0$ 且

$$U_0=\frac{\Delta Q_0}{C_s-C_y+C_s/(n-1)}=\frac{\Delta Q_0}{(m-1)C_y+mC_y/(n-1)} \qquad (6-9)$$

式中：U_0 为故障串联段上的直流电压分量。

由式（6-9）可以看出，由熔丝熔断产生的直流电压 U_0 与熔丝熔断过程中故障串联段上所失去的电荷 ΔQ_0 成正比，与元件电容 C_y 成反比，与每个串联段中的并联元件数 m 近似成反比。在完好串联段上的直流电压分量 U_0' 为

$$U_0'=U_0/(n-1) \qquad (6-10)$$

式中：U_0' 为其他完好串联段上的直流电压分量。

这样，我们就可以得到，熔丝动作后，作用在故障串联段和其他完好串联段上的电压为

$$U_s'=U_m'\cos\omega t-U_0 \qquad (6-11)$$

$$U_s''=U_m''\cos\omega t+U_0/(n-1) \qquad (6-12)$$

式中：U_s' 和 U_s'' 分别为熔丝将故障元件切除后作用在故障串联段和非故障串联段上的电压；U_m' 和 U_m'' 分别为熔丝将故障元件切除后作用在故障串联段和非故障串联段上的交流电压分量的幅值；$-U_0$ 和 $U_0/(n-1)$ 分别为熔丝将故障元件切除切后作用在故障串联段和非故障串联段上的直流电压分量。

由式（6-11）、式（6-12）可以看出，熔丝将故障元件切除后，在故障串联段上和非故障串联段上都受到了交流加直流电压的作用。在故障串联段上受到的最大电压降峰值可以达到 $U_m'-U_0$，在非故障串联段上受到的电压峰值将达到 $U_m'+U_0/(n-1)$。对于高压并联电容器通常 $n\geqslant3$，所以，在非故障串联段上所受到的电压峰值相对于故障串联段要小些。

《并联电容器用内部熔丝和内部过压力隔离器》（GB 11025—1989）中 3.2 条隔离要求的规定和 4.2 条隔离试验的规定，在 $0.9\sqrt{2}U_m$ 下元件击穿时，熔丝应能将故障元件断开，在 $2.2\sqrt{2}U_m$ 的上限电压下试验时，除了过渡电压之外，断开的熔丝两端的电压降落不得超过 30%，根据以上规定，合格的内熔丝在 $0.9\sqrt{2}U_m$ 下动作时其电压降落 ΔU 可能达到 $0.9U_m$，在 $2.2\sqrt{2}U_m$ 下动作时，其电压降落也可能达到 $0.66U_m$。

通过式（6-8）和式（6-9）我们可以求得在故障串联段上的电压降落 U_0 为

$$U_0=\frac{\Delta U}{1+m/[(m-1)(n-1)]} \qquad (6-13)$$

当每个串联段上的并联元件数 $m \gg 1$ 时，$m \approx m-1$，式（6-13）可以简化为

$$U_0 \approx \Delta U(n-1)/n \tag{6-14}$$

若高压并联电容器的串联段数 $n=4$，则在故障串联段上的直流电压分量为

$$U_0 = \frac{3}{4}\Delta U \tag{6-15}$$

若熔丝熔断引起的电压降落为 $0.66U_m$，则在故障串联段上的直流电压分量为

$$U_0 = \frac{3}{4} \times 0.66U_m \approx 0.5U_m \tag{6-16}$$

作用在故障串联段上的电压峰值为 $1.5U_m$。

（五）电容器贯穿性击穿后的位置判断

特高压串联补偿装置的电容器组一般采用双 H 型接线，采用双桥差保护，现以其中一个 H 型桥式接线（1 塔、2 塔、3 塔、4 塔）说明不平衡电流产生原理。由于电容器单元按照一定的串、并联方式进行连接，数量较多，当一个或多个电容器单元发生贯穿性击穿损坏时，相应支路的电容值会减小，在实际运行中会产生不平衡电流（图 6-34、图 6-35）。

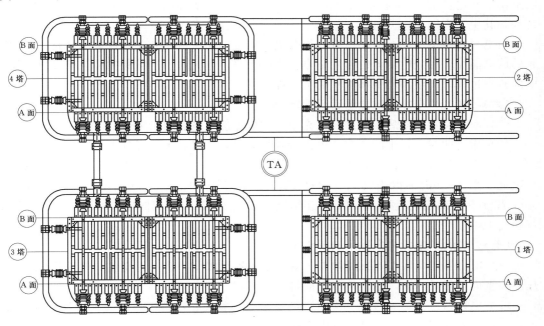

图 6-34　1 塔～4 塔电容器组实际接线图

由电气原理图 6-35 可推导出以下公式：

$$I_0 = \frac{C_1 C_4 - C_2 C_3}{(C_1 + C_2)(C_3 + C_4)} I_N \tag{6-17}$$

式中：C_1、C_2、C_3、C_4 为 1～4 塔电容器的电容值；I_N 为该支路总电流值；I_0 为该桥不平衡电流值。

当不平衡电流超标或报警时，首先应先准确判断出电流互感器上不平衡电流的方向。

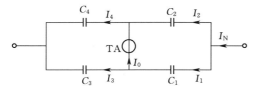

图 6-35 1塔~4塔电容器组电气原理图

当一个电容塔中有电容器贯穿性击穿后，该塔的电容值将明显减小。若不平衡电流方向与图 6-35 所示方向相同，则说明 C_1C_4 的乘积已大于 C_2C_3 的乘积，可初步判断故障电容器单元在桥臂 C_2 或者桥臂 C_3 上；若不平衡电流方向与图 6-36 所示方向相反，则说明 C_1C_4 的乘积已小于 C_2C_4 的乘积，可初步判断故障电容器单元在桥臂 C_1 或者桥臂 C_4 上。首先利用不拆线电容测试仪分别测出故障支路的电容值，其中电容值较小者即为故障电容器单元所在桥臂。

电容器组 H 型桥接不平衡电流的大小与通过电容器组的总电流成一定比例。由于电容器单元参数不一致等因素的影响，在实际运行中会产生不平衡电流，为消除这些因素的影响，设定最小启动电流。在运行中，电容器电流或线路电流小于最小启动电流时，如果检测到的不平衡电流很大，也不会引起电容器组的损坏，所以保护不会动作；反之，当电容器电流或线路电流大于最小启动电流时，即使很小的不平衡电流，保护也可能动作。一般最小启动电流设定为额定电流的 10%。对于双 H 型接线，最小启动电流为 $0.5I \times 10\%$，其中 I 为线路电流。

当电容器组退出运行时，电容器组会通过阻尼回路、旁路开关形成放电回路，产生高频的放电涌流，在放电涌流的作用下也会产生不平衡电流，不平衡保护应该躲过电容器放电的暂态过程，以增加不平衡保护的可靠性。

（六）1000kV 串补电容器组运行规定

（1）串补装置停电后，必须经过充分的放电方能在电容器组上进行工作。

（2）应定期对运行中的电容器组进行红外测温，电容器本体温升不得超过 75K。

（3）串补装置电容器过载能力：1.1 倍额定电流下 12h 内不得连续运行超过 8h；1.2 倍额定电流下 8h 内不得连续运行超过 2h；1.35 倍额定电流下 6h 内不得连续运行超过 30min；1.5 倍额定电流下 2h 内不得连续运行超过 10min；1.8 倍额定电流下不得连续运行超过 10s。

（七）1000kV 串补电容器组运行维护

（1）电容器组母线及连接处检查。观察电容器无渗漏、接头无变色，母线及引线无过热。检查周期每月一次。结合停电全面检查。

（2）电容器组瓷绝缘检查。检查瓷绝缘无破损裂纹、放电痕迹，表面清洁，无异物、鸟巢。检查周期每月一次。结合停电全面检查。

（3）电容器组外表检查。设备外表涂漆无变色，外壳无鼓肚、膨胀变形，接缝无开裂、渗漏油现象，内部无异常声响。检查周期每月一次。

（4）电容器组红外测温检查。电容器组运行时用红外测温仪检查各电器设备及其接头三相数据比较温差不大于 10K。检查周期每月一次。

（5）电容器组放电检查。利用紫外放电检测仪检查无放电现象。检查周期每月一次。

（6）电容器组双桥不平衡电流检查。检查电容器组双桥不平衡电流值小于 $0.8I \times 0.0519\%$。检查周期每月一次。

（7）电容器组支柱绝缘子检查。支柱绝缘子金属部位无锈蚀，支架牢固，无倾斜变形，无明显污秽。检查瓷绝缘无破损裂纹、放电痕迹，表面清洁，无异物。检查周期每月一次。

（8）电容器组等电位线检查。接线完好，无严重锈蚀、断股。检查周期每月一次。

（八）1000kV 串补电容器组预防性试验

（1）电容器组桥臂电容值测量。周期为 6 年或必要时。每臂电容值偏差不超过不平衡电流初始整定值要求。用电桥法或其他专用仪器测量。

（2）电容器单元电容值测量。周期为投运后 1 年，此后周期为 6 年或必要时（根据不平衡电流确定）。电容值偏差不超出铭牌值的 ±3％ 范围。用电桥法或其他专用仪器测量，不能拆开电容器单元的连线。

（3）电容器单元渗漏油及其他外观检查。周期为必要时。渗漏油或其他异常时，停止使用。

（九）1000kV 串补电容器组检修

1. 定期检修

（1）设备清扫。

（2）检查设备外观完整无损，各个连接牢固可靠。

（3）检查外绝缘及设备表面清洁、无裂纹和放电现象。

（4）检查紧固引线及电容器连接件连接可靠。

（5）检查紧固绝缘支撑完好无损。

（6）检查电容器无鼓肚、变形。

（7）检查无渗漏油。

（8）补刷油漆。

2. 更换电容器单元的特殊性检修

（1）拆卸时工艺要求如下：

1）拆卸前要记录编号，以免装错。

2）拆卸时不得用力锤击，以免损坏电容器单元。

应避免使电容器套管受外力，严禁利用电容器套管搬运电容器、严禁站立在电容器套管或管母上进行作业。

（2）安装时工艺要求如下：

1）安装时要根据记录编号，以免装错。

2）安装时不得用力锤击，以免损坏电容器单元。

3）电容器组软连接线的安装。首先应严格按照图纸及相关技术连接电容器单元间的连接导线；电容器组所用软导线均已在厂内制作完成，现场只需按照图纸及相关技术要求安装即可。

4）管母接线端子与软连接线搭接铜铝过渡片的铜面有特殊标示，安装时请注意区分。

5）电容器单台套管与软连接线要求有一定的松弛度，台架间及层间连线要求整齐美观、相互平行，且有一定的小弧度，弧度为 10～12mm 为宜。

6）进行金具及管母的安装时，应选取正确的绝缘子、管母、金具进行安装。安装管母时，先将管母金具安装到电容器台架上并且将管母金具上端盖拆开（此时管母金具与电容器台架之间的紧固螺栓先不要扭紧），然后将管母、均压环安装到管母金具上并调整好后，将管母金具的紧固螺栓紧固，管母与支柱绝缘子、支柱绝缘子与框架及金具。

7）拧紧电容器套管出线端子的专用线夹时必须在上下紧固件分别用力矩扳手配合呆扳手操作，力矩严格按照厂家规定值，并在紧固前校验力矩值，以免损坏套管。

3. 电容器组在投入运行前，必须对以下项目进行检查：

（1）电容器本体和所有附件均完整无缺，油漆完整。

（2）电容器上无遗留杂物。

（3）外部引线的连接接触良好并涂有电力脂，各螺栓连接紧固。

（4）电容器组桥臂电容值测量合格。

（5）电容器单元电容值测量合格。

（6）绝缘电阻试验合格。

三、金属氧化物限压器 MOV

金属氧化物限压器（Metal Oxide Varistor，简称 MOV）用来限制串联电容器组运行时的过电压，是电容器组的主保护，在串补工程中，MOV 是串联电容器组工频过电压的直接保护设备，限压器组的保护水平应略低于串联电容器组的限制电压。MOV 具有非常优异的非线性伏安特性，在线路故障电容器组过电压情况下，MOV 会导通，将电容器组电压限制在设计水平以内，保护电容器组的安全运行。

MOV 是串联补偿装置中电容器组的基本过电压保护设备，具有良好的非线性伏安特性，可以限制输电线路故障条件下在电容器组上产生的工频过电压，这个电压低于电容器组的绝缘水平。由 MOV 装置将电容器组两端电压限制在可以承受的范围，即 2.3p. u.（p. u. 为电容器组额定电压），保护电容器组免受损坏，此定值由一次设备 MOV 特性决定，不需运行人员整定。

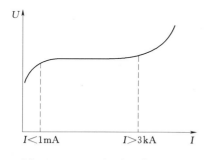

图 6 - 36　ZnO 阀片的伏安特性

（一）MOV 结构原理

金属氧化物限压器由电阻值与电压呈非线性关系的电阻组成，特高压串联补偿中，MOV 一般采用多单元并联及多柱体结构，芯体由四柱非线性电阻片并联组成，故障时使各阀片均匀分配电流。ZnO 阀片的伏安特性见图 6 - 36。

MOV 结构与变电站用无间隙金属氧化物避雷器（Metal Oxide surgeArrester，简称 MOA）相似，主要包括电阻阀片、绝缘件和绝缘外套。金属氧化物限压器的非线性电阻阀片主要成分是 ZnO，ZnO 的阀片具有极为优越的非线性特性。正常工作电压下，其电阻值很高，实际上相当于一个绝缘体，而在过电压作用下，ZnO 阀片的电阻很小，残压很低。但正常工作电压下，由于阀片长期承受工频电压作用而产生劣化，引起电阻特性的变化，导致流过阀片的泄漏电流的增加。

金属氧化物限压器的基本结构是阀片，阀片用氧化锌（ZnO）为主要材料，掺以少量其他金属氧化物添加剂经高温焙烧而成，具有良好的非线性压敏电阻特性。这种烧结体的基本结构是高电导的氧化锌晶粒（见图 6-37），边缘由高电阻性的（主要是金属氧化物附加物）粒界层包围。在较高的电压作用下，金属氧化物附加物的粒界层中的价电子被拉出，或者由于碰撞电离产生电子崩而使载流子大量增加，其电阻率迅速下降；当外加作用电压降低时，由于复合使载流子减少，电阻又变大，因此具有良好的非线性，且它的非线性伏安特

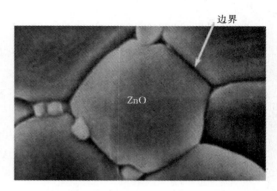

图 6-37 ZnO 阀片的微观结构

性在正、反极性是对称的。阀片在电流较小时阻抗很高，而在大电流时呈现低阻抗，从而限制过电压。

金属氧化物阀片在正常工作电压下，通过的阻性电流很小，一般约为 $10\sim15\mu A$，接近绝缘状态。作用于阀片上的电压升高时，电流加大。把通过阀片的阻性电流为 1mA 时，作用于限压器上的电压 U_{1mA} 称为起始动作电压。由于 ZnO 阀片有良好的非线性特性，在通过 10kA 冲击电流时残压与 U_{1mA} 的比值一般不大于 1.9，压比越小，其保护性能越好。U_{1mA} 的值约为最大允许工作电压峰值的 $1.05\sim1.15$ 倍。

MOV 单元采用瓷套作为外绝缘，内部芯体由四柱非线性电阻片并联组成。MOV 单元的瓷套两端法兰内设有防爆膜，两端法兰上在同一侧设有喷弧口。当某种原因引起 MOV 单元内部闪络产生巨大压力时，高压气体会首先冲开防爆膜，然后从喷弧口喷出。

（二）MOV 主要参数

1. 额定电压（kV）

额定电压指由动作负载试验确定的限压器上下两端子间允许的最大工频电压的有效值，MOV 在该电压下应能正常工作。

额定电压是表明 MOV 运行特性的一个重要参数，但它不等于系统标称电压，系统标称电压是指系统线电压的标称值。而 MOV 正常工作时，承受的是相电压和暂时过电压，因此其额定电压与系统标称电压和其他电器设备的额定电压有不同的意义。

MOV 的额定电压选得越高，则其电阻片的电阻值就越大，在运行中通过 MOV 的漏电流就越小，对减轻 MOV 的劣化越有利，可以提高 MOV 运行的可靠性。但 MOV 的额定电压越高，则其雷电冲击和操作冲击下的残压也相应越高，在设备同样的绝缘水平下，其绝缘配合裕度会减小，这两个方面是矛盾的。

2. 持续运行电压（kV）

持续运行电压指允许持续加在限压器两端子间的工频电压有效值，一般小于 MOV 的额定电压。持续电流指在持续运行电压下的电流，包含阻性分量和容性分量。长期作用在 MOV 上的运行电压不得超过持续运行电压，选择 MOV 时必须注意这个参数。

由于 MOV 没有串联间隙，正常工频相电压要长期作用在金属氧化物电阻片上，会引起电阻片的劣化，为了保证一定的使用寿命，长期作用在 MOV 上的运行电压不得超过

MOV 的持续运行电压，以免引起电阻片的过热和热崩溃。

3．残压（kV）

放电电流通过 MOV 时，两端子间的电压有效值。

4．工频参考压（kV）

工频参考电压是 MOV 在工频参考电流下测出的工频电压有效值。这一数值应大于避雷器的额定电压值。

5．直流 1mA 参考电压（kV）

在 MOV 两端施加直流电压，当流过 MOV 的电流为 1mA 时，MOV 两端的电压即为直流 1mA 参考电压。

MOV 伏秒特性曲线的拐点一般出现在 1mA 左右的位置，也就意味着在这个拐点之前，MOV 的绝缘良好，过了这个拐点，MOV 的绝缘会出现不可预料的下降。因此可以通过 1mA 下的电压值就可以看出该 MOV 的绝缘性能。

（三）1000kV 串补 MOV 主要特点

1．阀片数量多

特高压串联补偿装置，每套 MOV 阀片数量达到 7000 多片，是同类型 500kV 设备的 3 倍，要求更高的可靠性和单元质量稳定性。

2．容量要求高

容量大、并联柱数多，特高压串补 MOV 容量高达百兆焦，并联柱数更多，对配平和均流要求高，高压力释放能力要求高，压力释放能力高达 63kA。

因此要求 MOV 阀片应具有良好的非线性特性，MOV 内部多柱电阻片并联使用，并联电阻片柱间的伏安特性一致性程度高，大电流压力释放能力强。

在特高压实际应用中，采取对 MOV 电阻片抽样试验数量加倍，参考电压严格控制在要求范围内等措施，优选出质量可靠的电阻片。MOV 设备优化均流配片方法，并对在特高压串补的适用性进行研究，通过全面试验验证了均流效果。均流性能的提高，大大提高了 MOV 的能量吸收能力。工程应用中的串补 MOV 见图 6-38。

在提高压力释放能力方面，对 MOV 压力释放结构进行优化设计，选择高强度电瓷外套，按照即将实施的最新避雷器标准，进行了 63kA、25kA、12kA 三个大电流短路试验，进行了 800A 小电流短路试验，均通过了试验的考核。MOV 专利的配片技术，世界领先，柱间不平衡度小于 5％，单元间不平衡度小于 5％。

图 6-38　工程应用中的串补 MOV

（四）1000kV 串补 MOV 运行规定

（1）运行过程中应定期检查 MOV 单元温度，应与环境温度相近。

（2）运行过程中应定期检查 MOV 不平衡电流在正常范围内。

（五）1000kV 串补 MOV 运行维护

（1）MOV 外观检查。检查 MOV 瓷套表面无放电痕迹和损坏。检查周期为每月一次。

（2）检查 MOV 瓷套表面清洁。瓷套表面清洁、无异物。检查周期为每月一次。

（3）MOV 压力释放装置检查。压力释放装置完好，压力释放口无堵塞或异物。检查周期为每月一次。

（4）MOV 引线检查。MOV 引线连接牢固。结合停电检查。

（5）MOV 下部排水口检查。检查下部排水口通畅。结合停电检查。

（6）MOV 红外测温。连接线及接头温度不超过 90℃，相间温差小于 2K。检查周期为每月一次。

（7）MOV 放电检查。利用紫外放电检测仪检查无放电现象。检查周期为每月一次。

（8）MOV 不平衡电流检查。检查正常不平衡度小于 10％。检查周期为每月一次。

（六）1000kV 串补 MOV 预防性试验

（1）MOV 绝缘电阻测量。采用 2500V 绝缘电阻表测量，按照《电气装置安装工程电气设备交接试验标准》（GB 50150—2006）中 21.0.2 执行，绝缘电阻不应低于 2500MΩ。试验周期为投运后 1 年，此后每 6 年 1 次或必要时。

（2）底座绝缘电阻测量。采用 2500V 绝缘电阻表测量，按照 GB 50150—2006 中 21.0.2 执行，绝缘电阻不应低于 5MΩ。试验周期为 6 年或必要时。

（3）工频参考电流下的工频参考电压检测。测试值应符合制造厂规定。试验周期为必要时。

（4）MOV 直流 1mA 下的参考电压 U_{1mA} 及 $0.75U_{1mA}$ 下的泄漏电流检测。按照《现场绝缘试验实施导则　避雷器试验》（DL/T 474.5—2006）中 5.3 条执行，U_{1mA} 实测值与制造商出厂试验值比较，变化不大于 ±5％，$0.75U_{1mA}$ 下的泄漏电流不大于制造商规定值。当发现某限压器单元不合格时，应核算其余合格限压器单元总容量是否满足设计要求。若满足设计要求，合格限压器单元可继续运行，对于不合格的限压器单元，若电压偏低，应拆除，若电压偏高，可继续运行。若不满足设计要求，则应整组更换。

采用直流高压发生器检查 MOV 在直流 1mA（可以根据厂家建议修订该值）下的参考电压 U_{1mA} 及 $0.75U_{1mA}$ 下的泄漏电流。测量时将试品的一端与其余并联在一起的限压器解开，如果电压较高，则还需要在施加高电压端周围采取绝缘隔离措施（如用环氧板隔离等）。

MOV 试验是争论比较大的试验。因为 MOV 单元都是整组安装的。一致的意见是，应加强常规试验，对于加高压试验，建议宜与 MOV 制造厂家人员共同进行。若要进行直流 1mA 下的参考电压试验，要将单元之间的连接线拆开，工作量很大，且拆线后重新装上，存在安全隐患。MOV 单元之间的距离很近，施加高压工频电压试验时，要注意与其他 MOV 单元的绝缘隔离。

（七）1000kV 串补 MOV 检修

1. 定期检修

（1）连接引线的紧固及清扫。

（2）MOV 瓷套表面无放电痕迹和损坏。

（3）MOV 瓷套表面 PRTV 无脱落现象。

（4）绝缘瓷套的清扫。

（5）压力释放装置完好，压力释放口无堵塞或异物。

（6）所有连接螺栓紧固。

（7）检查下部排水口通畅。

2. MOV 装置更换的特殊检修

（1）检修时必须注意以下工艺要求：

1）外观检查各紧固部件不得有松动，瓷套必须完好无损。

2）MOV 喷口不能正对电气设备。

3）检查喷口不能有杂物堵塞。

（2）检修完验收时必须注意以下质量要求事项：

1）连接引线完好牢固，可靠。

2）绝缘瓷套清洁，无损坏和裂纹。

3）尽管限压器单元允许并联安装使用，但是限压器单元在出厂时已经规定了安装的组别。相同组别的限压器单元允许并联使用，不同组别的限压器单元不允许并联使用。当需要将个别限压器单元更换到其他组别中并联使用时，需事先征求厂家意见。

4）试验合格。

3. MOV 在投入运行前必须进行的项目检查

（1）MOV 表面不能留有异物。

（2）外部引线的连接接触良好并涂有电力脂，各螺栓连接紧固。

（3）各项试验数据合格。

四、强制触发型火花间隙

强制触发型火花间隙（Triggered gap，简称 GAP）是串补装置的关键设备，是串联补偿电容器组工频暂时过电压和金属氧化物限压器 MOV 过载的重要保护设备，也称为强制性火花间隙，简称火花间隙。

火花间隙是 MOV 的主保护，电容器组的后备保护。主要作用是防止发生单相接地故障时金属氧化物限压器组 MOV 的过载，避免造成损坏。在线路出现短路故障时，金属氧化物限压器 MOV 的能量积累是十分迅速的。为了确保限压器安全，火花间隙在接收到触发指令后应能迅速动作，使串补装置旁路，防止 MOV 过热而损坏，也可保护电容器组免受过电压的损害。

MOV 动作限压（一般限压为 2.3p.u.）后，故障电流将引起 MOV 能量快速累积，过大的 MOV 能量累积会造成 MOV 设备损坏。为了保护 MOV 设备，需要在 MOV 所吸收能量达到承受能力之前强制触发火花间隙（GAP），保护 MOV 设备和电容器组；在触发 GAP 的同时，闭合串补旁路开关，使 GAP 熄弧并使其绝缘快速恢复。MOV、GAP 和旁路开关是保护电容器组的一次设备，相互之间需要协调配合，因此串补装置的二次保护设备的配置和定值的整定应与一次设备之间的保护配合关系相适应。

（一）火花间隙的结构原理

1. 火花间隙的结构

火花间隙主要由主间隙、均压电容器、限流电阻、密封间隙、脉冲变压器、高绝缘脉冲变压器、触发控制箱、套管、屏蔽外壳组成（图 6-39）。均压电容器设置在主间隙外壳的下方。其他部件，如密封间隙、脉冲变压器、触发控制箱等附属设备均设置在主间隙 G 的下方。主间隙 G 套管端子接串补装置的低压母线，主间隙 G 顶端的出线端子接串补装置的阻尼回路。

2. 火花间隙的工作原理

串补装置正常运行时（见图 6-40），主间隙 G（由 G_1 和 G_2 构成）承受串补电容器组的正常运行电压，该电压被均压电容器 C_1、C_2、C_3、C_4 均压后平均施

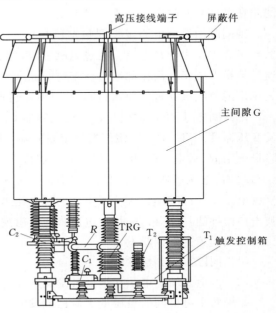

图 6-39 火花间隙结构图

加到两个串联连接的闪络间隙 G_1 和 G_2 上，分别承受电容器组运行电压的 1/2。

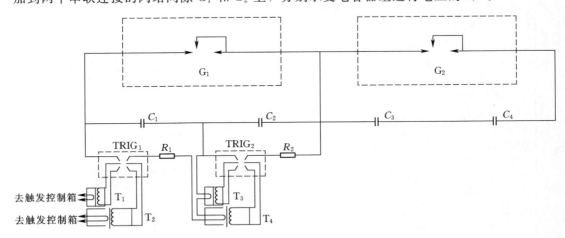

图 6-40 火花间隙的强制触发工作原理图

C_1、C_2、C_3、C_4—均压电容器；G_1、G_2—主间隙；R_1、R_2—限流电阻；
$TRIG_1$、$TRIG_2$—密封间隙；T_1、T_3—脉冲变压器；T_2、T_4—高绝缘脉冲变压器

当线路发生接地故障时，假设限压器 MOV 的动作可将串补电容器组的暂时过电压限

制到 $2.3 \sim 2.4 \text{p.u.}$（假设该值为2.3），则在闪络间隙（在串补保护系统发出触发命令前）放电前，暂时过电压将由串联连接的两个闪络间隙 G_1 和 G_2 平均分担。每一个闪络间隙的过电压将达到 1.15p.u.。通过调整闪络间隙电极的距离，将每一个闪络间隙的工频放电电压整定到暂时过电压的 110%（即：1.265p.u.，$0.5 \times 1.1 \times 2.3 \text{p.u.}$），以保证闪络间隙在最高暂时过电压下不会自放电。

当间隙的控制电路接收到触发信号后，触发控制系统将同时向脉冲变压器 T_1 和 T_2 的初级绕组发出脉冲电流。通过电磁感应，在脉冲变压器的二次绕组将产生高压脉冲，并通过绝缘电缆将此高压脉冲送往密封间隙 TRIG_1 两球面电极上的火花塞，使火花塞放电。火花塞的放电火花将促使密封间隙 TRIG_1 迅速放电。

密封间隙 TRIG_1 放电后，均压电容器 C_1 将通过限流电阻 R_1 放电，放电电流通过触发变压器 T_3、T_4 的一次绕组造成密封间隙 TRIG_2 击穿燃弧，同样，均压电容器 C_2 通过阻尼电阻 R_2 放电。C_1 和 C_2 放电后，这将导致闪络间隙 G_1 的过电压迅速降低，而闪络间隙 G_2 的过电压迅速升高。当闪络间隙 G_2 的过电压上升到高于 1.265p.u. 时，G_2 将出现自放电。G_2 的自放电又将导致 G_1 的过电压迅速升高而出现自放电，从而完成了整个间隙被击穿而导通，G_1 和 G_2 均放电后将通过阻尼回路使串补电容器组旁路。

火花间隙的强制触发：

（1）间隙接收到触发命令。

（2）两电极间的电压在最低触发电压和自触发电压之间。

如果两个电极间的电压低于最低触发电压时，即使控制箱接收到保护系统发来的强制触发命令，控制箱也不会发出间隙触发信号。强制触发方式是火花间隙的主要工作方式。

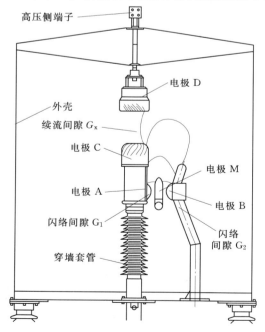

图 6-41　主间隙结构图和实物照片

3. 主间隙结构和工作原理

（1）主间隙的构成。主间隙由横向的闪络间隙 G_1、G_2 和纵向的续流间隙 G_x 并联组成，续流间隙 G_x 由电极 C 和 D 构成。闪络间隙 G_1 由电极 A 和 M 组成，闪络间隙 G_2 由电极 B 和 M 组成（见图 6-41）。

（2）主间隙的工作原理。当两个串联连接的闪络间隙 G_1 和 G_2 放电燃弧，工频续流电弧受电动力的作用将迅速向上转移到续流间隙 G_x 燃烧。用这种措施保护闪络间隙表面不被烧蚀。续流间隙 G_x 的电极采用石墨材料，耐电弧烧蚀性能优越。在形状上，续流间隙的电极上有斜槽，可使电弧弧根沿电极表面均匀地循环移动，使其旋转燃烧，更提高了电极的耐烧蚀能力。由于续流间隙很大，本身不会自放电。

（3）主间隙的调整。主间隙内部共有三个间隙（见图 6-41），一个续流间隙，两个闪络间隙。其中续流间隙在主间隙组装完毕时已经调整完毕，不需要再调整。

对于两个闪络间隙，应首先根据串补所处位置的气候条件（主要是气温、气压）、实际均压情况以及间隙自放电电压裕度确定间隙在标准大气条件下的工频放电电压，然后再根据设备的工频放电电压标定曲线确定间隙距离，并通过专门设计的距离调节机构最终完成距离的整定。注意，在进行间隙距离调节以及实际测量时，工作人员在间隙外壳内的站立位置应尽量少地引起间隙距离的变化。

4. 密封间隙的结构和工作原理

（1）密封间隙的构成。密封间隙外部由防尘罩、法兰、瓷外套、底座构成，内部包含间隙、火花塞。密封间隙内部两侧电极均可连续调节，两电极均设置触发用火花塞和触发脉冲引入机构，双密封圈端部结构保证可靠密封，自放电电压不受环境影响，无极性效应。

脉冲变压器为密封间隙低压侧电极火花塞提供点火脉冲，高绝缘脉冲变压器为密封间隙高压电极火花塞提供点火脉冲。

（2）密封间隙的工作原理。当线路发生接地故障时，假设间隙系统承受了 2.4p.u. 的工频过电压，此时密封间隙承担的工频过电压大约为 1.2p.u.。通过调整两个电极之间的距离，密封间隙的自放电电压被整定到高于其承受的工频过电压 10％ 的水平，即自放电电压约为 1.32p.u.，所以在所承受的工频过电压下，密封间隙不会自放电。

如图 6-40 所示，由于密封间隙的两端设置了触发脉冲引入机构，当高电压通过触发脉冲引入机构突然施加到密封间隙电极上时，电极外表面会产生电火花，在过电压下该电火花将促使密封间隙立即放电。

（3）密封间隙的调整。密封间隙在出厂前已经根据具体工程对工频放电电压的要求调整完毕，现场一般不需要再调。

（二）1000kV 串补火花间隙特点

1. 通流能力

特高压串补装置火花间隙通流能力要求高达 63kA/0.2s，峰值耐受 170kAp。对电极的耐烧蚀性能及间隙的整体机械结构提出了更高的要求。工程实际中，采用耐烧蚀石墨材料作为间隙的主要通流电极；独特的电极设计使电弧旋转燃烧，避免电弧对电极的集中烧蚀，提高了电极的耐电弧烧蚀能力。通过试验验证，故障电流通流能力达 63kA/0.5s。电极必须具备多次承受电力系统短路电流的烧灼而无需检修的能力。

2. 绝缘恢复特性

特高压串补装置火花间隙在通过 63kA 短路电流后，绝缘强度快速恢复至 1.8p.u.。通过气流场计算机仿真分析，优化间隙壳体设计，改善气流场分布，有利于恢复特性的提高。

3. 触发可靠性

特高压串补装置火花间隙应最大限度降低间隙误触发，不允许拒触发。在工程实际中，采用独立的双重化触发和同步电路，确保触发可靠性。火花间隙触发时延可做到不大于 1ms，最小触发电压一般大于 1.7p.u.。

4. 抗电磁干扰能力

特高压系统电磁环境严酷，对间隙触发系统的抗干扰能力要求高。优化屏蔽措施，提高触发箱抗电磁干扰性能，按照高标准进行电磁干扰试验，并通过真型平台拉合刀闸试验实际考核间隙触发系统的抗干扰性能。

（三）1000kV 串补火花间隙运行规定

（1）1000kV 串补装置火花间隙距离不得随意调整。

（2）1000kV 串补装置火花间隙运行期间应定期检查回检信号是否正常。

（3）当两套串补控保系统均发出关于同一平台火花间隙的充电电容电压低告警信号，且短期不复归时，该套串补应退出运行。

（四）1000kV 串补火花间隙运行维护

（1）火花间隙外观检查。对串补装置的间隙外壳、支撑绝缘子、各穿墙套管以及均压电容器等零部件的外观检查，确认无杂物、无鸟巢、无破损和漏油现象。检查周期为每月一次。

（2）火花间隙石墨电极检查。检查电极表面无灼烧痕迹，如有则用布擦拭干净。结合停电检查。

（3）火花间隙螺栓检查。检查确认间隙的所有螺栓、螺母紧固。尤其是各电极和调节机构及其标尺的紧固螺栓，必须每个螺栓都要紧固。结合停电检查。

（4）火花间隙标尺位置检查。与整定值比较，续流间隙距离的允许为 ±10mm；闪络间隙距离允许偏差为 ±0.5mm。结合停电检查。

（5）火花间隙间隙回检信号检查。检查间隙回检信号正常。检查周期为每月一次。

（6）火花间隙红外测温。引线接触良好，接头及本体无发热，温度与环境温度一致。检查周期为每月一次。

（7）火花间隙触发控制箱检查。检查触发控制箱密封良好、内部无漏雨、接线牢固无松动、过热，内部元件正常。结合停电检查。

（8）火花间隙放电检查。利用紫外放电检测仪检查无放电现象。检查周期为每月一次。

（五）1000kV 串补火花间隙的预防性试验

（1）火花间隙分压电容器漏油检查及其电容值测量。用电桥法或其他专用仪器测量，通过测量电容值计算均压电容器的分压比，并与原计算值对比，若变化超过了 5%，则应重新调整间隙距离。试验周期为 6 年或必要时。

（2）火花间隙触发管绝缘电阻测量。采用 2500V 绝缘电阻表测量，绝缘电阻不应低于 2500MΩ。试验周期为 6 年。

（3）火花间隙触发管闪络放电电压检测。记录触发管放电电压，和出厂值相比较，放电电压偏差不超过额定值，应符合制造厂规定。

（4）火花间隙放电间隙距离检查。放电间隙距离应符合制造厂规定。试验周期为 6 年或必要时。

（5）火花间隙绝缘电阻测量。采用 2500V 绝缘电阻表测量，绝缘支柱和绝缘套管的绝缘电阻不应低于 500MΩ。试验周期为 6 年或必要时。

（6）火花间隙限流电阻值测量。限流电阻值应符合制造厂规定。试验周期为 6 年或必要时。

（7）火花间隙触发回路试验。从保护出口到脉冲变出口，应可靠触发。试验周期为 6 年或必要时。

（8）火花间隙电压同步回路检查。试验周期为 6 年或必要时。

（9）火花间隙套管电容测量。套管电容应符合制造厂规定。试验周期为 6 年或必要时。

利用交流电压发生器或直流电压发生器，对触发管进行自放电试验。试验时，将触发管与其他部件的电气连接解开。在电压同步回路的输入端施加 50Hz 交流电压，并进行点火试验。当施加电压低于触发门槛电压值时，点火试验时触发装置应可靠不点火；当施加电压高于触发门槛电压值时，点火试验时触发回路应可靠点火。

不同串补装置厂家，触发间隙功能实现的原理与物理结构差异较大，由于其他厂家技术保密等原因，本试验项目是参照中电普瑞科技有限公司的间隙制定的。用户宜根据自己串补装置的间隙的特点编写检验项目。

（六）1000kV 串补火花间隙的检修

1. 定期检修

（1）对火花间隙外壳、支撑绝缘子、各穿墙套管以及均压电容器等零部件进行外观检查，确认无杂物、无鸟巢、无破损和漏油现象。

（2）清扫各电极、支撑绝缘子、均压电容器及穿墙套管。

（3）检查连接线可靠无松动。

（4）检查石墨电极表面是否有灼烧痕迹。

（5）检查并确认间隙的所有螺栓、螺母紧固。

（6）对间隙的触发系统进行现场试验，确认触发控制箱内各零部件工作正常，触发功能可靠。

（7）检查触发控制箱密封良好、内部无漏雨、接线牢固无松动、过热，内部元件正常。

2. 特殊检修

（1）调整放电间隙距离。

（2）火花间隙更换。

3. 检修工艺及质量要求

（1）检修时必须注意以下工艺要求：

1）确保各紧固部件无松动，瓷套完好无损，无漏油现象。

2）火花间隙无杂物堵塞。

3）在调节闪络间隙距离时，间隙外壳内部只允许留有一个人以免影响调节精度。

（2）检修完验收时必须注意以下质量要求：

1）需要检查并确认间隙的所有螺栓、螺母紧固（进行力矩验收）。

2）间隙触发系统现场触发正常可靠。

3）连接引线完好牢固，可靠。

4）各部件无破损及漏油。

5）续流间隙距离的允许偏差为±10mm；闪络间隙距离的允许偏差为±0.5mm。

6）试验合格。

（七）运行前的检查

火花间隙在投入运行前，必须对以下项目进行检查：

（1）电极表面不能留有异物。

（2）火花间隙顶盖上无遗留杂物。

（3）外部引线的连接接触良好并涂有电力脂，各螺栓连接紧固。

（4）火花间隙回检信号正常。

（5）各项试验数据合格。

五、阻尼装置

阻尼装置（Damping Device）用来限制串补电容器组旁路操作时电容器组放电电流的幅值和频率，并使之快速衰减的设备，是串补装置的重要组成部分。

当串联电容器组被旁路或退出时，电容器组通过闭合回路放电将产生高幅值、高频率放电电流，对串联电容器组和旁路开关均是有害的，而且电容器组的快速放电对线路断路器恢复电压和线路潜供电流也是不利的，因此在放电回路中设置了阻尼装置，用来限制电容器组放电电流的幅值和频率，快速吸收电容器组放电能量，并迅速降低电容器组的电压，减小放电电流对电容器内熔丝、旁路断路器和保护间隙的损害。

（一）阻尼装置常见类型

在工程实际应用中，常见的阻尼装置有主要有以下四种。

1. 电抗型

该类型阻尼装置由单台电抗器构成，见图6-42（a），电抗器的品质因数一般较低，可以衰减放电电流。此类阻尼装置的结构简单、造价低，但是放电电流衰减缓慢，当系统短路电流比较大时，电抗器吸收的能量比较大。

2. 电抗＋电阻型

该类型阻尼装置由空心电抗器和并联电阻构成，见图6-42（b），其特点是放电电流衰减性比较好，但长时间运行时电阻损耗较其他方式大，对电阻的热容量要求比较高。

3. 电抗＋间隙串电阻型

该类型阻尼装置由空心电抗器和带间隙的并联电阻构成，见图 6 - 42（c），其特性是电容器放电电流的衰减特性比较好，长时间运行时阻尼装置损耗低，当系统短路电流比较大时，阻尼装置吸收的能量减少，但结构比较复杂。

4. 电抗＋MOV 串电阻型

该类型阻尼装置由空心电抗器和带 MOV 的并联电阻构成，见图 6 - 42（d）。其特点与电抗＋间隙串电阻型类似，放电电流的衰减特性比较好，长时间运行时阻尼装置损耗低。当系统短路电流比较大时，阻尼装置吸收的能量减少，但是由于没有间隙，阻尼装置可靠性进一步提高。

特高压串联补偿装置中，通常采用第四种即电抗＋MOV 串电阻型的阻尼装置。

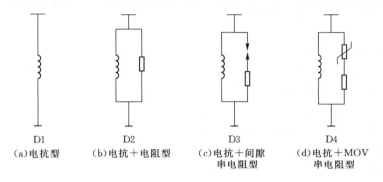

D1　　　　　D2　　　　　　D3　　　　　　　D4
(a)电抗型　(b)电抗＋电阻型　(c)电抗＋间隙　　(d)电抗＋MOV
　　　　　　　　　　　　　　串电阻型　　　　串电阻型

图 6 - 42　阻尼装置常见类型

（二）电抗＋MOV 串电阻型阻尼装置结构

特高压串补工程中一般采用电抗＋MOV 串电阻型阻尼装置，该阻尼装置由阻尼电抗器和阻尼电阻器组成。阻尼电阻器内部包括 MOV 阀片和线性电阻两部分，阻尼电抗器则是一个干式空心电抗器（见图 6 - 43）。

阻尼电阻器用来快速吸收电容器组的放电能量。MOV 阀片与金属氧化物避雷器结构相似，它内部由 ZnO 阀片构成，具有优异的非线性特性。正常情况下，MOV 呈高阻抗特性，流过的电流很小，用来限制通过线性电阻的电流。MOV 阀片仅在电容器组放电过程中瞬时投入和退出线性电阻，可以避免线路电流流过线性电阻引起损耗，线性电阻和 MOV 阀片共同吸收电容器组的放电能量。线性电阻采用无感的陶瓷电阻片制成，其耐压水平高，体积小，可靠性高，可以避免线路电流流过线性电阻引起损耗。

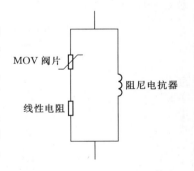

图 6 - 43　阻尼装置结构图

（三）阻尼装置主要技术参数

1. 电抗值

阻尼电抗器和电容器组自振频率和谐波频率应进行校核，阻尼电抗的取值应避免与串联电容器组发生 $6n＋1$ 次并联谐振，防止并联谐振时的过电压损害和能量损耗。

2. 电阻能耗

串补电容器组旁路的瞬间，大部分电流通过阻尼电阻器进行泄放，电阻应能满足电容器组的释放能量要求。阻尼 MOV 能量满足在过电压保护水平下连续两次放电的要求，并考虑线路故障电流的影响。

3. 放电电流承载能力

限制最大电流峰值（工频故障电流与高频放电电流共同作用）低于 170kA。

满足阻尼装置衰减速率要求：将电容器放电电流第二个周波幅值衰减到第一个周波同极性幅值的 50% 以内。

阻尼电抗器峰值耐受电流不小于 170kA，放电电流频率避开特征谐波频率（$6n+1$）。阻尼装置的额定电流不低于 6.3kA，并能同时承受电容器的放电电流和最大故障电流。

（四）1000kV 串补阻尼装置特点

1. 容量大

特高压串补与 500kV 串补阻尼装置相比，额定电压、放电电流、热容量参数均增加一倍多。MOV 阀片和电阻器采用多芯体、复合外套设计，实现阻尼电阻器多柱串并联封装在一个瓷套内部。采用串联电阻法解决多柱 MOV 并联时均流问题，MOV 各柱间电流不平衡系数小于 2%，运行条件一致，提高了可靠性，延长了使用寿命。阻尼电阻器采用密封和防爆结构，不受外界环境影响，运行安全，确保了可靠性。

2. 不平衡度要求高

阻尼电阻器由 MOV 和线性电阻两部分组成。采用串联电阻法解决多柱 MOV 并联时均流问题，MOV 各柱间电流不平衡系数小于 2%，运行条件一致，提高了可靠性，延长了使用寿命。阻尼电阻器采用氧化锌阀片，其非线性特性优异，体积小，可靠性高。放电电阻采用无感的陶瓷电阻片，其耐压水平高，体积小，提高了可靠性。

电阻器每相由 2 台并联组成（见图 6-44），每台由 2 个相同的单元串联组成，每个单元内部由 2~3 柱芯体并联组成，每柱芯体包含线性电阻和 MOV 两部分。每个单元封装在一个复合外套里，充干燥氮气并严格密封。

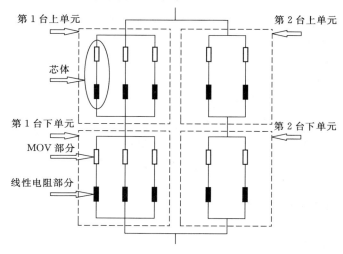

图 6-44　每相电阻器内部结构图

（五）1000kV 串补阻尼装置运行维护

（1）阻尼电抗器表面绝缘涂层检查。检查电抗器表面 RTV 涂层无起泡脱落。每月检查一次。

（2）阻尼电抗器绕组层间检查。电抗器绕组层间通风道通畅，无鸟巢等异物。每月检查一次。

（3）阻尼电抗器红外测温检查。引线接触良好，接头及电抗器本体无发热，温度与环境温度一致。每月检查一次。

（4）阻尼电抗器放电检查。利用紫外放电检测仪检查无放电现象。每月检查一次。

（5）阻尼电阻外观检查。检查外套和绝缘子表面无裂纹或缺损。每月检查一次。

（6）阻尼电阻法兰面及金属件检查。检查法兰结合面平整，无外伤和铸造砂眼，金属件无变形或锈蚀，防腐层完好，安装螺栓紧固可靠。结合停电全面检查。

（7）阻尼电阻连接线检查。接线正确完好。每月检查一次。

（8）阻尼装置支柱绝缘子金属、支架检查。支柱绝缘子金属部位无锈蚀，支架牢固，无倾斜变形，无明显污秽。每月检查一次。

（9）阻尼装置支柱绝缘子瓷绝缘检查。检查瓷绝缘无破损裂纹、放电痕迹，表面清洁，无异物。每月检查一次。结合停电全面检查。

（六）1000kV 串补阻尼装置的预防性试验

1. 阻尼电阻器

间隙串电阻型电阻支路的试验项目、周期和要求如下：

（1）阻尼电阻器所有部件外观检查。外观完好无损伤。检查周期为 6 年或必要时。

（2）阻尼电阻器绝缘电阻测量。采用 2500V 绝缘电阻表测量，不应低于 500MΩ。检查周期为 6 年或必要时。

阻尼装置中 MOV 的在直流 1mA 下的参考电压 U_{1mA} 及 $0.75U_{1mA}$ 下的泄漏电流的试验仪器和方法参考金属氧化物限压器 MOV 的试验执行。

2. 阻尼电抗器

阻尼电抗器试验项目、周期和要求如下：

（1）阻尼电抗器绕组直流电阻测量。按照《电气装置安装工程　电气设备交接试验标准（附条文说明）》（GB 50150—2006）中 8.0.2 条执行与出厂值相差在 ±2% 范围内，测量时阻尼电抗器应远离强磁场源，电抗器绕组温度应与环境温度基本平衡，电阻测量值应换算到 75℃。试验周期为必要时。

（2）阻尼电抗器绕组电感值测量。按照 GB/T 10229—1988 中 28.1.2 条执行，与出厂值相差在 ±5% 范围内，宜采用阻抗法测量。试验周期为必要时。

（七）1000kV 串补阻尼装置的检修

1. 定期检修

（1）引线及绝缘子的检修。

（2）检查是否有鸟类在电抗器或绝缘支架上筑巢。

（3）检查接地螺栓，接地线接触是否良好。

（4）检查设备表面是否有放电痕迹出现，外表面是否有明显的不正常变色情况发生，外表面是否出现黑色斑点。

（5）电抗器表面一旦发现 RTV 涂层有起泡脱落现象，应及时清理并重新喷涂。

（6）对电抗器内部各风道进行除尘并检查是否存在异物。

（7）检查整体电晕环的安装是否有松动或发生位移。

（8）检查绝缘子伞面是否有破损，并用高压喷枪喷洗绝缘子伞面（用稀释的丙酮溶液或清水）。

（9）检查电抗器绕组上下出线头有无松动（可手动试探），检查电抗器整体螺栓是否有松动。

2. 阻尼装置更换的特殊性检修

（1）拆卸工艺。

1）拆卸前要记录编号，以免装错。

2）拆卸时不得用力锤击，以免损坏绕组。

3）不要使绕组受潮、弄脏，注意保护表面 RTV 涂层。

（2）绕组检修。

1）检查绕组表面及匝间绝缘。

2）绕组应清洁，表面无油垢，无变形。

3）整个绕组无倾斜和位移。

4）外观整齐清洁，绝缘及导线无破损。

（3）阻尼装置的更换。

1）由于设备安装的位置较高，在起吊过程中注意不要碰伤设备。

2）当阻尼装置起吊到绝缘子支架上空时，对齐设备与过渡支架的连接孔，慢慢放下，并穿入螺栓。

3）阻尼装置安装完成后，紧固所有连接螺栓，安装均压环支板及均压环，按照图纸要求安装均压环连接螺栓。

4）连接设备之间的导线及设备与管母之间导线。

5）支撑结构安装完成后，对绝缘子连接螺栓打力矩（紧固），在对绝缘子进行紧固过程中，一定要均匀紧固，以免造成较大变形。

（4）管母及绝缘支架检修。

1）接头表面应平整、清洁、光滑无毛刺，并不得有其他杂质。

2）绝缘支架应无损伤、裂纹、弯曲变形及烧伤现象。

3）绝缘支架与铁夹件的固定可用钢螺栓，绝缘件与绝缘支架的固定应用绝缘螺栓；两种固定螺栓均需有防松措施。

4）绝缘夹件固定引线处应垫以附加绝缘，以防卡伤引线绝缘。

5）检查管母连接金具无锈蚀、无松动、无裂纹，连接牢固。

3. 阻尼装置在投入运行前必须进行的项目检查

（1）装置本体和所有附件均完整无缺，油漆完整（RTV 喷涂完好）。

（2）装置顶盖上无遗留杂物。

（3）外部引线的连接接触良好并涂有电力脂，各螺栓连接紧固。

（4）试验数据合格。

六、旁路断路器

旁路断路器（Bypass Circuit Breaker）是一种专用的断路器，要求其具有快速合闸能力，用来旁路串联补偿设备，是串联补偿装置投入和退出运行的主要操作设备。在系统或串联补偿设备故障等紧急情况下要能快速退出电容器组，要求旁路断路器具有很高的合闸可靠性和很短的合闸时间，这是旁路断路器与常规断路器的最大不同点。旁路断路器要求尽可能短的合闸时间，设计上采用合闸优先原则，它有两套合闸控制回路，一套分闸控制回路，与普通断路器相反。

（一）旁路断路器的作用

1. 投入和退出电容器组

旁路断路器与阻尼装置串联后再与电容器组并联，用于投入及快速退出电容器组，使间隙快速熄弧，是串补装置内最后一级保护措施。旁路断路器分闸时电容器组投入，旁路断路器合闸时电容器组退出，其主要用途是投入和退出电容器组。

2. 保护火花间隙

串补控制系统在启动火花间隙触发命令的同时，还同时命令旁路断路器合闸，为火花间隙灭弧及去游离提供必备条件。串补装置用的触发间隙都是非自熄灭型的，间隙本身没有很强的灭弧能力，其电弧要在旁路开关合上或线路开关跳闸后才能熄灭。

3. 降低潜供电流

线路发生单相接地故障时，如果串补装置中的旁路断路器和火花间隙均未动作，电容器组上的残余电荷可能通过短路点及高抗组成的回路放电，从而在稳态的潜供电流上叠加一个相当大的暂态分量。该暂态分量衰减较慢，可能影响潜供电流自灭，对单相重合闸不利；单相瞬时故障消失后，恢复电压上也将叠加电容器的残压，恢复电压有所升高，影响单相重合闸的成功。

由此可见，在实际运行过程中，线路发生接地故障时，两侧断路器动作切除故障的同时，应立即强制触发旁路间隙，将旁路断路器闭合。

在单相重合闸过程中，故障相两侧线路断路器打开后，为了降低潜供电流暂态分量，提高单相重合闸的成功率，无论间隙是否动作，均将故障相旁路断路器闭合。

在故障相两侧线路断路器第一次重合前，故障相断路器有两种状态：打开或闭合。如果旁路断路器处于打开状态，则单相瞬时性故障后，故障相串补随同故障相线路同时投入运行，减少系统不平衡运行时间，对提高系统稳定水平有益。如果发生了单相永久性故障，则串补装置连续承受两次冲击，尽管在设备设计水平以内，但对设备寿命和维护还是有一定的影响。如果重合前旁路断路器处于闭合状态，发生单相永久性故障时，可以避免串补装置连续承受两次冲击，对设备安全有利。但单相瞬时性故障时，故障相串补要晚于故障相线路投入运行，在此期间，系统处于不平衡状态，在系统稳定分析以及有关继电保护整定时应当予以考虑。

（二）旁路断路器性能要求

旁路断路器应保证在电容器组短路、过电压保护装置动作及电容器组在正常及故障时的重合闸等情况下可靠动作。断路器在打开位置时，在任何故障下不应击穿，此时断路器断口耐压应为串补装置最高保护水平。旁路断路器主要性能要求如下。

1. 合闸时间

火花间隙燃弧后不能自行熄灭，需要关合旁路断路器将间隙短接使电弧熄灭，其燃弧时间和旁路断路器的合闸速度密切相关。串补装置所在线路故障后，线路断路器瞬态恢复电压 TRV 可能超标，往往需要通过触发间隙或联跳旁路断路器将串补退出，以保证线路断路器的安全，旁路断路器合闸时间越短越好。综合考虑必要性和可行性，合闸时间一般规定小于 50ms。

2. 关合能力

保护间隙正常动作时，旁路断路器最大关合电流不会超过系统短路冲击电流。如果间隙拒动，旁路断路器最大关合电流为关合瞬间电容器组阻尼放电电流与系统短路电流的叠加，阻尼放电电流幅值与阻尼装置参数有关。

3. 开断能力

旁路断路器只开断线路负荷电流，开断时断口两端并联着串补电容器组，恢复电压上升缓慢，峰值小，不会出现重击穿，只要额定电压满足，开断能力可自然满足。

4. 绝缘水平

旁路断路器对地绝缘由系统电压决定，旁路断路器断口绝缘和由电容器组额定电压及串补装置的保护水平决定。

（三）1000kV 串补旁路断路器特点

1. 合闸速度快

与普通断路器相比，要求尽可能短的合闸时间，设计上采用合闸优先原则。旁路断路器采用大功率操动机构，缩短合闸时间，改善合闸缓冲，提高机械强度，实现了要求的机械特性。合闸时间不大于 35ms，与 500kV 串补用旁路开关相比，断口距离增大近一倍，合闸速度更快。

2. 关合性能高

1000kV 串补装置旁路断路器额定电流高达 6300A，几乎达到了瓷套式灭弧室的极限水平。额定关合电流 160kAp，对触头耐烧蚀能力要求更高，且对试验条件要求高。重投入电流 10kA，恢复电压 390kVp，对抗重击穿能力要求高，500kV 为 5kA/230kVp。

通过增大导电面积和灭弧室瓷套、加装分流支路及合理的均流措施等方法，研制出大额定电流灭弧室，并有一定的裕度。

3. 重投入性能高

通过提高分闸速度，调整最短燃弧时间等措施提高开断性能，实现了重投入电流 10kA、恢复电压 390kV 的要求，满足了 1000kV 串补装置工程要求。

4. 对地绝缘高

1000kV 串补装置旁路断路器对地耐压 1100kV，断开耐压水平由电容器组的运行电压和保护水平决定。为满足对地绝缘要求，瓷柱高达十几米，机械强度和稳定性要求更高。

（四）1000kV 串补旁路断路器运行规定

（1）统计旁路断路器的操作次数、事故合闸次数，动作次数达到规定动作次数时，应停电检修。

（2）旁路断路器经故障处理、检修后或停止备用时间超过半个月时应在投运前做一次远方分合闸试验，仔细检查断路器的分合闸情况；分合闸试验时断路器两侧隔离开关应在拉开位置，只有分合闸试验正常，才允许将此旁路断路器投入备用或运行，否则应隔离检修。

（3）正常运行时，旁路断路器应采用远方操作，严禁就地操作，旁路断路器操作后应进行现场检查。

（4）正常运行时，应定期记录旁路断路器 SF_6 压力值、线路侧避雷器泄漏电流及动作次数。

（五）1000kV 串补旁路断路器运行维护

（1）旁路断路器瓷质表面检查。瓷质表面清洁，无破损、裂纹及放电痕迹。检查周期为每月一次。

（2）旁路断路器内部无异音，外部无杂物。检查周期为每月一次。

（3）旁路断路器引线检查。引线接触良好无过热。检查周期为每月一次。

（4）旁路断路器弹簧压缩指示器指示位置检查。弹簧压缩指示器指示位置正常。检查周期为每月一次。

（5）旁路断路器位置指示器检查。检查位置指示器与开关实际位置一致。检查周期为每月一次。

（6）旁路断路器汇控柜和机构箱密封情况检查。汇控柜和机构箱无积水情况，无锈蚀，密封良好。检查周期为每月一次。

（7）旁路断路器基础检查。断路器基础无下沉、移位，接地良好。检查周期为每月一次。

（8）旁路断路器均压环连接检查。均压环连接牢固平整。检查周期为每月一次。

（9）旁路断路器 SF_6 气体压力检查。SF_6 气体压力不小于额定压力。检查周期为每月一次。

（10）旁路断路器 SF_6 气体阀门的位置检查。SF_6 气体阀门的位置应该在正确位置。检查周期为每月一次。

（11）旁路断路器操动机构打压次数检查。液压操动机构每天打压次数不超过 5 次。检查周期为每月一次。

（12）旁路断路器红外测温检查。引线接触良好，接头及本体无发热，温度与环境温度一致。检查周期为每月一次。

（13）旁路断路器放电检查。利用紫外放电检测仪检查无放电现象。检查周期为每月一次。

（六）1000kV 串补旁路断路器预防性试验

（1）SF_6 气体微水检测。按照《六氟化硫电气设备中气体管理和检测导则》（GB/T 8905—2012）第 9.1 条执行，大修后不大于 $150\mu L/L$，运行中不大于 $300\mu L/L$。试验周期为投产后 1 年（无异常年）或必要时。

（2）主回路电阻测量。用直流降压法测量，电流不小于 100A，测量值不大于制造厂规定值的 120%。试验周期为 6 年或必要时。

（3）分、合闸绕组动作电压检验。分、合闸绕组应能在其额定电源电压的 65%～110%范围内可靠动作，当电压低至额定电源电压的 30%或更低时应不动作。试验周期为 6 年或必要时。

（4）断口耐压试验。交流耐压或冲击试验电压为出厂试验电压的 80%。试验周期为大修后或必要时。

（5）辅助回路和控制回路绝缘电阻检查。采用 1000V 绝缘电阻表，绝缘电阻不低于 2MΩ。试验周期为 6 年或必要时。

（6）辅助回路和控制回路耐压试验。试验电压为 2kV，可用 2500V 绝缘电阻表代替。试验周期为 6 年或必要时。

（7）SF_6 密度监视器（包括整定值）的检验。整定值应符合制造厂规定。试验周期为 6 年或必要时。

（8）打压和零起打压及弹簧储能的运转时间检查。打压和零起打压及弹簧储能的运转时间应符合制造厂规定。试验周期为 6 年或必要时。

（9）SF_6 气体泄漏试验。用局部包扎法检漏，每个密封部位包扎后历时 5h，测得 SF_6 气体含量（体积分数）不大于 $3×10^{-6}$。按照 GB/T 8905—2012 第 8.2.2 条执行，年漏气率不大于 1%或符合制造厂规定。

（10）分合闸绕组直流电阻检测。直流电阻值应符合制造厂规定。试验周期为更换绕组后。

（11）断路器的速度特性检验。测量方法和测量结果应符合制造厂规定。试验周期为大修后或必要时，制造厂无要求时不测。

（12）断路器的时间参量检验。断路器的分、合闸时间，主、辅触头的配合时间应符合制造厂规定。试验周期为大修后或必要时。除制造厂另有规定外，断路器的分、合闸同期性应满足下列要求：

1）相间合闸不同期不大于 5ms。

2）相间分闸不同期不大于 3ms。

3）同相各断口间合闸不同期不大于 3ms。

4）同相各断口间分闸不同期不大于 2ms。

（13）油压低自动重合闸闭锁、合闸闭锁、分合闸闭锁，SF_6 气压低告警，分合闸闭锁的动作特性检验，闭锁、防跳跃及防止非全相合闸等辅助控制装置的动作特性检验。试验周期为大修后或必要时。

旁路断路器是串补装置重要的组成设备，也可参照《电力设备预防性试验规程》（DL/T 596—1996）第 8.1 节内容，编制适合本单位的、独立的旁路断路器的试验规程。

（七）1000kV 串补旁路断路器的检修

1. 定期检修

（1）清扫瓷瓶、机构。

（2）检查无异常声音、异味。

（3）检查机构操作灵活，无卡涩。

（4）机构润滑，弹簧储能正常。

（5）检查螺栓无松动，必要时更换轴用挡圈。

（6）检查 SF_6 表计压力正常，气体无渗漏。

（7）检查控制线路无松动。

（8）检查加热器工作正常。

（9）检查接触器、继电器绕组及接线端头温度正常无过热。

（10）检查支架、箱体等无生锈、损伤以及污损现象。

（11）确认各相计数器的动作次数、分合指示牌的指示正确。

（12）检修时检查碳刷位置，当碳刷长度不大于 11mm 时，对其进行更换。

（13）试验合格。

2. 特殊检修

（1）特殊检修是在厂家技术人员的指导下进行的，在参照定期检修项目的基础上，需注意以下事项：

1）避免在湿度大于 75%、环境温度小于 5℃的条件下进行。

2）防止壳体内进入水分、污物后不能满足电气性能的要求。

3）使用厂家规定的润滑脂、液压油。

4）在检修完成以后抽真空前更换吸附剂。

5）拆下的密封圈要全部更换。

6）严格按照检修顺序进行作业，防止因误操作引起设备的损坏。

（2）检修内容。

1）清扫绝缘瓷瓶及机构箱，检查瓷件无损伤。

2）检查一次接线端无过热和变色。

3）检查所有螺栓无松动，对锈蚀部位进行除锈补漆。

4）检查灭弧室触头、行程满足厂家要求。

5）更换气室干燥剂和打开的密封面密封圈。

6）检查机构螺栓无松动，必要时更换轴用挡圈。

7）检查碳刷位置，当碳刷长度不大于 11mm 时，对其进行更换。

8）检查机构操作灵活，无卡涩，对传动部件进行润滑。

9）检查弹簧储能正常。

10）确认各相计数器的动作次数、分合指示牌的指示正确。

11）检查 SF_6 表计压力正常，气体无渗漏。

12）试验合格。

3. 运行前的检查

在投入运行前，必须对以下项目进行检查：

（1）表面不能留有异物。

（2）外部引线的连接接触良好并涂有电力脂，各螺栓连接紧固。

（3）SF$_6$气体压力正常。

（4）各项试验数据合格。

七、串补其他设备

（一）电流互感器

串补装置中电流互感器的配置通常是在一个串补平台有多个不同作用的互感器，基本分为不平衡电流互感器、保护用电流互感器、取能用电流互感器。

1. 不平衡电流互感器

不平衡电流互感器安装在电容器组 H 型接线桥的中间，主要用于监测串补电容器组的运行状态，当有电容器单元发生击穿或故障时，就会检测到不平衡电流。根据不平衡电流的方向，可以快速判断故障电容器单元的位置，根据电流的大小判断故障电容器单元的数量，从而确定是否需要立即停电处理。

图 6-45 中，TA$_5$、TA$_6$ 即为不平衡电流互感器。不平衡电流互感器一般额定电流比比较小，多为 3/1A，准确级达到 0.2 级。不平衡保护包括 3 组不同的定值及延时水平：告警、低值保护、高值保护。告警与低值保护体现了不平衡电流与电容器电流之间的比值关系，当电容器电流小于启动值时，告警和低值旁路功能被自动闭锁；高值保护只与不平衡电流有关。不平衡告警仅发信息，不平衡保护发旁路断路器三相合闸命令，并启动串补永久闭锁。

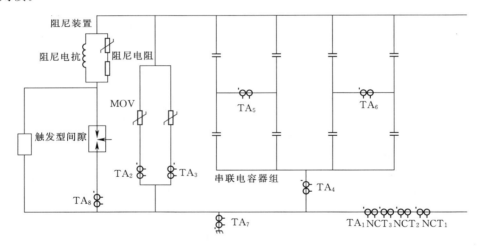

图 6-45 串补电流互感器配置图

2. 保护用电流互感器

图 6-45 中，TA$_1$、TA$_2$、TA$_3$、TA$_4$、TA$_7$、TA$_8$ 均为串补装置测量保护用电流互感器，为穿心式结构，安装在串联电容器组的低压母线侧，对其绝缘水平的要求不是很高。

TA$_2$、TA$_3$：用于监测串补 MOV 运行电流，若任一相电流大于定值，则发合旁路断路器（合单相或三相断路器受旁路模式控制）和触发 GAP 命令并进入暂时闭锁，若两相或三相同时发生故障，则发合三相旁路断路器和触发 GAP 命令并启动永久闭锁。

不平衡保护监测两组 MOV 的电流分布来判断 MOV 的工作状况，正常时电流分布基本平衡，若某组 MOV 部分损坏将出现电流分布不平衡情况。当 MOV 不平衡度超过保护定值，且两组 MOV 总电流大于启动值，则发合三相旁路断路器和触发 GAP 命令并启动永久闭锁。

TA_4：用于电容器组过负荷保护，本保护按反时限特性原理实现，反时限曲线的电流启动值与电容器组的额定电流有关。过负荷保护动作后发旁路断路器三相合闸命令并进入暂时闭锁，若在一定时间内重投次数超过定值则闭锁重投并启动永久闭锁。电容器过负荷也有告警功能，若电容器电流大于告警定值，经延时发告警信息。

TA_7：用于监测平台设备与平台之间的电流，正常时该电流为 0，当设备对平台的绝缘被破坏时，将有电流通过平台构成回路。当任一相平台闪络电流大于保护定值，经延时发旁路断路器三相合闸命令并启动永久闭锁。

TA_8：用于火花间隙放电电流的检测和间隙的保护系统。

图 6-46 不平衡 TA（左）和取能 TA（右）

3. 平台取能电流互感器

由于 1000kV 串补设备对地电压较高，平台测量设备和放电间隙控制设备采用平台取能模式供电，或者激光取能模式供电，从而实现正常的测量和保护功能。正常运行时，串补平台户外测量系统的电源能量由取能电流互感器从线路电流获取（TA 取能模式），平台测量设备和放电间隙控制设备采用平台取能电流互感器供电。图 6-45 中，$NCT_1 \sim NCT_3$ 均为线路取能电流互感器。

平台取能设备应按平台测量设备、放电间隙触发回路、放电间隙充电回路分别配置独立的取能电流互感器，每台取能电流互感器装设两套独立的绕组和通路分别为冗余配置的受电设备使用。

当电力系统发生故障引起线路电流不稳定或串补装置检修时，TA 取能模式无法正常工作时，为确保测量系统电源供给的连续性，测量系统电源将自动切换为激光送能模式供电。

激光送能模式供电，就是由地面的激光驱动单元发出激光，通过送能光纤把激光能量传送到串补平台，再由串补平台上的光电转换器件及相应的外围电路将光能转换为电能而形成的直流电源。激光送能模式供电是本测量系统电源供给的重要组成部分，它确保了测量系统电源供给的连续性和可靠性。

（二）光纤信号柱

1. 光纤信号柱结构

图 6-47 中，光纤信号柱外套为硅橡胶复合外套，芯体为环氧玻璃丝引拔空心管，光纤从管中穿入，在光纤与管壁的空隙间有绝缘填充物，并密封，在光纤信号柱的两端有绝缘护套管和不锈钢波纹管，将光纤引出。光纤信号柱垂直悬挂安装在高压平台的下沿与地面连接点之间。

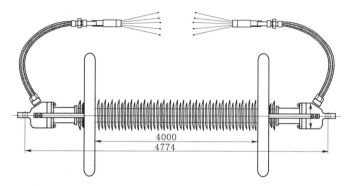

图 6-47　光纤信号柱结构图

2. 光纤信号柱用途

光纤信号柱在串补工程中起到地面与高压平台之间测控信息及能量的传递通路作用，它的用途主要有以下几点：

（1）将地面的控制信号送到串补高压平台的相关位置。

（2）将串补高压平台上测到的信号送到地面的控制柜中。

（3）将能量从地面送到高压串补平台上。

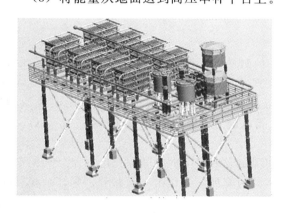

图 6-48　串补平台

（三）串补平台

串补平台用来支撑串补装置相关设备，是对地保证足够绝缘水平的结构平台（见图 6-48）。1000kV 串补平台特点如下：

（1）特高压串补平台对地电位高，平台对地距离相应提高，使得支柱绝缘子的总长度大大增加，抗压稳定性变差，给机械性能提出了更高要求。

支撑系统采用柔性阻尼结构，支柱绝缘子采用仿生球形节点连接，采用大直径支柱绝缘子，使任意部位抗弯能力超过 160kN/m，并通过采用特殊配平技术，提高绝缘子直线度，从而提高了平台的抗震性能和承载能力，满足 8 度抗震设计要求。

（2）与通常 500kV 串补装置相比，平台面积大（近 4 倍），平台高度 12m（超过 2 倍），单平台总荷载达 160t（近 4 倍），并按照 8 度抗震设计，因此对平台和基础的配合、平台稳定性、支撑系统的承载能力要求更高。

（3）由于电压很高，平台四周边缘处以及平台上相关设备的外缘处（如串联电容器组上部边缘、火花间隙顶部边缘等位置）电场强度大，应在这些位置装设适当的电场均匀设施，以降低金属物体表面场强，确保串补正常运行中不产生电晕，改善平台及其附近的电磁环境。

设计要求围栏外高 1.5m 处电场强度不大于 10kV/m，部分区域不超过 15kV/m。根据设计和仿真计算的相互反馈，逐步优化，把表面设计场强控制在 15kV/m 以下。

（四）1000kV 串补平台运行规定

（1）串补运行时，严禁打开串补网门。

（2）串补投入前应确认串补爬梯已收起、爬梯电源已断开，平台无任何临时接地线。

（3）当电力系统发生故障引起线路电流不稳定或串补装置检修时，为确保测量系统电源供给的连续性，测量系统自动切换为激光送能。此时应密切注意激光送能装置工作温度。

（4）串补装置正常运行时，平台检修电源箱严禁供电。

（五）1000kV 串补电流互感器、光纤柱、串补平台运行维护

1. 1000kV 串补电流互感器运行维护

（1）电流互感器支柱检查。检查外绝缘表面清洁、无裂纹和放电痕迹。检查周期为每月一次。

（2）电流互感器器身检查。器身外涂漆层清洁、无爆皮掉漆，金属部位无锈蚀，底座、支架牢固，无倾斜变形，无渗漏油现象。检查周期为每月一次，结合停电检查。

（3）电流互感器无声音和异味检查。无异常振动、异常声音和异味。检查周期为每月一次。

（4）电流互感器红外热成像检测。连接线及接头温度不超过 90℃，相间温差小于 2K。检查周期为每月一次。

（5）放电检查。利用紫外放电检测仪检查无放电现象。检查周期为每月一次。

2. 1000kV 串补平台、光纤柱运行维护

（1）串补平台所有部件及结构连接的外观检查。所有部件及结构连接无锈蚀、变形、异常。检查周期为每月一次。

（2）串补平台平台 TA 二次电流检查。平台 TA 二次电流应不大于 0.05A。检查周期为每月一次。

（3）光纤柱瓷裙检查。检查瓷裙无脆化、破损。检查周期为每月一次。

（4）光纤柱污秽检查。检查绝缘子表面的污秽程度。检查周期为每月一次。

（5）光纤柱松紧度检查。检查光纤柱除承受自身重力外，不承受其他拉力。检查周期为每月一次。

（6）支撑、斜拉绝缘子连接部分、垂直度检查。检查绝缘子和平台的连接部分，多个绝缘子元件的组装应保持垂直一致。检查周期为每月一次。

（7）支撑、斜拉绝缘子松动情况检查。检查绝缘子和平台的连接部分，瓷件与法兰结合牢固，绝缘子无松动，多个绝缘子元件的组装应保持垂直一致。检查周期为每月一次。

（8）支撑、斜拉绝缘子瓷裙、法兰检查。检查表面污秽程度、有无放电现象，无裂纹、破损现象。检查周期为每月一次。

（9）瓷柱绝缘支柱检查。支柱无倾斜，底座螺栓紧固各连接部位是否有松动现象，金具和螺栓是否锈蚀。检查周期为每月一次。

（10）红外测温检查。红外测温检查导电体及其接头温度，不超过 90℃ 或相对温差不超过 35%。检查周期为每月一次。

（11）放电检查。利用紫外放电检测仪检查无放电现象。检查周期为每月一次。

（六）1000kV 串补电流互感器、光纤柱、串补平台预防性试验

1. 1000kV 串补电流互感器的预防性试验

（1）电流互感器外观检查。外观完好无损伤，无异常。试验周期为必要时。

（2）电流互感器变比检查。按照 GB 50150—2006 第 9.0.9 条执行，与制造厂提供的铭牌标志相符合。试验周期为必要时。

（3）绕组绝缘电阻测量。采用 1000V 绝缘电阻表测量，按照 GB 50150—2006 第 9.0.2 条执行，绕组间及其对地绝缘电阻不应小于 100MΩ。

2. 1000kV 串补光纤柱的预防性试验

（1）光纤柱外观检查。光纤柱外部绝缘不应有损伤。

（2）光纤柱松紧度检查。光纤柱除承受自身重力外，不承受其他拉力。

（3）绝缘电阻测量。采用 2500V 绝缘电阻表测量，绝缘电阻不应低于 500MΩ。试验周期为 6 年或必要时。

3. 1000kV 串补平台的预防性试验

（1）串补平台瓷式绝缘子超声波探伤检查。超声探伤位置主要是瓷瓶与金属底座的连接处。试验周期为 6 年或必要时。

（2）复合绝缘子交流耐压试验。按照 DL/T 596—1996 附录 B 表 B1 执行，试验周期为随主设备更换绝缘子时。

（七）1000kV 串补电流互感器检修

1. 定期检修

（1）设备外观完整无损，各连接部件牢固可靠。

（2）外绝缘表面清洁、无裂纹和放电现象。

（3）各部位接地良好。

（4）二次端子盒密封良好，接线穿孔无渗水。

（5）器身外涂漆层清洁、无爆皮掉漆，金属部位无锈蚀，底座、支架牢固，无倾斜变形。

（6）检查充油 TA 的油位正常，无渗漏。

（7）试验合格。

2. 在投入运行前，必须对以下项目进行检查：

（1）表面无异物。

（2）外部引线的连接接触良好并涂有电力脂，各螺栓连接紧固。

（3）各项试验数据合格。

第三节　1000kV 串补控保系统

一、1000kV 串补控保系统结构组成

（一）术语和定义

电容器 capacitor 是用来提供电容的器件（注：在本书中，当不必特别强调"电容器单元"、"电容器组"、"电容器装置"或不同类别的电容器时，用术语"电容器"）。

金属氧化物限压器（metal-oxide varistor，简称 MOV）是由电阻值与电压呈非线性关系的电阻组成的电容器组过电压保护设备。

触发型间隙（triggered gap）是指在规定时间内承载被保护部分的电流，以防止电容器过电压或 MOV 过负荷的受控触发间隙。

旁路断路器（bypass circuit breaker）是一种专用的断路器，要求其具有快速合闸能力，用来旁路串联补偿设备，是串联补偿装置投入和退出运行的主要操作设备。

串补平台 SC platform 是对地保证足够绝缘水平的结构平台，用来支撑串补装置相关设备。

光纤柱（optical fiber column）是用于串补平台与地面的测量、控制、保护设备之间的通信，以及送能光信号传输的设备，其绝缘水平和串补平台对地绝缘相同。

阻尼装置（damping device）是用来限制电容器组保护设备旁路操作时产生的电容器放电电流的幅值和频率，并使之快速衰减的设备。

固定串联电容器补偿装置（fixed series capacitor installation，简称 FSC）是将电容器串接于输电线路中，并配有旁路断路器、隔离开关、串补平台、支撑绝缘子、控制保护系统等辅助设备组成的装置，简称固定串补。

事件顺序记录（sequence of event，简称 SOE）是在发生事故时，记录保护、开关动作的顺序，按时间先后打印出来。

授时系统（giving time system）是确定和向串补装置发播精确时刻的工作系统。

暂时旁路（temporary bypass）是指串补装置保护动作闭合旁路断路器，持续一段时间后又自动分断旁路断路器，将电容器组重新投入。

永久旁路（permanent bypass）是指串补装置保护动作闭合旁路断路器，并对分断旁路断路器进行闭锁式保护，需人工解闭锁后才能分断旁路断路器。

不平衡保护（电容器的）［unbalance protection（of capacitor）］是对相组内支路间电容值差异做出反应的保护，通常采用检测支路间电流的方法。

（二）控保系统结构

固定串补装置的控制保护系统完成串补装置电气量的测量、运行状态的监测、控制操作命令的执行和设备保护等功能。

串补控保由五部分系统构成：

（1）平台测量及供能系统。

（2）控制及保护系统。

（3）测控系统。

（4）人机接口（TFR）录波及回放系统。

（5）就地监控系统（人机接口）。

上述五个部分系统中平台测量及供能系统布置于室外串补平台上，其余位于串补保护小室内，通过光纤柱进行信息和能量交换。其中室内屏柜共五面，分别为：FSC 保护柜 A、FSC 保护柜 B、FSC 人机接口柜、测控柜、故障录波柜，其系统结构见图 6-49。

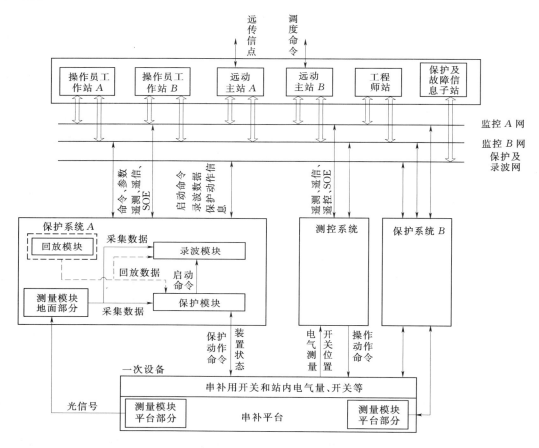

图 6-49　控保系统结构简图

图中保护系统 B 和保护系统 A 结构功能完全相同。平台测量箱与固定串补一次设备安装在串补平台上。测量模块为了满足串补平台上下之间绝缘水平的要求，全部测量数据的传输均由光纤来完成。保护模块接收测量模块平台部分下传的数据，按照预设的控制及保护策略，发出控制和保护命令。录波模块在故障或其他需要录波的事件发生时，实时记录各个电气量的状态，并将录波数据上传给保护及故障信息子站，以便对故障事件和系统进行分析。回放模块作为一个选配功能，用以对历史录波数据和自定义数据进行回放，来分析保护算法逻辑等。测控系统完成站内平台下电气量的测量、开关量输入信号的采集，并实现对串补刀闸、断路器的控制功能。控制保护系统可以接入监控系统，实现串补装置数据采集与处理、控制操作、报警及处理、事件顺序记录（SOE）、远动功能以及人机交互等功能。

串补控制保护系统采用典型屏柜布置方案，见图 6-50。FSC 保护柜 A 和 FSC 保护柜 B 构成双冗余配置结构。FSC 保护柜（保护系统）主要由激光送能装置、控制保护装置、断路器操作装置构成。FSC 人机接口柜主要由显示器、嵌入式通信管理机（HMI）、打印机、鼠标、键盘等构成，测控柜（测控系统）主要由测控装置、刀闸操作装置等构成。故障录波柜主要由显示器、嵌入式通信管理机（故障录波装置，即 TFR 人机接口）、鼠标、键盘等构成。控保系统屏柜布置见图 6-50。

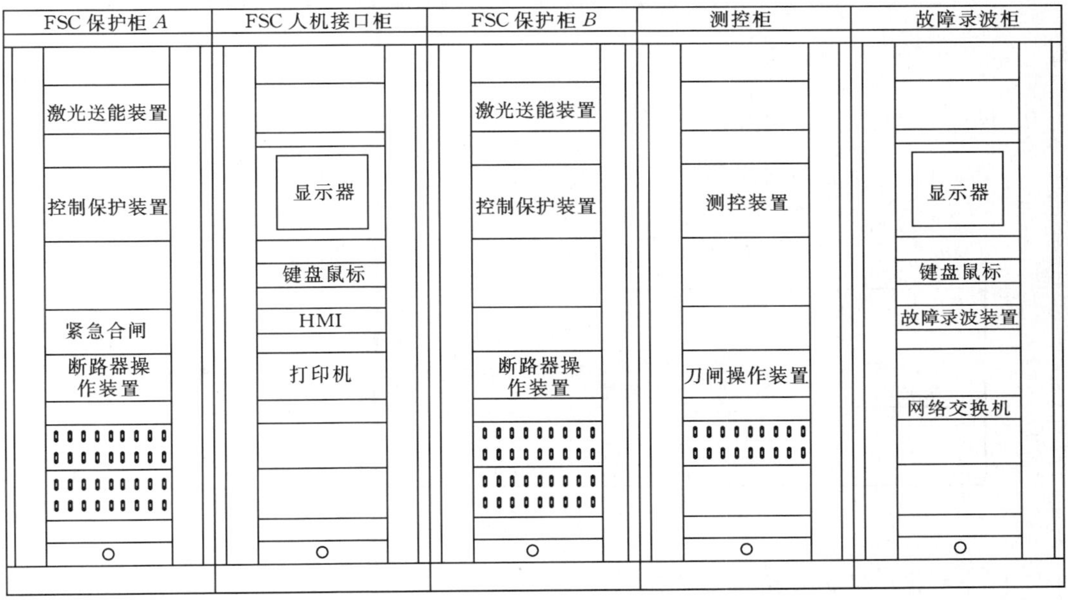

图 6-50　控保系统屏柜布置图

（三）控保系统各部分功能简介

1. 平台测量及供能系统

串补装置平台测量功能见图 6-51。主要完成串补平台上各种电气量数据的采集、电光转换，以及通过光通道将其传递到地面控制保护装置。

平台测量箱包括数据采集部分和平台电源部分。平台电源部分为数据采集部分提供电源，实现 CT 取能与激光送能的平滑切换，保证数据采集部分在串补装置运行、退出、热备用和检修等工况下均能正常工作。激光送能装置可在串补检修、线路空载等工况下给平台测量箱提供工作电源。

数据采集部分为串补平台上平台测量箱 A、B 的模数转换单元依据同步采样脉冲信号，实现对各路模拟电气量的模数转换功能。模数转换完成后，采样结果将以光信号形式发送到控制保护小室里的控制保护装置。

采集的模拟量为：MOV 支路 1 电流、MOV 支路 2 电流、线路电流、GAP 电流、电容器电流、平台闪络电流、电容器不平衡 1 电流、电容器不平衡 2 电流。

225

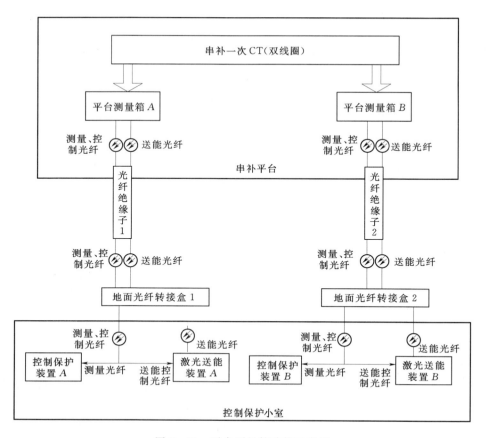

图 6-51　平台测量箱功能示意图

2. 串补控制保护装置

串补控制保护装置功能框图见图 6-52。控制保护装置接收平台测量箱采集的串补一次电气量信息，监视相关的开关量信息，完成串补一次设备的保护算法，在系统故障或装置故障时，给出相关的保护动作指令（触发 GAP、合旁路断路器等）；记录并上传装置事件报告；实现故障录波和历史数据回放的底层算法；实现与监控 A 网、监控 B 网、保护及录波网的接口；通过前面板显示屏和操作键盘实现人机对话；接受 IRIG_B 码对时。

3. 测控装置

测控装置功能框图见图 6-52。测控装置完成站内电气量测量、开关量输入信号采集，并实现对串补刀闸、断路器的控制功能。断路器操作装置接收保护装置、测控装置的指令，动作于旁路断路器；刀闸操作装置接收测控装置的指令，动作于各个刀闸。

4. 人机接口（TFR）故障录波与回放系统

人机接口故障录波与回放系统结构框图见图 6-53。TFR 人机接口用于存储和显示录波波形，TFR 人机接口通过以太网和通信管理板之间进行数据交换，通信管理板还负责将录波文件上传给站内的保护及故障录波子站。TFR 人机接口软件由录波软件和显示软件两部分组成。所谓回放功能，就是控制保护装置不采用实际采样的模拟量数据，而是采用预先保存的或自定义的模拟量数据进行控制保护处理，以便回放历史事件或模拟某些特

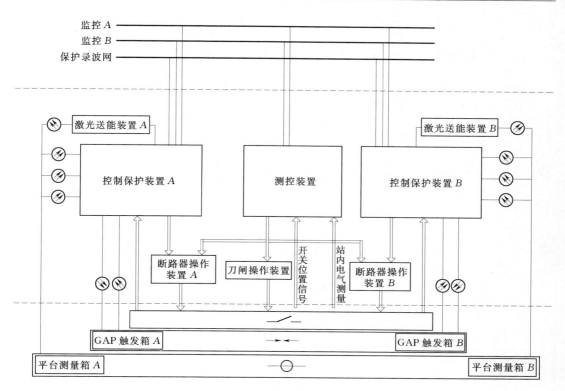

图 6-52　控保系统装置功能框图

定工况。

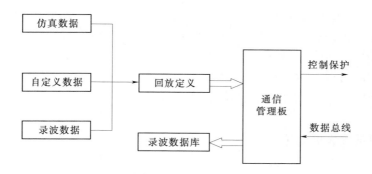

图 6-53　故障录波及回放框图

　　串补装置的回放功能包括：历史文件回放、自定义文件回放。

　　历史文件回放功能：对已保存的历史录波文件执行回放。此功能用于回放历史事件的发生过程，以判断历史事件中保护等的动作行为是否合理。

　　自定义文件回放：对自行定义的录波文件执行回放。此功能用于模拟某些特定工况，以便判断保护等的动作行为是否合理。

　　5. 就地监控系统（FSC 人机接口柜）

　　就地监控系统具有友好的操作界面，能查看或打印保护定值、事件报表、故障录波图等，能进行定值设置和查询，下发回放数据，具有用户登录及操作权限管理功能。

二、控保系统动作原理

(一) 串补平台 TA 配置

串补平台 TA 配置见图 6-54。

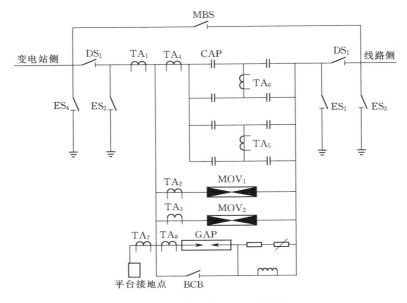

图 6-54　串补平台 TA 配置图

图中 TA$_1$ 为线路电流互感器，TA$_2$ 为 MOV1（氧化锌避雷器组 1）电流互感器，TA$_3$ 为 MOV1（氧化锌避雷器组 2）电流互感器，TA$_4$ 为电容器组电流互感器，TA$_5$ 为电容器桥臂 1 不平衡电流互感器、TA$_6$ 为电容器桥臂 2 不平衡电流互感器，TA$_7$ 为平台闪络电流互感器，TA$_8$ 为 GAP 电流互感器。

上述 TA 二次电流量经平台测量箱进行 A/D 转换后，将数字量经光纤传输到保护小室控保系统。

(二) 控保系统保护配置

1. 电容器保护配置

（1）电容器过负荷保护。固定串补的电容器组在设计上应能承受短时过负荷。然而在高峰负荷时，随着过负荷时间的延长，电容器组的热量积累会导致电容器老化或绝缘损坏。根据《GB/T 6115.1—2008 电力系统用串联电容器　第 1 部分：总则》，电容器组的过载能力应满足要求：即电容器组过电流不大于①在 12h 内，1.10I_e 历时 8h；②在 6h 内，1.35I_e 历时 30min；③在 2h 内，1.5I_e 历时 10min；④任何 24h 的运行周期内，电容器组的平均容量应不大于其额定容量。其中，I_e 为电容器的额定电流。

1）电容器过负荷告警保护动作逻辑见图 6-55。

I_n 为电容器组的额定电流，过负荷告警延时时间定值可整定。过负荷告警动作后，控保装置"告警"灯点亮，启动录波，上送 SOE，点亮相应光字牌。

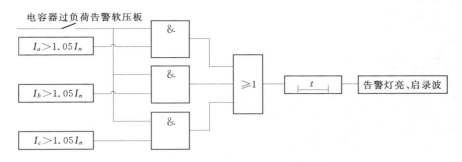

图 6-55　电容器过负荷告警动作逻辑图

2）电容器过负荷保护动作逻辑见图 6-56。

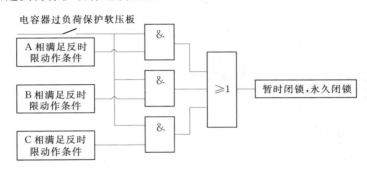

图 6-56　电容器过负荷动作逻辑图

电容器过负荷保护为反时限动作曲线。电容器过负荷保护第一次动作后，控保系统发合三相旁路断路器令。待经过电容器过负荷保护重投时间延迟后，控保系统发分旁路断路器令，串补重投。在 60min 内，电容器过负荷允许重投次数为整定值。如果在 60min 内，电容器过负荷动作次数达到允许重投次数时，控保系统永久闭锁。

（2）电容器不平衡保护。本保护包括电容器桥 1、电容器桥 2 不平衡告警、低值保护、高值保护 3 组不同的定值及延时水平。告警与低值保护体现了不平衡电流与电容器电流之间的比值关系，当电容器电流小于启动值时，告警和低值旁路功能被自动闭锁；高值保护只与不平衡电流有关。不平衡告警仅发信息，不平衡保护发旁路断路器三相合闸命令，并启动永久闭锁。

电容器不平衡低值保护分为"保护启动"和"保护旁路"前后两个行为。当低值保护动作条件持续时间大于低值保护启动延时定值时，低值保护进入启动状态，但不旁路串补，之后当保护旁路延时定值到时，控制保护装置才发出旁路串补命令，并启动永久闭锁。工程中，电容器不平衡低值保护的启动延时定值和旁路延时定值相差几到几十分钟，运行人员（调度人员）可以在这段时间内（串补尚未退出期间）完成对本线路上重要负荷的转移操作。

1）电容器桥 1、桥 2 不平衡告警保护动作逻辑见图 6-57。

上图中 I_s 为电容器电流启动值，其设定值为 0.1 倍电容器组额定电流，I_{set1} 为整定的比率值。电容器不平衡告警动作后控保装置"告警"灯点亮，启动录波，上送 SOE，点

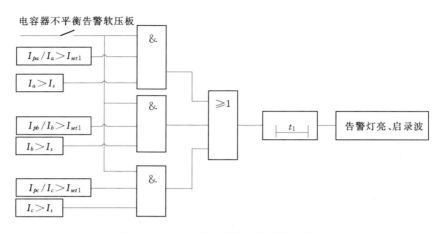

图 6-57 电容器不平衡告警动作逻辑图

亮相应光字牌。

2）电容器桥 1、桥 2 不平衡低值保护动作逻辑见图 6-58。

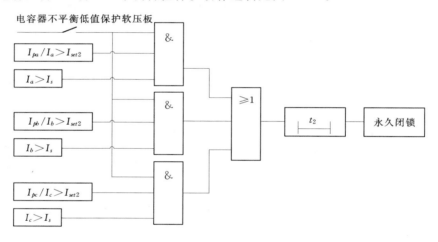

图 6-58 电容器不平衡低值动作逻辑图

电容器不平衡低值动作后控保装置"事故"灯点亮，启动录波，上送 SOE，点亮相应光字牌，串补永久闭锁。

3）电容器桥 1、桥 2 不平衡高值保护动作逻辑见图 6-59。

电容器桥 1、桥 2 不平衡高值保护动作后控保装置"事故"灯点亮，启动录波，上送 SOE，点亮相应光字牌，串补永久闭锁。不平衡高值动作时间延迟远远短于不平衡低值和告警时间延迟。

2. MOV 保护

MOV 并联安装在串联电容器组的两端，利用自身优越的非线性伏安特性，将串联电容器组的过电压直接限制在设计水平之内。MOV 主要技术指标为：伏安特性、绝缘水平、配合电流、额定热容量。MOV 组由 MOV_1、MOV_2 构成。MOV 保护包括 MOV 过流、MOV 能量高值、MOV 能量低值、MOV 温度、MOV 不平衡保护。

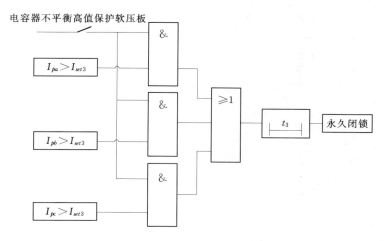

图 6-59 电容器不平衡高值动作逻辑图

（1）MOV 过流保护逻辑见图 6-60。

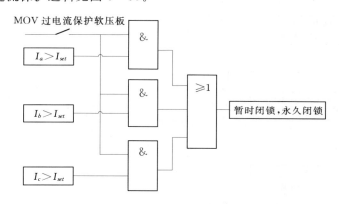

图 6-60 MOV 过流动作逻辑图

图 6-60 中，如果某相 MOV 电流（瞬时值）大于整定值时，MOV 过流保护动作。单相 MOV 过流则控保装置暂时闭锁，触发相应相 GAP；多相 MOV 过流则控保装置永久闭锁，触发三相 GAP。MOV 过流动作后，控保装置"事故"灯点亮，启动录波，上送 SOE，点亮相应光字牌。

（2）MOV 能量保护。流过 MOV 的电流转化为热量，如果吸收的热量过大将会损害 MOV。MOV 能量保护即根据公式将流过 MOV 电流转化为能量（MJ）。若单相能量低值保护动作，则暂时闭锁；若两相或三相同时发生能量低值保护动作，则永久闭锁。

1）MOV 能量低值保护动作逻辑见图 6-61。

上图中能量低值的整定由系统短路电流决定。MOV 单相能量低值动作后，串补暂时闭锁；多相能量低值动作后，串补永久闭锁。MOV 能量低值动作后，控保装置"事故"灯点亮，启动录波，上送 SOE，点亮相应光字牌。

2）MOV 能量高值保护动作逻辑见图 6-62。

任一相 MOV 能量高值动作后，串补永久闭锁。MOV 能量高值动作后，如果串补重

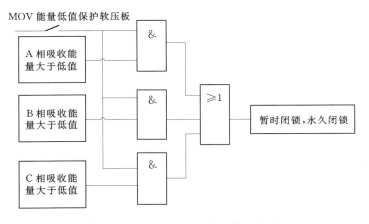

图 6-61　MOV 能量低值动作逻辑图

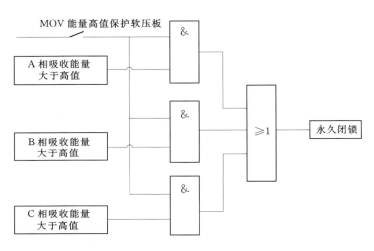

图 6-62　MOV 能量高值动作逻辑图

投到故障线路时，将又一次吸收大量的热量，将可能导致 MOV 爆炸，因此 MOV 能量高值动作后，串补永久闭锁。

3）MOV 温度保护。MOV 吸收的能量转化为热量，使 MOV 温度升高。若 MOV 温度过高会损害 MOV。MOV 温度保护监测 MOV 的温度，若一相 MOV 温度高于保护定值则合三相旁路断路器和触发相应相 GAP，并进入暂时闭锁。MOV 的温度随时间将热量散发到周围环境中，当 MOV 温度低于允许重投定值时串补自动重投，串补暂时闭锁；若两相或三相同时发生故障，则发合三相旁路断路器和触发 GAP 命令并启动永久闭锁。MOV 温度保护动作逻辑见图 6-63。

MOV 温度由环境温度和吸收的热量相叠加而成。MOV 温度保护动作后，其散热曲线也根据周围环境来确定。

4）MOV 不平衡保护。MOV 由两组 MOV1、MOV2 组成，当一组中某支 MOV 损坏时，两组 MOV 的伏安特性曲线将不同，即流过两组 MOV 的电流将不同。当 MOV 不平衡度超过保护定值，且两组 MOV 总电流大于启动值，MOV 不平衡保护动作。发合三

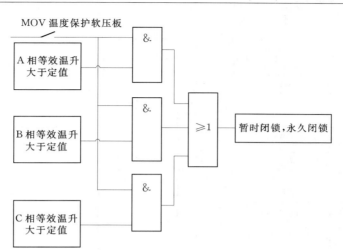

图 6-63　MOV 温度动作逻辑图

相旁路断路器令并发相应相 GAP 触发令, 串补永久闭锁。MOV 不平衡保护动作逻辑见图 6-64。

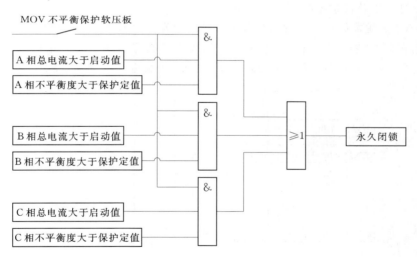

图 6-64　MOV 不平衡保护动作逻辑图

3. GAP 保护

当线路出现故障、MOV 发生过载或其他需要快速旁路串补电容器组的情况下, 由控保系统发出强制触发间隙 (GAP) 的命令, 使间隙瞬间导通, 以达到保护电容器组和 MOV 的作用。当 GAP 出现故障时, 控保系统将发合旁路断路器令, 串补进入暂时闭锁或永久闭锁。

(1) GAP 自触发保护。若某一相无 GAP 触发命令发出而检测到该相 GAP 中有流, 则认为火花间隙出现故障, 此时 GAP 自触发保护动作。发合该相旁路断路器令并进入暂时闭锁。若在 1 小时内 GAP 自触发保护动作次数达到 2 次则串补进入永久闭锁。GAP 自触发保护动作逻辑见图 6-65。

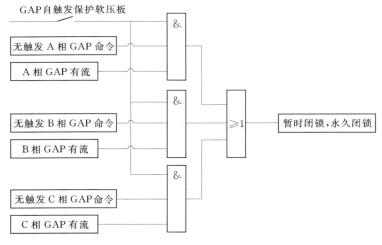

图 6-65　GAP 自触发保护动作逻辑图

GAP 自触发将导致串补装置非正常退出，降低串补设备运行的可靠性，如果不采取闭合旁路开关的措施，GAP 将面临长时间承受放电电流而烧毁的危险。因此当发生 GAP 装置自触发时，串补保护系统将合旁路开关。

（2）GAP 拒触发保护。控保装置发出 GAP 触发令后在拒触发时限内（90ms）GAP 无电流且电容器两端电压大于 1.8p.u.，则认为火花间隙出现故障，此时 GAP 拒触发保护动作，发合三相旁路断路器令并永久闭锁。GAP 拒触发保护动作逻辑见图 6-66。

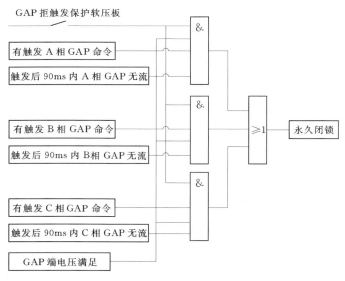

图 6-66　GAP 拒触发保护动作逻辑图

（3）GAP 延迟触发保护。控保系统 GAP 触发命令发出后在正常触发时限（20ms）内 GAP 无电流，而在拒触发时限（90ms）前 GAP 有电流，则认为火花间隙出现故障，此时 GAP 延迟触发保护动作，发三相旁路断路器合闸令并永久闭锁。GAP 延时触发保护动作逻辑见图 6-67。

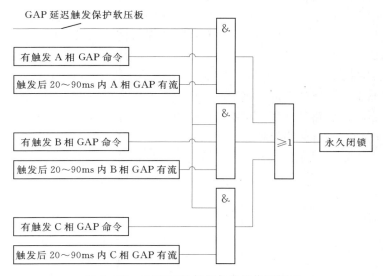

图 6-67　GAP 延迟触发保护动作逻辑图

4. 线路联动串补保护

线路发生故障时，若串联电容器未被旁路，由于电容器残压的作用，线路断路器跳闸瞬间其端口恢复电压可能会提高，从而影响线路断路器的正常开断。为了限制线路断路器的暂态恢复电压，需要采取线路断路器联动串补装置快速旁路的措施。

线路故障时，线路保护动作在跳开断路器的同时开出开关量至控保装置。控保系统检测到线路保护装置发来的联动串补信号时，若为单相线路联动，则触发相应相 GAP，合相应相旁路开关，串补暂时闭锁；若为多相线路联动，合三相旁路断路器，发三相 GAP 触发令，串补永久闭锁。线路联动串补保护动作逻辑见图 6-68。

图 6-68　线路联动串补保护动作逻辑图

图 6-68 中，控保系统 A、B 分别对应一套线路保护。"ABC 相线路联动信号"为线路保护中过电压装置发出。当线路断路器保护自动重合闸退出后，控保装置中线路故障串补自动重投功能宜退出。

5. 平台闪络保护

平台设备与平台之间的电流，正常时该电流为 0，当设备对平台的绝缘被破坏时，将有电流通过平台构成回路。当任一相平台闪络电流大于保护定值，经延时发合三相旁路断路器令并永久闭锁。平台闪络保护动作逻辑见图 6-69。

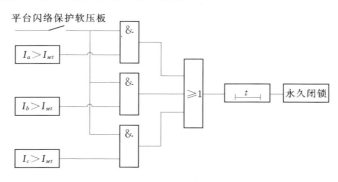

图 6-69 平台闪络保护动作逻辑图

为防止平台 TA 受电磁干扰造成误动，因此经一定的时间延迟平台闪络保护才动作。

6. 旁路断路器保护

旁路断路器保护为：旁路断路器合闸失灵保护、旁路断路器分闸失灵保护、三相不一致保护。

（1）旁路断路器合闸失灵保护。断路器合闸失灵保护是在其他保护启动后合旁路开关时，经过设定的延时后对断路器的实际位置进行检测，判断断路器是否出现拒合。旁路断路器合闸失灵保护动作逻辑见图 6-70。

旁路断路器合闸失灵保护动作后，串补永久闭锁，同时控保装置联跳线路断路器，并经线路保护发远跳令。最终后果为整条串补线路将停电，来切除串补设备故障。

考虑到动作结果的严重性，除对断路器的实际位置进行检测外，还应通过检测模拟量判断是否合闸失灵。若断路器的位置检测条件满足而电流检测条件未满足，仅发告警信息。若两者同时满足则合闸失灵保护动作。

特别的只有在串补运行状态下（即至少一个串联隔离开关在合位），旁路断路器合闸失灵动作后才会跳线路断路器和经线路保护发远跳令。否则，旁路断路器合闸失灵后只是串补永久闭锁。

（2）旁路断路器分闸失灵保护。控保装置发出分旁路断路器命令后，经过一定的延时后旁路断路器仍处于合位则分闸失灵保护动作。分闸失灵保护动作后合三相旁路断路器，串补永久闭锁。分闸失灵保护动作逻辑见图 6-71。

（3）旁路断路器三相不一致保护。旁路断路器的三相位置不一致，则经一定时间延迟后该保护动作。控保装置发合三相旁路断路器令，并永久闭锁。旁路断路器三相不一致保护动作逻辑见图 6-72。

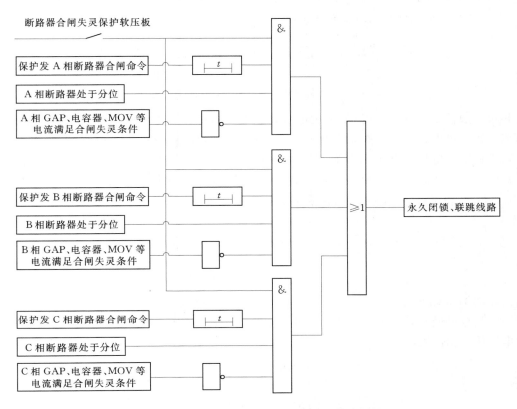

图 6-70 旁路断路器合闸失灵保护动作逻辑图

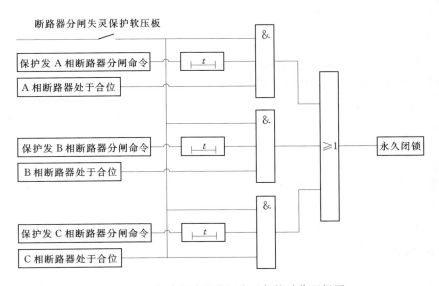

图 6-71 旁路断路器分闸失灵保护动作逻辑图

7. 电厂 SSR 联动串补

当高压远距离输电线路加装串补时，电容 C 和线路电感 L 组成一个固有谐振频率 f，

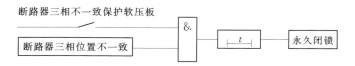

图 6-72　旁路断路器三相不一致保护动作逻辑图

此频率一般低于工频 50Hz。如果发电机轴系的自然扭振频率和该频率相加等于工频时，形成"机—电谐振"即"次同步谐振"（SSR）。次同步谐振将对发电机轴产生极大的破坏，为保护发电机若电厂 SSR 装置发来的联动串补信号有效，则控保装置立即发合三相旁路断路器令，并永久闭锁。电厂 SSR 联动串补动作逻辑见图 6-73。

图 6-73　电厂 SSR 联动串补保护动作逻辑图

8. 分段联动串补保护

串补分段设计时使用时，若有一段串补发生合闸失灵则将另一段串补也退出。分段联动串补保护动作逻辑见图 6-74。

图 6-74　分段联动串补保护动作逻辑图

9. 告警信息

（1）线路电流监视告警。当串补重投时，如果当任一相线路电流大于告警定值则说明线路故障未切除应闭锁重投。线路电流监视告警动作逻辑见图 6-75。

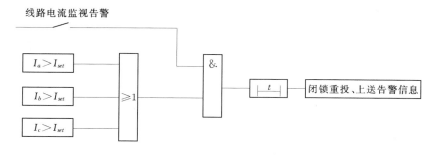

图 6-75　线路电流监视告警动作逻辑图

控保装置在自动重投前监视线路电流，如线路电流大于告警值将暂时闭锁重投。

（2）SF$_6$ 压力闭锁告警。若某相旁路断路器 SF$_6$ 压力闭锁信号有效（合位），则立即发告警信息。SF$_6$ 压力闭锁告警发生后将闭锁保护分合旁路断路器操作和旁路断路器的分合遥控操作。SF$_6$ 压力闭锁告警动作逻辑见图 6-76。

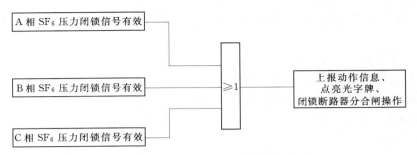

图 6-76 SF₆ 压力闭锁告警动作逻辑图

（3）旁路断路器控制回路断线告警。若某相旁路断路器发生分位继和合位继位置状态同时有效或无效，则经延时发告警信息。控制回路断线告警发生后将闭锁保护分旁路断路器操作、旁路断路器的分遥控操作。控制回路断线告警动作逻辑见图 6-77。

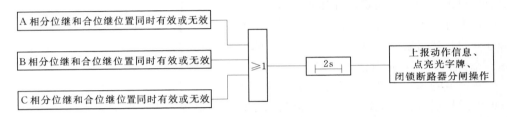

图 6-77 旁路断路器控制回路断线告警动作逻辑图

（4）旁路断路器位置不明确告警。若某相旁路断路器的分闸和合闸位置状态同时有效或无效，则经延时发告警信息。旁路断路器位置不明确告警动作逻辑见图 6-78。

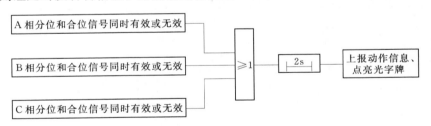

图 6-78 旁路断路器位置不明确告警动作逻辑图

（5）TA 断线告警。只有线路电流和电容器电流具有 TA 断线告警功能。若某相无流而其他相有流，则经延时发告警信息。TA 断线告警动作逻辑见图 6-79。

图 6-79 TA 告警动作逻辑图

三、串补控保系统运行维护

1. 一般运行规定

（1）串补装置控制及保护系统正常运行时应按规定全部投入。串补一次设备不允许无保护运行。有下列情况之一时，允许把其中一套控保系统退出运行，但必须得到调度的许可：

　　1）串补装置控保系统其中一套需退出运行进行校验或其他工作时。

　　2）串补装置控保系统装置故障时。

　　3）串补装置控保系统运行状况不良有误动作可能时。

　　（2）串补装置控保系统送电前应复归有关报警信号，不能复归的信号应查明是否会影响设备的送电运行。

　　（3）串补装置控保系统动作后，运行值班人员应按要求做好记录后方可复归信号，并将动作情况立即向调度汇报。

　　（4）非紧急情况下不得使用控保系统紧急旁路功能。

　　（5）串补装置控保系统在运行状态下保护投入时应先投功能压板，再投出口压板；退出时应先退出口压板，再退功能压板。

　　（6）串补控保装置永久闭锁后，其解锁过程为：先解除串补保护 A 系统永久闭锁，再信号复归；然后解除串补保护 B 系统永久闭锁，再信号复归；最后再一次解除串补保护 A 系统永久闭锁，然后信号复归。

　　（7）定值管理：串补控保装置的定值必须按照正式下发的定值单进行整定，并在调度许可退出保护后进行。更改串补控保装置整定值时，必须停用该保护装置。

　　2. 串补装置控保系统投退操作顺序

　　（1）串补控保系统装置投入操作顺序见表 6-10。

表 6-10　　　　　　　　　串补控保系统装置投入操作顺序表

序　号	项　　目
1	检查装置无异常
2	合上屏内装置直流电源空气开关
3	合上 TV 二次电压空气开关
4	检查装置指示灯正常
5	检查装置显示正常
6	投入装置相应压板

　　（2）串补控保系统装置退出操作顺序见表 6-11。

表 6-11　　　　　　　　　串补控保系统装置退出操作顺序表

序　号	项　　目
1	退出装置相应压板
2	退出装置 TV 二次电压空气开关
3	退出屏内装置直流电源空气开关

　　3. 串补控保系统维护

　　（1）串补控保 A、B 屏维护见表 6-12。

表 6-12　　　　　　　　　　　　控保系统 A、B 屏维护表

序号	检查项目	检查内容及标准	检查周期
1	外观检查	保护小室及保护屏内清洁、无灰尘；装置外观完好、无明显损坏及变形现象；端子排、光回路和电气回路连接可靠；切换开关、按钮、键盘等操作灵活；光纤、光缆、电缆无老化、破损、断裂现象；装置直流电源接头无烧焦痕迹、无异味；屏柜门关闭良好	每月
2	红外测温	保护小室环境温度在 15～40℃ 之间，相邻屏柜内端子排温度相差不大于 5℃	每月
3	声音检查	保护屏柜运行声音正常	每月
4	控制保护装置盘面检查	保护压板投退正确；各切换把手位置正确	每月
		运行灯：装置上电运行后，一直以 1Hz 频率闪烁	
		事故灯：当装置中保护逻辑单元的"事故总"光字牌变红时点亮，否则熄灭	
		告警灯：当装置中任何单元的"告警总"光字牌变红时点亮，否则熄灭	
		闭锁灯：当保护逻辑单元的"保护功能被闭锁"光字牌变红时点亮，否则熄灭	
		装置液晶显示"工作模式"、"通信正常"	
5	控制保护装置背板检查	"5V"、绿灯常亮	每月
		"24V1"绿灯常亮	
		"24V2"绿灯常亮	
		网口指示灯绿灯常亮、黄灯闪烁	
6	旁路断路器操作箱	旁路断路器操合位时，断路器操作箱 A、B、C 相合位指示红灯亮	每月
		旁路断路器操分位时，断路器操作箱 A、B、C 相分位指示绿灯亮	
		"紧急合闸"把手在"停"位置	
7	激光送能装置	串补热备及运行时：三相"TA取能"红灯点亮，三相"激光送能"绿灯熄灭	每月
		串补检修及冷备用时：三相"TA取能"红灯熄灭，三相"激光送能"绿灯点亮	
		在就地监控屏上"激光控制单元"查看：A、B、C 相激光驱动板驱动电流为"0"A（TA取能时）。A、B、C 相激光驱动板温度显示在 40℃ 以下（TA取能时）	
		激光送能装置背板"12V1"、"12V2"指示灯常亮	
8	定值区检查	检查保护装置定值区设定在"0"区	每月
9	装置采样检查	检查控保装置电压、电流采样正确	每月
10	装置时钟检查	检查保护装置与 GPS 对时正确	每月
11	空开检查	屏柜上直流空开和交流空开均在合上位置	每月
12	接线检查	屏内端子排和装置上无松动的接线	每月
		接地线可靠接地	每月
13	防潮检查	内部无凝结水现象，防火泥封堵完好	每月
14	风扇检查	如小室温度高于温控器设定值（28℃），风扇应启动	每月

（2）串补故障录波屏维护见表 6-13。

表 6 – 13　　　　　　　　　　　　串补故障录波屏维护表

序号	检查项目	检查内容及标准	检查周期
1	外观检查	保护小室及保护屏内清洁、无灰尘	每月
2	声音检查	保护屏柜运行声音正常	每月
3	面板检查	通信管理装置（HMI）电源灯常亮	每月
		进入"TFR 人机接口"界面，查看录波单元与 A、B 两套控保装置网络通信状态：通信管理单元绿灯常亮；TFR 单元绿灯常亮；通信管理单元运行状态"正在巡检"	每月
4	空开检查	屏柜上直流空开均在合上位置	每月
5	接线检查	屏内端子排和装置上无松动的接线，接地线可靠接地	每月
6	网络交换机检查	面板指示灯"POWER1"、"POWER2"、"STATUS"绿灯常亮，"ALARM"红灯常灭	每月
		背板有网线网口指示黄灯闪亮	每月
7	防潮检查	内部无凝结水现象，防火泥封堵完好	每月
8	数据备份	进行数据备份	每月

（3）串补测控屏维护见表 6 – 14。

表 6 – 14　　　　　　　　　　　　串补测控屏维护表

序号	检查项目	检查内容及标准	检查周期
1	外观检查	控保装置采用接插设备，保护小室及保护屏内环境卫生应清洁、无灰尘	每月
2	声音检查	保护屏柜运行声音正常，无异常声音	每月
3	刀闸操作箱检查	检查刀闸操作无发热、异常声音、气味等问题	每月
4	盘面检查	遥控压板投退正确；各切换把手位置正确	每月
5	装置采样检查	检查控保装置电压、电流采样是否正确	每月
6	装置时钟检查	检查保护装置与 GPS 对时是否正确	每月
7	空开检查	屏柜上直流空开和交流空开均在合上位置	每月
		TV 二次空开在合上位置	每月
8	面板检查	运行灯：装置上电运行后，一直以 1Hz 频率闪烁	每月
		事故灯：常灭	每月
		告警灯：当装置中任何单元的"告警总"光字牌变红时点亮，否则熄灭	每月
		闭锁灯：常灭	每月
		装置液晶显示"工作模式"、"通信正常"	每月
9	背板检查	"5V"、绿灯常亮	每月
		"24V1"绿灯常亮	每月
		"24V2"绿灯常亮	每月
		网口指示灯绿灯常亮、黄灯闪烁	每月
10	接线检查	屏内端子排和装置上无松动的接线	每月
		接地线可靠接地	每月
11	防潮检查	内部无凝结水现象，防火泥封堵完好	每月

（4）串补人机接口屏维护见表 6 – 15。

表 6 – 15 串补人机接口屏维护表

序号	检查项目	检查内容及标准	检查周期
1	外观检查	控保装置采用接插设备，保护小室及保护屏内环境卫生应清洁、无灰尘	每月
2	声音检查	保护屏柜运行声音正常，无异常声音	每月
3	盘面检查	检查 A、B 控保系统软压板投退正确	每月
		通信管理装置（HMI）电源灯常亮	每月
		进入监控系统中"系统辅助"查看"通道状态"显示各装置通信正常	每月
4	装置时钟检查	检查保护装置与 GPS 对时正确	每月
5	空开检查	屏柜上直流空开和交流空开均在合上位置	每月
6	24V 直流电源检查	"DC OK"绿灯常亮	每月
7	光隔离保护器	"POWER"红灯常亮，"TX"黄灯闪烁	每月
8	接线检查	屏内端子排和装置上无松动的接线	每月
		接地线可靠接地	每月
9	打印机检查	打印机能正常打印	每月
		打印纸充足	每月
		墨盒无需更换	每月
10	防潮检查	内部无凝结水现象，防火泥封堵完好	每月

（5）月度维护重点数据抄录。月度维护中将串补平台数据进行抄录，以便为设备状态分析积累运行数据。重点数据抄录见表 6 – 16。

表 6 – 16 串补平台设备重点测量值抄录表

序号	设备名称	项目	A 相	B 相	C 相
1	电容器组	不平衡电流 1			
2		不平衡电流 2			
3	金属氧化物限压器 MOV	不平衡电流 1			
4		不平衡电流 2			
5		温度			
6	TA	平台线路电流			
7		平台电容器组电流			
8		开关线路电流			
9	TV	串补线路侧电压 U_1			
10		串补母线侧电压 U_2			
11		串补电容器电压 1			
12		串补电容器电压 2			

四、技术监督项目及标准

（一）串联电容器补偿装置控制保护系统现场检验规程基本要求

（1）检验所用的仪器、仪表必须经过检验合格，其准确级应不低于 0.5 级。电压表应使用高内阻的表计。

（2）试验时如无特殊说明，所加直流电源均为控制保护屏柜正常工作电源。加入装置的试验电流和电压，如无特殊说明，均指从串补平台上数据采集设备的电压和电流输入端子上加入。

（3）试验过程中注意事项：

1）断开控制保护屏柜直流电源后才允许插、拔插件，且必须有防静电的措施。如装置包含交流电流回路，在插、拔交流插件时应防止交流电流回路开路。

2）对数据采集设备进行测试时，施加电压、电流量的幅值应在测量范围内。

3）进行电流互感器通流试验时，要确保一次和二次回路接触良好，以防通流试验时造成开路，具体试验要求可参照《继电保护和电网安全自动装置检验规程》（DL/T 995—2006）中 8.2 节的规定执行。

4）控制保护屏柜应良好可靠接地，接地电阻应符合《计算机场地通用规范》（GB/T 2887）的规定。

5）使用交流电源供电的电子仪器测量电路参数时，电子仪器测量端子与其电源应良好隔离，仪器外壳应与控制保护屏柜在同一点接地。

（二）检验项目及要求

串补装置投运后一年内必须进行第一次全部检验，以后全部检验或部分检验的安排宜与一次设备检修结合进行，具体的的检验项目和周期见表 6-17。当串补装置出现更换一次设备，或变更二次回路的情况时，还要进行补充检验，补充检验的项目包括该变更设备的全部检验项目。

表 6-17   串补装置控制保护系统检验项目

序号	检验项目	新安装检验	定期检验		检验周期	
			全部检验	部分检验	全部检验	部分检验
1	外观及接线检查	√	√	见《串联电容器补偿装置控制保护系统现场检验规程》（DL/T 365—2010）5.2.5、5.2.6、5.2.9、5.2.12	6 年	1～3 年
2	串补平台电源模块检验	√	√	见《串联电容器补偿装置控制保护系统现场检验规程》（DL/T 365—2010）5.3	6 年	1～3 年
3	电流互感器及电阻分压器的检验	√	√	见《串联电容器补偿装置控制保护系统现场检验规程》（DL/T 365—2010）5.4.2、5.4.3	6 年	1～3 年
4	光纤回路衰减检验	√	√	见《串联电容器补偿装置控制保护系统现场检验规程》（DL/T 365—2010）5.5	6 年	1～3 年

序号	检验项目	新安装检验	定期检验		检验周期	
			全部检验	部分检验	全部检验	部分检验
5	屏柜电源模块检验	√	√	见《串联电容器补偿装置控制保护系统现场检验规程》（DL/T 365—2010）5.6.2	6 年	1～3 年
6	数据采集设备检验	√	√	见《串联电容器补偿装置控制保护系统现场检验规程》（DL/T 365—2010）5.7.1	6 年	1～3 年
7	IO 接口检验	√				
8	激光功率模块检验	√	√	见《串联电容器补偿装置控制保护系统现场检验规程》（DL/T 365—2010）5.9	6 年	1～3 年
9	人机界面检验	√	√	见《串联电容器补偿装置控制保护系统现场检验规程》（DL/T 365—2010）5.10	6 年	1～3 年
10	故障录波系统检验	√	√	见《串联电容器补偿装置控制保护系统现场检验规程》（DL/T 365—2010）5.11.1、5.11.3、5.11.5	6 年	1～3 年
11	授时系统功能检验	√	√	见《串联电容器补偿装置控制保护系统现场检验规程》（DL/T 365—2010）5.12	6 年	1～3 年
12	可控串补阀基电子单元、晶闸管电子电路及光纤耦合器检验	√	√	见《串联电容器补偿装置控制保护系统现场检验规程》（DL/T 365—2010）5.13.3、5.1.4	6 年	1～3 年
13	保护功能及定值检验	√	√		6 年	
14	整组试验	√	√	见《串联电容器补偿装置控制保护系统现场检验规程》（DL/T 365—2010）5.15.1、5.15.4、5.15.7、5.15.9	6 年	1～3 年
15	系统试验	√				

（三）检查内容及标准

1. 外观及接线检查

（1）检查保护装置的硬件配置，电缆、光缆的接线及标识等应符合图纸要求。

（2）装置外观应完好，无明显损坏及变形现象，屏柜内电器的安装应符合《电气装置安装工程盘柜及二次回路接线施工及验收规范》（GB 50171—2012）第 3 章的要求。

（3）串补装置及其二次回路的绝缘检查参照《电气继电器 第 5 部分：量度计电器和保护装置的绝缘配合要求和试验》（GB/T 14598.3）的规定。

（4）保护装置的端子排、光回路和电气回路应连接正确可靠，且标号清晰准确。

（5）切换开关、按钮、键盘等应操作灵活。

（6）光纤、光缆、电缆应无老化、断裂、破损现象，二次回路接线应符合 GB 50171—2012 第 4 章的要求。

（7）串补平台电缆屏蔽层绝缘测试，检验时要解开接地点。采用 1000V 直流兆欧摇表测量电缆屏蔽层对串补平台的绝缘电阻，绝缘电阻均应大于 20MΩ。电缆的接头制作及接线工艺应符合规范。

（8）控制保护屏柜检验参见 DL/T 995—2006 中 6.3 节的规定。

（9）检查串补平台上电光转换装置是否已固定，检查电光转换装置的电连接的端子排引线螺钉压接的可靠性，检查光信号输入端是否已拧紧，检查电信号线和光纤的标号是否与图纸一致。

（10）检查光纤柱接口箱内的光纤、光缆布线是否整齐规范，检查光纤、光缆的标号是否与图纸一致。

（11）检查串补平台电缆的金属套管是否接地良好。

（12）电流互感器及其二次回路外部检查。

（13）电流互感器二次绕组与串补平台测量箱之间接线的正确性检查，电流端子联片压接的可靠性检查。

（14）电流互感器二次回路接地状况检查，要求接地符合《继电保护和安全自动装置技术规程》（GB/T 14285—2006）中第 6 章的规定，接地点没有锈蚀和松动现象。

（15）电流互感器外壳的接地状况检查，接地点无锈蚀和松动现象。

2. 串补平台电源模块检验

（1）激光送能电源模块检验：

1）额定功率光源下，光电转换电源模块接额定负载时检测其输出电压，偏差不得超过额定值的±3%。

2）正常工作状态下光电转换模块的输出功率应满足设计要求。

（2）电流互感器取能电源模块检验：在电流互感器的一次侧或二次侧加入额定电流值，且取能电源模块接额定负载时检测其输出电压，偏差不得超过额定电压的±3%。

（3）激光送能与电流互感器取能切换试验：

1）由激光送能切换至电流互感器取能时，观察 SOE 显示的信息是否正确。

2）由电流互感器取能切换至激光送能时，观察 SOE 显示的信息是否正确。

3. 光纤、光缆回路衰减检验

（1）信号光缆回路衰减的检验，按照 SJ 2668 中第 5 章的规定进行，其衰减值应符合设计要求。

（2）送能光缆回路衰减的检验，宜检测光缆输入侧、输出侧的功率，然后计算得出。

（3）检验完毕后，首先对被检光纤的接头进行清洁，再将光纤接头恢复并拧紧，并检查光纤的标号是否与图纸一致。

4. 数据采集设备检验

（1）准确度检验。利用标准信号源或其他试验装置在测量互感器的二次侧或一次侧加入指定的电压、电流量值，通过人机界面观察显示的测量值，偏差是否符合设计要求。

（2）零漂检验，按照 DL/T 995—2006 中 6.3.9 条的规定进行。

（3）线性度检验，采用和标准测量系统相比对的试验方法，按相关规定进行。

5. 人机界面检验

对人机界面的检验分别按以下三类功能进行：操作类、显示类、定值修改和设置类。

（1）对于操作类，主要检查通过人机界面分合隔离开关和旁路断路器的功能，此试验可与整组试验结合进行。

（2）对于显示类检查包括以下内容：

1）人机界面的模拟量趋势图功能检查。

2）人机界面上显示的电压、电流测量值与实际值一致性检查。

（3）对于定值修改和设置类检查包括以下功能：

1）人机界面在两套控制保护系统之间切换显示的功能检查。

2）保护参数的设置功能检查，保护定值的正确性检查。

3）保护单元的保护投退功能检查。

4）控制命令设置功能检查。

5）三相模式和单相模式的设置功能检查。

6）禁止重投模式和允许重投模式的设置功能检查。

7）人机界面控制、调节功能的设置检查。

6. 障录波功能检验

（1）手动启动录波后，检查故障录波系统是否正确录波。

（2）故障录波系统指示正确性检查，检查录波量名称、量值的正确性。

（3）对每种保护启动录波功能进行检验，确认每种保护均能正确启动录波。

（4）对数据文件检索和查找方式进行检查。

（5）检查与站内录波子站的通信是否正确。

7. 授时系统功能检验

（1）检查授时系统所显示的时间是否准确，校时功能是否正常。

（2）检查经过授时系统校时的当地工作站（如有）、远方工作站的时间是否正确。

（3）手动启动录波，从录波文件所记录的时间检查录波装置的时间是否正确。

（4）通过 SOE 上传信息检查时间是否正确。

8. 保护功能及定值检验

串补装置保护功能包括电容器保护、MOV 保护、触发型间隙保护、旁路断路器保护和其他保护功能，保护项目的设置参照 GB/T 14285—2006 中的 4.11.9 条来制定，具体检验方法与要求见表 6-18。

9. 整组试验

（1）旁路断路器及串补隔离开关的传动试验：通过人机界面分合旁路断路器及隔离开关，此试验可结合本节控制功能试验部分同时进行。

表 6 - 18　　　　　　　　　　　　串补装置保护功能检验表

保护类型	检验项目	检验方法与要求	备注
电容器保护	电容器（重复）过负荷保护	采用保护测试仪在电容器电流（或电压）测量回路内加入二次侧电流（或电压）的 95％和 105％电流进行测试，通过事件记录和故障录波、保护动作信号观察保护的动作情况； 选取动作延时较短的电容器过负荷定值，规定时间内重复在二次侧加入电容器电流（或电压）过负荷定值的 95％和 105％电流，观察重复过负荷保护的动作情况，同时观察永久旁路信号，并检查永久旁路信号产生时电容器过负荷保护重复动作的次数	规定时间内有多次过负荷，将发永久旁路指令
	电容器不平衡保护	在电容器电流测量回路内加入适当的电流，并在电容器不平衡电流测量回路内加入电流。试验时分别针对告警值、低定值、高定值加入电容器不平衡电流的 95％和 105％电流，通过事件记录和故障录波观察保护的动作情况	需测试电容器不平衡保护的告警值、低定值、高定值
MOV 保护	MOV 过电流保护	在 MOV 电流测量回路加入电流。试验时分别加入保护定值的 95％和 105％电流，通过事件记录和故障录波观察保护的动作情况。对于可控串补，动作时还应检查阀的触发指令	试验前，只投入 MOV 过流保护，其他保护退出
	MOV 温度保护	在 MOV 电流测量回路加入电流，试验时分多次加入MOV 高电流保护定值的 20％～30％电流，直至 MOV 高温度保护动作。记录 MOV 高温度保护的动作时间，通过事件记录和人机界面显示的温度数据校核保护的动作温度	试验前，只投入 MOV 温度保护，其他保护退出
	MOV 能量低值保护	在 MOV 电流测量回路加入电流。试验时分别在规定时间内加入保护定值对应的二次侧 95％和 105％电流，通过事件记录和故障录波观察保护的动作情况。对于可控串补，动作时还应检查阀的触发命令	试验前，只投入 MOV 能量低值保护，其他保护退出
	MOV 能量高值保护	在 MOV 电流测量回路内加入电流，由于各供货商的能量计算方法可能有所不同，加入电流的大小可参照供货商提供的参考值进行。通过事件记录和故障录波观察保护的动作情况	试验前，只投入 MOV 能量高值保护，其他保护退出
	MOV 不平衡保护	在各 MOV 支路测量回路分别加入不同的电流值，如保护定值的 95％和 105％，通过事件记录和故障录波观察保护的动作情况	试验前，只投入 MOV 不平衡保护，其他保护退出
间隙保护	间隙（重复）自触发保护	在间隙电流测量回路内加入电流，此电流应参照供货商给出的参考值，通过故障录波观察保护的动作情况，并观察保护动作后串补重投信号的情况 在规定时间内重复加入相应的间隙电流，使间隙自触发保护重复动作。通过故障录波观察保护的动作情况，并观察保护动作后永久旁路信号的出现情况	间隙自触发后是否进行重投，要视在一定时间内间隙重复自触发次数而定。 如果在规定时间内发生多次自触发，发出永久旁路命令
	间隙延时触发保护	在 MOV 电流测量回路内加入 MOV 高电流保护定值的 105％电流，使 MOV 高电流保护动作。该保护动作发出间隙触发指令后，延时一段时间后（视设备不同而定）在间隙测量回路加入电流，则会引起间隙延时触发保护动作。通过故障录波观察间隙延时触发保护的动作情况，并观察保护动作后永久旁路信号的出现情况	收到间隙触发命令，间隙没有立即导通，而是经过一定延时（20～90ms）导通

保护类型	检验项目	检验方法与要求	备注
间隙保护	间隙拒触发保护	在 MOV 电流测量回路内加入 MOV 高电流保护定值的 105％电流，使 MOV 高电流（或高能量）保护动作。保护动作后，由于间隙内没有电流流过，因此会引起间隙拒触发保护动作。通过故障录波观察间隙拒触发保护的动作情况，并观察保护动作后永久旁路信号的出现情况	收到间隙触发命令，间隙不导通
其他保护	串补平台闪络保护	从串补平台电流测量回路内加入电流，试验时分别加入定值的 95％和 105％电流，通过事件记录和故障录波观察保护的动作情况	
	旁路断路器失灵保护	本保护应分为断路器合闸失灵和分闸失灵两种。可依照供货商提供的校验方法进行测试，并通过事件记录和故障录波观察保护的动作情况	试验前须退出线路跳闸压板
	旁路断路器位置不一致保护	模拟三相旁路断路器或隔离开关位置不一致信号，通过事件记录和故障录波观察保护的动作情况	
	紧急旁路保护	模拟双系统均发生故障（含双系统掉电）的信号，观察旁路断路器是否处于合位	

注　1. 保护试验项目因不同厂家的配置进行增减。
　　2. 所有保护项目在设备新安装时要求 A、B、C 三相全做，以后部分检验时可任选一相来做。

（2）串补联跳线路功能试验：模拟旁路断路器合闸失灵动作，测试串补保护联动线路断路器的输出信号是否正确。在线路未停电的情况下如果进行试验，试验前必须退出联动信号的出口压板。

（3）线路联动串补功能试验：模拟线路联动信号，测试串补保护的输出信号是否正确。

（4）串补保护暂时旁路功能试验：选取可产生暂时旁路的保护，通过人机界面和故障录波检查串补暂时旁路和重投功能是否正确，A、B、C 三相每相都要检验。

（5）串补保护永久旁路功能试验：选取可产生永久旁路的保护，通过人机界面和故障录波检查串补永久旁路功能是否正确，并在不解闭锁的情况下试分旁路断路器，以分旁路断路器的操作被拒绝判定功能的正确性。

（6）监控服务器切换试验：选取可产生主从监控服务器自动切换的保护，或手动设置主从监控服务器，通过人机界面观察切换过程是否正常，此试验在年检或必要时进行。

（7）间隙触发装置检查：

1）触发板工作电源检查。

2）触发板触发信号检查。

3）触发板回检信号检查。

4）间隙触发时间检查，应不大于 1ms。

（8）控制功能试验：

1）逻辑闭锁检测。通过人机界面分合旁路断路器及隔离开关，检查旁路断路器及隔离开关的操作闭锁逻辑是否正确。

2）串补平台联锁回路检验。通过状态模拟检验串补平台联锁逻辑正确性。

3）五防功能检测。五防操作逻辑正确性的检验。

4）SOE 信息检测。通过人机界面显示的 SOE 信息，检查是否与串补装置的运行状态一致。

第四节　110kV 无功补偿设备

电力系统中，无功补偿技术是利用电感和电容不同的物理性能，电感性电流相位落后电压 90°（感性无功功率）和电容性电流相位超前电压 90°（容性无功功率），即感性无功功率与容性无功功率具有互补的特点，采用安装容性设备（电容器）或感性设备（电抗器）的方式对电力系统中不同地点（时间）需要的无功功率进行补偿，减少无功功率在系统中的流动，达到就地平衡的目的，以满足电力系统安全、经济和电压质量的要求。

无功补偿配置应贯彻"统一规划、分级补偿、就地平衡"的原则，保证在系统有功负荷高峰和负荷低谷运行方式下，分（电压）层和分（供电）区的无功平衡。分（电压）层无功平衡的重点是 220kV 及以上电压等级层面的无功平衡，分（供电）区就地平衡的重点是 110kV 及以下配电系统的无功平衡。无功补偿配置应根据电网情况，实施分散就地补偿与变电站集中补偿相结合，电网补偿与用户补偿相结合，高压补偿与低压补偿相结合，满足降损和调压的要求。

随着我国交流电力系统容量的不断增加、电压等级的不断提高和输电距离的增加，无功补偿技术和补偿设备有了较快发展，尤其是并联电容器装置有了更快的发展。1000kV 特高压变电站内常用的无功补偿装置主要有并联电抗器和并联电容器。本章将着重介绍特高压变电站所采用的 110kV 无功补偿装置。

一、基本原理

（一）电力系统的无功功率

在电力系统正常运行中，无功功率是表征电源与储能元件间的瞬时能量交换。正常运行方式下的发电机都被认为是发出无功功率。那么人们约定凡是无功功率方向与其相同的都被认为是在发出无功功率，称为无功电源，反之称为无功负荷。

输电系统无功补偿是电力工业常用的方法。电力系统必须向各种各样的负荷提供电力，因为向用户收费是根据所用有功功率和相应时间，而且输电线路是用来输送有功功率的，所用有功功率总是受到关注。但是电力负荷所需无功功率也必须通过电网输送，在电力系统中通常是通过无功补偿满足这些无功需求，常用的方法是靠近负荷加装并联电容器。

并联电容器向连接点提供无功功率，与补偿点连接的所有线路都将受到不可控的影响；尽管并联设备是一种很好的电压控制方式，但对通过系统的纵向潮流没有明显的控制作用。

在超高压电网中，由于电压等级高，输电线路长，其分布电容对无功功率平衡有较大的影响。当传输功率较大时，线路电抗中消耗的容性无功功率将大于线路分布电容产生的容性无功功率,线路为无功负荷;而当传输功率较小(小于自然功率)时,线路分布电容产生的容性无功功率大于线路电抗中消耗的容性无功功率,线路为无功电源。但在实际运行中,按线路最小运行方式配置的补偿度约为70%的并联电抗器是长期运行的,这对线路传输功率较大时的无功功率平衡是不利的。另一方面,无功功率的产生基本上没有损耗,而无功功率沿着电网的传输却会引起较大的有功功率损耗和电压损耗,故无功功率不宜长距离输送。所以一般在500kV枢纽变电站主变压器低压侧安装无功补偿装置,来满足无功功率的就地平衡,使其平衡在系统额定电压运行水平。因此无功补偿对于平衡超高压电网中无功功率起着非常重要的作用。

(二) 补偿方式的分类

电网的无功平衡是电网运行中的一个重要问题。所谓无功平衡就是指在电网运行的每一时刻,电网中各无功电源所发出的无功功率要等于电网中各个环节上的无功功率损耗和用户所消耗的无功功率(即无功负荷)之和。无功功率平衡直接关系到电网的运行电压水平,电网的无功功率平衡是维持电网电压水平的首要条件。电网无功电源的配置与电网调压措施的实施是一个密不可分的整体,两者相辅相成。当电网无功电源充足时,电网运行电压就高;当电网无功电源不足时,电网运行电压就低。因此,各级调度、运行人员必须加强对管辖范围内的各级运行电压的监视和调整工作。

在电力系统中,由于无功功率不足,会使系统电压及功率因数降低,从而损坏用电设备,严重时会造成电压崩溃,使系统瓦解,造成大面积停电。另外,功率因数和电压的降低,还会使电气设备得不到充分利用,造成电能损耗增加,效率降低,从而限制了线路的送电能力,影响电网的安全运行及用户的正常用电。

在电力系统中除发电机是无功功率的电源外,线路的电容也产生部分无功功率。在上述两种无功电源不能满足电网无功率的要求时,则需要加装无功补偿设备。

补偿方式可以分为有源和无源两类。

(1) 无源补偿。有并联电抗器、并联电容器和串联电容器。这些装置可以是固定连接式的或开闭式的。无源补偿设备仅用于特性阻抗补偿和线路的阻抗补偿,如并联电抗器用于输电线路分布电容的补偿以防止空载长线路末端电压升高;并联电容器用来产生无功以减小线路的无功输送,减小电压损失;串联电容器可用于长线路补偿(减小阻抗)等。

(2) 有源补偿。通常为并联连接式的,用于维持末端电压恒定。能对连接处的微小电压偏移作出反应,准确地发出或吸收无功功率的修正量。如作为内在固有控制的饱和电抗器,作为外部控制的同步补偿器和可控硅补偿器。

(三) 特高压输电系统无功补偿的原则

(1) 低压无功补偿设备用于平衡传输不同有功功率时输电线路上的无功功率,使特高压输电线路端电压在合理的范围内。无功配置应满足分区平衡原则,特高压节点电压控制在1000~1100kV之间。

(2) 特高压输电线路充电功率大,空载时线路电压高,低压无功补偿装置应能满足投切空载线路的要求,保证线路两端电压低于1100kV。

(3) 低压无功补偿设备分组容量应满足电压波动要求,投切时引起的中压侧电压波动应不超过额定电压的2.5%。

（4）低压无功补偿容量应不超过第三绕组容量。

（5）低压无功补偿设备的配置应结合变压器分接头位置调整进行，以保证满足无功平衡要求时，节点电压不越限。

（四）特高压变电站 110kV 无功补偿装置典型配置

特高压变电站站内 110kV 母线发生故障的可能性极小，因此特高压变电站 110kV 接线形式一般均采用单母线接线。该接线具有简单清晰、设备少、操作方便以及便于扩建的优点。

鉴于特高压变电站的可靠性要求，为了提高特高压主变压器高中压侧传递功率的可靠性，减少 110kV 侧故障对主变压器安全运行的影响，在主变压器 110kV 设置总断路器。

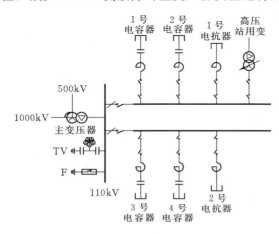

图 6-80　特高压变电站 110kV 典型配置图

由于主变压器第三绕组一般装设 4 组 210Mvar 电容器组、2～4 组 240Mvar 电抗器，总负荷电流较大，110kV 进线总回路断路器的额定电流将大于 5000A。按照目前国内开关厂家的制造能力，现有 110kV 等级断路器无法满足该额定电流值的要求，需要将母线分为两段，分两台断路器接入主母线，即每台主变 110kV 侧装设两台总断路器，对应每台断路器设置一段 110kV 分支母线，分别与无功补偿装置相连。

特高压变电站 110kV 电气接线典型配置（4 组电容、2 组电抗及 1 组站用变）见图 6-80。

二、110kV 并联电容器组

随着我国超高压、特高压工程的快速发展，并联电容器装置呈现出电压等级越来越高（66～110kV）、单组容量越来越大（150～210Mvar）的特点。特高压变电站 110kV 并联电容器装置容量达到 210Mvar，为满足保护的灵敏性、可靠性要求，特高压变电站 110kV 电容器组采用的单星形双桥差结构，主要由并联电容器（带内熔丝和内放电电阻）、高压断路器、串联电抗器、氧化锌避雷器、接地隔离开关、桥差电流互感器、汇流管母线、连接软铜绞线、支柱绝缘子和搁置电容器的积木式钢构架等设备组成。

（一）并联电容器

1. 电容器的概念

电容器是用来储存电荷的电器，最简单的电容器由电介质和被它隔开的两个金属电极组成。当电极间施加电压 U 时，电极上分别聚集了大小相等、符号相反的电荷 $+Q$ 与 $-Q$，电荷与电压的比值称为电容，用 C 表示，以表达电容器储存电荷的能力。表达式如下：

$$C = \frac{Q}{U}$$

式中：C 为电容，F；Q 为电荷，C；U 为电压，V。

电容器元件是电容器内部由电介质和被它隔开的电机所构成的部件，一般由电介质和电极卷绕而成。

电容器单元是相对于电容器组而言的对电容器的一种称呼，它是电容器组的组成单元，实际上就是容量较小的单台电容器，是由一个或多个电容器元件串并联装于同一个外壳中并有引出端子的组装体。

2. 电容器的作用

并联电容器主要用于补偿电力系统感性负荷的无功功率，以提高功率因数，改善电压质量，降低线路损耗。

电网中的电力负荷如电动机、变压器等，大部分属于感性负荷，在运行过程中需向这些设备提供相应的无功功率。在电网中安装并联电容器等无功补偿设备以后，可以提供感性负载所消耗的无功功率，减少了电网电源向感性负荷提供、由线路输送的无功功率，由于减少了无功功率在电网中的流动，因此可以降低线路和变压器因输送无功功率造成的电能损耗。

3. 电容器单元的结构

单台电容器主要由元件、芯子、器身、箱壳四大部分组成，其内外部结构见图 6-81。

内部装设了熔丝的单台电容器称为内熔丝电容器。内熔丝是有选择性的限流熔丝，设置方法是每个元件串联一个熔丝，故也称为元件熔丝。其电气连接示意见图 6-82。

内熔丝电容器由于内熔丝开断的需要，单

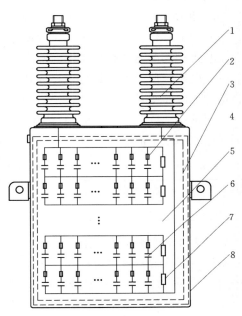

图 6-81 电容器外形及内部结构
1—套管；2—内熔丝；3—器身；4—芯子；
5—液体介质；6—元件；7—放电
电阻；8—箱壳

台电容器内部元件并联数要求较多，元件串联段数要求较少，自然电容器的额定电压较低，通常可取到 5~6kV。在整组和单台电容器容量都不变的条件下，单台电容器的额定电压越低，则电容器组中电容器的串联台数就越多，每串段并联台数可以大为减少。内熔丝电容器既摆脱了外熔丝的困扰，又避开了无熔丝电容器内部元件串联数要求大的特殊要求，是特大型电容器组的最佳选择。

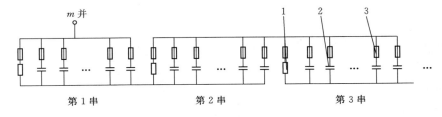

图 6-82 内熔丝电容器芯子电气连接示意图（m 并 n 串）
1—放电电阻；2—元件；3—内熔丝

内熔丝熔断原理：与击穿元件相串联的内熔丝的熔断主要靠与击穿元件相并联的其他完好元件组上的电荷（或能量）对熔丝放电来实现的。为了使与击穿元件相串联的熔丝熔断，故障串联段中并联元件的数量必须足够多，以便使与击穿元件相串联的内熔丝获得足够的熔断能量，经过计算每个串联段中最小的并联元件数不得小于 7 个。但电容器内熔丝动作 1 根或 2 根时，电容器保护便可发报警信号；动作 3 根或 4 根时，保护便可动作于开关跳闸，停运整组电容器。

4. 并联电容器组电压等级的确定

并联电容器装置的额定电压（或称电容器组额定电压）的取值，是根据接入系统设计电压和无功调节需求综合考虑后确定的。取值原则：必须考虑最高运行电压，同时兼顾最低运行电压，使设备容量得到充分利用，技术经济效益得到保证。对于交流特高压工程，合理的取值原则是：126/1.05kV。

根据系统计算，1000kV 特高压系统用电容器装置单组额定容量为 210Mvar，那么在不同电压等级下的电流值计算结果见表 16 - 19。

表 6 - 19　　　　　　　　　210Mvar 电容器装置不同电压、电流值

系统电压/kV	66	110	220
电容器装置电流/kA	1837	1102	551

从表 6 - 19 中不难看出，若 1000kV 系统用电容器装置选用 66kV 为额定电压，则电容器组用断路器就很难选；若选用 110kV 为其额定电压，则必须选用大容量断路器；若选用 220kV 为其额定电压，则断路器问题就较易解决。但从变压器制造而言，选用 220kV 第三绕组则制造难度最大，110kV 次之，66kV 最易。因此，综合考虑选用 110kV 为变压器的第三绕组电压等级配置电容器补偿装置较为合理。

5. 并联电容器组的布置

组合框架式是特高压变电站目前使用最普遍的一种并联电容器组型式。这种布置方式可以根据电容器组的容量，按照串并联的方式将单台电容器组合起来，采用架台绝缘。主要特点是生产厂家多，技术成熟，具有丰富的运行经验。电容器组采用大量绝缘子和大地绝缘，降低了设备整体的抗震性能。整组设备占地面积相对较大。特高压变电站现场布置型式及电容器组布置图分别见图 6 - 83 和图 6 - 84。

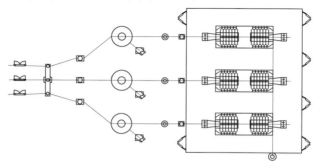

图 6 - 83　110kV 无功补偿装置示意图

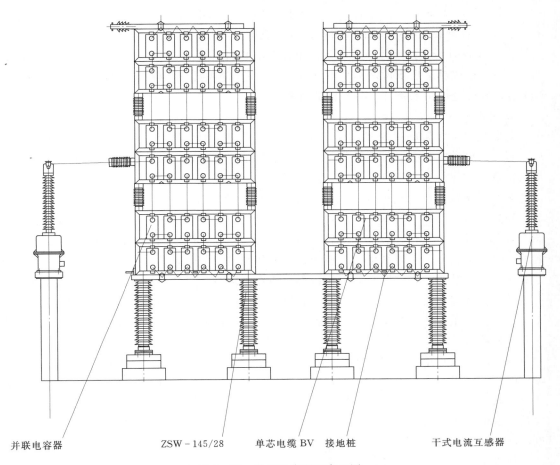

并联电容器   ZSW-145/28   单芯电缆 BV   接地桩   干式电流互感器

图 6-84　单相电容器组布置图

　　围栏内仅布置电容器组成套设备，布置方式与 500kV 变电站相同。三相电容器组按相分列布置，相间设置检修通道，通道宽度要考虑检修车的通行，同时在围栏的不同方向设置多个人和检修车进出的网门。

　　以特高压长治站 110kV 低压电容器组为例（见图 6-85），每相电容器组采用两个塔架（又称双塔）结构，单相连接为 12 串 12 并，由 144 台电容器单元组成；每个塔架接线 6 串 12 并，共 6 层，每层 12 台电容器，采用侧卧布置方式。两塔连成 H 型接线。每塔由 3 个绝缘平台组成，每两层电容器框架直接连接构成一个绝缘平台，绝缘平台间用 35kV 支柱绝缘子支撑。自上而下第 1 与第 2 层、第 3 与第 4 层、第 5 与第 6 层构架直接连接，构成 3 个绝缘平台；第 2 与第 3 层间、第 4 与第 5 层间用

图 6-85　电容器组现场外形图

35kV 支柱绝缘子支撑，层间最高工作电压为 13.8kV（电抗率 12%）和 12.8kV（电抗率 5%）。每个塔架最底层对地用 145kV 绝缘子支撑。每层电容器台架两侧处有两个接地引线接头供检修时用于接地。装置电容器组在左塔和右塔第 3、第 4 串间位置的两臂之间接两个 TA，构成单星形双桥差不平衡电流保护。以保护电容器组内部故障时不平衡保护在 1.3 倍元件过电压倍数条件下有足够的可靠性。

6. 并联电容器组接线方式

并联电容器装置的接线方式有三角形和星形两种，其中星型可分为单星形接线和双星形接线。三角形接线由于布置复杂、没有合适的保护装置等原因在 20 世纪 70 年代末、80 年代初逐步被星形接线取代。

单星形接线在国内外得到了广泛应用，此种接线方式可供选用的内部故障保护方式较多，布置比双星形接线简单、清晰，安装工程量比双星形接线稍小。由于单星形接线电容器并联台数较多，当任一台并联电容器退出运行后，在故障段剩余的健全电容器端子上引起的过电压值较双星形接线低，相应允许切除的并联台数多，因过电压继电保护动作使断路器跳闸的次数少，使并联电容器组内部故障退出运行的可能性也小。但是，又因为并联台数较多，故障段健全电容器对故障电容器的放电电流较大，当超过故障电容器可承受的能量时，会发生爆炸等严重事故。因此，单星形接线需根据单台电容器的耐爆能力确定最大允许并联台数。

双星形接线是单星形接线派生出的一种接线方式，其保护接线简单，且不受系统故障、电压波动以及高次谐波的影响，但安装工作量较大，安装时三相电容值调配平衡较复杂。并联电容器组投入电网时产生高频率大幅值的合闸涌流，会在中性点电流互感器的一次及二次侧产生瞬时过电压及过电流，使电流互感器损毁，因此需采取措施限制合闸涌流；此外，若电容器组在一臂发生短路，中性点电流互感器会承受较大的短路电流，其动稳定很难满足要求。单星形接线和双星形接线方式比较见表 6-20。

表 6-20 单星形接线和双星形接线方式比较

接线方式	内部故障保护方式	工程应用范围	优缺点
单星形	开口三角电压保护	10kV 并联电容器组	内部故障保护方式较多；布置简单、清晰；安装工程量小；故障段剩余的健全电容器端子上引起的过电压值较低，并联电容器组内部故障退出运行的可能性小。 并联台数较多，故障段剩余的健全电容器对故障电容器的放电电流较大，需限制最大并联台数，以免发生故障电容器爆炸等严重事故
	相电压差动保护	35kV、66kV 并联电容器组	
	桥差不平衡电流保护	66kV 并联电容器组 500kV 滤波电容器组	
双星形	中性点不平衡电流保护	10kV 并联电容器组	保护接线简单，且不受系统故障、电压波动及高次谐波的影响。 安装工作量较大，需限制合闸涌流，中性点电流互感器的要求较高

由表 6-20 可以看出，随着电压等级的提高、电容器组容量的增大，单星形接线应用较广泛。因此，特高压变电站低压电容器组推荐采用单星形接线双桥差不平衡电流保护方

式，双桥差接线方式在国内外均属首创。

7. 并联电容器组串并联方式

电容器组在低电压等级时往往只有一个电容器串联段。当电容器组用于 35kV 及以上电压等级时，往往需要两个及两个以上电容器串联段。对于有熔丝电容器组（包括外熔丝电容器和内熔丝电容器），先并后串接线可以帮助熔丝动作，并在动作后使健全电容器获得均压作用，增加或延长电容器组的稳定运行时间。先并后串接线受最大并联台数的限制。为了使熔丝动作更有效、可靠，电容器单元的额定电压有向较低值选取的趋势，从而使电容器组的串联数增多、并联数减少。反之，为了保证个别元件击穿不会对单台电容器造成较大影响，无熔丝电容器单元的额定电压往往选择得较高，从而使电容器组的串联数减少、并联数增多。对于无熔丝电容器组，采用先串后并接线，虽然不受最大并联台数的限制，但也失去了上述有熔丝电容器组先并后串的诸多好处，而且还会大大降低电容器组内部故障保护整定值，使保护不满足可靠性要求。因此，特高压变电站低压电容器组的串并联方式应在保证最大并联台数的前提下先并后串，典型接线方式有"两并三串三支路"方式和"三并三串两支路"方式，见图 6-86。

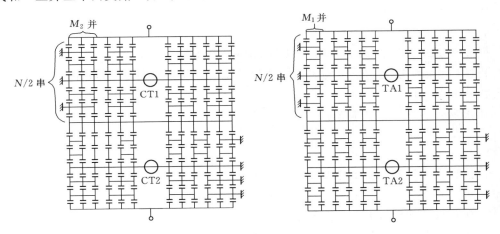

图 6-86　电容器组典型接线图

8. 并联电容器组型号意义

装置型号由装置代号、系列代号、第一特征号、第二特征号、第三特征号和尾注号组成，形式如下：

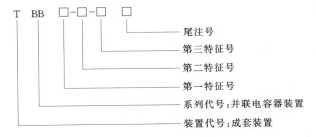

特征号及尾号含义如下：

第一特征号：用以表示装置的额定电压，单位为 kV。

第二特征号：用以标示装置的额定容量，该额定容量为装置内部电容器的总额定容量，必要时可在额定容量后增加"/单台容量"，以标明组成该装置的电容器单元的额定容量。单位均为 kvar。

第三特征号：用以标识电容器装置的相数，单项以"1"表示，三相不表示。

尾注号：用以表示主接线方式和电容器组的继电保护方式，用两个大写汉语拼音字母表示。第一个字母表示主接线方式，字母含义如下：

A：单星形（Y 接线）

B：双星形（Y－Y 接线）

C：三个单星形（YYY 接线）

第二个字母表示电容器组的继电保护方式，字母含义如下：

C：低压差动保护

L：中性线不平衡电流保护

K：开口三角电压保护

Q：桥式差电流保护

Y：中性点不平衡电压保护

型号为 TBB110－200500/464－AQW 型电容器组就可以理解为：110kV 并联电容器成套装置，单星型接线，采用桥式差电流保护方式，额定容量 200500kvar，电容器单台额定容量 464kvar。

9. 并联电容器组的运维要求

（1）投运前检查。

1）外观检查。

a. 清理现场和基础上的杂物，确认没有安装工具、材料遗留在现场，现场应清洁、整齐。

b. 确认设备的机械部件是否完好。

c. 清洁绝缘子、套管的表面，防止污闪。

d. 检查绝缘子、套管是否破裂，是否渗漏。

2）电气连接检查。

a. 确认一次接线是否正确。检查电容器、氧化锌避雷器、电流互感器及母线等其他元器件是否连接正确、接触良好。确认接线无误后方可进行试投。

b. 保证带电部分至接地部分的净电距离，不同相带电体之间的净电距离，相对中性点之间的净电距离应符合国家有关标准的要求。

c. 装置接地端与主接地网是否有两处以上可靠连接，等电位点连接是否牢固可靠。

3）电气性能检查。

a. 测量单台电容器的电容量以检验标牌的正确性，按装置总图要求作电容配平检验。对电容器逐台做好记录和校验，并为今后比对提供依据。

b. 验证相间、臂间、串段间的电容值是否在允许的偏差范围之内。

c. 验证断路器、隔离开关和接地开关的动作情况，可参照厂家说明书要求进行。

d. 继电保护整定值的调整按下列原则进行：

a）应检查各保护继电器是否完好无损。

b）母线过电压保护继电器整定值为 1.1 倍装置额定电压，延时 10s 动作。

c）失压保护继电器整定值为 60% 装置额定电压，延时 0.5s 动作。

d）过负荷保护继电器整定值为 1.3 倍电容器组额定电流，延时 0.5s 动作。

e）电流速断保护继电器整定值为 4～5 倍电容器组额定电流，延时 0.1s 动作。

f）不平衡保护继电器（上、下桥差），报警按内熔丝动作 1～3 根整定，延时 10s 动作于报警；跳闸应按电容器单元内部元件运行电压不大于 1.3 倍元件额定电压或（按电容器单元故障电流不大于 1.5 倍单元额定电流整定），延时 0.1～0.2s 动作于跳闸；为了躲开正常情况下的不平衡电流，动作值还应大于 10 倍不平衡值，报警值还应大于 2 倍不平衡值。

g）电容器装置单相接地故障，可利用电容器装置所连接母线上的绝缘监察装置进行检出，带延时动作于信号，应尽快将电容器装置退出运行。对于容量较大的并联电容器装置当危及人身和设备安全时，应装设动作于跳闸的零序电流接地保护，其整定值应躲过不平衡电流，带短时限动作，并宜设置外部短路的闭锁。可靠系数、灵敏系数均可取 1.5。

e. 接地隔离开关应打开，临时接地线应拆除。

f. 将围栏门关好、上锁，防止任何人接近带电部分。

g. 应对拟接入的背景谐波进行测试。谐波电压畸变率和谐波电流超过国家标准的需采取必要的谐波抑制手段，否则不宜运行该装置。

（2）试验。

1）验证电容器装置继电保护和保护信号通道的接线是否正确。不接高压电源，在二次回路中输入各种故障信号，各保护继电器应能正常动作，高压断路器应能正常投切。在试验过程中，为避免高压断路器投切次数过多，可拆除断路器合闸小母线熔断器。同时，应拆除电压互感器的二次接线，以防止高压反送。

2）配套件检验，按各配套件的标准检查和验收并联电容器、干式空心串联电抗器、电流互感器、氧化锌避雷器、过电压阻尼装置、接地开关、棒形支柱绝缘子、紧固件等。

3）加 1.1 倍额定电压 10min 试验：（如受试验条件限制，也可加额定电压进行试验。）确认设备和装置等具备加压的条件，加 1.1 倍额定电压 10min，记录每相电流值，观察设备有无异常。

4）如条件具备，可进行装置投切试验 3 次，并检查相应的涌流和操作过电压波形是否在允许的范围内。

（3）试运行检查。

1）验证投运后电压是否接近期望值。

2）验证投运后电压、电流和输出功率是否在额定值范围之内。

3）在电容器组投运后 8～24h 内，重新检查电容器组的三相电流平衡情况。

4）验证投运后，电容器装置没有谐波电流放大、谐波电流在装置允许的范围之内。

5）监测电气接头和设备表面的温升情况，并定时记录。

6）通过信号继电器和指示灯观察保护的动作情况。

7) 电容器组保护动作后，应检查所连电容器是否损坏。在未经检测核实以确认无故障之前，不得再投运，避免电容器带伤投运而引起爆炸起火。

8) 在保护动作跳闸尚未找出原因并正确处理之前，不得重新合闸。

9) 装置严禁设置自动重合闸。

（4）试运行后检查。

1) 观察电容器是否发生渗漏、接头是否变色、外壳是否鼓胀和破裂。

2) 观察地面油迹。

3) 观察电气连接过热征候。

4) 检查断路器分闸和跳闸回路是否良好。

5) 检查是否有放电痕迹。

6) 检查连接是否松动、导线是否磨损。对电容器出线端重新扭紧一遍。

7) 检查电流/电压互感器、控制/保护回路和断路器的整定和动作是否正确。

8) 测量单台电容器的电容量，并与原先的记录相比较。

10. 并联电容器组一般维护规定

（1）值班人员应做好运行情况的详细记录。在试运行后的 24h 内，要经常注意观察母线的电压是否接近期望值和装置的每相电流是否在额定值范围内。各相负荷应当平衡，注意防止轻负荷时电压升高。试运行后，再一次检查各接线端是否扭紧。

（2）观察装置各部件的运行情况，建议每天进行。及时清扫各套管表面和各电器外壳、构架，以防引发意外事故。试运行一星期后开始进行常规检查；电容器是否渗漏、接头是否变色、外壳是否鼓胀和破裂；观察地面油迹；观察电气连接过热征候；检查断路器分闸和跳闸回路是否良好；检查是否有放电痕迹；检查松动的连接、磨损的导线。如无异常，3～6 个月进行一次常规检查，并拧紧全部电气接头。

（3）通过无功表和电流表，观察装置的容量和负荷是否三相平衡并在允许的极限范围内。通过信号继电器和指示灯观察保护的动作情况，在保护动作跳闸尚未找出原因并正确处理之前，不得重新合闸，避免电容器带伤投运而引起爆炸起火。

（4）投入变压器或并联电抗器时，应先投变压器或并联电抗器，带上正常负荷后投电容器装置。切除时，则按相反顺序，以避免装置与系统产生电流谐振而损坏。

（5）定期进行电容器组单台电容器电容量的测量，并与原先的记录相比较。

对于内熔丝电容器，单台 334kvar 以上容量的，当电容量减少超过 3％时，应认真检查，发现问题应退出运行。

若电容器损坏需要更换新电容器时，应注意使其额定电压及电容量、外形尺寸应满足相关要求，并且满足电容配平的要求。

（6）对装置各主要部件进行预防性检查和试验：如电容器的电容量，充油电器的绝缘电阻、油面、油耐压等，要定期按它们的使用说明书进行。高压断路器的运行、维护按其《安装说明书》进行。

（7）高次谐波进入电容器装置会引起谐振和谐波放大。

电容器的容量选择以避开谐振点和避免谐波放大为原则。同时高次谐波还会引起电容器过电流。为了降低因高次谐波引起的电容器过电流，可采取下列措施：

1）将部分或全部电容器转移到系统的其他部位。

2）加装串联电抗器，降低回路的谐振频率，以抑制高次谐波及合闸涌流。但应注意此时电容器端子上的电压将超过系统的运行电压。

3）如果电容器和谐波源共接在同一母线上，应装设滤波装置。

11. 并联电容器组一般运行规定

（1）电容器组和电抗器组不能同时投入运行。

（2）当电容器组由运行转为备用或检修后，再次投运时至少应经过 30min。

（3）就地拉、合电容器组接地刀闸时，应戴绝缘手套。

（4）电容器组的投切应在监控后台上远方操作，当监控系统出现故障时，允许在保护小室的测控装置上进行手动投切，但不允许现场手动投切。

（5）运行人员应密切监视系统无功、电压情况并及时向调度汇报，按照有关规定投切电容器组。

（6）运行中发现有电容器组发生异常时，应对该组电容器组加强监视，必要时申请调度停电处理。

（7）电容器组发生故障后应对其进行详细外观检查，电容器是否漏油，支持绝缘子是否松动、破碎，引线有无弯曲，有无异常放电声及焦糊味。

（8）一般情况下，特高压变电站低容（低抗）的状态转换及相应保护装置的投退操作，由现场根据相关规定、电压和无功控制要求，向调度申请，经许可后进行。投、退110kV 低容（低抗）需使用相应低容（低抗）支路开关，选择运行设备时应尽量保证各组低容、低抗的运行时间相对均衡。

（9）当出现 1000kV 线路开关跳开但特高压变压器 110kV 侧低容仍运行的情况时，须立即停运 110kV 低容，同时汇报调度。

（10）正常方式下，110kV 无功补偿装置因故障或缺陷停运，变电站须经调度许可及时投入备用无功补偿装置；如无法按要求进行无功补偿装置投退或 110kV 低容已无备用，须立即向调度汇报。

（11）一般情况下，110kV 侧低容正常运行或对低容进行投切时，110kV 母线电压不得超过 126kV。

（12）在 110kV 母线电压超 126kV 运行情况下，不得对 110kV 低容进行投切操作，如此时低容处于运行状态，应尽快调整 110kV 母线电压至 126kV 以下，若运行低容无法满足表 6-21 所列要求，应尽快将该低容停运。

表 6-21　　　　　110kV 母线电压超限低容最长持续运行时间

110kV 母线电压/kV	最长持续时间/min
126<U≤132	480（低容过压时间不得超过 480min/d）
132<U≤138	30（低容过压时间不得超过 30min/d）
138<U≤144	5
144<U≤156	1

12. 并联电容器巡视标准

（1）并联电容器的正常巡检项目。

1）瓷绝缘无破损裂纹、放电痕迹，表面清洁。

2）监视电容器组双桥不平衡电流值在正常范围。

3）电容器连接处无松动、过热。

4）电容器外壳无变色、鼓肚、渗漏油现象，内部无异常声响。

5）串联电抗器油漆无脱落，绕组无变形，无放电及焦味。

6）接地装置完好，接地引线无严重锈蚀、断股。

7）电容器上有无异物、鸟巢。

8）绝缘支柱完好无损。

（2）并联电容器的特殊巡检。

1）雨、雾、雪、冰雹天气应检查绝缘支柱有无破损裂纹、放电现象，表面是否清洁，冰雪融化后有无悬挂冰柱，桩头有无过热。

2）大风后应检查设备和导线上有无悬挂物，有无断线，设备连接处有无松动、过热。

3）雷电后应检查电容器有无放电痕迹。

4）大负荷或高温天气时，检查电容器、串联电抗器等有无发热现象。

5）断路器故障跳闸后应检查电容器有无烧伤、变形等。电容器温度、声响有无异常，电流互感器、过电压阻尼装置、串联电抗器、避雷器等是否完好。

6）系统异常运行消除后，应检查电容器有无放电，温度、声响有无异常，壳体是否鼓肚，串联电抗器弯管是否完好。

（3）并联电容器特殊巡检周期。

1）系统大负荷及高温时每4h巡视1次。

2）恶劣天气之后应立即巡检1次。

3）设备投入运行后的72h内每4h巡视1次。

4）电容器断路器故障跳闸应立即对电容器的断路器、保护装置、电容器、串联电抗器等设备全面检查。

13. 并联电容器组注意事项

（1）装置的围栏门、进线隔离开关、接地隔离开关与高压断路器均有电气联锁或闭锁装置，投运前必须打开接地隔离开关，并把围栏门关好上锁，运行中不允许打开。

（2）电容器组地脚、钢网围栏、电容器外壳、电抗器、电缆和电缆终端盒、高压断路器、接地隔离开关、氧化锌避雷器、电流互感器等设备的接地端均要可靠接地，并且装置与变电站主接地网的连接不得少于两处。

（3）检修时，必须停电5min后方可进入围栏。合上接地隔离开关，用带绝缘的接地金属杆短接电容器两端放电后，方可进行检修，避免陷阱电荷造成的电击事故发生。检修人员进入网门后还应将装置中性点挂临时接地线，并在装置投运前拆除。

14. 并联电容器通用检验项目

（1）电容器单元试验。

1）例行试验。

a. 外观检查。

b. 密封性试验。

c. 电容量测量。

d. 工频耐压试验（极-极、极-壳）。

e. 局部放电试验。

f. tanδ 测量。

g. 电容量复测。

h. 内部放电器件试验。

i. 内熔丝的放电试验。

2）型式试验。

a. 工频耐压试验（极-极、极-壳）。

b. 雷电冲击电压试验。

c. 热稳定试验（构架式冷却空气温度为电容器温度类别上限值加 10℃）。

d. 放电试验。

e. tanδ 及电容量与温度曲线测量。

f. 局放试验。

g. 内熔丝试验。

h. 外壳耐爆能量试验。

i. 耐久性试验。

j. 低温局部放电试验。

k. 套管试验。

3）验收试验。

a. 外观检查。

b. 极-壳绝缘电阻测量。

c. 电容量测量。

d. 极-壳工频耐压试验。

（2）并联电容器组试验。

1）并联电容器组例行试验。

a. 外观检查。

b. 电容量测量。

c. 工频电压试验（极-地）。

d. 保护装置试验。

2）并联电容器组型式试验。

按标准规定，型式试验每 5 年至少进行 1 次，除例行试验项目外，型式试验还包括如下项目：

a. 雷电冲击耐压试验。

b. 投切试验（投产后进行）。

c. 放电试验。

d. 保护试验。

3）验收试验。

a. 电容量测量。

b. 电感测量。

c. 工频耐压（极-地）。

d. 保护装置检查。

15. 并联电容器检修项目

（1）检修周期。电容器的检修周期见表6-22。

表6-22　　　　　　　　　　　　电容器的检修周期

序　号	检　修　类　别	检　修　周　期
1	日常维护	1月
2	定期检修	1年
3	特殊性检修	必要时

（2）检修项目。

1）日常维护项目。

a. 检查设备外观完整无损。

b. 检查外绝缘表面清洁、无裂纹和放电现象。

c. 检查有无渗漏油，如发现漏油应停止使用。

d. 使用在安装时红外热成像仪检查有无过热。

e. 检查是否有放电痕迹。

f. 检查连接是否松动、导线有无磨损。

2）定期检修项目。

a. 设备清扫，补刷油漆。

b. 检查设备外观完整无损，各个连接牢固可靠。

c. 检查紧固引线及电容器连接件。

d. 检查紧固绝缘支撑。

e. 检查有无渗漏油。

（二）110kV电容器用串联电抗器

由于电力系统中的负荷存在谐波电流，此电流在线路的阻抗上会形成谐波压降，因而使电力系统的正弦波电压形成畸变。并联电容器组如不串联适合的电抗器，会使电网畸变的波形更加恶化，因此要根据并联电容器组安装点的实际背景谐波大小和主谐波频率，选择合适的串联电抗器，以抑制谐波的放大。

1. 串联电抗器的作用

（1）降低电容器组的涌流倍数和频率。

（2）可与电容结合起来对某些高次谐波进行调谐，滤掉这些谐波，提高供电质量。

（3）与电容器结合起来调谐也可抑制高次谐波，保护电容器。

（4）电容器本身短路时，可限制短路电流，外部短路时也可减少电容对短路电流的助增作用。

（5）减少非故障电容向故障电容的放电电流。

（6）降低操作过电压。

2. 串联电抗器的结构

目前，串联电抗器的种类有干式空心电抗器、油浸式铁芯电抗器、干式铁芯电抗器和干式半芯电抗器等。特高压变电站一般采用干式空心电抗器，可以避免油浸电抗器漏油、易燃等缺点，维护简单，运行安全，没有铁芯，不存在铁磁饱和，线性度好。

干式空心电抗器采用多层并联筒式结构，即用较细的绝缘铝线在绕线模上绕制单层绕组，将多个单层绕组用浸渍环氧树脂的长玻璃纤维丝束包绕，构成一个包封；在依次在这个包封上同轴叠绕多个包封，包封之间用树脂玻璃纤维引拔条分隔、支撑，形成轴向散热气道。绕制完成后加热，使环氧树脂固化，形成坚固的整体，撤去绕线模后便形成了一个干式空心电抗器。

每个干式空心电抗器都是单相的，电抗器三相安装有多种方式，常采用的为分相并列呈"一"字形或"品"字形布置方式。在受场地限制情况下，还有采用三相叠装方式的。特高压变电站一般采用"一"字形布置。

为了降低过电压和涌流，有些厂家采用由电阻器与真空间隙串联组成的电容器组过电压阻尼装置能有效抑制并联电容器组的过电压，提高电网供电安全性，延长电容器组的使用寿命。由于认识和实践经验的不同，并不是每个厂家都配有过电压阻尼装置。1000kV特高压长治站一期并联电容器组就装设有过电压阻尼装置。电容器组件中串联电抗器外形图见图 6-87。

图 6-87　电容器组中串联电抗器外形图

3. 串联电抗器巡视标准

（1）正常巡检项目。

1）设备外观完整无损，防雨帽完好。

2）引线接触良好，接头无过热。

3）表面清洁、无裂纹，无爬电痕迹，无油漆脱落现象。

4）无异常振动和声响。

5）无动物巢穴等异物堵塞通风道。

6）支柱绝缘子金属部位无锈蚀，支架牢固，无倾斜变形，无明显污秽情况。

7）接地可靠。

8）场地清洁无杂物。

（2）特殊巡检项目。

1）大风扬尘、雾天、雨天外低压电抗器有无闪络，表面有无放电痕迹。

2）冰雪、冰雹外绝缘有无损伤，本体无倾斜变形，无异物。

3）故障跳闸后，未查明原因前不得再次投入运行，应检查保护装置是否正常，电抗器绕组匝间及支持部分有无变形、烧坏等现象。

4）电抗器存在一般缺陷有发展趋势时，应注意缺陷发展变化情况。

（3）特殊巡检周期。

1）系统大负荷及高温时每4h巡视1次。

2）设备投入运行后的72h内每4h巡视1次。

3）电容器组断路器故障跳闸应立即对电容器组的断路器、保护装置、电容器、串联电抗器等设备全面检查。

4. 串联电抗器的维护与保养

（1）检查电抗器外表及引出线有无损伤，如果有需尽快修复好。

（2）每年检查一次电抗器的表面绝缘漆，如有损伤或脱落应及时补刷。

（3）每年定期检测电抗器的直流电阻和工频电抗，测量值应基本一致。

（4）停电检修时检查电抗器接线端与母线排接触是否良好，发现接触不良时，需对接触面进行处理。

（5）检查电抗器绕组层间通风道是否通畅，若有异物应及时清除。

（6）备用电抗器长期储存时，应放在干燥通风的室内或棚内，防止绕组受潮，不能用塑料布将电抗器长时间遮盖。

（7）清理电抗器内外表面时，可采用擦拭、压缩空气吹或在晴好天气时用低压水枪进行冲洗。

5. 串联电抗器的试验项目

（1）直流电阻测量。在现场测量直流电阻时，宜选用双臂直流电桥。测量时应使电抗器绕组温度与环境温度基本平衡，将电阻测量值换算到75℃。

换算公式为

$$R_{75}=\frac{225+75}{225+t}R_t$$

式中：t 为测量时的环境温度，R_t 为测量的直流电阻值。

（2）工频电抗测量。

6. 串联电抗器的检修项目

（1）检修周期。干式电抗器的检修周期见表6-23。

表6-23　　　　　　　　　　　　干式电抗器的检修周期

序　号	检 修 类 别	检 修 周 期
1	日常维护	1月
2	定期检修	1年
3	特殊性检修	必要时

（2）检修项目。

1）日常维护。

a. 电抗器绕组层间通风道是否通畅，若发现鸟窝等异物，应及时清除。

b. 电抗器接线板导电接触面，确保正常无腐蚀。

c. 观察绝缘表面有无爬电痕迹和碳化现象。

d. 外壳接地良好。

e. 导电零件无锈蚀。

f. 无异常气味，无放电及灼烧痕迹。

2）定期检修。

a. 引线及绝缘子的检修。

b. 检查接地螺栓。

c. 电抗器表面绝缘涂层。一旦发现 RTV 涂层有起泡脱落现象，应及时清理并重新喷涂。

d. 电抗器的直流电阻，每次测量值应基本一致。

e. 绕组电抗或电感测量，每次测量应基本一致。

3）特殊性检修。

a. 导电部位螺栓连接情况，并确保螺栓拧紧。

b. 紧固件（穿心螺杆、夹件、拉带、绑带等）、压钉、压板及接地片的检修。

7. 注意事项

串抗正常运行时，由于漏磁较严重，运维人员不得在串抗下方区域逗留。

（三）110kV 电容器用断路器

特高压变电站 110kV 断路器分为敞开支柱绝缘子式和 HGIS 式两种，各变电站由于场地、性能等原因，采用的断路器类型不大相同。但用于 110kV 电容器组投退操作的断路器，均具备开断大容量容性电流功能。

根据国内 500kV 变电站设计及运行经验，主变 35kV 侧断路器一般采用的是敞开式 SF_6 开关设备，用于短路故障切除及无功设备的日常投切。常规 SF_6 断路器用于电容器回路日常投切的主要问题是触头烧损严重，其主要原因就是普通断路器没有针对投切大容量的电容器电流进行专业设计，国内也没有实际使用普通断路器进行投切大容量电容器电寿命的型式试验。

根据研究计算，当变电站电容器的容量超过 40Mvar 时，对无功设备的投切就必须使用专门的负荷开关来解决。长治、荆门特高压变电站采用的是敞开式支柱绝缘子式特制断路器，南阳特高压变电站就采用的是 HGIS 型负荷开关，专门用来开断电容器组容性电流。

1. 电容器用断路器的结构

（1）特高压长治站、荆门站电容器组专用断路器，采用自灭弧结构，每级为单柱单断口，呈 I 字形布置，每台断路器由 3 个单极组成，同装在一个框架上，配用弹簧操动机构进行三级机械联动操作，实现远距离电控和就地控制。断路器单极结构和断路器外形分别见图 6-88 和图 6-89。

断路器作为电容器、电抗器回路投切的专用开关使用时，其电寿命是有次数限制的。目前西开断路器电寿命大约为 200 次，ABB 断路器电寿命大约在 1000 次。达到一定次数，必须对断路器弧触头等构件进行更换后才能继续使用。

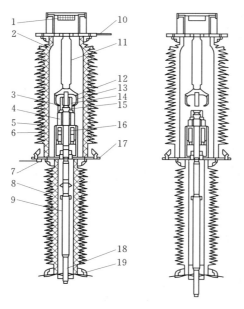

图 6-88 断路器单极结构图

1—吸附剂；2—灭弧室瓷套；3—动触头；4—压气缸；
5—活塞；6—中间触指；7—下接线端子；8—支柱瓷套；
9—绝缘杆；10—上接线端子；11—触头架；12—静弧
触头；13—静触头；14—喷口；15—动弧触头；
16—活塞杆；17—下法兰；18—操动杆；
19—直动密封装置

图 6-89 断路器外形图

（2）特高压南阳变电站并联电容器组采用的是专用负荷开关，采用的是 HGIS 结构。它的使用可解决 SF$_6$ 断路器投切电容器造成的电寿命短、回路电阻超标及投切时重燃的问题。提高了开关投切次数，减少了电容器回路频繁出现事故、检修、维护的工作量，同时有效地保护了电容器组，大大降低了电容器的故障率。

专用负荷开关的设计及试验考核标准是根据电容器、电抗器回路的特点及频繁投切工况制定，所以电寿命的考核是最重要的试验项目。但没有开断故障短路电流能力，因此不可作为断路器使用。

负荷开关单极结构和负荷开关外形分别见图 6-90 和图 6-91。

2. 断路器/负荷开关巡检

（1）110kV SF$_6$ 断路器日常巡检项目。

1）弹簧储能正常。

2）套管、瓷瓶清洁无断裂、裂纹、损伤、放电现象。

3）分、合闸位置指示器与实际运行方式相符。

4）设备连接良好，无过热、变色、断股现象。

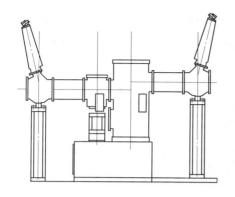
图6-90　负荷开关单极结构图

图6-91　负荷开关外形图

5）控制、信号电源正常，无异常信号发出。

6）SF₆气体压力在正常范围内，并记录压力值。

7）端子箱、机构箱内电源开关完好，名称标志齐全，封堵良好，箱门关闭严密。

8）各连杆、传动机构无弯曲、变形、锈蚀，轴销齐全。

9）接地螺栓压接良好，无锈蚀。

10）基础无下沉、倾斜。

11）定期对断路器各连接部位进行红外测温。

（2）110kV负荷开关日常巡检项目。

1）SF₆气体压力在正常范围内，并记录压力值。

2）三相分、合闸位置指示器与实际运行方式相符。

3）控制、信号电源正常，无异常信号发出。

4）后台断路器遥测值、位置指示正确。

5）断路器液压弹簧储能正常。

6）断路器各部分无异音及异味。

7）基础无下沉、倾斜。

8）接地螺栓无锈蚀。

9）端子箱内电源开关完好，名称标识齐全，封堵良好，箱门关闭严密。

3. 断路器/负荷开关试验项目

（1）出厂试验项目。

1）主回路绝缘试验。

2）辅助和控制回路的绝缘试验。

3）主回路电阻测量。

4）机械特性和机械操作试验。

5）密封性试验。

6）设计和外观检查。

7）SF₆断路器所使用的环氧树脂浇注件，在组装前应分别测量其局部放电量，且不大于 3PC。

(2) 现场交接试验项目。断路器安装完毕后应进行现场交接试验，试验应符合《高压交流断路器》(GB 1984) 和《电气装置安装工程电气设备交接试验标准》(GB 50150) 的要求。项目如下：

1) 辅助及控制回路工频耐压试验。

2) 测量主回路电阻。

3) 气体及液体介质的检验（生物与化学）。

4) SF_6 气体湿度。

5) 各种辅助设备的检验，如继电器、压力开关、加热器等。

6) 测量分、合闸绕组的直流电阻和最低动作电压。

7) 测量 SF_6 断路器的漏气率。

8) 机械操作试验。

9) 断路器闭锁装置校核试验和某些特定操作的检查。

10) 现场开、合空载架空线路、空载变压器和并联电抗器的试验（必要时）。

(3) 常规检查、维护和试验项目。

1) 预防性试验按照《输变电设备状态检修试验规程》(Q/GDW 168—2008) 的规定执行。

2) 检查项目。

a. 检查高压引线及断子板。

b. 检查基础及支架、瓷套外表。

c. 检查相间连杆、液压系统，检查机构箱、辅助及控制回路。

d. 检查分合闸弹簧。

4. 断路器/负荷开关运行规定

(1) 110kV 断路器经故障处理、检修后，应在投运前做一次遥控分闸、合闸试验，详细检查断路器的分闸、合闸情况。分闸、合闸试验时断路器两侧刀闸在拉开位置。只有分闸、合闸试验正常，才允许将此断路器投入备用或运行，否则应隔离。

(2) 110kV 断路器事故跳闸后应做好记录。

(3) 正常运行时，断路器储能正常，油位在正常的范围内。

(4) 正常运行时，110kV 断路器 SF_6 气体压力必须在正常范围内。

(5) 110kV 断路器停送电原则：送电时，先送总断路器，后送分支断路器。停电时顺序相反。

(6) 断路器现场手动储能时，应先拉开储能电机电源。

(7) 当断路器出现分闸闭锁信号时，严禁操作该断路器，并立即拉开其操作电源。

(8) 拉合刀闸前，应检查相应断路器在拉开位置。

(9) 断路器操作完毕后，必须现场检查设备实际位置指示。

5. 110kV SF_6 断路器检修项目

(1) 检修周期。110kV SF_6 断路器检修周期及断路器主触头检修周期分别见表 6-24 和表 6-25。

表 6 - 24 110kV SF₆ 断路器检修周期

序　号	检 修 类 别	检 修 周 期	说 明
1	日常维护	1 个月	检查断路器运行是否正常
2	定期检修	1 年	停电检修
3	特殊性检修	必要时	

表 6 - 25 110kV SF₆ 断路器主触头检修周期

条　件	次　数
额定电流开断	2000
额定短路电流开断	20

注 若断路器操作次数达到 3000 次机械寿命时，产品应进行大修。

（2）检修项目。

1）回收断路器中的 SF₆ 气体。

利用充放气装置将断路器内的 SF₆ 气体进行回收。

2）触头和喷口检查。

a. 静触头检查：卸下 6 个 M12 螺栓，用 2 个 M12 的螺钉将静触头座顶起来，2 个定位销不要拆卸，以备断路器检修完毕后定位用，细心取出静弧触头座。检查静弧触头的烧损情况，如果静弧触头烧损严重需要更换。

b. 动弧触头和喷口检查：检查喷口和动弧触头的烧损情况，可用喷口装配插入喷口槽中拧松拆下，检查动弧触头的烧损情况，需要更换。用扳手松开动触头，将其取出进行更换，动弧触头重新装好后，再用扳手插入新更换的喷口，在旋入喷口时，未完全旋入前稍感有些紧，必须进一步旋入，直到旋入已感到轻松时表明组装已完成。

3）瓷瓶的检查。用超声波探伤检查。

4）更换吸附剂。灭弧室打开后，就必须更换吸附剂。吸附剂装在帽盖内，每极约需 0.4kg，打开新出厂的吸附剂包装后，要注意不要使它长时间暴露在大气条件下，应尽快装入断路器后密封，并迅速地抽真空，以减少吸附剂吸收过多的大气中的水分。

5）静触头座和气封部件的重新装配。

a. 拆卸过的 O 形密封圈必须更换新的。

b. 清除密封面上的密封胶不能用锯条等硬物清理，以防划伤密封面。首先用酒精把密封面上的密封胶浸湿，然后再用竹片轻轻地刮密封胶。

三、110kV 并联电抗器组

特高压变电站 110kV 并联电抗器额定电压为 105kV，最高运行电压 126kV，额定容量 240Mvar。

（一）并联电抗器的作用

并联电抗器的作用是吸收系统无功，调节系统电压。特高压变电站低压并联电抗器配置的目的：①根据稳定导则要求，补偿变电站周围的 1000kV 和 500kV 线路的剩余充电功率；②补偿 1000kV 长距离输电线路的电容性充电电流，限制系统电压升高和操作过电压，从而降低系统的绝缘水平要求，保证线路可靠运行。

（二）并联电抗器结构及布置方式

鉴于设备运行稳定性及生产水平等因素，目前特高压变电站普遍采用干式空心电抗器，接线方式为单星形，星形中性点不接地。现场布置采用一字形或品字形两种方式。由于其容量较大，每相采用两个 40Mvar 的绕组串联运行。考虑到设备的防磁要求，一般占地面积较大。布置见图 6-92 和图 6-93。并联电抗器外形见图 6-94。

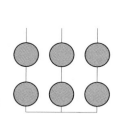 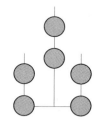 

图 6-92　一字形布置图　　图 6-93　品字形布置图　　　图 6-94　并联电抗器外形图

（三）并联电抗器的巡检

1. 低压电抗器日常巡检项目

（1）设备外观完整无损，防雨帽完好。

（2）引线接触良好，接头无过热。

（3）表面清洁、无裂纹，无爬电痕迹，无油漆脱落现象。

（4）无异常振动和声响。

（5）无动物巢穴等异物堵塞通风道。

（6）支柱绝缘子金属部位无锈蚀，支架牢固，无倾斜变形，无明显污秽情况。

（7）接地可靠。

（8）场地清洁无杂物。

2. 低压电抗器特殊巡检项目

（1）大风扬尘、雾天、雨天外低压电抗器有无闪络，表面有无放电痕迹。

（2）冰雪、冰雹外绝缘有无损伤，本体无倾斜变形，无异物。

（3）故障跳闸后，未查明原因前不得再次投入运行，应检查保护装置是否正常，电抗器绕组匝间及支持部分有无变形、烧坏等现象。

（4）电抗器存在一般缺陷有发展趋势时，应注意缺陷发展变化情况。

（四）并联电抗器的一般运行要求

（1）低压电抗器和低压电容器不能同时投入运行。

（2）低压电抗器的投切操作方式在监控后台上远方手动投切，当监控系统出现故障时，允许在就地继电器室的测控装置上进行手动投切，但不允许现场手动投切。

（3）运行人员应密切监视系统无功、电压情况并及时向调度汇报，按照有关规定投切无功补偿设备。

（4）运行中发现有电抗器发生异常时，应对该组电抗器加强监视，必要时申请调度停电处理。

（5）电抗器发生故障后应对其进行详细外观检查，每次发生短路故障后，要检查电抗器是否有位移，支持绝缘子是否松动、破碎，有无异常放电声及焦糊味。

（6）110kV 电抗器组在不同状态之间的转换由现场根据相关规定、按照电压和无功的调节需要申请，经调度许可进行。投、退 110kV 低抗需使用相应低抗支路开关，选择运行设备时应尽量保证各组低抗的运行时间相对均衡。

（7）正常方式下，110kV 无功补偿装置因故障或缺陷停运，须经调度许可及时投入备用无功补偿装置；如无法按要求进行无功补偿装置投退或 110kV 低容已无备用，须立即向调度汇报。

（8）一般情况下，1000kV 特高压变压器 110kV 侧低抗正常运行或对低抗进行投切，110kV 母线电压不得超过 115kV。低压电抗器每天投切次数不得超过 4 次，投切间隔时间不得低于 30min。

（五）并联电抗器过电压倍数及运行持续的时间

在 1000kV 特高压变压器 110kV 母线电压超 115kV 运行情况下，不得对 110kV 低抗进行投切操作，如此时低抗处于运行状态，应在满足表 6-4 所列要求的基础上，在 110kV 母线电压调整至 115kV 以下后停运低抗。

110kV 母线电压超限低容最长持续运行时间见表 6-26。

表 6-26　　　　110kV 母线电压超限低抗最长持续运行时间

并联电抗器		串联电抗器	
过载倍数（相对于额定电压）	过载时间	过载倍数（相对于额定电压）	过载时间
1.2～1.4	7d	1.35～1.5	连续
1.5	500min		
1.6	200min	1.6	8h

（六）并联电抗器的维护与保养

同第一节三（一）、三（二）。

（七）并联电抗器的技术监督及标准

同第一节四。

第七章　特高压变电站二次系统

第一节　特高压交流变电站综合自动化系统

一、变电站综合自动化简介

1. 变电站综合自动化系统概念

变电站综合自动化系统是利用计算机技术、电子电工技术、网络通信技术以及信息处理技术等手段将变电站的二次设备（如：继电保护装置、测量与控制装置、计量终端、远动终端以及故障录波设备）离散的功能经过信息交互、功能优化，从而实现对变电站设备的控制、测量、监视以及协调处理。

2. 变电站综合自动化系统发展

从 20 世纪 60 年代以来，变电站二次系统经历了由主要采用晶体管元件的分立装置、采用微处理器的自动装置以及发展到现在的变电站综合自动化系统等阶段。变电站综合自动化系统的"综合"体现在两个方面，横向实现了对变电站统一、精确地控制、测量、监视以及协调等功能，纵向实现了与电网的其他节点（如：各级调度、集控站）之间信息的实时交互，提高了电网安全运行水平，提升了企业的经济效益。

二、1000kV 变电站综合自动化系统结构

（一）变电站综合自动化系统功能模块

1000kV 变电站综合自动化系统主要包括变电站监控系统、五防系统、远动工作站等。

变电站监控系统，顾名思义就是实现对变电站设备监视和控制，从而实现数据测量和采集、设备控制、报警接收以及参数调节等，即"四遥"（遥测、遥控、遥信和遥调）功能，其核心就是 SCADA（Supervisory Control And Data Acquisition）系统，即数据采集与监视控制系统，SCADA 系统是电力系统自动化得数据源头，为电网所有自动化系统提供数据支撑。

五防系统是变电站防止误操作的主要设备，确保变电站安全运行，防止人为误操作的重要设备，任何正常倒闸操作都必须经过五防系统的模拟预演和逻辑判断，所以确保五防系统的完好和完善，能大大防止和减少电网事故的发生。

远动工作站是为电网调度自动化系统采集、传递信息的基础，是链接调度端与厂站端的关键节点，其核心是远动终端（RTU）。

（二）1000kV 变电站综合自动化系统结构

1000kV 变电站综合自动化系统基于开放式系统设计，所有的功能均采用 Client（客

户端）/Server（服务器）模式分布于网络中，具有很好的扩展性和可靠性。数据库则采用实时库与商用数据库相结合的方式以满足数据实时性和历史数据共享的要求，系统的不同模块之间使用 IEC103 规约来规范监控网络内的数据传输。

从控制结构来讲，1000kV 变电站综合自动化系统采用两层式分布控制系统，即：站控层、间隔层，两层设备之间通过双网冗余的工业以太网互联，实现间隔层设备与站控层设备间的通信。

（三）站控层设备

1. 设备组成

1000kV 变电站综合自动化系统站控层设备主要由监控服务器、操作员站、五防工作站、工程师工作站、远动工作站、告警直传工作站、网络通信设备以及其他公用设备（如打印机等）构成，一般集中布置在计算机室或主控室。监控系统的分布式设计思想就体现在站控层的布置，中央控制系统的被分解成功能明确的不同模块，分别分布在不同的处理器执行。1000kV 变电站监控系统采用了 Client（客户端）/Server（服务器）模式，其结构见图 7-1。

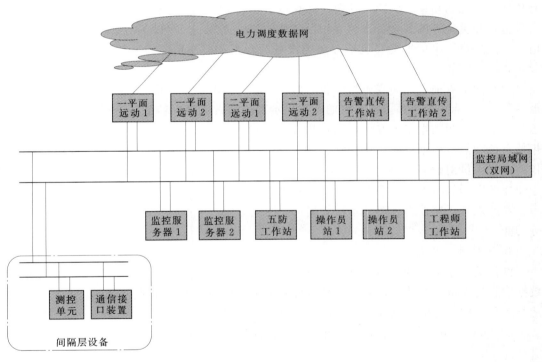

图 7-1　自动化系统结构图

2. 监控服务器

（1）监控服务器功能与配置。监控服务器是站控层设备的核心，它承担着站控层所有数据的收集、存储、处理、发送的任务，为其他站控层设备的所有操作提供服务。1000kV 变电站监控服务器采用 64 位的高档微机，存储容量大，响应速率快，数据处理能力强。服务器中除装有操作系统和响应的通信软件，数据库管理软件也安装在其中，从而能够管理网络中的各类资源，为网络上的各工作站提供各类的数据服务。在配置方式上，监控服务器采用双机冗余配置，以热备用的方式运行，当一台服务器异常时，另一台可以平稳的、无扰动的切换，它们之间的切换通过分布于服务器中的网络监控软件来实现，确保监控数据处理的不间断进行。

（2）数据库管理软件。数据库管理是整个监控系统的信息中枢，变电站繁杂、庞大的数据的各类操作（增加、删除、更新等）都是通过它来实现的，所以数据库的性能是衡量监控系统性能的重要指标。与普通数据库相比，变电站数据库在维护大量数据的同时，对数据的时效性有着严格要求。普通的关系型数据库无法满足实时数据的管理需求。1000kV变电站监控系统数据库软件一般采用实时数据库与商用数据库相结合的模式，在满足数据大量性、数据共享性、数据可靠性、分布式处理等功能需求同时，保证数据处理的实时性。

（3）数据采集。1000kV变电站监控系统采集的数据主要分为两类：模拟量、开关量。按照《1000kV变电站监控系统技术规范》（GB 24833）的规定，1000kV变电站模拟量主要涵盖一次设备电压、电流量、充油设备绕温、油温等，以及在测量量基础计算出的有功功率、无功功率、频率、功角等计算量。开关量信号分为输入信号和输出信号，输入信号包括开关类等的开合位置、变压设备的档位位置等，二次设备的故障、异常、动作等信号。开关量输出信号主要包括开关类设备的合闸和跳闸信号、变压器档位升降调节信号等。

（4）图形界面。作为变电站设备的信息中心，变电站监控系统还应具备友好美观的图形界面。1000kV变电站监控系统的图形显示系统应具备以下功能：①反应实时数据和状态：遥信、遥测数据发上变化，图形界面应能够及时响应，其时延应不大于2s；②网络拓扑着色功能：根据设备的运行状态自动着色，使运行监视更为直观；③支持各类人工操作：运行人员对设备的各类控制动作，如合闸、分闸、人工置位等均可在画面上完成；④便捷的图形编辑方式：图形的编辑、修改等操作应简洁，满足运行监视的各类需要。

除此之外，监控系统还具备报表编辑、曲线生成、历史检索、越限告警以及扩展计算等功能。

3. 操作员工作站

操作员工作站是变电站运行人员查看拓扑图形、报警信息、设备状态、报表、曲线等数据信息的人机交互接口，同时也是运行人员进行设备控制的主要平台。通过操作员站，运行人员完成对变电站全部设备的运行监视和设备控制。

1000kV变电站中操作员站采用双机冗余配置，确保运行监视、设备控制的快捷、安全。

4. 五防工作站

五防工作站与五防电脑钥匙、五防电磁电磁编码锁具等设备共同构成了变电站五防系统，执行变电站防误操作逻辑。

1000kV变电站抛弃了之前五防机与监控系统相互独立的模式，采用了与监控系统共享数据库的一体化五防系统。一体化的五防系统规避了独立五防机面临的通信协议匹配、数据库重复建模等安全隐患，它与变电站监控系统共享数据平台，网络结构简单清晰。同时，通过监控网络，它还可以利用间隔层设备来实现多层次的防误操作，即使在站控层计算机崩溃情况下，仍能依靠测控装置实现装置级的闭锁（即间隔层五防）。

5. 工程师工作站

工程师工作站是检修人员管理和维护监控系统的接口，通过工程师工作站，检修人员完成对监控系统诸如数据库维护、拓扑画面修改、配置文件更换以及报表修改等软件维护工作。

6. 远动工作站

远动工作站（RTU 终端）是变电站监控系统与调度 EMS 系统的链接纽带，通过双方协商的某种协议（如 IEC104 规约），变电站端将站内遥信、遥测、遥脉量上传调度端，同时接收调度端下发的遥控、遥调信息，实现了调度端与变电站端的信息实时交互。

1000kV 变电站目前均有两套完整、独立的远动工作站，分别对应电力调度数据网第一、第二平面。每套远动工作站配置两台远动装置，构成主备冗余的双机通信系统，双机通过以太网互相监视通信状态，保证双机的无缝、无扰动切换。通过组态配置，每台远动装置通过不同的网络通道可以同时多个不同的调度前置机进行信息交互。

7. 告警直传工作站

随着电网的发展和自动化水平的提高，1000kV 变电站少人值守甚至无人值守是一个总的趋势。传统变电站通过远动系统与调度端互联通信，但受通信规约和数据库管理的影响，远动系统只上传少量最为重要的信号，很难满足远程监控的要求。

为了满足少人值守的需要，1000kV 变电站综合自动化系统专门配置两台告警直传和远程浏览工作站，通过专用通道与调度通信。站端的告警直传工作站按照一定的标准先对自动化网络中的各类信息进行筛选、处理和优化，然后再上送到调度端前置机，调度前置机经简单处理推送到告警窗中。与远动装置不同，告警直传直接发送字符串而不是点号，这样调度端无需配置数据库，极大地减轻了维护的工作量。

（四）间隔层设备

1. 设备组成与功能

间隔层设备主要包括测控单元、通信控制接口以及与之对应的以太网交换机等网络设备。这些设备分别对应各自一次设备间隔，一般在现场保护小室就近布置，通过装置屏柜内的二次回路与一次设备控制柜连接。它们主要完成以下功能：①实现对一次设备的控制功能；②采集本间隔内遥测、遥信及设备工况信号；③可实施本间隔的操作闭锁；④承担间隔层与站控层之间的网络通信功能，实现信息交互；⑤具备检无压合闸和检同期合闸的功能。

2. 测控单元

测控单元是间隔层的核心设备，目前 1000kV 变电站测控装置都采用高集成度单片机、实时操作系统和高精度 TA/TV 构成的微机测控装置。测控单元在设计上采用面向对象思想，装置基于模件，由电源模件、CPU 模件、人机接口模件、I/O 模件以及机箱构成。以南瑞科技 NSD500V 测控装置为例，图 7 - 2 所示为 NSD500V 装置结构框图。

图 7 - 2 中，测控单元 CPU 模件内部通过 CAN 网与其他 I/O 模件通信，通过分同步脉冲同步 I/O 模件时钟，同时测控装置通过完全独立冗余的双以太网与监控系统通信。

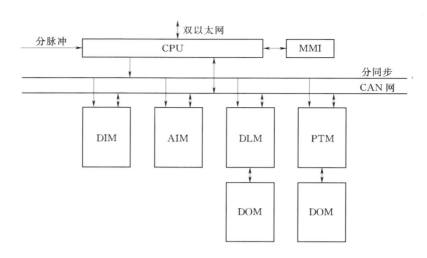

图 7-2　NSD500V 测控装置机构框图

MMI—人机接口模件；DIM—智能开入采集模件；AIM—直流模拟量信号采集模件；DLM—智能交流
采集模件；PTM—智能电压交流采集模件；DOM—继电器输出接口模件

测控装置所有的组态信息，包括间隔序号、间隔名称、IP 地址、I/O 模件配置信息、控制闭锁等，通过配置软件配置并下装到装置的 CPU 模件中。

直流模拟量采集模件主要用于采集站内的直流模拟信号，例如变压器油温、绕温等经变送器变松输出的 0～5V 或 0～20mA（或 4～20mA）信号。

智能交流采集模件与继电器模件配合使用，用于一个间隔内设备的交流信号，并对间隔内的断路器、隔离开关、接地开关等对象的控制，同时可以实现断路器的同期合闸功能。

开入采集模件用于采集站内的开关量信息，如开关位置信号、保护动作信号和各类告警信号等。

闭锁逻辑模件用于实现控制闭锁操作，即间隔层五防功能。

除采集各类交、直流量、开关量外，测控装置还担负着接收监控系统遥控命令并执行的任务。

3. 通信接口装置

通信接口装置是间隔层的信息中转站，它将不同介质、不同规约的信息进行解析和提取，转换成监控系统能够识别的标准信息，并通过数据通道传送到监控网络中。

1000kV 变电站综合自动化系统通信接口装置采用嵌入式的实时操作系统，满足实时性和分时性的需要，具备丰富的通信接口，支持多路以太网、串口等，支持多种规约，以便接入不同的智能设备，如直流系统装置、消防装置等。

三、监控系统具体功能与实现方法

（一）监控系统功能

监控系统是变电站综合自动化系统的核心模块，主要实现变电站"四遥"功能，即：遥信、遥测、遥控、遥调，同时实现五防系统通信、远动系统通信以及自动化系统网络校时等功能。

（二）遥信信号采集与生成

1. 遥信信号采集

遥信信号又称为开关量信号，包括开关位置、保护和各类设备的告警状态等，通过二次回路接入测控装置的称为实遥信或硬接点信号，通过网络通信虚拟采集的称为虚遥信或软报文信号。开关量信号经各类继电器出口触发后，经过二次回路接入到测控装置，经过光电隔离转换成"0"、"1"数字信号，其原理见图7-3。

2. 防抖延时

遥信信号在由继电器或辅助开关触发后，由于触电抖动、接触不良、强磁干扰等原因会产生抖动，这种抖动会产生遥信误报，从而影响电网运行

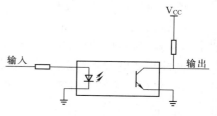

图7-3　遥信信号原理图

状态的判断，严重时会影响到电网的稳定运行。为了防止信号抖动，通常采用设置防抖延时来规避隐患。遥信信号触发后，在经过防抖延时后状态不变，该信号才被认为是有效信号，如在防抖延时内发生变位，则信号不被确认。1000kV监控系统中，防抖延时通常设置为30～60ms左右。

3. 双位置遥信

除采用防抖延时来规避遥信误报的危险外，监控系统通常采用双位置遥信来标识开关的状态。相比于单位置遥信只用一个辅助触点来判断开关状态，双位置遥信采用常开、常闭两个辅助触点来反应位置，即只有两组辅助触点位置均发生对应变化时才确认状态改变，显然双位置遥信更为严谨。1000kV变电站监控系统中，1000kV及500kV电压等级的断路器、隔离开关均采用了双位置遥信。

4. 全遥信与变化遥信

测控装置在工作中，每隔一段周期（2s）向监控系统发送本装置所有的遥信信息，即全遥信报文。当遥信状态改变后，测控装置立即向监控系统发送变化遥信信息，监控服务器解码报文后发现此遥信信号当前状态与遥信库中状态不一致，将遥信历史库中遥信状态更新，这就是遥信变位过程。全遥测与变化遥测过程与此类似。

（三）遥测数据采集与生成

1. 遥测数据采集

电力一次设备的电流、电压信号通过二次回路接入测控装置内，经装置内交流采集模件的高精度隔离互感器隔离变换后，将1A（或5A）/100V的强电信号转换成弱电信号。弱电信号经滤波整形后输入至A/D（模/数）转换器，经过A/D转换后进入CPU，经CPU处理并按一定的规约格式转换成遥测量，并按需求发送到网络，完成数据交换。

2. 遥测数据的标度系数

设备各类参数有着不同的量纲和范围，如电流互感器二次输出为0～1A（或5A），电压互感器的二次输出为0～100V。1000kV监控系统中，一个要测量用两个字节（16bit）来标识，除去校验等所占位数后有效位为11bit，即其所表示的做大值为2047。一般情况下，将电气量的额定值的1.2倍设定为其满度值，如二次电压为100V，则测控装置用

2047 来表示 100V 的 1.2 倍即 120V，此时电压的标度系数即为 120V/2047，所以测控装置最小能标识 120V/2047 即 0.0586V 电压变化，监控系统收到测控装置的遥测码值乘以标度系统即可换算出二次电压，再乘以变比系数可得到设备的一次电压。在精度要求上，《1000KV 变电站监控系统技术规范》（GBT/24833）规定，一般电压、电流、频率的精度为 0.2%，功率、功率因数精度为 0.5%。

（四）遥控命令执行过程

变电站运维中，任何错误的控制都可能带来重大损失，所以自动化系统对遥控操作的要求非常高，必须达到 100% 的准确率。

1000kV 变电站监控系统遥控操作的过程大体可分成：五防预演—遥控预置—遥控返校—遥控执行—遥信返回等几个过程，其原理见图 7-4。

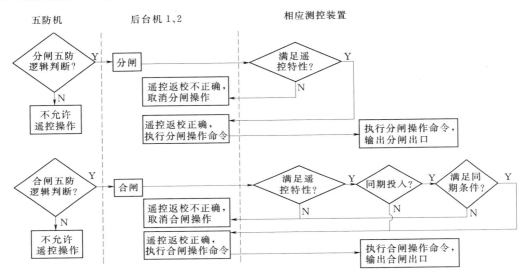

图 7-4　遥控原理框图

五防预演是指运行人员在操作前先在五防机里预演操作项目，经过五防机的五防校核后下传操作票。五防预演通过后，运行人员在操作员站相关操作界面上进行遥控操作。为了保证操作的正确性，监控系统对于遥控命令并不是直接出口，而是要经过遥控预置、遥控返送校核程序来验证操作的正确性和唯一性，确保设备安全。运行人员将遥控预置的指令发送到监控网络，操作对象所在的测控装置接收到遥控预置指令，对操作对象、操作方式、间隔层防误闭锁进行校核，校核无误，向操作员站发送遥控返校正确报文。操作员站在收到返校报文，此时才由运行人员进行遥控执行操作，测控单元收到遥控执行码并驱动出口继电器，执行分闸或合闸操作。对应设备状态发生改变并经辅助接点将遥信位置上送到操作员站，操作员站确认设备状态确已变化，此时一次遥控操作才完成。

（五）遥调命令的执行过程

遥调功能主要通过远方调节有载调压变压器分接头挡位来达到调节电压的目的。遥调对电网的干预没有遥控那么直接，所以对可靠性要求不像遥控那么高。1000kV 监控系统遥调操作不需要经过五防预演，可直接在操作员站操作，测控装置接收到遥调命令后，不经过返送校核，直接驱动继电器出口。另外，与遥控相比，遥调的操作除"升挡"、"降挡"外，还有"急停"操作，目的是防止在主变调压时滑挡，其原来是通过遥控出口回路去断开调压电源开关，从而停止驱动。

（六）自动化系统网络通信

1. 自动化系统网络结构

与普通的 500kV 变电站相比，1000kV 变电站继电保护装置、二次智能设备更多，数据流量更大，电磁干扰也更强。为了适应网络通信对实时性、稳定性和可扩展性的需要，1000kV 变电站监控系统在站控层采用了双光纤的 1000MB 以太网形成一级主干网络，在间隔层和站控层内部架设 100MB/1000MB 屏蔽双绞线双以太网，构成站内二级主干网络。局域网内双网冗余配置，正常情况下双网自动调节网络负荷，当一网故障时，另一网自动接管全部网络通信负荷，高强度网路结构保证了自动化系统在单网模式下也能满足系统可靠运行要求。

2. 自动化系统通信规约

自动化系统不同的逻辑设备是基于网络分布的，它们通过以太网连接成为一个有机的整体，一串串的二进制编码在网络中不停地被发送、接受、解析、执行，如何才能保证编码的正确解析，这就需要通信规约来规范。

数据通信规约：为保证数据通信系统中通信双方能有效和可靠地通信而规定的双方应共同遵守的一系列约定，包括：数据的格式、顺序和速率、链路管理、流量调节和差错控制等。

1000kV 变电站综合自动化系统使用了专门用于变电站内继电保护、监控系统设备通信的 IEC103 规约，远动系统与调度端通信则使用 IEC101、IEC104 规约。

需要注意的是不同厂家对规约的解释不完全相同，例如同样是基于 IEC103 规约，因为 IEC103 规约中预留的可定制项较多，不同厂家、设备的规约解释不尽相同，在实际应用中不同厂家的设备并不能直接兼容。

（七）自动化系统对时功能

随着电网不断扩大，电网中各自自动装置的不断增多，为了确保调度的统一、各类信号的精确，需要变电站内时间同步装置来给各自动装置统一授时。

1000kV 变电站采用的 GPS 与北斗系统双时钟源，在每小时内布置时钟扩展屏，为各小室内设备提供时钟信号。自动化系统站控层和间隔层分别接受时间信号。站控层中，远动装置接受时钟信号校时，然后向自动化网络发送对时报文，站控层内其他设备如服务器、操作员站等设备接收对时报文校时。间隔层内，各小室间隔层设备均接入时钟扩展屏内时间信号进行校时。

四、1000kV 变电站综合自动化系统运行与维护

（一）变电站综合自动化系统运行管理

1. 制度管理

（1）变电站综合自动化系统投入运行前，设备的技术规范书、技术说明书、运行维护手册、竣工图纸等技术资料应归档保管，据此编制的变电站综合自动化系统现场运行、操

作规程应纳入该变电站运行规程。

（2）变电站综合自动化系统历史数据应定期备份，用于拷贝数据的外接存储设备应只用于自动化系统，并定期杀毒。

（3）变电站综合自动化系统调试用笔记本电脑应专机专用，并由专人管理。

（4）变电站综合自动化系统的操作人员权限需统一管理，禁止越权操作。

2. 日常管理

（1）定期对遥信、遥测、遥控、遥调等功能的正确性进行校核。

（2）定期进行主、备通道切换，时钟信号校对。

（3）变电站综合自动化系统的数据库修改、画面修改等工作应做好记录，归档保存。

（4）变电站综合自动化系统中涉及到调度端的工作，应提前告知调度单位，远动系统工作应得到调度批准方可进行。

（5）自动化设备的检修应与一次设备检修结合进行，检修项目参考相关规程规定。

（6）监控系统出现报警时，值班人员应按照现场规程对事故和异常情况进行监控。

（7）五防解锁钥匙的使用应按管理措施授权使用。

（8）使用变电站综合自动化系统操作设备时应遵守相关规程［如《国家电网公司电力安全工作规程　变电部分》（Q/GDW 1799.1）］规定。

（二）变电站综合自动化系统常见异常处理

1. 程序出错、死机故障

自动化系统某主机出现程序出错、死机等故障时，可利用命令窗口结束进程。若该进程无法结束，需对主机进行关机重启。如该主机为双机互备时，不可同时重启两台主机。

2. 个别遥信信号错误

自动化系统出现个别遥信信号不更新，与现场情况不符合时，可按下列顺序检查并处理。

（1）检查数据库配置，例如是否取反、点号配置是否正确。

（2）检查画面是否禁止更新。

（3）检查现场信号回路是否完好。

（4）检查测控装置遥信板卡是否完好。

3. 遥控拒动

自动化系统进行遥控操作时，出现遥控拒动，可按下列顺序检查并处理。

（1）远方/就地位置是否正确，包括测控屏和就地柜。

（2）断路器是否在检修状态。

（3）测控单元出口连片是否连接。

（4）是否满足同期条件。

（5）控制回路是否断线。

（6）间隔层闭锁逻辑是否满足。

（7）出口继电器是否故障。

4. 测控单元与自动化网络通信中断

自动化系统报测控单元通信中断时，可按下列顺序检查并处理。

（1）通信网口是否故障。

（2）通信网线是否故障。

（3）测控单元板卡是否故障。

（4）测控单元组态配置是否正确。

5. 调度接收单个遥测数据错误

调度通知变电站上送的某遥测数据不正常时，可按下列顺序检查并处理。

（1）现场变电站综合自动化系统数据是否正确。

（2）远动装置转发表配置文件中点号、倍率、基值等是否正确。

（3）调度端前置机配置是否正确。

第二节　特高压交流设备继电保护

一、线路保护

（一）1000kV 特高压线路特点

为了提高特高压线路的传输能力，特高压线路采用了八分裂导线，降低了线路电抗，同时为了提高线路绝缘，特高压输电系统空间结构远大于 500kV 输电系统的空间结构，使得特高压线路的分布电容比 500kV 输电线路有了较大的提高，表 7-1 列出各电压等级的线路典型参数表。

由于特高压线路阻抗角与分布电容的增大，使得特高压线路故障时故障暂态过程较 500kV 系统有质的区别，故障过程中故障暂态分量在故障分量中所占的比例增大，而且含有大量的低频分次谐波分量，同时故障非周期分量衰减比 500kV 缓慢得多。通过仿真测试，故障后的谐波电流与系统短路容量大小、故障点位置、故障时刻等因素有密切关系，在不同情况下曾测量到明显的 2.5 次谐波、3.5 次谐波、9 次谐波含量，同时还存在接近基波的谐波分量，这些谐波成分的存在对保护装置提出了更高的要求。

表 7-1　　　　　　　　　　　　　不同电压等级的线路典型参数

电　压　等　级	500kV	750kV	1000kV
电阻/(Ω/km)	0.02200	0.01220	0.00805
电抗/(Ω/km)	0.28000	0.26800	0.25913
阻抗角/(°)	85.51	87.39	88.22
正序容抗/(MΩ/km)	0.23580	0.23300	0.22688
零序容抗/(MΩ/km)	0.34600	0.34240	0.35251

特别是当特高压线路安装串补后，故障电流中的自由非周期分量显著减少，故障分量中产生低频分量，低频分量的个数与串补及谐振回路有关，大小受故障点位置、线路补偿度和系统阻抗的影响，在电压过零发生故障时，低频分量的幅值最大、衰减较慢，影响到保护的性能；同时随着故障点不同时会出现"电压反向"问题，在线路串补正方向出口故障时，母线侧 TV 易发生电压反向，线路串补反方向出口故障时，线路侧 TV 易发生电压

反向，而且随着特高压系统容量的增加，当系统阻抗小于串补容抗时，在线路串补出口故障时会出现"电流反向"等影响保护正确动作的因素。

（二）1000kV 线路保护配置方案和功能要求

1. 配置方案

以特高压长治站为例，1000kV 线路保护配置两套光纤纵联差动保护装置，第一套保护为南瑞继保公司生产的 RCS－931GS－U 线路保护装置，第二套保护为北京四方公司生产的 CSC－103B 线路保护装置，两套线路保护均采用光纤纵联差动作为主保护，分别使用独立的直流电源、交流电流电压回路和通信通道。

2. 功能要求

（1）主保护采用分相电流差动保护，每套保护均应具有完整的后备保护功能，主保护与后备保护由同一套保护装置实现。

（2）主后备保护应完全双重化配置，即交直流回路、跳闸回路、保护通道都应彼此独立，且分别装设在两块保护屏内。

（3）保护装置应配置快速反应近端严重故障的、不依赖于通道的快速距离保护。

（4）线路纵联保护的通道采用光纤通道。

（5）后备保护应配有完整的三段式相间距离保护和接地距离保护，接地距离保护应分相跳闸。

（6）配置一段带延时段的定时限零序方向过流保护和一段反时限零序方向过流保护以保护高阻接地故障。

（7）零序功率方向元件采用自产零序电压。

（8）在线路空载、轻载、满载等各种状态下，保护范围内发生金属性和非金属性故障（包括单相接地、两相接地、两相不接地短路、三相短路）时，保护应能正确动作。

（9）每套保护均应有独立的选相功能，并有单相和三相跳闸逻辑回路。

（10）在保护范围外发生金属性和非金属性故障（包括单相接地、两相接地、两相不接地短路、三相短路等）时，装置不应误动。

（11）对于区内外转换性故障，保护应能可靠切除区内故障。保护装置应具备联跳三相功能，线路发生故障时，保护动作且开关跳三相，向对侧发联跳三相信号，收到联跳三相信号，中止发送联跳三相信号。收到联跳三相信号且本侧保护动作后，强制性三跳。

（12）在外部故障切除、功率倒向及系统操作等情况下，保护不应误动作。

（13）线路处于空充状态时，主保护应能动作切除故障。

（14）非全相运行时保护装置不应误动，非全相运行发生故障时，应能瞬时动作跳三相。

（15）手动合闸或自动重合于故障线路时，保护装置应可靠瞬时三相跳闸，单相故障单相跳开后，重合于故障时，保护装置应加速跳闸；手动合闸或自动重合于无故障线路时，保护装置应可靠不动作。

（16）当系统在全相或非全相振荡过程中，保护装置均应将可能误动的保护元件可靠闭锁；当系统在全相或非全相振荡中被保护线路发生各种内部故障时，保护应有选择地可靠切除故障。系统全相振荡时，外部不对称故障或系统操作时，保护不应误动。

（17）系统发生经高过渡电阻单相接地故障时，对于分相电流差动保护，当故障点电流大于 800A 时，保护应能选相动作切除故障。

（18）保护装置应能根据电压电流量判别线路运行状态，以实现线路非全相状态的判别和重合后加速跳闸。

（19）在由分布电容、并联电抗器、变压器（励磁涌流）和串联补偿电容等所产生的稳态和暂态的谐波分量和直流分量的影响下，保护装置不应误动作或据动，光纤电流差动保护应对电容电流进行补偿。

（20）保护装置在电压互感器二次回路断线时应发出告警信号，并闭锁可能误动的保护，保护装置在电流互感器二次回路一相或二相断线时，应发出告警信号。

（21）保护装置与通道接口设备之间采用光缆连接，应具有对复用光纤通道的监视功能，当通道中断时应能发出告警信号，应闭锁与通道有关的保护。

（22）保护装置应能可靠启动失灵保护，直到故障切除，电流元件返回为止。

（三）1000kV 线路保护装置介绍

1. 南瑞继保 RCS-931GS-U 分相电流差动保护

（1）结构特点。装置插件主要有电源插件（DC）、交流插件（AC）、低通滤波器（LPF）、CPU 插件（CPU）、通信插件（COM）、24V 光耦插件（OPT1）、高压光耦插件（OPT2）、信号继电器插件（SIG）、跳闸出口插件（OUT1、OUT2）、扩展跳闸出口（OUT）、显示面板（LCD），具体插件位置见图 7-5。

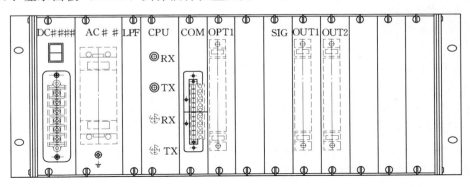

图 7-5 RCS-931GS-U 装置插件布置图

1）电源插件（DC）。装置的背面第一个插件为电源插件，见图 7-6。

保护装置的电源从 101 端子（直流电源 220V 正端）、102 端子（直流电源 220V 负端）经抗干扰盒、背板电源开关至内部 DC/DC 转换器，输出 +5V、±12V、+24V 给保护装置其他插件供电；104、105 端子输出一组 24V 光耦电源。

2）交流输入变换插件（AC）。交流输入变换插件（AC）与系统接线见图 7-7。

I_A、I_B、I_C、I_0 分别为三相电流和零序电流输入，值得注意的是虽然保护中零序方向、

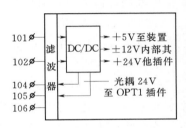

图 7-6 电源插件

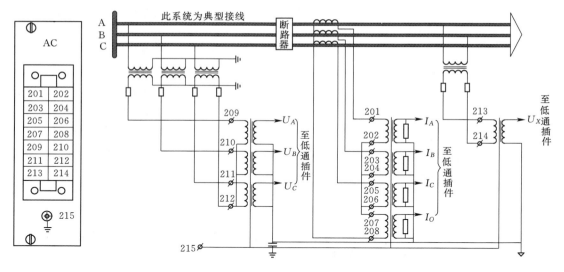

图 7-7 交流输入变换插件与系统接线图

零序过流元件均采用自产的零序电流计算，但是零序电流启动元件仍由外部的输入零序电流计算，因此如果零序电流不接，则所有与零序电流相关的保护均不能动作，如零序差动、零序过流等；U_A、U_B、U_C 分别为三相电压输入，U_X 为重合闸中检无压、检同期元件用的电压输入。

3）低通滤波插件（LPF）。本插件无外部连线，其主要作用是滤除高频信号、电平调整。

4）CPU 插件（CPU）。该插件是装置核心部分，由单片机（CPU）和数字信号处理器（DSP）组成，CPU 完成装置的总启动元件和人机界面及后台通信功能，DSP 完成所有的保护算法和逻辑功能。启动 CPU 内设总启动元件，启动后开放出口继电器的正电源，同时完成事件记录及打印、保护部分的后台通信及与面板通信；另外还具有完整的故障录波功能，录波格式与 COMTRADE 格式兼容，录波数据可单独串口输出或打印输出。

CPU 插件还带有通道接口，通过采用光纤接口构成专用方式或经接口设备连接光端机，用同步通信方式与对侧交换电流采样值和信号。

5）通信插件（COM）。通信插件的功能是完成与监控计算机的连接。

6）24V 光耦插件（OPT1），见图 7-8。

电源插件输出的光耦 24V 电源，其正端（104 端子）应接至屏上开入公共端，其负端（105 端子）与本板的 24V 光耦负（615 端子）直接相连，另光耦 24V 正端应与本插件的 24V 光耦正（614 端子）相连，以便让保护监视光耦开入电源是否正常。

601 端子是对时输入，用于接收 GPS 或其他对时装置发来的秒脉冲接点或光耦信号。

603 端子是投检修态输入，它的设置是为了防止在保护装置进行试验时，装置向监控系统发送相关信息，而干扰监控系统的正常运行，一般在屏上设置一投检修态压板，在装置检修时将该压板投上，在此期间进行试验的动作报告不会通过通信口上送，但本地的显示、打印不受影响，运行时应将该压板退出。

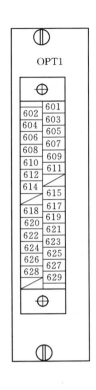

		104	24V 光耦＋（输出）
		105	24V 光耦－（输出）
		614	24V 光耦＋（输入）
		615	24V 光耦－（输入）
		601	对时开入
		602	启动打印
		603	保护检修状态
		604	信号复归
		605	通道 A 差动保护
		606	备用
		607	备用
		608	备用
		609	备用
		610	使用/闭锁重合
		611	通道 B 差动保护
		612	备用
		617	备用
		618	备用
		619	备用
		620	备用
		621	备用
		622	A 相跳闸位置
		623	B 相跳闸位置
		624	C 相跳闸位置
		625	低气压闭锁重合
		626	发远跳
		627	发远传 1
		628	发远传 2
		629	备用

图 7-8　24V 光耦插件

622、623、624 端子分别为 A、B、C 三相的分相跳闸位置继电器接点（TWJA、TWJB、TWJC）输入。

625 端子是低气压闭锁重合闸输入，仅作用于重合闸，不用本装置的重合闸时该端子可不接。

626 端子定义为发远跳；主要为其他装置提供通道切除线路对侧开关，如本侧失灵保护动作发远跳，结合"远跳经本侧控制"可直接或经对侧启动控制跳对侧开关。

627，628 端子定义为发远传 1，发远传 2；只是利用通道提供简单的接点传输功能，如本侧失灵保护动作，跳闸信号经远传 1（2），结合对侧就地判据跳对侧开关。

7）高压光耦插件（OPT2）。当开入从较远处引入时为防止干扰，装置设置一个 220V 的光耦插件，背板定义及接线见图 7-9 所示。

如果断路器位置接点由断路器机构引入，则分别由 703、705、707、709 端子引入，701 端子为外接光耦电源的＋220V，707 端子为外接光耦电源的－220V。719、721、723 端子分别定义为发远跳、发远传 1、发远传 2，717 端子为外接光耦电源的＋220V，727 端子为外接光耦电源的－220V。

8）信号继电器插件（SIG）。本插件无外部连线，该板主要是将 5V 的动作信号经三极管转换为 24V 信号，从而驱动继电器。正常运行时，装置会对所有三极管的出口进行检查，若有错则告警并闭锁保护。本插件设置了总启动继电器，当 CPU 满足启动条件，

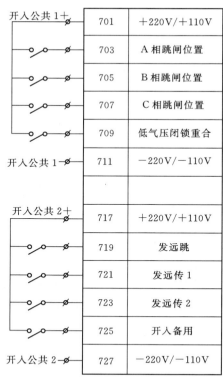

开入公共1+	701	+220V/+110V
	703	A相跳闸位置
	705	B相跳闸位置
	707	C相跳闸位置
	709	低气压闭锁重合
开入公共1-	711	-220V/-110V
开入公共2+	717	+220V/+110V
	719	发远跳
	721	发远传1
	723	发远传2
	725	开入备用
开入公共2-	727	-220V/-110V

图7-9　高压光耦插件

则该继电器动作，接点闭合，开放出口继电器的正电源。

9）继电器出口1插件（OUT1）。本插件提供输出空接点，主要接点如下：

BSJ为装置故障告警继电器，其输出接点BSJ-1、BSJ-2、BSJ-3均为常闭接点，装置退出运行如装置失电、内部故障时均闭合。

BJJ为装置异常告警继电器，其输出接点BJJ-1、BJJ-2为常开接点，装置异常如TV断线、TWJ异常、TA断线等，仍有保护在运行时，发告警信号，BJJ继电器动作，接点闭合。

TDGJ、YC1、YC2为通道告警及远传继电器。TDGJ定义为通道告警接点，YC1定义为远传1，YC2定义为远传2。装置给出两组接点，可分别给两套远方启动跳闸装置。

TJ继电器为保护跳闸时动作（单跳和三跳该继电器均动作），保护动作返回时，该继电器也返回，其接点可接至另一套装置的单跳启动重合闸输入。

TJABC继电器为保护发三跳命令时动作，保护动作返回该继电器也返回，其接点可接至另一套装置的三跳启动重合闸输入。

10）继电器出口2插件（OUT2）。该插件输出5组跳闸出口接点和3组重合闸出口接点，均为瞬动接点；用第一组跳闸和第一组合闸接点去接操作箱的跳合绕组，其他供作遥信、故障录波启动、失灵用。如果需跳两个开关，则用第二组跳闸接点去跳第二个开关。

（2）装置原理。RCS-931GS-U以分相电流差动和零序电流差动为主保护，由工频变化量距离元件构成的快速Ⅰ段保护，由三段式相间和接地距离及两个零序方向过流以及零序反时限方向过流构成的全套后备保护。

1）装置总启动元件。启动元件的主体以反应相间工频变化量的过流继电器实现，同时又配以反应全电流的零序过流继电器互相补充。反应工频变化量的启动元件采用浮动门坎，正常运行及系统振荡时变化量的不平衡输出均自动构成自适应式的门坎，浮动门坎始终略高于不平衡输出。在正常运行时由于不平衡分量很小，装置有很高的灵敏度，当系统振荡时，自动抬高浮动门坎而降低灵敏度，不需要设置专门的振荡闭锁回路。因此，启动元件有很高的灵敏度而又不会频繁启动，装置有很高的安全性。

2）电流差动继电器。电流差动继电器由三部分组成：变化量相差动继电器、稳态相差动继电器和零序差动继电器。

a. 变化量相差动继电器。动作方程：

$$\Delta I_{CD\Phi}>0.75\Delta I_{R\Phi}\quad\Delta I_{CD\Phi}>I_H$$

式中：Φ分别取A、B、C三相；$\Delta I_{CD\Phi}$为工频变化量差动电流，为两侧电流变化量矢量和的幅值；$\Delta I_{R\Phi}$为工频变化量制动电流，为两侧电流变化量的标量和；I_H为1.5倍"差动动作电流"（整定值）和1.5倍实测电容电流的大值；实测电容电流由正常运行时未经补偿的差流获得。

b. 稳态Ⅰ段差动继电器。动作方程：

$$I_{CD\Phi}>0.6\times I_{R\Phi}\quad I_{CD\Phi}>I_H$$

式中：Φ分别取A、B、C三相；$I_{CD\Phi}$为差动电流，为两侧电流矢量和的幅值；$I_{R\Phi}$为制动电流，即为两侧电流矢量差的幅值；I_H为1.5倍"差动动作电流"（整定值）和1.5倍实测电容电流的大值；实测电容电流由正常运行时未经补偿的差流获得。

c. 稳态Ⅱ段差动继电器。动作方程：

$$I_{CD\Phi}>0.6I_{R\Phi}\quad I_{CD\Phi}>I_M$$

式中：Φ分别取A、B、C三相；$I_{CD\Phi}$为差动电流，为两侧电流矢量和的幅值；$I_{R\Phi}$为制动电流，为两侧电流矢量差的幅值；I_M为"差动动作电流"（整定值）和实测电容电流的大值；实测电容电流由正常运行时未经补偿的差流获得。

d. 零序差动继电器。对于经高过渡电阻接地故障，采用零序差动继电器具有较高的灵敏度，由零序差动继电器，通过低比率制动系数的稳态差动元件选相，构成零序差动继电器，经45ms延时动作。

动作方程：

$$I_{CD0}>0.75I_{R0}\quad I_{CD0}>I_M$$
$$I_{CD\Phi}>0.15I_{R\Phi}\quad I_{CD\Phi}>I_M$$

式中：I_{CD0}为零序差动电流，为两侧零序电流矢量和的幅值；I_{R0}为零序制动电流，为两侧零序电流矢量差的幅值；I_M为"差动动作电流"（整定值）和实测电容电流的大值；实测电容电流由正常运行时未经补偿的差流获得。

e. 差动保护动作逻辑。图7-10为差动保护动作逻辑框图，说明如下：

①差动保护投入指屏上"投通道A差动"、压板定值"投通道A差动"和定值控制字

"投通道 A 差动"同时投入。

②"A 相差动元件"、"B 相差动元件"、"C 相差动元件"包括变化量差动、稳态量差动Ⅰ段或Ⅱ段、零序差动，只是各自的定值有差异。

③三相开关在跳开位置，且满足差动方程或经保护启动控制的差动继电器动作，则向对侧发差动动作允许信号。

④TA 断线瞬间，断线侧的启动元件和差动继电器可能动作，但对侧的启动元件不动作，不会向本侧发差动保护动作信号，从而保证纵联差动不会误动。TA 断线时发生故障或系统扰动导致启动元件动作，若"TA 断线闭锁差动"整定为"1"，则闭锁电流差动保护；若"TA 断线闭锁差动"整定为"0"，且该相差流大于"TA 断线差流定值"，仍开放电流差动保护。

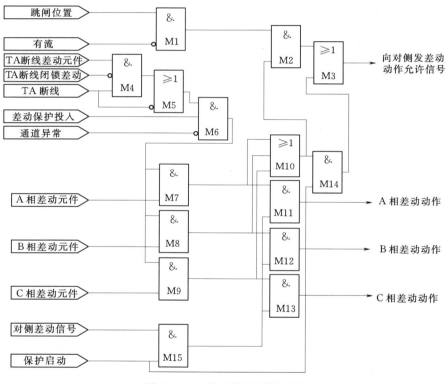

图 7-10　差动保护逻辑框图

3）距离继电器。装置设有三阶段式相间和接地距离继电器，继电器由正序电压极化，因而有较大的测量故障过渡电阻的能力；当用于短线路时，为了进一步扩大测量过渡电阻的能力，还可将Ⅰ、Ⅱ段阻抗特性向第Ⅰ象限偏移；接地距离继电器设有零序电抗特性，可防止接地故障时继电器超越。

正序极化电压较高时，由正序电压极化的距离继电器有很好的方向性；当正序电压下降至 10%以下时，进入三相低压程序，由正序电压记忆量极化，Ⅰ、Ⅱ段距离继电器在动作前设置正的门坎，保证母线三相故障时继电器不可能失去方向性；继电器动作后则改为反门坎，保证正方向三相故障继电器动作后一直保持到故障切除。Ⅲ段距离继电器始终采用反门坎，因而三相短路Ⅲ段稳态特性包含原点，不存在电压死区。当用于长距离重负荷线路，常规距离继电器整定困难时，可引入负荷限制继电器，负荷限制继电器和距离继电器的交集为动作区，这有效地防止了重负荷时测量阻抗进入距离继电器而引起的误动。

a. 低压距离继电器。当正序电压小于 $10\%U_n$ 时，进入低压距离程序，此时只可能有三相短路和系统振荡两种情况，但系统振荡由振荡闭锁回路来进行区分，因此在这里只需考虑三相短路情况。当三相短路时因三个相阻抗和三个相间阻抗性能一样，所以仅需测量相阻抗，一般情况下各相阻抗一样，但为了保证母线故障转换至线路构成三相故障时仍能快速切除故障，所以对三相阻抗均进行计算，任一相动作跳闸时选为三相故障。

工作电压：
$$U_{OP\Phi}=U_\Phi-I_\Phi\times Z_{ZD}$$
极化电压：
$$U_{P\Phi}=-U_{1\Phi M}$$

式中：Φ 分别取 A、B、C 三相；$U_{OP\Phi}$ 为工作电压；$U_{P\Phi}$ 为极化电压；Z_{ZD} 为整定阻抗；$U_{1\Phi M}$ 为记忆故障前正序电压。

继电器的比相方程：
$$-90°<\mathrm{Arg}\frac{U_{OP\Phi}}{U_{P\Phi}}<90°$$

正方向故障暂态动作特性见图 7 - 11，测量阻抗 Z_K 在阻抗复数平面上的动作特性是以 Z_Z 至 $-Z_S$ 连线为直径的圆，动作特性包含原点表明正向出口经或不经过渡电阻故障时都能正确动作，并不表示反方向故障时会误动作；反方向故障时的动作特性必须以反方向故障为前提导出。

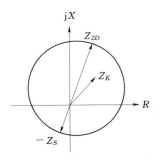

图 7 - 11　正方向故障动作特性

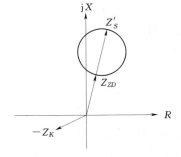

图 7 - 12　反方向故障动作特性

反方向故障暂态动作特性见图 7 - 12，测量阻抗 $-Z_K$ 在阻抗复数平面上的动作特性是以 Z_{ZD} 与 Z'_S 连线为直径的圆，当 $-Z_K$ 在圆内时动作，可见继电器有明确的方向性，不可能误判方向。

b. 接地距离继电器。

a）Ⅰ、Ⅱ 段接地距离继电器。由正序电压极化的方向阻抗继电器。

工作电压：
$$U_{OP\Phi}=U_\Phi-(I_\Phi+K\times3I_0)\times Z_{ZD}$$
极化电压：
$$U_{P\Phi}=-U_{1\Phi}\times e^{j\theta_1}$$

式中：Φ 分别取 A、B、C 三相；$U_{OP\Phi}$ 为工作电压；$U_{P\Phi}$ 为极化电压；Z_{ZD} 为整定阻抗；K 零序补偿系数。

Ⅰ、Ⅱ 段极化电压引入移相角 θ_1，其作用是在短线路应用时，将方向阻抗特性向第Ⅰ

象限偏移，以扩大允许故障过渡电阻的能力，θ_1 取值范围为 0°、15°、30°。其正方向故障时的特性见图 7-13，该继电器可测量很大的故障过渡电阻。

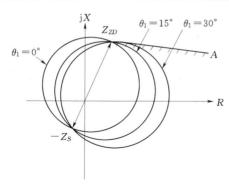

图 7-13 正方向故障时继电器特性

b）Ⅲ段接地距离继电器。

工作电压：$U_{OP\Phi}=U_\Phi-(I_\Phi+K\times 3I_0)\times Z_{ZD}$

极化电压：$U_{P\Phi}=-U_{1\Phi}$

式中：Φ 分别取 A、B、C 三相；$U_{OP\Phi}$ 为工作电压；$U_{P\Phi}$ 为极化电压；Z_{ZD} 为整定阻抗；K 为零序补偿系数。

$U_{P\Phi}$ 采用当前正序电压，非记忆量，这是因为接地故障时，正序电压主要由非故障相形成，基本保留了故障前的正序电压相位，因此，Ⅲ段接地距离继电器的特性与低压时的暂态特性完全一致（见图 7-11、图 7-12），继电器有很好的方向性。

c. 相间距离继电器。

a）Ⅰ、Ⅱ段距离继电器。

工作电压：
$$U_{OP\Phi}=U_\Phi-I_\Phi\times Z_{ZD}$$

极化电压：
$$U_{P\Phi}=-U_{1\Phi}\times e^{j\theta_2}$$

式中：Φ 分别取 A、B、C 三相；$U_{OP\Phi}$ 为工作电压；$U_{P\Phi}$ 为极化电压；Z_{ZD} 为整定阻抗。

这里，极化电压与接地距离Ⅰ、Ⅱ段一样增加了一个偏移角 θ_2，其作用也同样是为了在短线路使用时增加允许过渡电阻的能力。θ_2 的整定可按 0°，15°，30°三档选择。

b）Ⅲ段相间距离继电器。

工作电压：
$$U_{OP\Phi}=U_\Phi-I_\Phi\times Z_{ZD}$$

极化电压：
$$U_{P\Phi}=-U_{1\Phi}$$

式中：Φ 分别取 A、B、C 三相；$U_{OP\Phi}$ 为工作电压；$U_{P\Phi}$ 为极化电压；Z_{ZD} 为整定阻抗。

继电器的极化电压采用正序电压，不带记忆，因相间故障其正序电压基本保留了故障前电压的相位，故障相的动作特性见图 7-11、图 7-12，继电器有很好的方向性。三相短路时，由于极化电压无记忆作用，其动作特性为一过原点的圆，由于正序电压较低时，由低压距离继电器测量，因此，这里既不存在死区也不存在母线故障失去方向性问题。

d. 带串补线路的距离保护。

装置用于带有串联电容补偿的线路时，对阻抗Ⅰ段继电器做一些改动，见图 7-14，当保护的正向含有串补电容时，若发生区外电容器后故障，按常规整定的快速保护会因容抗的影响，从而使保护超越。

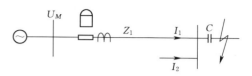

图 7-14 带串补线路正方向区外
故障示意图

装置中设置了"正向保护电压定值"U_{plzd}，根据流过保护安装处的电流 I_1 实时调整阻抗Ⅰ段的保护范围，而阻抗Ⅰ段的定值仍按本线路阻抗的 70%～85% 整定（不含电容），实际的保护范围缩小了 $\left|\dfrac{U_{plzd}}{\sqrt{2}I_1}\right|\angle\varphi_1$，$\varphi_1$ 为线路阻抗的灵敏角。

e. 距离保护动作逻辑。

图 7-15 为距离保护动作逻辑框图，说明如下。

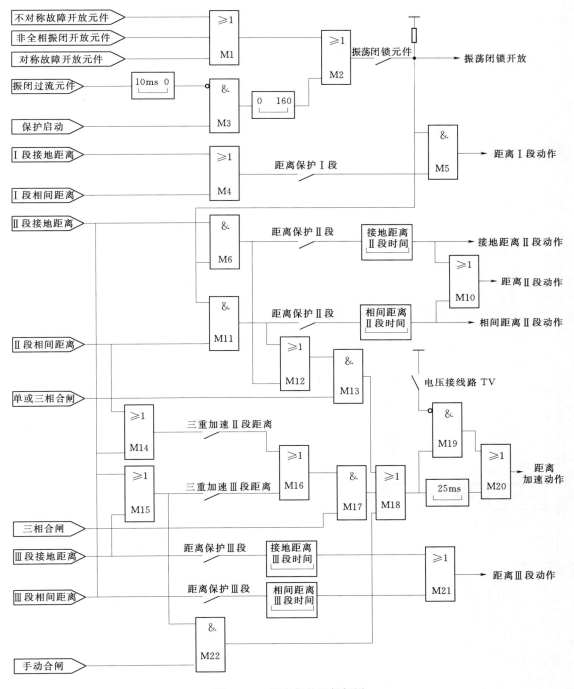

图 7-15 距离保护逻辑框图

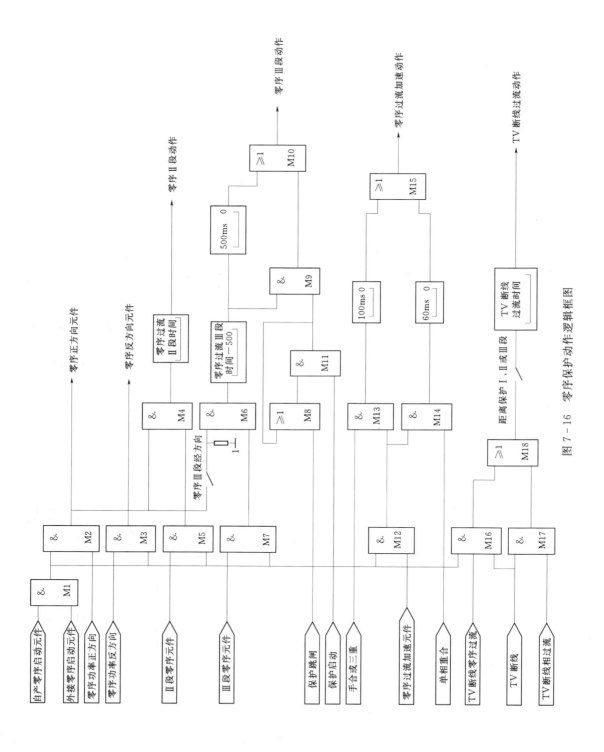

图 7-16 零序保护动作逻辑框图

①若选择"负荷限制距离"，则Ⅰ、Ⅱ、Ⅲ段的接地和相间距离元件需经负荷限制继电器闭锁。

②保护启动时，如果按躲过最大负荷电流整定的振荡闭锁过流元件尚未动作或动作不超过10ms，则开放振荡闭锁160ms，另外不对称故障开放元件、对称故障开放元件和非全相运行振闭开放元件任一元件开放则开放振荡闭锁；用户可选择"振荡闭锁元件"去闭锁Ⅰ、Ⅱ段距离保护，否则距离保护Ⅰ、Ⅱ段不经振荡闭锁而直接开放。

③合闸于故障线路时三相跳闸可由两种方式：一是受振闭控制的Ⅱ段距离继电器在合闸过程中三相跳闸，二是在三相合闸时，还可选择"三重加速Ⅱ段距离"、"三重加速Ⅲ段距离"、由不经振荡闭锁的Ⅱ段或Ⅲ段距离继电器加速跳闸。手合时总是加速Ⅲ段距离。

4）零序定时限保护。图7-16为零序定时限保护动作逻辑框图，说明如下：

①装置设置了两个带延时段的零序方向过流保护，Ⅱ段零序受零序正方向元件控制，Ⅲ段零序则由用户选择经或不经方向元件控制。

②跳闸前零序Ⅲ段的动作时间为"零序过流Ⅲ段时间"，保护收跳令后，零序Ⅲ段的动作时间缩短500ms。

③TV断线时，本装置自动投入零序过流和相过流元件，两个元件经同一延时段出口。任意一段距离保护投入时，TV断线过流保护投入。

④单相重合时零序加速时间延时为60ms，手合和三重时加速时间延时为100ms，其过流定值用零序过流加速段定值。

5）联跳三相功能。当线路发生故障，一侧保护动作跳开三相时，保护装置向对侧发三相跳闸信号，对侧收到远跳信号后跳三相，具体逻辑如下：

a. 当一侧保护单相跳闸但是开关有两相以上断开时，发联跳三相命令给对侧使对侧三相跳闸。

b. 当一侧保护三相跳闸时发联跳三相命令给对侧使对侧三相跳闸。

c. 当接收到对侧的联跳三相命令时，本侧中止发送联跳三相命令。

d. 接收到联跳三相命令且本侧保护动作后，强制性三跳并闭重。

（3）装置异常处理。

当装置出现异常时，若装置故障闭锁保护，则面板运行灯熄灭，保护发出装置闭锁中央信号，此时应当将保护装置退出；若装置告警，此时应当根据自检装置信息报告检查相应的外回路或者保护装置，详细处理方法见表7-2。

表7-2　　　　　　　　　　　　　　装置出现异常的处理方法

序号	异常报文名称	含　义	处理意见
1	程序出错	FLASH内容被破坏，装置闭锁（BSJ接点动作），运行灯灭，保护功能完全闭锁	退出保护，通知厂家处理
2	定值出错	定值区内容被破坏，装置闭锁（BSJ接点动作），运行灯灭，保护功能完全闭锁	退出保护，通知厂家处理
3	CPU采样出错	CPU采集系统出错，装置闭锁（BSJ接点动作），运行灯灭，保护功能完全闭锁	退出保护，通知厂家处理

序号	异常报文名称	含　义	处理意见
4	DSP 采样异常	DSP 采集系统出错，装置闭锁（BSJ 接点动作），运行灯灭，保护功能完全闭锁	退出保护，通知厂家处理
5	跳合出口异常	跳合回路断线或开出光耦损坏，装置闭锁（BSJ 接点动作），运行灯灭，保护功能完全闭锁	退出保护，更换 SIG 插件
6	定值校验出错	装置 RAM 区和 EEPROM 定值不一致，或定值整定有逻辑错误，装置闭锁（BSJ 接点动作），运行灯灭，保护功能完全闭锁	检查定值的整定是否有逻辑错误，如果没有，复位装置，若还不能恢复通知厂家处理
7	直流电源异常	外部电源丢失或装置逆变电源损坏，装置闭锁（BSJ 接点动作），运行灯灭，保护功能完全闭锁	退出整套保护，检查电源回路或更换电源插件
8	零序长期启动	零序启动超过 10s，装置异常（BJJ 动作），仅告警，不闭锁保护	检查电流回路
9	装置长期启动	装置启动超过 50s，装置异常（BJJ 动作），仅告警，不闭锁保护	检查电流回路
10	光耦电源异常	OPT1 插件 24V 电源丢失，装置异常（BJJ 动作），仅告警，不闭锁保护	检查光耦电源是否正常，若电源正常通知厂家处理
11	TV 断线	装置异常（BJJ 动作），保留工频变化量阻抗，其门槛提高至 $1.5U_n$；退出距离保护，自动投入 TV 断线相过流和 TV 断线零序过流保护。零序过流 II 段退出，零序过流 III 段不经方向控制	如果是操作引起的，不必处理。如果正常运行过程中报警，检查保护 TV 二次回路
12	TA 断线	装置异常（BJJ 动作），在装置总启动元件中不进行零序过流元件启动判别，零序过流保护 II 段不经方向元件控制，退出零序过流 III 段。差动保护由"TA 断线闭锁差动"控制字来决定是否闭锁	检查 TA 外回路，若无异常不恢复通知厂家处理
13	跳闸位置异常	装置异常（BJJ 动作），仅告警不闭锁保护	检查跳闸位置外部回路
14	长期差流	在对侧发生 TA 断线，差动保护控制字投入时装置异常（BJJ 动作），由"TA 断线闭锁差动"控制字来决定是否闭锁差动保护	检查 TA 外回路
15	差动退出	保护启动后，若收到误码导致差动保护退出，装置异常（BJJ 动作），告警后退出差动保护	检查光纤通道

2. 北京四方 CSC - 103B 分相电流差动保护

（1）结构特点。装置的插件配置见图 17 - 17，包括交流插件、保护 CPU 插件、启动 CPU 插件、管理板、开入插件、开出插件 1、开出插件 2、开出插件 3、电源插件，装置面板上配有人机接口组件。

1）交流插件。交流插件的作用是将系统电压互感器 TV 和电流互感器 TA 二次信号变换成保护装置所需的弱电信号，同时起隔离和抗干扰作用，装置有 8 个模拟量输入变换器（TV 及 TA），分别用于 U_A、U_B、U_C、U_X、I_A、I_B、I_C 和 $3I_0$ 的输入变换。

2）CPU 插件。CPU 插件由 MCU 与 DSP 合一的 32 位单片机组成，保持总线不出芯片的优点，程序完全在片内运行，CPU 插件有两块，其软件相同、硬件不同，用地址设置来区别 CPU1 和 CPU2，CPU1 是保护 CPU 插件，并带 2Mbps 光纤通信功能，它是装

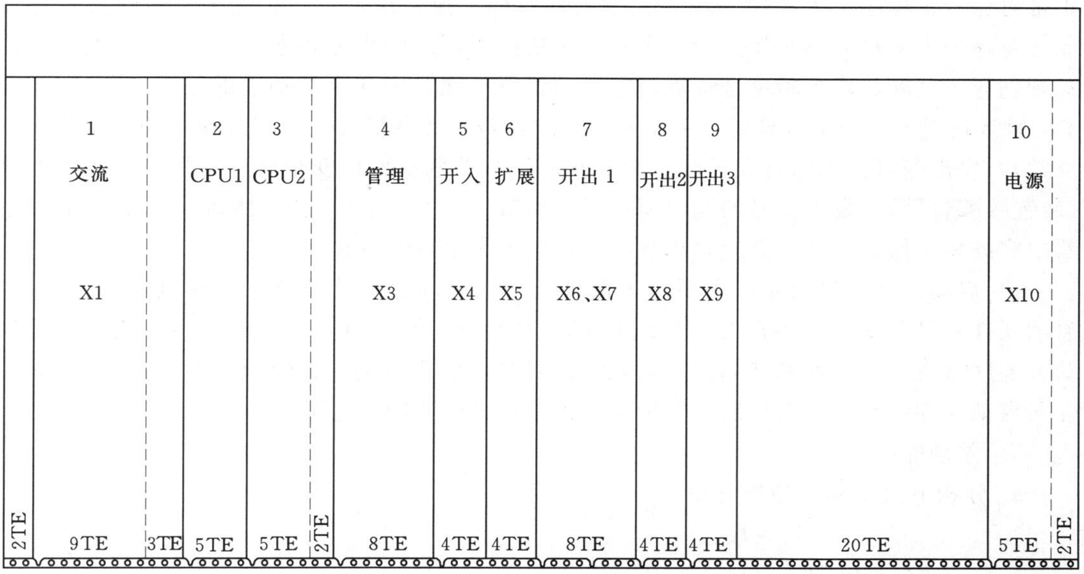

1	2	3	4	5	6	7	8	9		10
交流	CPU1	CPU2	管理	开入	扩展	开出1	开出2	开出3		电源
X1			X3	X4	X5	X6、X7	X8	X9		X10
2TE　9TE　3TE	5TE	5TE	2TE　8TE	4TE	4TE	8TE	4TE	4TE	20TE	5TE　2TE

图 7-17　CSC-103B 数字式超高压线路保护装置插件布置图

置的核心插件，主要完成采样、A/D 变换计算、上送模拟量及开入量信息、保护动作原理判断、事故录波功能、软硬件自检等；CPU2 是启动 CPU 插件，该插件完成保护的启动闭锁功能等。

3）管理插件。该插件也叫做通信板（Master），是装置的管理和通信插件，背板为 X3，是承接保护装置与外界通信及交换信息的管理插件，如与面板、PC 调试软件、监控后台、工程师站、远动、打印机等的联系，根据保护的配置组织上送遥测、遥信、SOE、事件报文和录波信息等。管理板上设置有 GPS 对时功能，可满足网络对时、脉冲对时、IRIG-B 码对时方式的要求。

4）开入插件。开入插件的背板接线端子为 X4，用来接入跳闸位置、各保护压板、通道状态、远传命令、沟通三跳等开关量输入信号。开入板有二组开入回路和自检回路，能对各路开入回路进行实时自检。开入板 24V 直接引入，如需要其第二组开入也可接入 220V 开入。

5）开出插件。装置共设有 3 块开出插件，开出插件 1 是组合插件，其背板接线端子为 X6、X7，插件 2、3 背板接线端子为 X8、X9，各开出板的硬件均不同。插件主要输出跳闸、启动重合闸、告警信号等触点，直接从板子上引出，抗干扰性能好。

6）电源插件。背板接线端子为 X10，采用了直流逆变电源插件，插件输入直流 220V，输出保护装置所需 +24V、±12V、+5V 电源。

7）人机接口（MMI）。固定在装置前面板上，设有液晶显示屏、各按键、复归按钮及和 PC 机通信的 RS-232 串口。

8）光纤通道接口。装置配有光纤通道接口，为通道 A 和通道 B，也可仅配 A 通道。

（2）装置原理。

1）程序结构。保护 CPU 软件包括主程序、采样中断服务程序和故障处理中断程序。

正常时运行主程序，主程序完成装置的硬件自检、投切压板、固化定值、上送报告等功能。每隔一个采样间隔时间执行一次采样中断程序，进行电气量的采集、录波、突变量启动判别等。故障处理中断也是每隔固定时间执行一次，完成保护功能的逻辑和 TV 异常、TA 异常判别等。如果有异常，则发出相应的告警信号和报文。对于普通告警（保护运行异常），发出信号提示运行人员注意检查处理；对于危及保护安全性和可靠性的严重告警（装置故障告警），发出信号的同时闭锁保护出口。当电力系统发生故障时，在故障处理中断中完成相应保护功能，直到整组复归，返回正常运行的主程序。

2）启动元件。启动元件主要用于监视故障、启动保护及开放出口继电器的正电源。启动元件一旦动作后，要在保护整组复归时才返回。保护的启动元件包括电流突变量启动、零序电流启动、静稳破坏的启动元件、弱馈低电压启动元件以及重合闸的启动元件。任一启动元件启动后，都将启动保护及开放出口继电器的正电源。

3）差动保护。

a. 分相电流差动。动作方程：

$$I_D > I_H$$
$$I_D > 0.6 I_B \qquad 0 < I_D < 3 I_H$$
$$I_D > 0.8 I_B - I_H \quad I_D \geqslant 3 I_H$$
$$I_D = |(\dot{I}_M - \dot{I}_{MC}) + (\dot{I}_N - \dot{I}_{NC})|$$
$$I_B = |(\dot{I}_M - \dot{I}_{MC}) - (\dot{I}_N - \dot{I}_{NC})|$$
$$I_H = \max(I_{DZH}, 2I_C)$$

式中：I_D 为经电容电流补偿后的差动电流；I_B 为经电容电流补偿后的制动电流；I_{DZH} 为分相差动定值；I_C 为正常运行时的实测电容电流。

差动保护特性曲线见图 7-18。

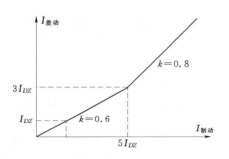

图 7-18 差动保护特性曲线

b. 零序电流差动保护。动作方程：

$$I_{D0} > I_{0Z} \qquad I_{D0} > 0.75 I_{B0}$$
$$I_{D0} = |[(\dot{I}_{MA} - \dot{I}_{MAC}) + (\dot{I}_{MB} - \dot{I}_{MBC}) + (\dot{I}_{MC} - \dot{I}_{MCC})]$$
$$+ [(\dot{I}_{NA} - \dot{I}_{NAC}) + (\dot{I}_{NB} - \dot{I}_{NBC}) + (\dot{I}_{NC} - \dot{I}_{NCC})]|$$
$$I_{B0} = |[(\dot{I}_{MA} - \dot{I}_{MAC}) + (\dot{I}_{MB} - \dot{I}_{MBC}) + (\dot{I}_{MC} - \dot{I}_{MCC})]$$
$$- [(\dot{I}_{NA} - \dot{I}_{NAC}) + (\dot{I}_{NB} - \dot{I}_{NBC}) + (\dot{I}_{NC} - \dot{I}_{NCC})]|$$

式中：I_{D0} 为经电容电流补偿后的零序差动电流；I_{B0} 为经电容电流补偿后的零序制动电流；I_{0Z} 为零序差动整定值，延时 100ms 动作，TA 断线时退出。

零序差动保护特性曲线见图 7-19。

c. 差动保护动作逻辑。图 7-20 为差动保护逻辑框图，说明如下：

①线路运行时，只有本侧和对侧纵联差动保护压板均在投入状态且通道正常，差动保护才算是处于正常投

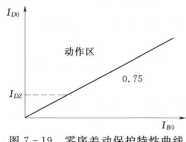

图 7-19 零序差动保护特性曲线

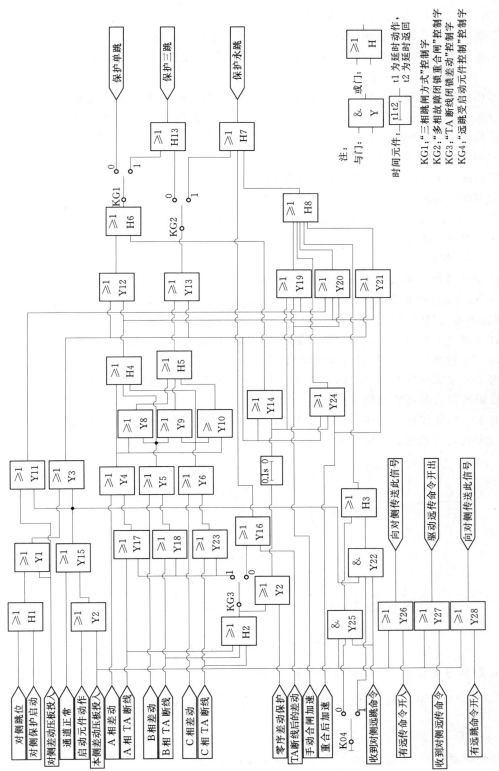

图 7－20 差动保护动作逻辑框图

299

入状态，即门 Y1、Y2、Y15 准备故障开启状态。

②图中"启动元件动作"包括正常的启动元件动作、弱电源启动及远方召唤启动。在通道正常情况下线路发生故障，两侧保护的"启动元件动作"，则开放差动保护，即 Y2 - Y15 - Y3(Y1 - Y3)→开放差动保护。

③单相线路故障时，门 Y3 已开放差动保护，当差动电流达到整定值时经 Y4(Y5、Y6) - H4 - Y12 - H6 - KG1（置"0"）→实现"选跳"，或经 KG1（置"1"）- H13→实现"三跳"。线路内部经高阻接地故障，门 Y3 已开放，"A 相差动"、"B 相差动"、"C 相差动"不动，由"零序差动保护"- Y7 -延时 0.1s - Y14 - H6 - KG1（置"0"）→实现"选跳"，或经 KG1（置"1"）- H13→实现"三跳"。

④多相线路故障时，门 Y3 已开放差动保护，当差动电流达到整定值时经 Y4、Y5、Y6 - Y8、Y9、Y10 - H5 - Y13 - KG2（置"1"）- H7→实现"永跳"或 KG2（置"0"）- H13→实现"三跳"。

4) 距离保护。

a. 动作特性。各段距离元件动作特性均为多边形特性，见图 7 - 21。各段距离元件分别计算 X 分量的电抗值和 R 分量的电阻值。图中 X_{DZ} 为阻抗定值折算到 X 的电抗分量；R_{DZ} 按躲事故过负荷情况下的负荷阻抗整定，可满足长、短线路的不同要求，提高了短线路允许过渡电阻的能力，以及长线路避越负荷阻抗的能力；选择的多边形上边下倾角（如图中的 7°下倾角），可提高躲区外故障情况下的防超越能力。

对于三段式相间距离保护的电抗 X_{DZ}：分别为相间距离Ⅰ段、相间距离Ⅱ段和相间距离Ⅲ段阻抗定值的折算电抗分量。

对于三段式接地距离保护的电抗 X_{DZ}：分别为接地距离Ⅰ段、接地距离Ⅱ段和接地距离Ⅲ段阻抗定值的折算电抗分量。

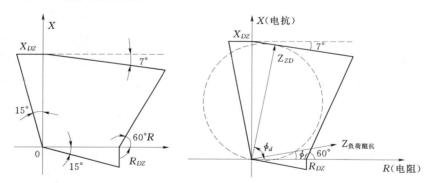

图 7 - 21 距离保护动作特性

b. 距离测量元件。距离测量元件采用解微分方程算法。对单相接地阻抗有：$U_\Phi = L_\Phi \dfrac{d(I_\Phi + K_X \times 3I_0)}{dt} + R_\Phi(I_\Phi + K_r \times 3I_0)$，$K_X = \dfrac{X_0 - X_1}{3X_1}$，$K_r = \dfrac{R_0 - R_1}{3R_1}$，$\Phi$ 分别取 A、B、C 三相。

对相间阻抗有：$U_{\Phi\Phi} = L_{\Phi\Phi} \dfrac{dI_{\Phi\Phi}}{dt} + R_{\Phi\Phi}I_{\Phi\Phi}$，$\Phi\Phi$ 分别取 AB、BC、CA。

通过求解以上微分方程，可得保护安装处的测量故障电阻 R 和测量故障电抗 $X = \omega L = 2\pi f L$。

c. 带串补线路的距离保护。当保护正向范围有串补电容时（即 TV 安装在串补电容母线侧），为防止在串补电容器后故障并且串补电容不击穿时，此时，保护所测量的阻抗有可能为容性阻抗，此时，按正常特性的距离保护将不能动作，为此，将正常范围的距离特性向第Ⅲ和第Ⅳ象限做延伸，X 自动取 1.25 倍串补电容值（即定值中零序补偿容抗值），动作特性见图 7 - 22。

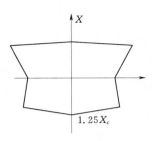

图 7 - 22　带串补线路距离
保护动作特性

d. 距离保护动作逻辑。图 7 - 23 为距离保护动作逻辑框图，说明如下：

①若程序计算的阻抗在距离Ⅰ段动作区内，由控制字 KG4 控制是否投入振荡闭锁元件，KG4 置"0"不经振荡闭锁，直接经 H8 开放门 Y23、Y24；KG4 置"1"经振荡闭锁，经 H2 - Y19 - H7 - H8 开放门 Y23、Y24。"接地距离Ⅰ段" - KG5（置"1"）- Y3 - Y13 - Y23 - H21 - KG1（置"0"）→实现"选跳"；或经 KG1（置"1"）→实现"三跳"。"相间距离Ⅰ段" - KG5（置"1"）- Y4 - Y14 - Y24 - H11 - KG3（置"0"）- H23→实现"三跳"，或经 KG3（置"1"）- H29→实现"永跳"。

②若程序计算的阻抗在Ⅱ段范围内，由控制字 KG4 控制是否经振荡闭锁，KG4 置"0"不经振荡闭锁，直接经 H8 开放门 Y25、Y26；KG4 置"1"经振荡闭锁，经 H2 - Y19 - H7 - H8 开放门 Y25、Y26。"接地距离Ⅱ段" - KG6（置"1"）- Y5 - Y15 - Y25 - TD2（接地Ⅱ段定值时间）- KG2（置"0"）- H21 - KG1（置"0"）→实现"选跳"；或经 KG1（置"1"）→实现"三跳"；或经 KG2（置"1"）- H24 - H29→实现"永跳"。"相间距离Ⅱ段" - KG6（置"1"）- Y6 - Y16 - Y26 - TX2（相间Ⅱ段定值时间）- H11 - KG3（置"0"）- H23→实现"三跳"，或经 H11 - KG3（置"1"）- H29→实现"永跳"；或经 KG2（置"0"）- H23→实现"三跳"；或经 KG2（置"1"）- H24 - H29→实现"永跳"。

③Ⅲ段范围内故障时，"接地距离Ⅲ段" - KG7（置"1"）- Y7 - Y17 - TD3 - H13→实现"永跳"。"相间距离Ⅲ段" - KG7（置"1"）- Y8 - Y18 - TX3 - H13→实现"永跳"。

④手动合闸时，若任一阻抗在Ⅰ、Ⅱ、Ⅲ段内，立即动作，经门 Y11 - H29→实现"永跳"；重合闸于故障上，进行后加速跳闸，瞬时加速Ⅱ段，经门 H16 - H17 - Y12 - H29→实现"永跳"；重合闸后 X 相近加速，经 Y21（100ms 后被闭锁）- H29→实现"永跳"；距离Ⅲ段 1.5s 延时加速，经门 H15 - 延时 1.5s - H17 - Y12 - H29→实现"永跳"。

5）零序保护。图 7 - 24 为零序保护动作逻辑框图，说明如下：

①全相运行时投零序Ⅱ、Ⅲ段和零序反时限保护。非全相运行时，闭锁零序Ⅱ段，投入零序Ⅲ段短时间段、零序反时限。

②零序Ⅱ段自动带方向，零序Ⅲ段的方向性由 KG5 控制字控制（KG5 置"1"时经方向闭锁，置"0"时不经方向闭锁），零序反时限保护不带方向，重合后零序加速段段的方向性由 KG7 控制字控制（KG7 置"1"时经方向闭锁，置"0"时不经方向闭锁）。

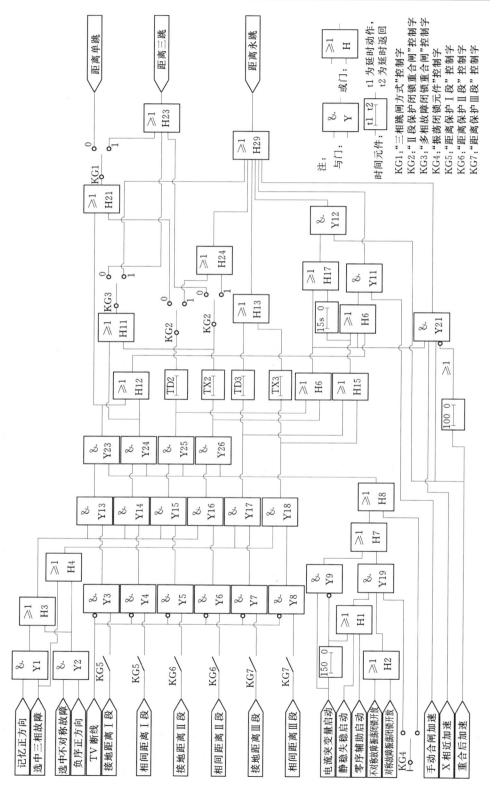

图 7-23 距离保护动作逻辑框图

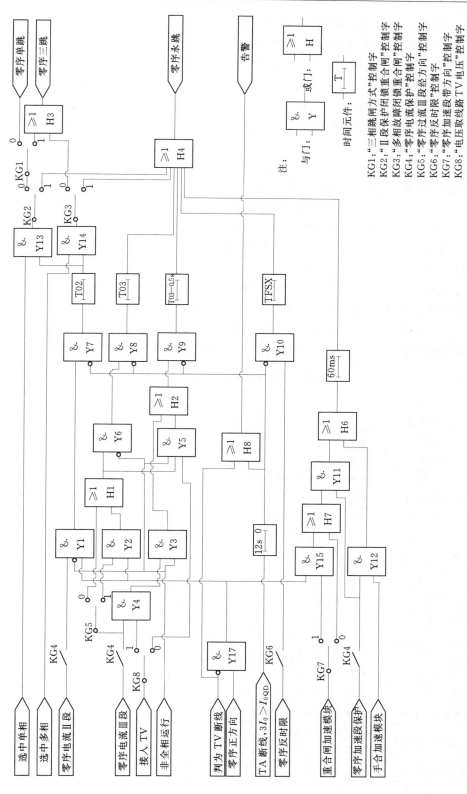

注：

与门：$\boxed{\&}$　$\boxed{Y}$

或门：$\boxed{\geqslant1}$　$\boxed{H}$

时间元件：$\boxed{T}$

KG1："三相跳闸方式"控制字
KG2："Ⅱ段保护闭锁重合闸"控制字
KG3："多相故障闭锁重合闸"控制字
KG4："零序电流保护"控制字
KG5："零序过流Ⅲ段经方向"控制字
KG6："零序反时限"控制字
KG7："零序加速段带方向"控制字
KG8："电压取线路 TV 电压"控制字

图 7-24　零序保护动作逻辑框图

303

③TA 断线时，利用 TA 断线时无零序电压这一特征，使可能误动的保护带方向，用零序方向元件实现闭锁。若零序电流长期存在，"TA 断线 $3I_0$ ＞零序辅助启动电流"经 12s 后发"告警"信号，并闭锁零序各段，即门 Y7、Y8、Y9、Y10 被闭锁。

④零序方向模块用自产 $3U_0$ 和 $3I_0$ 判断方向，当 TV 断线时带方向的零序Ⅱ段保护退出工作，零序Ⅲ段自动改为不经方向控制。

⑤手动合闸，投入零序加速段，不带方向，延时 60ms，以躲开断路器三相不同期，即经 Y12 - H6 - 60ms - H4→实现"零序永跳"；重合闸于故障上，投入零序加速段，可经方向闭锁，延时 60ms，经 KG - H7 - Y11 - H6 - 60ms - H4→实现"零序永跳"。

⑥Ⅱ段范围故障，单相故障时，经 KG4 - Y1 - Y7 - Ⅱ段延时时间 - Y13 - KG2（置"0"时）- KG1（置"0"时）→实现"零序单跳"，或经 KG1（置"1"时）- H3→实现"零序三跳"，或经 KG2（置"1"时）- H4→实现"零序永跳"。多相故障时，经 KG4 - Y1 - Y7 - Ⅱ段延时时间 - Y14 - KG3（置"0"时）- H3→实现"零序三跳"，或经 KG3（置"1"时）- H4→实现"零序永跳"。

⑦Ⅲ段范围故障，经 H1 - Y6 - Y8 - Ⅲ段延时时间 - H4→实现"零序永跳"。

（3）装置异常处理。当装置出现异常时，若装置故障闭锁保护，则面板运行灯熄灭，保护发出装置闭锁中央信号，此时应当将保护装置退出；若装置告警，此时应当根据自检装置信息报告检查相应的外回路或者保护装置，详细处理方法见表 7 - 3。

表 7 - 3　　　　　　　　　　　　装置出现异常的处理方法

序号	异常报文名称	处理意见
1	模拟量采集错	检查电源输出情况、更换保护 CPU 插件
2	设备参数错	重新固化设备参数，若无效，更换保护 CPU 插件
3	定值错	重新固化保护定值及装置参数，若仍无效，更换保护 CPU 插件
4	开出不响应	检查是否有其他告警Ⅰ导致闭锁 24V＋失电，否则更换相应开出插件
5	开出 EEPROM 出错	更换相应开出插件
6	开入通信中断	检查开入插件是否插紧，更换开入插件
7	开出通信中断	检查开出插件是否插紧，更换开入插件
8	开入输入不正常	检查装置的电源 24V 输出情况，或更换开入插件
9	双位置输入不一致	建议查看 24V 电源或更换开入插件
10	TV 断线告警	检查电压回路接线
11	TA 断线告警	检查电流回路接线
12	同步方式设置出错	检查定值，"本侧识别码"和"对侧识别码"定值应不同；检查通信通道，通信通道上可能出现环回；做通道自环试验时，必须将"通道环回试验"控制字投入
13	通道 A（B）环回错	在双通道时，其中一个通道出现环回，检查报文指示的那个通道
14	差动压板不一致	两侧压板不一致，检查压板
15	电流不平衡告警	检查交流插件、端子等相关交流电流回路
16	3 次谐波过量告警	系统正常运行时，电压中 3 次谐波过量，则发此告警。请打印采样值，检查电压回路
17	通道环回长期投入	运行时，需将"通道环回试验"控制字置"退出"

（四）1000kV 线路保护运行规定

（1）为适应特高压线路带串补运行及不带串补运行的情况，1000kV 线路保护设置两组定值，分别为"串补投运方式"和"串补停运方式"定值区，当特高压线路单侧串补投运、双侧串补投运方式均属于"串补投运方式"定值区；当特高压线路串补全停时，线路保护应处于"串补停运方式"定值区。

（2）线路纵联保护与保护通道同时投入和退出，线路两侧的纵联保护应同时投入和退出。

（3）当线路纵联保护通信异常或通道故障时，应同时退出两侧相关纵联保护，而线路后备保护（如相间距离、接地距离、零序等）仍可继续运行。

（4）线路纵联保护投入前，应先确认通道正常后，方可投入保护。

（5）线路保护屏的开关"正常/检修"切换把手，在两台开关正常运行时打在"正常"位置；当线路运行，单台开关检修时，将对应开关的"正常/检修"切换把手打在"检修"位置。

（6）差动保护投入时，需将屏上的"差动保护投入"压板、装置内的"差动保护投入"软压板以及定值控制字中的"投差动保护"同时投入。

（7）线路保护在投入"检修状态投入"压板时，保护可以正常动作但不向监控后台发送信息报文，正常运行时严禁投入该压板。

二、元件保护

（一）特高压变压器保护

1. 特高压变压器结构特点

1000kV 特高压变压器采用单相自耦变压器，由于特高压变压器的绝缘水平很高，如调压采用 500kV 线端调压会出现两方面的问题，一是分接开关很难选取，二是引线极为复杂，实现起来非常困难，因此变压器采用中性点变磁通调压方式，将变压器分为主体变压器、调压变压器和补偿变压器，从而使分接开关的绝缘水平降低，使变压器的结构得以简化，一旦在调压过程中调压变压器出现问题，也不会影响到主体变压器，同时在调压变压器和补偿变压器中设置补偿绕组，用来补偿由于调压对低压 110kV 侧电压带来的影响。

由于调压变压器和补偿变压器绕组的匝数占整个变压器的匝数相对较少，当调压变压器或者补偿变压器发生轻微匝间故障情况，折算到整个变压器来说很轻微，主体变压器的差动保护在这种情况下很难动作，因此对调压变压器和补偿变压器需要单独配置差动保护，以解决调压变压器、补偿变压器内部匝间故障时，主体变压器差动保护灵敏度不足的问题。

2. 特高压变压器保护配置方案和功能要求

（1）配置方案。以特高压长治站为例，主体变保护配置两套电气量保护和一套非电气量保护，第一套电气量保护为南瑞继保生产的 RCS - 978HB 变压器保护，第二套电气量保护为国电南自生产的 SG T756 变压器保护，非电量保护为南瑞继保生产的 RCS - 974FG 变压器保护，主体变压器电量保护包含完整的主、后备保护功能，主体变保护配置图见 7 - 25。

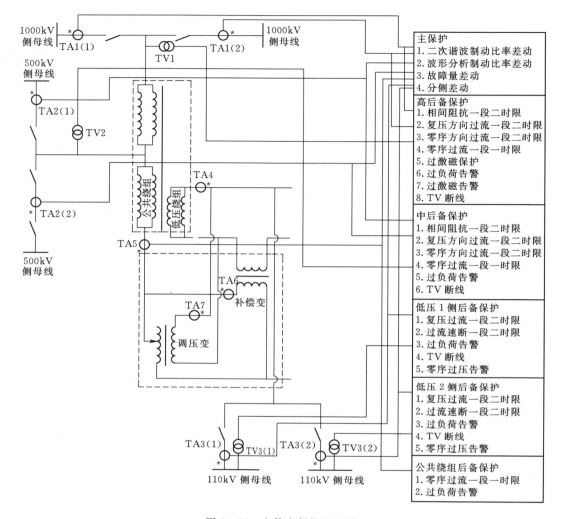

主保护
1. 二次谐波制动比率差动
2. 波形分析制动比率差动
3. 故障量差动
4. 分侧差动

高后备保护
1. 相间阻抗一段二时限
2. 复压方向过流一段二时限
3. 零序方向过流一段二时限
4. 零序过流一段一时限
5. 过激磁保护
6. 过负荷告警
7. 过激磁告警
8. TV断线

中后备保护
1. 相间阻抗一段二时限
2. 复压方向过流一段二时限
3. 零序方向过流一段二时限
4. 零序过流一段一时限
5. 过负荷告警
6. TV断线

低压1侧后备保护
1. 复压过流一段二时限
2. 过流速断一段二时限
3. 过负荷告警
4. TV断线
5. 零序过压告警

低压2侧后备保护
1. 复压过流一段二时限
2. 过流速断一段二时限
3. 过负荷告警
4. TV断线
5. 零序过压告警

公共绕组后备保护
1. 零序过流一段一时限
2. 过负荷告警

图 7-25　主体变保护配置图

调压补偿变保护配置两套电气量保护和一套非电气量保护，第一套保护为南瑞继保生产的 RCS-978C3 变压器保护，第二套保护为国电南自生产的 SG T756 变压器保护，非电量保护为南瑞继保生产 RCS-974FG 变压器保护。调压补偿变压器保护包含调压变压器差动保护和补偿变压器差动保护，考虑到调压变压器和补偿变压器与其他元件没有配合关系，因此不需要配置后备保护，调压补偿变保护配置图见图 7-26。

（2）功能要求。

1）主体变压器包含有主后备保护，由一台装置完成。

a. 双重化配置纵差保护、差动速断保护、分侧或零序差动保护作为主体变压器的主保护，可以保护特高压变压器除调压补偿变以外的内部及引线的绝大部分故障类型。

b. 对外部相间短路引起的变压器过电流，变压器应装设相间短路后备保护，保护带延时跳开相应断路器。在满足灵敏性和选择性要求的情况下，应优先选用简单可靠的电

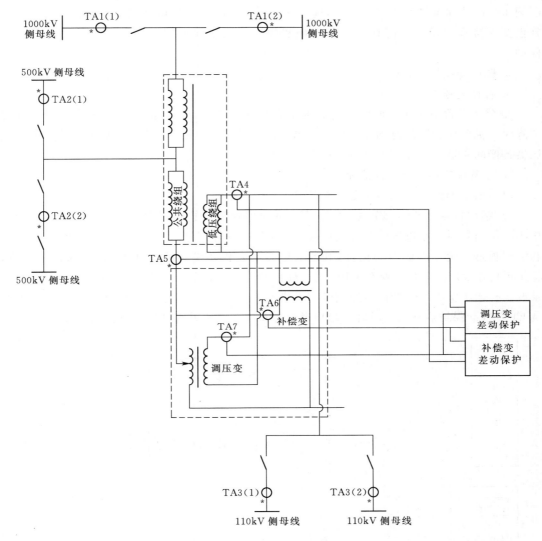

图 7-26 调压补偿变保护配置图

流、电压保护作为相间短路后备保护，对电流、电压保护不能满足灵敏性和选择性要求的变压器可采用阻抗保护。装置中高压侧及中压侧配置带偏移特性的相间阻抗和接地阻抗保护，可作为变压器本体及本侧母线故障的后备保护。

　　c. 非调压侧配置过励磁保护，具备定时限告警，反时限跳闸功能。

　　d. 低压侧配置复合电压闭锁过流保护。

　　e. 变压器三侧及公共绕组均配置过负荷保护，延时动作于信号。

　　f. 分相设置单重化的主体变压器非电量保护，当壳内故障产生轻微瓦斯或油面下降时，瓦斯保护应瞬时动作于信号；当壳内故障产生大量瓦斯时，应瞬时动作于断开变压器各侧断路器，不允许由非电气量保护启动失灵。

　　2）为了保证调压变和补偿变匝间故障的灵敏度，两者必须单独配置差动保护，但由于调压变压器和补偿变压器保护因差动保护存在公用 TA，所以将调压变压器差动保护和补偿变压器差动保护功能在一个装置内实现，调压变和补偿变不配置差动速断和后备保护。

　　a. 调压变压器差动保护。

　　b. 补偿变压器差动保护。

　　c. 分相设置单重化的调压补偿变压器非电量保护，当壳内故障产生轻微瓦斯或油面下降时，瓦斯保护应瞬时动作于信号；当壳内故障产生大量瓦斯时，应瞬时动作于断开变压器各侧断路器，不允许由非电气量保护启动失灵。

　　3. 特高压变压器保护装置介绍

　　(1) 南瑞继保 RCS-978 变压器保护。

　　1) 结构特点。图 7-27 为 RCS-978 变压器保护装置硬件框图，交流电流电压转换成小电压信号后，小电压信号经过滤波、AD 转换后分别进入 CPU 板和管理板，CPU 板和管理板是完全相同的两块插件，DSP1 进行后备保护的运算，DSP2 行主保护的运算，将结果传给 32 位 CPU，32 位 CPU 进行保护的逻辑运算及出口跳闸，同时完成事件记录、录波、打印、保护部分的后台通信及与人机 CPU 的通信，管理板工作过程类似，只是 32 位 CPU 判断保护启动后，只开放出口继电器正电源，另外管理板还进行主变故障录波。

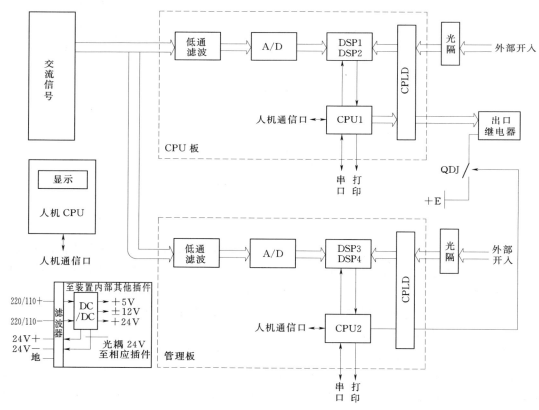

图 7-27　RCS-978 变压器保护装置硬件框图

装置电源部分由一块电源插件构成，功能是将 220V 直流变换成装置内部需要的电压，另外还有开关量输入功能，开关量经 220 光耦输入。出口和开入部分由 3 块开入开出插件构成，完成跳闸出口、信号出口、开关量输入功能，开关量经 24V 光耦输入。

2）装置原理。

a. 稳态比率差动保护。动作方程：

$$I_d > 0.2I_r + I_{cdqd} \quad I_r \leqslant 0.5I_e$$

$$I_d > K_{b1}[I_r - 0.5I_e] + 0.1I_e + I_{cdqd} \quad 0.5I_e \leqslant I_r \leqslant 6I_e$$

$$I_d > 0.75[I_r - 6I_e] + K_{bl}[5.5I_e] + 0.1I_e + I_{cdqd} \quad I_r > 6I_e$$

$$I_r = \frac{1}{2}\sum_{i=1}^{m}|I_i|$$

$$I_d = \left|\sum_{i=1}^{m}I_i\right|$$

$$I_d > 0.6[I_r - 0.8I_e] + 1.2I_e$$

$$I_r > 0.8I_e$$

式中：I_e 为变压器额定电流；$I_{1,\cdots,m}$ 分别为变压器各侧电流；I_{cdqd} 为稳态比率差动启动定值；I_d 为差动电流；I_r 为制动电流；K_{bl} 为比率制动系数整定值（$0.2 \leqslant K_{bl} \leqslant 0.75$）。

稳态比率差动保护动作特性见图 7-28，稳态比率差动逻辑框图见图 7-29。

b. 分侧差动保护。动作方程：

$$I_d > I_{fcdqd} \quad I_r \leqslant 0.5I_n$$

$$I_d > K_{fbl}[I_r - 0.5I_n] + I_{fcdqd}$$

$$I_r = \max\{|I_1|, |I_2|, |I_{cw}|\}$$

$$I_d = |\dot{I}_1 + \dot{I}_2 + \dot{I}_{cw}|$$

式中：I_1、I_2、I_{cw} 分别为Ⅰ侧、Ⅱ侧和公共绕组侧电流；I_{fcdqd} 为分侧差动启动定值；I_d 为分侧差动电流；I_r 为分侧差动制动电流；K_{fbl} 为分侧差动比率制动系数整定值；I_n 为 TA 二次额定电流。

分侧比率差动保护动作特性见图 7-30，分侧比率差动保护逻辑框图见图 7-31。

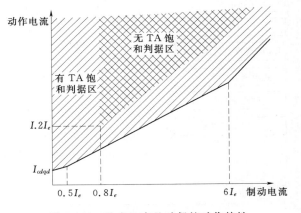

图 7-28　稳态比率差动保护动作特性

c. 阻抗保护。

a) 接地阻抗保护。装置Ⅰ侧、Ⅱ侧后备保护各有一个控制字（即接地阻抗指向）来控制接地阻抗Ⅰ段和Ⅱ段的方向指向。当接地阻抗指向的控制字为'1'时，表示方向指向变压器，当接地阻抗指向的控制字为'0'时，表示方向指向系统。接地阻抗元件的动作特性见图 7-32，阻抗元件灵敏角 75°。

比相方程：

图 7-29　稳态比率差动逻辑框图

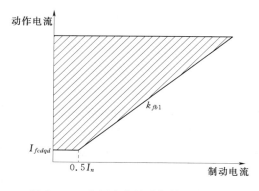

图 7-30　分侧比率差动保护动作特性

$$90° < \mathrm{Arg}\, \frac{\dot{U} - (\dot{I} + k \times 3I_0)Z_p}{\dot{U} + (\dot{I} + k \times 3I_0)Z_p} < 270°$$

$$k = \frac{Z_0 - Z_1}{3Z_1}$$

式中：Z_n 为阻抗反向整定值；Z_p 为阻抗正向整定值；k 为零序补偿系数。

b）相间阻抗保护。通过整定值可控制其为方向阻抗圆、偏移阻抗圆或全阻抗圆，装置Ⅰ侧、Ⅱ侧后备保护各有一个控制字（即阻抗指向）来控制阻抗Ⅰ段和Ⅱ段的方向指

310

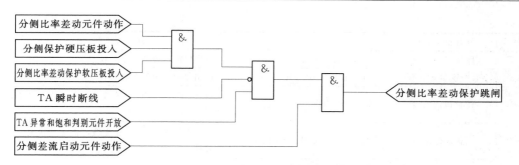

图 7-31 分侧比率差动保护逻辑框图

向，当阻抗指向的控制字为'1'时，表示方向指向变压器，当阻抗指向的控制字为'0'时，表示方向指向系统。阻抗元件的动作特性见图 7-32，阻抗元件灵敏角 75°。

比相方程：

$$90°<Arg \frac{(\dot U-\dot I Z_p)}{(\dot U+\dot I Z_n)}<270°$$

式中：Z_n 为阻抗反向整定值；Z_p 为阻抗正向整定值。

阻抗保护逻辑框图见图 7-33。

3）装置异常处理。当装置出现异常时，若装置故障闭锁保护，则面板运行灯熄灭，保护发出装置闭锁中央信号，此时应当将保护装置退出；若装置告警，此时应当根据自检装置信息报告检查相应的外回路或者保护装置，详细处理方法见表 7-4。

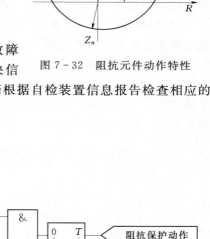

图 7-32 阻抗元件动作特性

图 7-33 阻抗保护逻辑框图

表 7-4 　　　　　　　装置出现异常的处理方法

序号	异常报文名称	含　义	处　理　意　见
1	保护板内存出错	RAM 芯片损坏	退出保护，通知厂家处理
2	定值出错	定值区内容被破坏	退出保护，通知厂家处理
3	光耦失电	24V 或 220V 光耦正电源失去	检查开入板隔离电源是否接好

序号	异常报文名称	含　　义	处　理　意　见
4	跳闸出口报警	出口三极管损坏	退出保护，通知厂家处理
5	保护板 DSP 出错	CPU 板上 DSP 损坏	退出保护，更换 SIG 插件
6	内部通信出错	CPU 与 MONI 板无法通信	检查 CPU 与 MONI 连线，仍无法恢复通知厂家处理
7	面板通信出错	人机面板与 CPU 板无法通信	检查人机面板与 CPU 连线，仍无法恢复通知厂家处理
8	不对应启动报警	CPU 板动作元件与 MONI 板启动元件不对应	通知厂家处理
9	保护板长期启动	CPU 板启动元件启动时间超过 10s	检查二次回路接线、定值
10	管理板长期启动	MONI 板启动元件启动时间超过 10s	检查二次回路接线、定值
11	TA 异常	此 TA、TA 回路异常或采样回路异常	检查采样值、二次回路接线，确定是二次回路原因还是硬件原因

（2）国电南自 SG T756 变压器保护。

1）结构特点。装置基本结构为整面板、背插式结构，整面板包括可触摸操作的彩色液晶显示器各插件自带拔插端子，各插件之间的联系采用母板总板，装置的背面布置见图7-34，交流模件 AC 采入电流、电压量将其转换为小电压信号并经低通滤波后分别进入 CPU1 和 CPU2，经 AD 转换后，进入主控模件进行保护逻辑运算及出口跳闸，同时完成事件记录、与人机对话模件 MMI 的通信。主控模件 1 和主控模件 2 是完全相同的模件，均具有独立的 AD 转换通道、定值程序储存区，可单独进行保护计算。主控模件 1 和主控

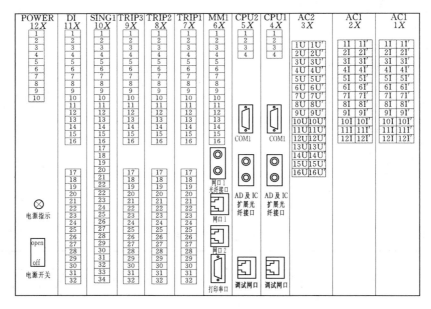

图 7-34　SG T756 保护装置布置图

模件 2 设置成双机主后一体并行工作。出口跳闸板设有互锁回路，当主控模件 1 和主控模件 2 并行工作时，只有主控模件 1 和主控模件 2 同时出口发跳闸命令，跳闸继电器才能启动。

2）装置原理。

a．差动保护。

a）差动速断保护。当任一相差动电流大于差动速断整定值时瞬时动作跳开变压器各侧开关，差动速断保护不经任何闭锁条件直接出口。

b）稳态量比率差动。稳态比例差动保护采用经傅氏变换后得到的电流有效值进行差流计算，用来区分差流是由于内部故障还是外部故障引起，采用了如下动作方程：

$$I_d \geqslant I_{op.\min} \quad I_r < I_{s1}$$
$$I_d \geqslant I_{op.\min} + (I_r - I_{s1})k_1 \quad I_{s1} \leqslant I_r < I_{s2}$$
$$I_d \geqslant I_{op.\min} + (I_{s2} - I_{s1})k_1 + (I_r - I_{s2})k_2 , I_r \geqslant I_{s2}$$

式中：I_d 差动电流；I_r 制动电流；$I_{op.\min}$ 最小动作电流；I_{s1} 制动电流拐点 1，一般取 $0.6I_e$（I_e 基准侧额定电流）；I_{s2} 制动电流拐点 2，一般取 $3I_e$；k_1 斜率 1；k_2 斜率 2。

稳态比率差动制动曲线见图 7 - 35。

c）故障分量比率差动保护。故障分量电流是由从故障后电流中减去负荷分量而得到，用 Δ 计故障增量 $\Delta I_1 = I_1 - I_{1L}$、$\Delta I_2 = I_2 - I_{2L}$；下标 L 表示正常负荷分量，取一段时间前（一个周波）的计算值。

动作方程：

$$\Delta I_d > \Delta I_{op.\min} \quad \Delta I_d \leqslant \Delta I_{r.0}$$
$$\Delta I_d > k\Delta I_r \quad \Delta I_d > \Delta I_{r.0}$$

差动电流：$\Delta I_d = \left| \sum\limits_{i=1}^{n} \Delta \dot{I}_i \right|$

制动电流：$\Delta I_r = \sum\limits_{i=1}^{n} \left| \Delta \dot{I}_i \right|$

式中：$\Delta I_{r.0}$ 差动动作拐点；$\Delta I_{op.\min}$ 故障分量差动最小动作电流。

故障量差动制动曲线见图 7 - 36。

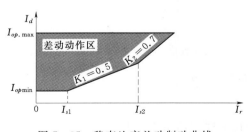

图 7 - 35　稳态比率差动制动曲线

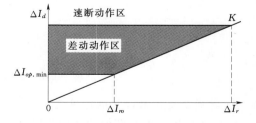

图 7 - 36　故障量差动制动曲线

b．相间阻抗保护。相间阻抗保护作为变压器内部及引线、母线、相邻线路相间故障后备保护，阻抗特性为具有偏移特性的阻抗圆，偏移阻抗圆方向可整定，当将反向偏移整定值整定为 100％ 时，阻抗保护为全阻抗保护，本保护最多可配置三段，每段三时限。

TV 断线时，相间阻抗保护被闭锁，TV 断线后若电压恢复正常，相间阻抗保护也随之恢复正常。

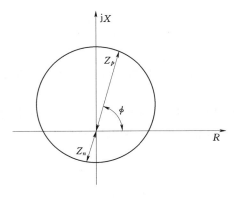

图 7-37　阻抗元件动作特性

阻抗元件动作特性如图 7-37 所示，阻抗方向指向变压器，Z_p 为阻抗元件正向阻抗，Z_n 为阻抗反向阻抗，ϕ 为阻抗角，当相间测量阻抗 Z_{AB}、Z_{BC}、Z_{CA} 中任一阻抗值落在阻抗圆中，相间阻抗保护动作。

c. 零序过流保护。零序过流保护作为变压器中性点接地运行时，变压器绕组、引线及相邻元件接地故障的后备保护。本保护最多可配置三段，每段三时限，可通过控制字选择各段零序过流是否经过方向闭锁，零序电压闭锁及二次谐波闭锁。

a) 零序过流元件。零序过流元件的电流取自产零序 TA。

b) 方向元件。各段零序过流保护保护均可经方向控制控制字来决定保护是否经方向闭锁，如方向控制设为"退出"，则此段保护为零序过流保护不带方向。

方向元件所采用的零序电流为各侧自产零序电流，零序电压为各侧自产零序电压。自产零序电流 TA 正极性在母线侧，定值中的指向均以此极性为基准。

当方向指向变压器时，最大灵敏角 $-90°$。其动作判据为：$3U_0 \sim 3I_0$ 的夹角（电流落后电压时为正），其中任一夹角满足 $-180° < \phi < 0°$，且与之对应的相电流大于过流定值。

当方向指向母线（系统）时，灵敏角 $90°$。其动作特性见图 7-38。

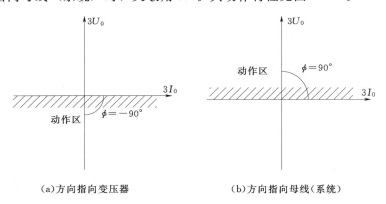

　　（a）方向指向变压器　　　　　　　　　（b）方向指向母线（系统）

图 7-38　零序过流保护动作特性

4. 特高压变压器保护运行规定

（1）变压器的重瓦斯保护作用于跳闸，轻瓦斯保护作用于信号。

（2）主体变、调压补偿变的油温计应定期进行校验，并定期校核现场油温指示和远传数据的误差，做好相应记录。

（3）主体变、调压补偿变的本体油温保护一段、二段均作用于信号，绕温保护作用于信号。

（4）变压器冷却器全停作用于信号，当冷却器全停时，应采取积极措施尽快恢复电源，缩短冷却器全停的时间。冷却器全停时，允许带额定负荷运行 20min，若 20min 后顶层油温未达到 75℃，则允许上升到 75℃，但这种情况不允许超过 60min。

（5）运行中的变压器遇到滤油、补油、更换潜油泵、油面异常升高或呼吸系统有异常现象时经分管领导批准，并经调度同意重瓦斯保护可短时退出，但必须限期恢复，退出前应制定事故预案。

（6）轻瓦斯及重瓦斯保护动作后，应采集气样及油样进行分析，检查变压器外观、瓦斯气体、保护动作和故障录波等情况，确认变压器无内部故障后，可试送一次；变压器后备过流保护动作跳闸，找到故障并有效隔离后，可试送一次。

（7）若两套主体变差动保护均退出运行，相应主变应停运；若两套调压补偿变差动保护均退出运行时，调压补偿变应退出运行。

（8）调压补偿变保护定值区应与 1000kV 变压器分接头挡位一致。当 1000kV 变压器分接头位置变化时，调压补偿变保护运行定值应相应调整，分接头位置为 X（1～9）挡位时，调压补偿变保护运行定值须对应为 X（1～9）。

（9）操作投退调压补偿变保护前，现场应检查确认变压器分接头挡位与调压补偿变保护定值区一致；操作"XX 主变分接头调整为 XX 挡位"时，现场应先退出调压补偿变保护并调整定值、再调整变压器分接头、最后投入调压补偿变保护。

（二）高压并联电抗器保护

1. 高压并联电抗器保护配置方案和功能要求

（1）配置方案。以特高压长治站为例，配置两套电气量保护和一套非电气量保护装置，第一套电气量保护为许继电气生产的 WKB－801A 装置，第二套电气量保护为深圳南瑞生产的 PRS－747 电气量保护，非电气量保护为许继电气生产的 WKB－802A 非电量保护，两套电气量保护采用分相差动、零序差动和匝间保护作为其主保护，使用独立直流电源，独立交流电流、电压信号回路，保护功能配置见图7－39。

（2）功能要求。

1）差动保护。

a. 采用分相差动保护，动作时间不大于 30ms，整定值应该连续可调，保护动作瞬时断开 1000kV 线路断路器。

b. 保护装置不应受暂态电流的影响而产生误动作，电流互感器二次回路断线时，差动保护应能够发出断线告警信号，不要求闭锁差动保护。

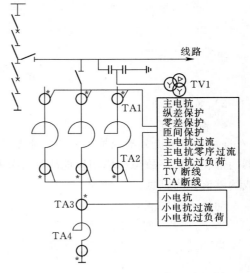

图 7－39 保护功能配置示意图

c. 在全相或非全相振荡过程中及振荡中线路上发生故障时，保护装置不应误动。

d. 应该具有足够的灵敏度，在绕组内部距中性点匝数不小于 10％处发生接地故障时，保护应可靠动作。

2）匝间短路保护。当电抗器发生大于等于3%匝间短路故障时，匝间短路保护应瞬时动作；匝间短路保护所用的零序电流应为自产零序电流。断路器非全相运行时，健全相若发生匝间短路，保护应正确动作。

3）并联电抗器瓦斯、压力释放等保护。非电量保护包括重瓦斯、轻瓦斯、油位低、压力释放、油位低、油温过高等保护，重瓦斯动作后独立出口，断开线路断路器，并发信。轻瓦斯、油位低、压力释放、油位低、油温过高等信号动作发告警信号。非电量保护不启动断路器失灵保护。

2. 高压并联电抗器保护装置介绍

（1）许继电气 WKB-801A 电抗器保护。

1）结构特点。装置有两个完全独立的、硬件电路完全相同的 CPU 板，具有独立的采样、A/D 变换、逻辑计算及启动功能，两块 CPU 板"与"启动出口，另有一块人机对话板，由一片 DSP 专门处理人机对话任务，人机对话板负责键盘操作和液晶显示功能。正常时，液晶显示当前时间、各侧电流、电压、差电流。硬件框图见图 7-40。

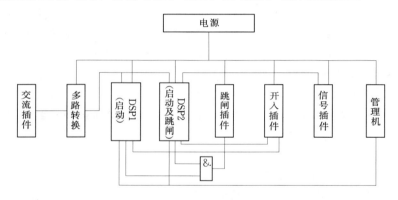

图 7-40 硬件框图

2）装置原理。

a. 差动保护。

a）分相电流差动保护。分相电流差动保护是电抗器内部故障的主保护，能反映电抗器内部相间短路故障和单相接地故障，分相电流差动保护采用电抗器首端和尾端相电流形成的差流作为判据。

动作方程如下：

当 $I_{res} < I_{res.0}$ 时，$I_{op} > I_{op.0}$

当 $I_{res} > I_{res.0}$ 时，$I_{op} > I_{op.0} + S(I_{res} - I_{res.0})$

$$I_{op} = |\dot{I}_T + \dot{I}_N| \quad I_{res} = \frac{|\dot{I}_T - \dot{I}_N|}{2}$$

式中：I_{op} 为差动电流；$I_{op.0}$ 为差动动作电流定值；I_{res} 为制动电流；S 为比率制动系数定值；$\dot{I}_T$、$\dot{I}_N$ 分别为电抗器首端和尾端的相电流，电流的方向都以指向电抗器为正方向。

差动保护动作特性见图 7-41。

b）差流速断。当任一相差动电流大于差流速断定值，瞬时动作于跳闸。

c）零序电流差动保护。零序电流差动保护能反映电抗器内部单相接地短路故障。零序电流差动保护采用电抗器首端和尾端自产零序电流形成的差流作为判据。

动作方程：

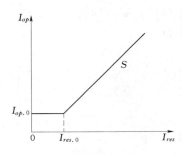

图 7-41 差动保护动作特性

$$I_{op} > I_{op.0}$$

$$I_{op} > SI_{res}$$

$$I_{op} = |3\dot{I}_{OT} + 3\dot{I}_{ON}| \qquad I_{res} = |3\dot{I}_{OT} - 3\dot{I}_{ON}|$$

式中：I_{op} 为零序差动电流；$I_{op.0}$ 为零序差动动作电流定值；I_{res} 为零序制动电流；S 为制动系数；$3\dot{I}_{OT}$ 为首端自产零序电流；$3\dot{I}_{ON}$ 为尾端自产零序电流。

零序电流差动保护动作特性见图 7-42。

b. 匝间保护。高压并联电抗器采用分相式结构，电抗器的主要故障形式为匝间短路或单相接地，但是当短路匝数很少时，一相匝间短路引起的三相电流不平衡有可能很小，很难被保护装置检测出；由于差动保护从原理上不反应匝间短路故障，装置采用新原理的匝间保护，能灵敏地反映电抗器的匝间短路及单相接地故障。

动作方程：

$$|3\dot{U}_0 - j3\dot{I}_0 X_{L0}| > |3\dot{U}_0 + j3\dot{I}_0 X_{S0}|$$

式中：$3U_0$ 为 TV 自产零序电压；$3I_0$ 为电抗器首端 TA 自产零序电流；X_{L0} 为电抗器零序电抗；X_{S0} 为系统零序电抗。

匝间保护逻辑图见图 7-43。

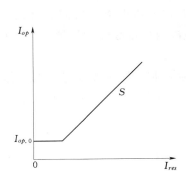

图 7-42 零序电流差动保护
动作特性

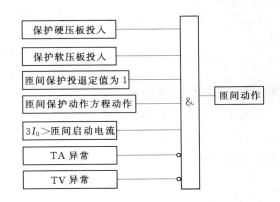

图 7-43 匝间保护逻辑图

（2）长园深瑞 PRS-747 电抗器保护。

1）结构特点。装置由交流板、管理 CPU 板、保护 CPU 板 1、保护 CPU 板 2、开入开出板、开出板、信号板、电源板、总线背板和面板组成，装置的硬件原理框图见图 7-44。装置利用双保护板互为闭锁，两块保护板的动作出口相"与"后出口跳闸；同时主保护针对不同的保护设置不同的启动元件，主保护只有在本身启动元件动作后才能跳闸出口。

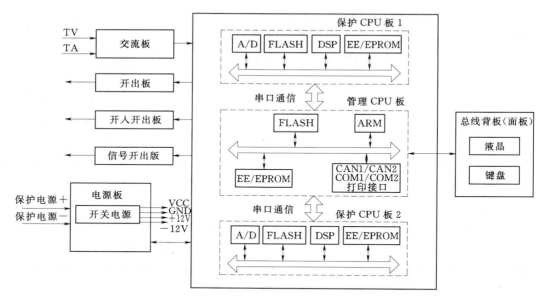

图 7-44　PRS-747 硬件原理框图

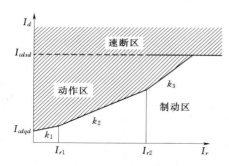

图 7-45　稳态量差动保护动作特性

2）装置原理。

a. 差动保护。

a）差动速断。任一相差流大于整定值 I_{cdsd}（差动速断电流定值）时，该保护瞬时动作，动作特性见图 7-45。I_{cdsd} 定值一般需躲过线路非同期合闸产生的最大不平衡电流，返回系数取 0.95。作为差动保护范围内严重故障的保护，TA 断线不闭锁该保护。

b）比率差动保护。比率差动保护的动作特性采用三折线方式实现，比率差动启动电流定值 I_{cdqd} 用以躲过电抗器正常运行最大负荷电流下流过装置的不平衡电流。

动作方程：

$$\begin{cases} I_d > k_1 I_r + I_{cdqd}, I_r \leqslant I_{r1} \\ I_d > k_2(I_r - I_{r1}) + k_1 I_{r1} + I_{cdqd}, I_{r1} < I_r \leqslant I_{r2} \\ I_d > k_3(I_r - I_{r2}) + k_2(I_{r2} - I_{r1}) + k_1 I_{r1} + I_{cdqd}, I_r > I_{r2} \end{cases}$$

$$I_d = |\dot{I}_1 + \dot{I}_2|, I_r = \frac{1}{2}|\dot{I}_1 - \dot{I}_2|$$

式中：I_d 为差动电流；I_r 为制动电流；$\dot{I}_1$，$\dot{I}_2$ 分别为电抗器首端和末端电流，均以流入电抗器为正方向；k_1、k_2、k_3 为比率斜率，$k_1 \leqslant k_2 \leqslant k_3$；$I_{r1}$、$I_{r2}$ 为拐点制动电流，

$I_{r1} \leqslant I_{r2}$。

比率制动系数内部固定，分别取 $k_1 = 0.2$、$k_3 = 0.75$，k_2 可整定，拐点电流内部固定，分别取 $I_{r1} = 0.5 I_e$，$I_{r2} = 6 I_e$。

c）零序差动速断。电抗器零序差动保护对电抗器末端内部接地故障具有更高的灵敏度。零序差流大于整定值 I_{0cdsd}（零序差动速断电流定值）时，该保护瞬时动作，I_{0cdsd} 定值按躲过空投电抗器励磁涌流或非周期电流在零差回路产生的最大不平衡电流整定，返回系数取 0.95。作为差动保护范围内严重故障的保护，TA 断线不闭锁该保护。

b. 匝间保护。装置采用带补偿的绝对值比较式零序方向元件和负序方向、零序阻抗元件以及匝间短路保护启动元件共同构成，既能提高电抗器匝间保护动作的灵敏度，又能保证在外部故障以及任何非正常运行工况下不误动。

匝间短路保护采用主电抗首端自产零序电流和负序电流、电抗器安装处线路自产零序电压和负序电压实现。零序电流、负序电流、零序电压和负序电压正方向的取法见图 7-46。

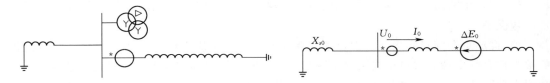

图 7-46　零负序电流电压正方向定义　　　　图 7-47　匝间故障时 U_0 和 I_0

由于电抗器的一次零序阻抗一般为几千欧姆左右，而系统的一次零序阻抗一般为几十欧姆左右，保护装置可以利用测量电抗器端口零序阻抗大小判断是否发生区内故障。在电抗器发生匝间短路和内部单相接地故障时，零序电压和零序电流关系分别见图 7-47 和图 7-48。此时 $\dot{U}_0 = -\dot{I}_0 jX_{s0}$，电抗器端口测量到的零序阻抗是系统的零序阻抗，在电抗器发生外部单相接地故障时，零序电压和零序电流关系见图 7-49，此时 $\dot{U}_0 = \dot{I}_0 jXL_0$，电抗器端口测量到的零序阻抗是电抗器的零序阻抗，利用两者测量数值上的较大差异可以区分电抗器的匝间短路、内部接地故障和电抗器的外部接地故障。

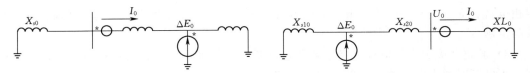

图 7-48　内部接地故障时 U_0 和 I_0　　　　图 7-49　外部接地故障时 U_0 和 I_0

3. 高压并联电抗器保护运行规定

（1）并联电抗器的重瓦斯保护作用于跳闸，轻瓦斯保护作用于信号。

（2）并联电抗器的油温计应定期进行校验，并定期校核现场油温指示和远传数据的误差，做好相应记录。

（3）并联电抗器及中性点电抗器的油温保护一段、二段均作用于信号，绕温保护作用于信号。

（4）并联电抗器冷却器全停作用于信号；冷却器全停时，应采取积极措施尽快恢复电源，缩短冷却器全停的时间。冷却器全停时，允许运行 7.5h（超过 7.5h 发告警信号）。

（5）轻瓦斯及重瓦斯保护动作后，应采集气样及油样进行分析，综合判断并联电抗器故障性质，决定是否投运。

（三）断路器保护

1. 断路器保护配置方案和功能要求

（1）配置方案。以特高压长治站为例，1000kV 断路器配置南瑞继保生产的 RCS-921A 断路器失灵及自动重合闸装置及 CZX-22R2 操作继电器箱。

（2）功能要求。

1）断路器保护应按断路器配置，包括断路器失灵保护、三相不一致保护、充电保护、死区保护和分相操作箱。

2）每组断路器装设一套断路器失灵保护，其跳闸输出接点应可供断路器的两组跳闸绕组跳闸用，应有足够的失灵输出接点。

3）宜采用断路器机构内本体三相不一致保护，需要时可采用断路器保护装置的三相不一致保护。

4）自动重合闸只实现一次重合闸，在任何情况下不应发生多次重合闸。断路器保护的常规重合闸启动方式包括线路保护跳闸启动和断路器跳闸位置不对应启动，重合闸装置收到启动脉冲后，应能将起动脉冲自保持。重合闸装置应有外部闭锁重合闸的输入回路，以便在手动跳闸、手动合闸、母线故障、变压器故障、断路器失灵、断路器三相不一致、远方跳闸、延时段保护动作、断路器操作压力降低等情况下接入闭锁重合闸接点。三相重合闸元件启动后，应闭锁单相重合闸时间元件；单相重合闸元件启动后，应闭锁三相重合闸时间元件。重合闸装置应具有"闭锁重合闸"的接入回路。断路器操作压力降低闭锁重合闸应保证只检查断路器操作前的操作压力。

5）启动失灵的保护应为线路、母线、变压器（高抗）等电气量保护。断路器失灵保护的启动回路采用分相及三相启动回路，分相失灵启动回路采用线路保护单相跳闸出口接点启动，由断路器保护完成电流判别，电流元件由相电流和零（负）序电流与门构成；三相失灵启动回路采用保护三相跳闸出口接点启动，由断路器保护完成电流判别，电流元件由相电流、零（负）序电流、低功率因素或门构成。判别断路器未跳开的元件应保证有足够的灵敏度。

6）断路器失灵保护启动并经断路器未跳开的元件确认后，瞬时按相重跳一次本断路器，再经延时跳本断路器及相邻断路器三相，为了简化回路设计，靠母线侧断路器的失灵保护跳本母线所有断路器的出口回路应与相应母差共出口。

2. 断路器保护装置介绍

（1）结构特点。装置插件有电源插件（DC）、交流插件（AC）、低通滤波器（LPF）、CPU 插件（CPU）、通信插件（COM）、24V 光耦插件（OPT1）、高压光耦插件（OPT2）、信号插件（SIG）、跳闸出口插件（OUT1、OUT2、OUT3）、显示面板（LCD），图 7-50 为装置硬件模块图。

（2）装置原理。

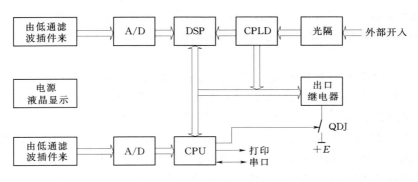

图 7-50　硬件模块图

1）失灵保护。断路器失灵保护按照如下几种情况来考虑，即故障相失灵、非故障相失灵和发、变三跳启动失灵。失灵保护工作逻辑见图 7-51。

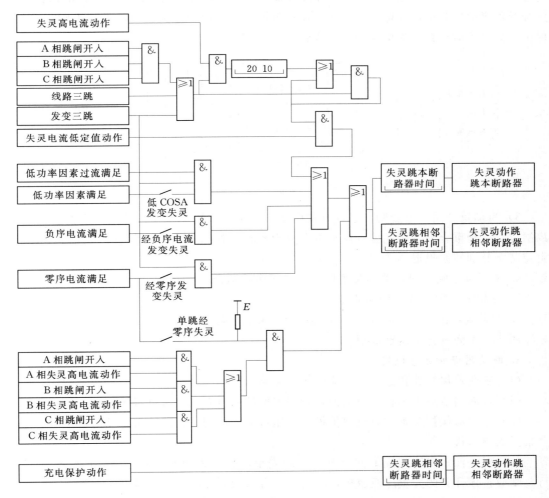

图 7-51　失灵保护逻辑框图

a. 故障相失灵按相对应的线路保护跳闸接点和失灵过流高定值都动作后，先经"失灵跳本开关时间"延时发三相跳闸命令跳本断路器，再经"失灵动作时间"延时跳开相邻断路器。

b. 非故障相失灵由三相跳闸输入接点保持失灵过流高定值动作元件，并且失灵过流低定值动作元件连续动作，此时输出的动作逻辑先经"失灵跳本开关时间"延时发三相跳闸命令跳本断路器，再经"失灵动作时间"延时跳开相邻断路器。

c. 发、变三跳启动失灵由发、变三跳启动的失灵保护可分别经低功率因素、负序过流和零序过流三个辅助判据开放。三个辅助判据均可由整定控制字投退。输出的动作逻辑先经"失灵跳本开关时间"延时发三相跳闸命令跳本断路器，再经"失灵动作时间"延时跳开相邻断路器。

2）充电保护。充电保护由两段相过流及一段零序过流组成，其时间定值及过流定值均可设置。电流取自本断路器 TA，与断路器失灵保护共用。充电保护可经充电保护投入压板及整定值中相应段充电保护投入控制字投退。充电保护动作后，启动失灵保护，失灵保护经失灵延时出口。充电保护工作逻辑见图 7-52。

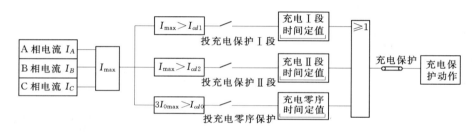

图 7-52 充电保护逻辑框图

3）自动重合闸。重合闸由二种方式启动，一是由线路保护跳闸启动重合闸；二是由跳闸位置启动重合闸。跳闸位置启动重合分为跳闸位置启动单重与跳闸位置启动三重，可由控制字分别控制投退。

a. 单相重合闸方式：单相跳闸单合，多相跳闸不合。

b. 三相重合闸方式：任何故障三跳三合。

c. 综合重合闸方式：单相故障单跳单合，多相故障三跳三合。

图 7-54 为重合闸逻辑框图。

3. 断路器保护运行规定

（1）断路器保护装置故障时，应停用该断路器。

（2）当断路器退出运行，应退出该断路器保护的所有失灵出口压板。

（3）断路器保护装置"充电保护投入"压板应根据调试、试验需要投退，正常运行中严禁投入该压板。

（4）对于任一出线间隔的两台开关，若先重压板投入的开关在检修，而线路正常运行，则应将该开关的先重压板退出，将另外一台运行开关的先重压板投入。

（5）正常运行情况下，对于 3/2 接线方式，线路两台开关均投重合闸，一般情况下 1000kV 系统边开关投先重；500kV 系统中开关投先重。

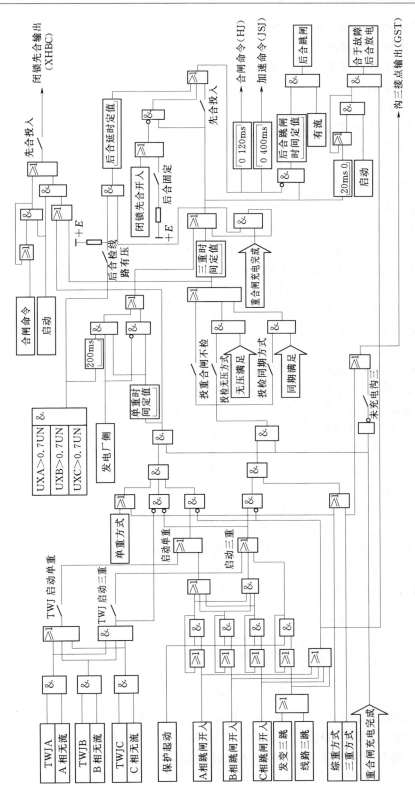

图 7 - 53 重合闸逻辑框图

(6) 当线路只有一台开关投用重合闸时，应投先重方式。

(7) 遇有断路器跳闸次数达到规定次数、重合闸装置故障、一次设备进行带电作业时应根据调令退出重合闸等情况时，应将重合闸停用。

重合闸逻辑见图 7-53。

(四) 母线保护

1. 母线保护配置方案和功能要求

(1) 配置方案。以特高压长治站为例，1000kV 母线保护分别采用北京四方生产的 CSC-150C 和许继电气生产的 WMH-800A 母线保护装置，装置具备母线差动保护功能和失灵保护功能，使用独立直流电源，独立交流电流信号回路。

(2) 功能要求。

1) 应能在母线区内发生各种故障时正确动作，发生区内金属性故障的动作时间应小于 15ms，动作时间不应受系统故障谐波及长线路分布电容的影响。

2) 母线发生经小于 100Ω 高过渡电阻单相接地故障时，保护应能切除故障。

3) 在由分布电容、并联电抗器、变压器（励磁涌流）、高压直流输电设备和串联补偿电容等所产生的稳态和暂态的谐波分量和直流分量的影响下，保护装置不应误动作或拒动。保护装置应有专门的滤波措施，以避免特高压系统产生的谐波和直流分量对保护装置的影响。

4) 在各种类型区外故障时，不应发生误动作。应能正确切除由区外转区内的故障。

5) 母线差动保护不应受电流互感器暂态饱和的影响而发生不正确动作。

6) 保护装置应能通过软件补偿适用于电流互感器变比不一致的情况。

7) 边断路器失灵判别设置在断路器保护中，断路器失灵联跳其他断路器出口应与母线保护共用出口，装置应设置灵敏的、不需整定的失灵开放电流元件并带 50ms 的固定延时，防止由于失灵开入异常等原因造成失灵联跳误动。

2. 母线保护装置介绍

(1) 北京四方 CSC-150C 母线保护。

1) 结构特点。装置共配置 15 个插件和 1 个 CAN 网接口，包括 4 个交流插件、CPU1 插件、CPU2 插件、开入插件 1、管理板、开出插件 1（主板加副板）、开出插件 2~5（主板）及电源插件。交流插件、开出插件、开入插件和电源插件为"直通式"，即插件连接器直接与机箱端子相连，增加了接线的可靠性，插件布置见图 7-54。

交流插件 1	交流插件 2	交流插件 3	交流插件 4	CPU1 插件	CPU2 插件	开入插件 1	开出插件 5		管理插件	电源插件
交流插件 5	交流插件 6	交流插件 7	交流插件 8			电源插件	开出插件 1（主＋副）	开出插件 2	开出插件 3	开出插件 4

图 7-54 插件布置图

CPU 插件是装置的核心插件，本装置共有 2 块 CPU 插件，硬件完全相同，完成保护功能、A/D 变换、软硬件自检等。一个 CPU 完成所有保护功能，另一个 CPU 完成启动功能，各 CPU 具有独立的供电电源。开入插件用来接入各保护压板、断路器失灵开入等开关量输入信号。开入插件对各路开入回路进行实时自检。装置设置开入插件 1 为主开入插件，主要为保护功能压板及断路器失灵开入。

2）装置原理。

a. 比率制动式电流差动保护。比率制动式电流差动保护基于电流采样值构建，采取持续多点满足动作条件才开放母线保护电流元件方式实现。下面的原理分析对于每一个采样时刻均成立，因此在部分公式中省去了采样时刻标识。

动作方程：

$$|i_1+i_2+\cdots+i_n|\geqslant I_0$$
$$|i_1+i_2+\cdots+i_n|\geqslant K(|i_1|+|i_2|+\cdots+|i_n|)$$

式中：i_1、i_2、$\cdots$、i_n 为支路电流；K 为制动系数；I_0 为差动电流门槛值。

比率制动式电流差动保护曲线见图 7-55。

b. 失灵经母差跳闸。装置配置了有电流元件的失灵经母差跳闸功能，该方式的失灵保护由断路器保护失灵出口接点启动本装置失灵保护，母线保护装置配置了"断路器失灵启动 1"和"断路器失灵启动 2"两个开入，两幅启动开入采用"与"逻辑。电流判别只作该支路的有流判别（CSC150 有流判别门槛为 $0.08I_n$），分别对该支路的相电流、零序电流、负序电流进行有流判别，各电流元件采用"或"逻辑。当失灵启动开入和电流判别元件都有效时，延时 50ms 失灵经母差跳闸动作。

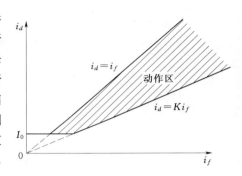

图 7-55 比率制动式电流差动
保护动作曲线

（2）许继电气 WMH-800A 母线保护。

1）结构特点。装置有两个完全独立的、相同的 CPU 板，并具有独立的采样、A/D 变换、逻辑计算及启动功能，两块 CPU 板硬件电路完全一样但运行不同的保护程序。两块保护用 CPU 板一个负责保护判断及逻辑，一个为启动 CPU，启动 CPU 启动元件动作后开放出口电源，双 CPU 模式可防止一块 CPU 意外故障而引起保护误出口。另有一块人机对话板，由一片 DSP 专门处理人机对话任务。人机对话担负键盘操作和液晶显示功能。正常时，液晶显示当前时间、主接线、各元件电流、母线电压等，图 7-56 为装置硬件框图。

2）装置原理。

a. 比率制动差动保护。差流采用具有比率制动特性的分相电流差动算法，其动作方程：

$$I_d > I_s \quad I_d > KI_r$$
$$I_d = \left|\sum_{j=1}^{n}\dot{I}_j\right| \quad I_r = \sum_{j=1}^{n}|\dot{I}_j|$$

式中：I_d 为差动电流；I_r 为制动电流；K 为比率制动系数，内部固定为 0.5；I_s 为差动电流定值；$\dot{I}_j$ 为各回路电流。

差动保护动作曲线见图 7-57。

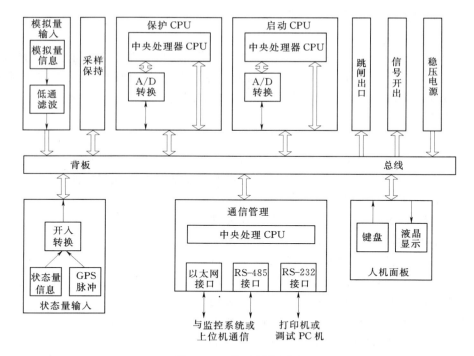

图 7-56　装置硬件框图

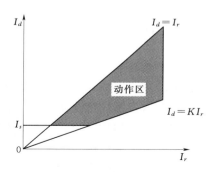

图 7-57　差动保护动作曲线

b. 突变量比率差动保护。突变量比率制动差动保护与制动系数固定为 0.3 的常规比率制动差动保护配合使用，动作方程：

$$I_d > 0.3I_r \quad \Delta I_d > I_s \quad \Delta I_d > 0.7\Delta I_r$$

$$\Delta I_d = \left| \Delta \sum_{j=1}^{n} \dot{I}_j \right| \quad \Delta I_r = \sum_{j=1}^{n} \left| \Delta \dot{I}_j \right|$$

式中：I_s 为差动定值；$\Delta \dot{I}_j$ 为第 j 个连接元件的电流突变量。

c. 边断路器失灵经母线保护跳闸。边断路器失灵保护由各连接元件保护装置的失灵保护启动接点启动，每个元件设两个失灵接点（防止光隔击穿导致误启动），当两个接点都有效时，断路器失灵保护确认该元件失灵，经 50ms 延时跳母线。若某失灵启动开入保持 10s 不返回，装置发告警信号，并闭锁该失灵开入，当该失灵开入接点返回后再解除对它的闭锁。

三、安全稳定装置

（一）稳态过电压控制装置

1. 稳态过电压装置配置方案和功能要求

（1）配置方案。以特高压长治站为例，1000kV 长南 I 线配有两套稳态过电压控制装置，第一套稳态过电压控制装置为南瑞继保公司生产的 RCS-925DM 稳态过电压控制装置，第二套稳态过电压控制装置为北京四方公司生产的 CSC－125H 稳态过电压控制装置，两套过电压装置工作原理相同，分别使用独立的光纤通道、跳闸绕组、工作电源。

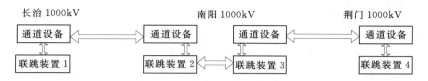

图 7－58　联跳装置配置图

（2）功能要求。特高压线路开关偷跳或特高压解列装置动作引起任意特高压线路开关三相跳闸时，将出现特高压线路空载运行的情况，此时沿线电压会大幅增加，充电功率和变压器第三绕组容性无功涌向两侧的 500kV 系统，造成两侧系统电压大幅上升，对设备和事故后线路的处理、恢复均产生不利影响，根据中国电力科学研究院的研究结论，联跳的功能要求如下：

1）特高压长南Ⅰ线单侧开关三相跳闸时，稳态过电压装置的动作策略如下：判断开关开断或电压达到定值，切除长南线及长治站、南阳站低容；若南阳及荆门站的 1000kV 或 500kV 电压超过设定值，则切除南荆线及荆门低容。

2）特高压南荆线单侧开关三相跳闸时，稳态过电压装置的动作策略如下：判断开关开断或电压达到定值，切除南荆线及荆门低容。

3）收对侧跳 1000kV 开关信号，本侧需有就地判据（低有功）进行判别。

4）考虑 1000kV 系统的解环与合环操作，为了防止手分时将其他侧开关全跳开，各站均设置"投联跳功能"压板，若退出该压板，则闭锁装置的所有功能。

5）为了保持独立性，联跳装置的跳闸接点不启动失灵，因此在单相开关失灵时应能保证联跳逻辑功能工作正常，保证可靠启动远跳回路。

2. 稳态过电压装置介绍。

（1）南瑞继保 RCS－925DM 结构特点。装置插件有电源插件（DC）、交流插件（AC）、低通滤波器（LPF）、CPU 插件（CPU）、通信插件（COM）、24V 光耦插件（OPT1）、高压光耦插件（OPT2）、信号插件（SIG）、跳闸出口插件（OUT1、OUT2、OUT3）、显示面板（LCD），图 7－59 为装置硬件模块图。

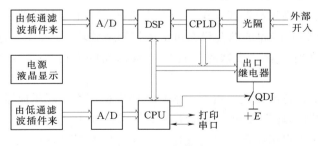

图 7－59　硬件模块图

（2）北京四方 CSC－125H 结构特点。装置共配置 8 个插件（图 7－60），包括交流插件、CPU 插件、管理插件、开入插件、开出插件 1、开出插件 2、开出插件 3 和电源插件，装置面板上配有人机接口组件。

	1 交流变换器 6SF.001.041.21	2 交流变换器 6SF.001.041.21	3	4 CPU 6SF.004.131	5 管理板 6SF.004.125.1	6 开入板 6SF.004.046.1	7	8 出口板 6SF.004.044.2	9 出口板 6SF.004.044.2	10 出口板 6SF.004.044.2	11	12 信号板 6SF.004.045.	13 电源 6SF.009.030	
	45	45	45	20	20	40	20	20	20	20	20	20	35	

图 7-60　装置插件布置图

（3）装置原理。图 7-61 为稳态过电压装置动作逻辑框图，说明如下：

1）开关开断的判据：开关任意两相位置接点均由合位变为分位，且开关电流均由从有流变为无流。

2）确认开关在合位及有流的时间均为 10s 并记忆 2s，开关动作前有流判据为 $I \geqslant 500A$（一次值），动作后无流的判据为 $I \leqslant 0.04I_n$。

3）1000kV 线路电压定值为两段式，取正序电压：$U_1 > 1.1U_n$ 延时 3min；$U_1 > 1.15U_n$ 延时 0.5s。

4）一次整组时间内，收到联跳命令侧过电压控制装置不再向发令源侧发联跳命令。

5）一次整组时间内，若过电压控制装置判出本站特高压开关跳开，则不再执行对侧的联跳和本侧过电压元件动作的跳特高压开关命令。

6）本侧 1000kV 线路开关断开或 1000kV 线路电压超过设定值时，发令跳长南线 1000kV 开关，并切除 1 号主变 110kV 侧全部电容和 2 号主变 110kV 侧全部电容。同时向南阳站发跳闸命令，跳开长南线 1000kV 开关。

7）收到南阳侧发来的联跳信号，结合低有功条件，发令跳本站长南线 1000kV 开关，并切除 1 号主变 110kV 侧全部电容和 2 号主变 110kV 侧全部电容。

8）长治站 1000kV 开关跳开，给南阳侧发"长南 Ⅰ 线跳闸"信号，用于转发至南荆线两侧联切装置。

3. 稳态过电压控制系统运行规定

（1）正常情况下特高压线路投运前，应投入稳态过电压控制装置。

（2）同一条 1000kV 线路的两套稳态过电压控制系统均停运，该 1000kV 线路停运。

（3）每套装置分别设置"投联跳功能"压板，该压板退出则本套装置所有功能均退出。

（4）正常情况下，特高压线路解列、解环、停电操作前，现场应退出稳态过电压控制装置 1、2 的"投联跳功能"压板。紧急情况下，需拉开 1000kV 开关解列（解环）特高压交流联络线时，无需退出稳态过电压控制装置 1、2 的"投联跳功能"压板。

（5）任一 1000kV 线路第一套稳态过电压控制系统通信通道发生故障，应按调度令退出该 1000kV 线路第一套稳态过电压控制系统；任一 1000kV 线路第二套稳态过电压控制系统通信通道发生故障，应按调度令退出该 1000kV 线路第二套稳态过电压控制系统。

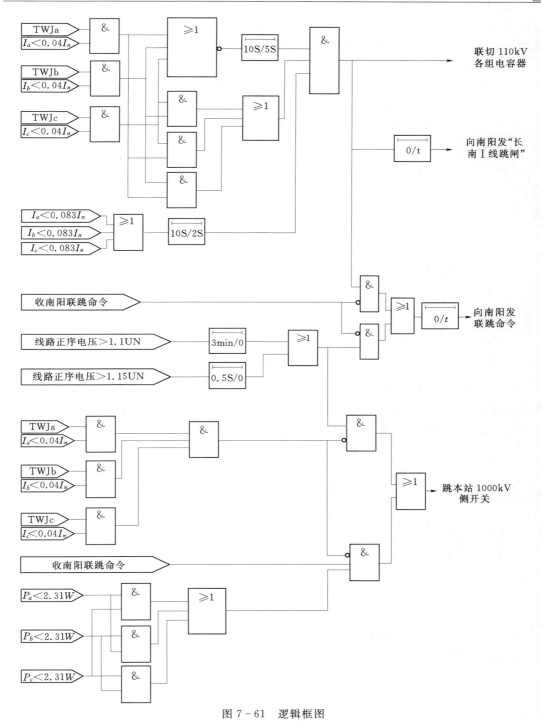

图 7 - 61　逻辑框图

（二）1000kV 主变 N - 1 稳定控制装置

1. 主变 N - 1 装置配置方案和功能要求

（1）配置方案。以特高压长治站为例，1000kV 主变安全稳定控制装置双套配置，每套由 1 台 RCS-992A 主机、2 台 RCS-990A 从机构成，RCS-992A 主机负责执行安稳策略，RCS-990A 负责采集模拟量以及压板输入。

（2）功能要求。特高压变电站双主变运行方式下，当大功率运行若一台主变跳开后另外一台主变发生严重过载时，通过主变 N-1 稳定控制装置解列特高压线路。

2. 主变 N-1 装置介绍

（1）RCS-992 主机结构特点。主机的插件包括：电源插件（DC）、信号插件（SIG）、24V 光耦插件（OPT）、通信插件（COM）、CPU 插件（CPU）、光电转换插件（EO、MSO）、显示面板（LCD），具体硬件模块图见图 7-62。

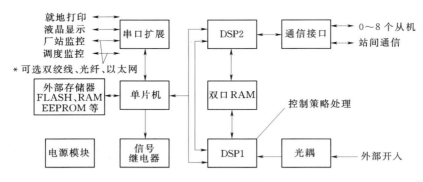

图 7-62 主机硬件模块图

（2）RCS-990 从机结构特点。从机的插件包括：电源插件（DC）、交流插件（AC）、低通滤波器（LPF）、CPU 插件（CPU1、CPU2）、24V 光耦插件（OPT）、信号输出插件（SIG）、接点输出插件（OUT）。具体硬件模块图见图 7-63。

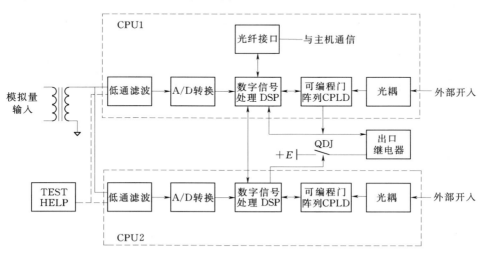

图 7-63 从机硬件模块图

（3）装置原理。装置主变跳闸判别采用电气量和主变高、中压侧分相开关位置常闭辅助接点相结合的方法共同判别跳闸逻辑，逻辑图见图 7-64，当一台主变跳闸时，启动前两台主变电流和满足以下条件后解列长南 I 线；冬季压板投入（当且仅当投入冬季压板时）（1号变高电流＋2号变高电流）$\geqslant I_{set\_win}$解列长南Ⅰ线；夏季压板投入（当且仅当投入夏季压板时）（1号变高电流＋2号变高电流）$\geqslant I_{set\_sum}$解列长南Ⅰ线。

考虑环境温度对变压器过载能力的影响，装置设置有"夏季压板"和"冬季压板"，设定夏季定值和冬季定值，根据方式压板投退使用不同定值。当夏、冬季压板均不投入且总功能压板投入时装置发"无定值压板告警"信号；当夏、冬季压板均投入且总功能压板投入时发"多定值压板告警"信号。

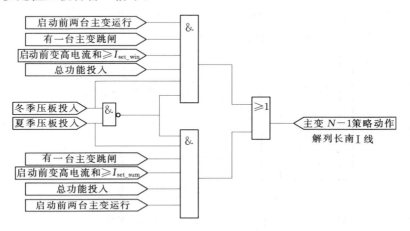

图 7-64 主变 $N-1$ 判别逻辑图

3. 主变 $N-1$ 控制系统运行规定

（1）"冬季压板"和"夏季压板"要按照调度指令来投入和退出，但必须投入其一。

（2）当1号主变或2号主变要退出运行时，先投入"1号主变检修"或"2号主变检修"压板，5s后再操作相应主变退出运行。当1号主变或2号主变投入运行后，需尽快退出"1号主变检修"或"2号主变检修"压板。此时相应主变的某侧的边/中开关检修切换把手不需要操作。

（3）当1号主变或2号主变的高（中）压侧边开关或中开关要退出运行时，先将1000kV主变安全稳定控制装置1、2上相应主变的高（中）压侧的边/中开关检修切换把手打至检修位置，再操作相应开关退出运行。当1号主变或2号主变的高（中）压侧的边开关或中开关要投入运行时，先将相应主变的高（中）压侧的边/中开关检修切换把手打至正常位置，再操作相应开关投入运行。

（三）失步解列装置

1. 失步解列装置配置方案和功能要求

（1）配置方案。以特高压长治站为例，特高压线路配置有两套失步解列装置，均为南京南瑞稳定公司生产的 UFV-200F 型解列装置，该装置有失步解列、低频、低压保护功能，两套解列装置工作原理相同，分别使用独立的跳闸绕组（不启动失灵）、工作电源、电流电压回路。

（2）功能要求。在系统发生失步振荡事故时，根据整定的动作区范围、振荡周期次数，有选择地将电网解列运行，防止事故进一步扩大，使电力系统迅速实现再同期，以尽

量保持电网的完整性。

2．失步解列装置介绍

（1）结构特点。图 7 - 65 为装置的正面插件布置图，插件名称从左到右依次是 SCM - 330（人机界面处理插件）、SCM - 360（出口中间插件 3）、SCM - 360（出口中间插件 2）、SCM - 360（出口中间插件 1）、SCM - 350（输出中间插件 2）、SCM - 350（输出中间插件 1）、SCM - 380（开入光隔离插件）、SCM - 320（通信插件）、SCM - 310（主机控制判断插件 1）、SCM - 310（单元控制判断插件 2）、SCM - 372（交流滤波插件）、SCM - 370（交流变换插件 2）、SCM - 370（交流变换插件 1），SCM - 340（电源插件）。

S C M ｜ 3 3 0	S C M ｜ 3 6 0	S C M ｜ 3 6 0	S C M ｜ 3 6 0	S C M ｜ 3 5 0	S C M ｜ 3 5 0	S C M ｜ 3 8 0	S C M ｜ 3 2 0	S C M ｜ 3 1 0	S C M ｜ 3 1 0	S C M ｜ 3 7 2	S C M ｜ 3 7 0	S C M ｜ 3 7 0	S C M ｜ 3 4 0

图 7 - 65　装置插件布置图

（2）装置原理。UFV - 200F 型失步解列装置主要用于失步振荡解列，兼有低频、低压或过频、过压自动解列、切负荷功能，装置采用相位角原理，根据电力系统失步振荡过程中相位角 φ 的变化规律，在系统发生失步振荡事故时，根据装置整定的动作区范围、振荡周期次数，有选择地将电网解列运行，防止事故进一步扩大，使电力系统迅速实现再同期，以尽量保持电网的完整性。

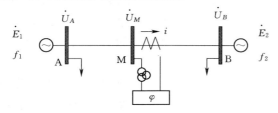

图 7 - 66　等值系统图

对图 7 - 66 所示的两机系统进行仿真计算和分析，可以看出失步振荡过程中电压与电流之间的相位角 φ 的变化规律为，若振荡中心落在装置安装处的正方向（即 MB 之间），且 M 点处于送端位置，在失步过程中相位角 φ 从 0°增加到 180°，即在Ⅰ、Ⅱ象限范围内周期变化；而当 M 点处于受端位置时，相位角 φ 从 180°减少到 0°，即在Ⅱ、Ⅰ象限范围内周期变化。若振荡中心落在装置安装处的反方向（即 AM 之间），且 M 点处于受端位置（功率从 M 流向 B），在失步振荡过程中相位角 φ 从 360°减少到 180°，即在Ⅳ、Ⅲ象限范围内周期变化；而当 M 点处于送端位置时（功率从 B 流向 M），相位角 φ 从 180°增加到 360°，即在Ⅲ、Ⅳ象限范围内周期变化。

若振荡中心恰好落在装置安装处附近，则相位角 φ 在 0°与 180°两个状态之间来回翻转。

（四）失步快速解列装置

1．失步快速解列装置配置方案和功能要求

（1）配置方案。以特高压长治站为例，两套失步快速解列装置均为中国电力科学研究

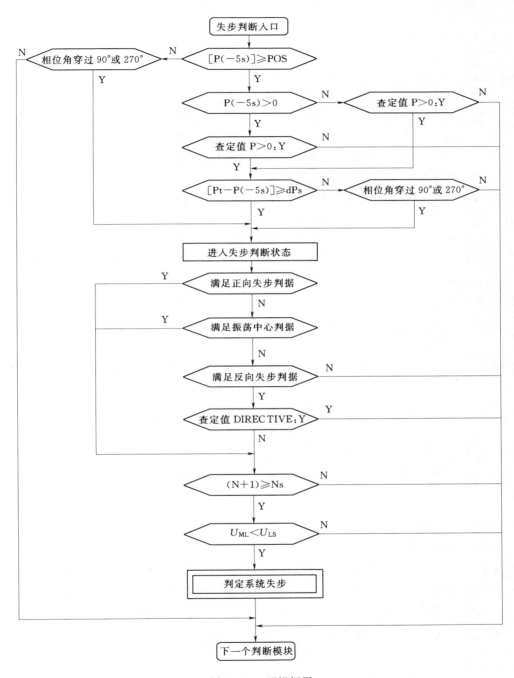

图 7-67 逻辑框图

院生产的 PAC-1000 系统失步快速解列装置，两套失步快速解列装置工作原理相同，分别使用独立的跳闸绕组（不启动失灵）、工作电源、电流电压回路。

（2）功能要求。在系统发生失步振荡事故时，根据整定的动作区范围、振荡周期次数，有选择地将电网解列运行，防止事故进一步扩大，使电力系统迅速实现再同期，以尽量保持电网的完整性。

2. 失步快速解列装置介绍

(1) 结构特点。PAC－1000电力系统失步快速解列装置由 PC/104 嵌入式控制系统、DSP 数据采集及控制模块、DIO 逻辑模块、人机接口模块共四大模块组成。

PC/104 嵌入式控制系统模块是基于 PC/104 总线的嵌入式硬件平台，是整个装置的核心，其功能包括装置的出口逻辑判别，接收 DSP 数据采集控制模块的测量电气数据、装置启动信号、告警信号，开关量输入信号扫描，输出开关量信号，接收 GPS 分脉冲对时信号，与中央管理站通信，与人机接口模块的通信等功能。

DSP 数据采集及控制模块包括主备两套 DSP 数据采集处理电路及相关接口电路。每套 DSP 数据采集电路由信号前置处理电路、信号转换电路及 DSP 信号处理器组成，负责电压、电流信号的采集，快速解列核心算法的计算等功能。

DIO 逻辑模块提供了开入、开出信号接入 PC/104 控制系统总线的接口逻辑。

人机接口提供了装置人机交互的界面。由单片机处理用户的键盘操作，接收 PC/104 数据并显示在液晶显示屏上。

装置插件配置见图 7－68。

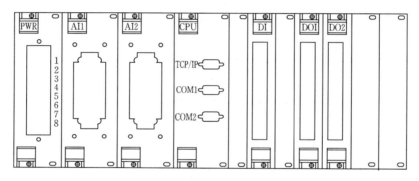

图 7－68　装置插件配置图

(2) 装置原理。PAC－1000 电力系统失步快速解列装置根据输电线路功率的变化趋势、线路两端电压相角差的变化趋势以及系统振荡中心的位置等因素来形成失步解列判据。系统由同步运行状态向异步运行状态转移过程中，线路两侧的电压功角差以加速度增加，但线路有功功率不断减少，当振荡中心进入装置保护范围内且振荡中心的电压低于门槛值时，装置即发出解列启动信号，PAC－1000 失步快速解列判据如下：

$\dfrac{\mathrm{d}\delta}{\mathrm{d}t}>0$，$\dfrac{\mathrm{d}^2\delta}{\mathrm{d}t^2}>0$，判断功角的变化趋势为加速变大。

$\dfrac{\mathrm{d}P}{\mathrm{d}t}<0$，判断有功的变化趋势为变小。

$U_{ECS}<U_{SET}$，判断振荡中心电压小于门槛值。

图 7－69 为失步解列判据逻辑，说明如下：

1) 装置按照振荡中心的位置，将保护范围划分为两个区域，第 I 区域一般整定为被保护线路的一部分，第 II 区域一般整定为延伸到相邻线路上。

2）对于每一保护区域均可整定动作延时，延时整定范围为 1～9 个异步运行周期。第 Ⅰ区域和第Ⅱ区域配合使用，第Ⅰ区域的动作延时不大于第Ⅱ区域的动作延时。

3）装置内部设置功率突变异常及功角突变异常闭锁元件，当功率和功角出现不规则突变时，装置闭锁核心判据出口信号。

4）TV 断线时，装置闭锁判据出口信号。

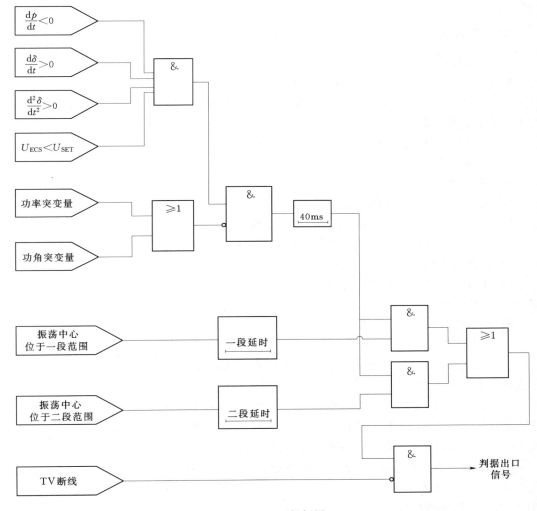

图 7-69　逻辑框图

3. 失步快速解列运行规定

（1）失步快速解列定值区的选择应按实际运行情况，即全线路、1 套串补投入、2 套串补投入 3 种运行方式进行定值切换。

（2）正常方式及正常检修方式下，特高压串补故障短时退出运行，可以不更改站内失步快速解列装置定值。

（3）特高压线路串补投入运行前，应根据调度通知按照相应方式调整失步快速解列装置定值；特高压线路串补退出运行后，应根据调度通知按照相应方式调整失步快速解列装置定值。

（4）失步快速解列装置定值有 3 个区间，为"串补全退"、"单侧串补投运"和"串补全投"定值区。线路两侧串补退出方式属于线路"串补全退"定值区，线路单侧串补投运方式属于线路"单侧串补投运"定值区，线路两侧串补投运方式属于线路"串补全投"定值区。

四、技术监督

（一）检验种类及周期

1. 检验种类

（1）新安装装置验收检验。当新安装的一次设备投入运行时；当在现有的一次设备上投入新安装的装置时。

（2）运行中装置的定期检验（简称定期检验）。

1）全部检验。

2）部分检验。

3）用装置进行断路器跳、合闸试验。

（3）运行中装置的补充检验（简称补充检验）。

1）装置进行较大的更改或增设新的回路后的检验。

2）检修或更换一次设备后的检验。

3）运行中发现异常情况后的检验。

4）事故后检验。

5）已投运的装置停电 1 年及以上，再次投入运行时的检验。

2. 检验周期

（1）新安装的装置 1 年内进行 1 次全部检验，以后每 2~3 年进行 1 次部分检验，每 6 年进行 1 次全部检验。

（2）在制定部分检验周期计划时，运行维护部门可根据装置的制造质量、运行工况、运行环境与条件，适当缩短检验周期、增加检验项目。若发现装置运行情况较差或已暴露出了需予以监督的缺陷，可考虑适当缩短部分检验周期，并有目的、有重点地选择检验项目。

（3）母线保护、断路器失灵保护及电网安全自动装置中投切发电机组、切除负荷、切除线路或变压器的跳合断路器试验，允许用导通方法分别证实至每个断路器接线的正确性。

（二）装置检验项目

1. 装置总体检查

（1）外观检查

1）检查前应断开交流电压回路，控制电源、信号电源。

2）屏柜检查及清扫。

a. 检查装置内、外部清洁无积尘；清扫屏柜面板及屏内端子排上的灰尘，检查装置背板端子排螺丝锈蚀情况，后板配线连接良好；接线应无机械损伤，端子压接应紧固。

b. 对继电保护屏后接线、插件外观及压板接线进行检查，外部接线应正确，接触可靠，标号完整清晰，与设计图纸相符。

c. 拔插插件时，采取防止静电损坏插件的措施。

3）逆变电源检查。

a. 有条件的，应测量逆变电源各级输出电压值满足要求。

b. 直流电源缓慢上升时的自启动性能满足要求。

c. 检查逆变电源使用年限，超过使用年限的应进行更换。

4）校对时钟。校对保护装置时钟至当前时钟；对与统一授时系统连接的保护装置，应检查保护装置时钟的准确性及授时的正确性。

5）定值整定、修改、核对。

a. 能正确输入和修改整定值。

b. 在直流电源失电后，不丢失或改变原定值，时钟正确无误。

c. 装置整定定值与定值单一致。

d. 定值整定、修改、切换定值区后，应注意使装置恢复运行状态。

6）软件版本检查。

a. 检查保证装置软件版本符合调度部门软件版本有关要求。

b. 软件版本检查时，应注意线路两端纵联保护程序的一致性。防止因程序版本使用不当引发保护装置不正确动作。

（2）电流、电压零漂检验。

1）将保护装置的电流、电压输入端子与外回路断开，确保装置交流端子上无任何输入。

2）查看、调整各模拟量零漂。要求零漂值在 $0.01I_n$（或 $0.05V$）以内。

（3）电流、电压精度检验。按与现场相符的图纸将试验接线与继电保护屏端子排连接，用继电保护测试装置，输出 U_a、U_b、U_c、I_a、I_b、I_c 接至保护装置，并查看各模拟量显示值。检查装置采样值与外部表计测量值误差满足要求，电流在 5% 额定值时，相对误差应小于 5%，或绝对误差应小于 $0.01I_n$；电压在额定值时，应小于 2%；角度误差不大于 3°。

（4）保护装置开入量检查。对所有引入端子排的开关量输入回路依次施加、撤除激励量，检查装置反应正确。

1）保护装置能反映各开入量的 0→1 或 1→0 变化。

2）对于包含强、弱电两种开入的保护装置，试验时要注意防止强、弱电混接损坏装置插件。

（5）保护装置开出量检查。

1）配合继电保护传动进行检查。保护装置跳合闸出口、录波、监控信号以实际传动断路器进行检验，确认信号正确；联跳回路传动至压板，分别量测压板两端对地电位进行检验；启动失灵回路由端子排分别量测电缆芯线对地电位及量测保护装置动作接点、电流判别元件动作接点通断；回路中用到的常开、常闭接点应能可靠接通或断开。

2）与其他保护装置联系的开出量，用万用表直流高电压挡（内阻大于 $10k\Omega$）测量压板对地电压。联跳压板、失灵启动压板严禁投入。

3）电源故障、TA 断线、开入异常、装置异常等信号可分别通过关掉电源开关、加入单相电流、短接相应开入量等方法进行试验，同时监视对应开出信号接点的动作情况及监控系统信号正确。

2. 装置功能及定值常规项目检查

试验前，跳闸压板保持在断开位置，试验结束后，应恢复正常接线和运行定值。

（1）纵联（差动）保护检验要求。纵联保护的动作行为符合设计动作逻辑。保护装置主保护功能压板投入，将重合方式置于定值通知单要求方式，断路器模拟为合闸状态且通道正常。

1）线路纵联保护检验要求。

a. 试验采用模拟突然短路的方法进行，在模拟出口短路之前，应先加额定电压，再加故障电流，故障时间为100～150ms。

b. 模拟各种区内故障，观察保护装置动作情况并记录纵联保护的动作时间。

c. 模拟各种区外故障，装置应可靠不动作。

d. 可采用通道信号转发等方式进行检验。

2）线路分相电流差动保护检验要求。

a. 检查线路分相电流差动保护定值，在0.95倍定值时，差动保护应可靠不动作；在1.05倍定值时，差动保护应可靠动作。

b. 可在通道自环的方式下进行检验。

3）变压器差动保护检验要求。

a. 分别从高压侧、中压侧或低压侧通入单相电流，检查比率差动保护定值。

b. 分别从高压侧、中压侧或低压侧通入单相电流，检查差动速断定值。

c. 检查电流在0.95倍定值时，差动保护应可靠不动作；在1.05倍定值时，差动保护应可靠动作。

4）母线差动保护检验要求。

a. 在电流端子处加交流电流，模拟母线区内故障，母线差动保护应瞬时动作，切除本母线上的所有支路。

b. 检查电流在0.95倍定值时，差动保护应可靠不动作；在1.05倍定值时，差动保护应可靠动作。

c. 检查母线保护内部失灵直跳功能，并传动正确。

5）高压电抗器差动保护检验要求。

a. 分别从高压侧、中性点侧通入单相电流，检查比率差动保护定值。

b. 分别从高压侧、中性点侧通入单相电流，检查差动速断定值。

c. 检查电流在0.95倍定值时，差动保护应可靠不动作；在1.05倍定值时，差动保护应可靠动作。

（2）距离（阻抗）保护定值检验要求。

1）距离保护的动作行为符合设计动作逻辑。

2）进行距离保护检验时只需投入"距离保护投入"压板。

3）模拟正方向故障，距离保护应正确动作；模拟反方向故障，距离保护不应动作。

4）检查在0.95倍定值时，距离（阻抗）保护应可靠动作；在1.05倍定值时，距离保护应可靠不动作。

（3）零序保护定值检验要求。

1）零序保护的动作行为符合设计动作逻辑。

2）零序保护检验时只需投入"零序保护投入"压板。

3）模拟正方向故障，零序保护应正确动作；模拟反方向故障，零序保护（带方向）不应动作。

4）检查在 0.95 倍定值时，零序保护应可靠不动作；在 1.05 倍定值时，零序保护应可靠动作。

（4）过电压及远方跳闸装置检验要求。

1）按照定值单整定的控制字，模拟 A、B、C 相过电压和开关跳闸位置，检查动作行为符合设计动作逻辑。

2）按照定值单整定的就地判据和控制字，通入满足判据的电流、电压量，模拟收远跳命令，检查动作行为符合设计动作逻辑。

3）模拟通道异常，装置反应正确。

4）检查电压在 0.95 倍定值时，过电压保护应可靠不动作；在 1.05 倍定值时，过电压保护应可靠动作。返回系数不小于 0.98。

（5）失步解列装置定值检验要求。

1）失步解列的动作行为符合设计动作逻辑。

2）根据装置原理及定值单整定值，模拟振荡试验。在动作区内时，装置可靠动作；在动作区外时，装置可靠不动作。

3. 整组试验

（1）通用要求。

1）在额定直流电压下带断路器传动，从端子排上通入交流电流、电压进行检验。

2）整组试验应包括继电保护的全部保护功能，对于共用同一套出口的各种保护可选择一种主保护进行传动。

3）检验继电保护逻辑回路的正确性，同时根据继电保护图纸，对包括直流控制回路、保护装置回路、出口回路、信号回路等用到的开出回路进行传动，检查各直流回路接线的正确性。

4）对确实不具备停电传动的断路器跳闸回路，可传动至压板，用万用表直流高电压挡测量压板电压进行检验。

5）应检查联跳回路等与其他保护装置联系的开出量。与运行设备相关的联跳压板、失灵启动压板严禁投入，只传动至压板，可用万用表直流高电压挡测量压板电压。

6）线路纵联保护传动时对侧主保护功能压板应投入。

7）检查继电保护整组动作时间符合要求。

8）新安装保护装置验收及回路经更改后的检验，在做完每一套单独的整定检验后，需要将同一被保护设备的所有保护装置电流回路串联电压回路并联在一起进行整组的检查试验。

（2）线路保护整组试验方法。

1）投入线路保护、重合闸出口压板，并将断路器合闸。

2）模拟单相瞬时、单相永久、相间、三相正方向故障及反方向故障。

3）检查线路保护、重合闸正确动作。

4）相应相别启动失灵压板两端电位正确。

5）检查保护装置、断路器、故录及监控系统信息指示正确。

6）线路两侧配合进行远跳回路传动。

7）继电保护联跳三相功能检验。模拟线路故障，保护装置动作且断路器跳三相或一相跳闸但有两相或两相以上跳位时，应向对侧发联跳三相信号；对侧收到联跳三相信号，且保护装置动作后，应强制性三跳，同时中止发送联跳三相信号。

（3）过电压及远方跳闸装置整组试验方法。

1）投入过电压保护、远方跳闸保护出口压板。

2）模拟 A、B、C 相过电压，保护出口传动开关正确，检查过电压向对侧发远跳，启动相关断路器失灵压板两端电位正确，闭锁相关断路器重合闸。

3）在对侧检查收到远跳命令，模拟满足就地判别条件，保护出口传动开关正确，启动相关断路器失灵压板两端电位正确，闭锁相关断路器重合闸。

4）检查保护装置、断路器、故录及监控系统信息指示正确。

5）线路两侧协调配合，做好安全措施，轮流进行远跳回路传动。

（4）母线保护整组试验方法。

1）模拟母线区内故障，母线保护正确动作。

2）模拟母线区外故障，任选母线上的两条支路，加入大小相等、方向相反的一相电流，电流幅值大于差动门槛，差动保护不动作。

3）检查断路器动作正确，母线保护、断路器、故录及监控系统信息指示正确。

4）边断路器失灵经母线保护出口试验。

（5）变压器保护整组试验方法。

1）应分别对主体变压器、调压补偿变压器相关保护进行检验。

2）模拟各种故障。检查保护动作正确，相应断路器跳闸；变压器保护、断路器、故录及监控系统信息指示正确；启动失灵压板、联跳回路压板两端电位正确。

3）针对调压变压器档位调节范围较大，须根据变压器实际运行的档位来切换调压补偿变压器保护的定值区，以满足差动平衡要求的情况，应分别对调压补偿变压器保护各定值区的定值进行检验。

（6）高压电抗器保护整组试验方法。

1）投入本保护所有功能压板；投入所有跳闸出口压板；将断路器合闸。

2）模拟各种故障。检查保护动作正确，相应断路器跳闸；高压电抗器保护、断路器、故障录波及监控系统信息指示正确；相应启动失灵压板、远跳回路压板两端电位正确。

3）线路两侧配合进行远跳回路传动。

4. 线路纵联保护带光纤通道联调

（1）纵联电流差动保护检验方法。

1）将保护装置与光纤通道可靠连接，无"通道异常"告警，通道告警接点未闭合。

2）在本侧按要求加入三相电流，对侧查看本侧的三相电流及差动电流。要求纵联电流差动保护装置能正确将各相电流值传送到对侧，且对侧装置采样值与本侧通入测量值误差小于 5%。

3）本侧模拟发远传命令，对侧装置正确接受，就地判据满足条件时，断路器应能三相跳闸。

4）检查传输线路纵联保护信息的数字式通道传输时间满足要求。

5）两侧轮流进行上述试验。

（2）光通道测试、检查。

1）外观清洁无尘。

2）测试保护装置及光电转换装置的光发功率、光收功率。光功率裕度满足要求，不宜过高。

3）同一侧保护装置及光电转换装置之间收发通道两个方向的衰耗值应接近，一般应小于 2dBm。

4）尾纤盘绕直径不应小于规定值。

（3）投运前需检查的项目。

1）清除保护装置所有记录，观察 3min，"报文异常"、"通道失步"、"通道误码"均显示零为正常。

2）查看通道延时并记录。本侧保护装置所记录的通道延时应与对侧保护装置所记录的通道延时接近相等，当两侧通道延时差值较大时，应查明原因并予以解决。

3）对于纵联电流差动保护，为防止由于收发路由不同造成保护装置误动，检查保护装置收发通道为同一通信路由，通信通道未采用主备自动切换方式。

4）对两回及以上线路的保护装置光纤通道要进行一一对应检查，防止多回线路的保护装置通道交叉

5. 二次回路检验

（1）二次回路常规检查。

1）户外端子箱检查及清扫。

a. 检查端子箱内部清洁无积尘；清扫端子箱端子排上的灰尘，检查端子排螺丝锈蚀情况，配线连接良好，接线应无机械损伤，端子压接应紧固，端子箱接地良好。断路器本体非全相继电器外观和机械良好；检查前应做好安全措施。

b. 检查 TV 回路一点接地，TV 端子箱各回路 N 分别进入控制室满足反措要求；全部检验时可更换 TV 自动开关。

c. 对于 TA 回路，应检查其与运行设备连接的电流回路相互之间、对地未短路。

2）屏蔽接地检查

a. 检查开关场至继电保护室的电流、电压、控制、信号接点引入电缆的电缆屏蔽层接地符合要求。

b. 检查保护装置外壳和抗干扰接地铜网连接符合要求。

c. 检查开关场和继电保护室已敷设满足反措要求的等电位接地网，且继电保护屏、

控制屏、监控屏、断路器端子箱、本体端子箱与等电位接地网的连接符合要求。

d. 检查各屏、端子箱的门和箱体的连接符合要求。

e. 检查各接地端子的连接处连接可靠。

f. 光电接口装置外壳、电缆屏蔽层两侧接地良好。

（2）二次回路绝缘检查。

1）直流、跳合闸回路绝缘试验。

a. 应断开控制电源。

b. 用1000V绝缘摇表测量控制电源、保护电源正负极回路、跳合闸回路、中央信号、远动信号、主变瓦斯二次回路电缆对地的绝缘电阻，要求其阻值应大于1MΩ。

c. 应根据控制回路的具体情况，确保所有回路均接受测试，没有死区。

2）交流二次回路绝缘检查。

a. 交流电流、电压回路任选一点对地测试；交流电流、电压回路任选一点对直流控制回路任一点测试。用1000V摇表摇测，整体回路绝缘要求大于1MΩ；当小于1MΩ时须查明原因。摇测时应通知有关人员暂停在回路上的一切工作，断开直流电源，拆开交流电压、电流回路接地点；摇测后应恢复接地点。

b. 3/2断路器应断开与运行设备相连接的电流回路，采取防止短接运行设备电流回路的措施。

c. TV端子箱内TV刀闸及TV自动开关均在合入位置，将TV二次的接地点及经避雷器接地点临时拆除。TV电压回路在继电保护屏端子处断开。

d. 新投产工程需测量同一电缆不同芯线间的绝缘电阻。用1000V绝缘摇表测量芯线间的绝缘电阻，其阻值应大于1MΩ。

e. 被保护的所有设备无法同时停电时，可采用分段测试的方法进行绝缘测试。

f. 试验完成后应对被测试回路放电。

（3）配合进行断路器相关回路的检查。

1）结合断路器压力闭锁检查进行跳合闸试验。

a. 在传动断路器前，应征得工作负责人同意，确认安全后方可传动断路器，应尽量减少传动断路器的次数。

b. 可在断路器本体处用短接压力接点的方法进行压力闭锁逻辑的检查。

c. 检查断路器动作情况正确，反映断路器位置的继电器状态和信号正确。

2）断路器跳合闸回路直阻检查。

a. 分别测量跳、合闸回路直阻，检查跳、合闸回路完整性。

b. 检查前先断开控制电源并确保接入跳、合闸回路的继电器和跳、合闸电流相匹配。

3）断路器防跳功能检查。

a. 试验时退出断路器非全相保护，断开断路器启动失灵保护回路。

b. 分别对断路器按相进行防跳功能检查。

c. 用手合方式合上断路器，并保持操作手柄在"合闸"位置，直至传动结束。用导线两端分别短接控制正电源和分相跳闸回路，使断路器分相跳闸。检查每相断路器只跳闸一次，不再合闸。

4) 断路器本体非全相保护传动。

a. 试验时投入断路器非全相保护。

b. 分别对分相操作断路器进行非全相功能检查。

c. 合上断路器，分别模拟断路器 A、B、C 单相跳闸，经非全相延时后跳开其他两相。

第三节 特高压变电站通信系统

一、SDH 光传输设备

（一）SDH 原理

1. SDH 定义

同步数字序列 SDH（Synchronous Digital Hierarchy），是有关通过物理传输网络传送适配的净负荷标准化传输结构的一个系列集。

2. SDH 等级速率

ITU－TG707 中规定了 SDH 的各等级速率。其中最基本的模块是 STM－1，速率为 155.52Mbit/s，更高等级的是 STM－N，其中 N 为正整数，即 N＝1，4，16，64。SDH 等级速率见图 7－70。

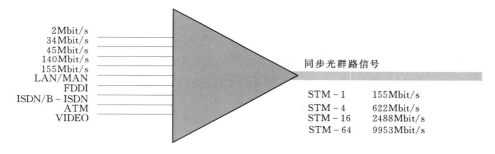

图 7－70 SDH 等级速率

3. SDH 中 STM－N 帧结构

SDH 帧结构是一种矩形块状结构，由 270×N 列和 9 行字节组成，每个字节有 8bit。帧中字节是从左往右，从上往下按行进行传输，传完一帧再传下一帧，每个基本帧的周期为 125μs，共传 8000 帧/s，即帧频为 8kHz，则 STM－1 的速率为：

$$F_b = 8000 \times 270 \times 9 \times 8 = 155520000(\text{bit/s}) = 155.52(\text{Mbit/s})$$

SDH 帧结构大体可以分为 3 个区域，见图 7－71。

（1）段开销区域：为保证信息净负荷正常灵活传输所必需的附加字。

（2）管理单元指针：用来指示信息净负荷的第一个字节在 STM－N 帧内准确的位置，以便在接收端正确分解的指示符。

（3）信息净负荷区域：帧结构中存放信息的区域。

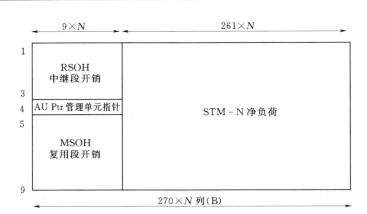

9 行×270 列×8bits/B×8000 帧/s＝155.52Mbit/s

图 7-71　SDH 帧结构

4. SDH 复用基本概念

(1) 映射：将各支路适配进相应的 VC 中称为映射。

(2) 复接：将多个低阶通道层信号适配到高阶通道，或将多个高阶通道信号适配进复接段称为复接。

(3) 定位：将 VC 放进支路单元或管理单元，同时将其与帧参考点的偏差也作为信息结合进去的过程称为定位。

5. SDH 复用过程

(1) 各种速率等级的数字流进入不同接口容器 C。

(2) 由标准容器出来的数字流，加上通道开销后就构成虚容器 VC。

(3) 由 VC 出来的数字流，按图 7-72 所示的线路进入管理单元 AU 或支路单元 TU。

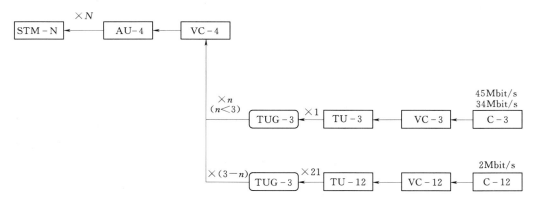

图 7-72　SDH 复用过程

下面以 2.048Mbit/s 支路信号的复用映射过程为例说明整个复用过程。

标称速率为 2.048Mbit/s 的信号，先进入 C12 作适配处理，再加上 VC-12 的通道开销便构成了 VC-12 (2.240Mbit/s)，TU-1PTR 用来指明 VC-12 相对应的 TU-12 的相位，经速率调整和相位对准后的 TU-12 速率为 2.304Mbit/s，再经均匀的字节间插组成 TUG－2（3×2.304Mbit/s），7 个 TUG－2 经同样的单字节间插组成 TUG－3（加上塞入字节速率为 49.566 Mbit/s），然后 3 个 TUG－3 经单字节间插，并加上高阶 POH 构成 VC－4 净负荷，速率为 150.336 Mbit/s，再加上 0.576 Mbit/s AU－4PTR 组成 AU－4，速率为 150.912 Mbit/s；单个 AU－4 直接置入 AUG，AUG 加上段开销 4.068Mbit/s，即为 STM－1 标称速率 155.52 Mbit/s。

C 容器：完成适配功能，让那些最常用的 PDH 数字体系信号能够进入有限数目的标准容器。

VC：虚容器。由标准容器出来的数字流加上通道开销后就构成虚容器。

TU：支路单元。是在低阶的通道层和高阶通道提供适配的信息结构。

TUG：支路单元组。由规定的数个 TU 组成 TUG。

AU：管理单元。是在高阶通道和复用层之间提供适配的信息结构，由高阶 VC 和 AU 指针构成。

（二）光传输设备日常巡视、维护项目

1. 外观检查

（1）检查设备有无紧急告警、主要告警、次要告警、警告等，如有告警迅速联系网管单位确认告警原因。

（2）检查各板卡运行情况，通过板卡指示灯判断其运行是否正常。表 7－5 为 ECI 光端机（XDM－1000）指示灯说明。

（3）检查电源线、2M 线、光缆尾纤等连接是否可靠，有无脱落、破损现象。

表 7－5　　　　　　　　ECI 光端机（XDM－1000）指示灯说明

盘名称	指示灯	状态	说　明
远程告警单元 xRAP	POWER ON	绿灯长亮	电源正常
	CRITICAL	红灯长亮	紧急告警
	MAJOR	橙灯长亮	主要告警
	MINOR	黄灯长亮	次要告警
	WARNING	白灯长亮	警告
电源分配卡 xINF－H	ACTIVE	绿灯长亮	运行正常
	FAIL	红灯长亮	故障
功率放大器模块 MO_BAS	ACTIVE	绿灯长亮	运行正常
	FAIL	红灯长亮或闪烁	故障
	LASER_ON	橙灯长亮	收、发光正常
84 口 75Ω 可保护接口模块 M2_84U	ACTIVE	绿灯长亮	运行正常
	FAIL	红灯长亮或闪烁	故障
	PROT	橙灯长亮	保护属性（保护切换状态）
84 口 75/120Ω 保护接口模块 M2_84P	ACTIVE	绿灯长亮	运行正常
	FAIL	红灯长亮或闪烁	故障
	PROT	橙灯长亮	保护属性（保护状态）

盘名称	指示灯	状态	说　明
10/100M 以太网电接口模块 ME_8	ACTIVE	绿灯长亮	运行正常
	FAIL	红灯长亮或闪烁	故障
	PROT	橙灯长亮	保护属性（保护切换状态）
交叉矩阵卡 HLXC384	ACTIVE	绿灯长亮	运行正常
	FAIL	红灯长亮或闪烁	故障（正常运行后）
		红灯闪烁	正在从当前工作的 XMCP 中下载数据（启动阶段）
	ACTIVE TMU	橙灯长亮	TMU 主用指示
光基本卡 SIO16M	ACTIVE	绿灯长亮	运行正常
	FAIL	红灯长亮或闪烁	故障（正常运行后）
		红灯闪烁	正在从当前工作的 XMCP 中下载数据（启动阶段）
	TRAFFIC	橙灯长亮	有业务
2MBit/84 口基本卡 PIO2	ACTIVE	绿灯长亮	运行正常
	FAIL	红灯长亮或闪烁	故障（正常运行后）
		红灯闪烁	正在从当前工作的 XMCP 中下载数据（启动阶段）
	TRAFFIC	橙灯长亮	有业务
以太网口交换基本卡 EIS	ACTIVE	绿灯长亮	运行正常
	FAIL	红灯长亮或闪烁	故障（正常运行后）
		红灯闪烁	正在从当前工作的 XMCP 中下载数据（启动阶段）
	TRAFFIC	橙灯长亮	有业务
主设备控制面板 MECP	ACTIVE	绿灯长亮	运行正常
	CRITICAL	红灯长亮	紧急告警
	MAJOR	橙灯长亮	主要告警
	MINOR	黄灯长亮	次要告警
	WARNING	白灯长亮	警告
XDM 复用控制处理器 XMCP	ACTIVE	绿灯长亮	运行正常
	FAIL	红灯长亮	故障
	TRAFFIC	橙灯闪烁	正在对 NVM 卡读写数据
		橙灯长亮	DCC 开销业务

2. 风扇滤网检查

定期检查风扇滤网，风扇滤网积灰严重时需清洁或更换，以保证子架有最大的空气流通，利于散热。

二、程控交换机

（一）基本原理

电话交换机的基本任务，就是要完成电话的接续任务。在程控交换机中，电话的连接任务是在呼叫程序控制下完成的。

数字程控交换机处理一次电话呼叫的简要流程如下。

1. 主叫摘机到交换机送拨号音

程控交换机按一定的周期执行用户线扫描程序，对用户电路扫描点进行扫描，检测出摘机呼叫的用户，并确定呼出用户的设备号。

从外存储器调入该用户的数据（包括用户的电话号码、用户类别，服务等级等），然后执行去话分析程序，如果分析结果确定是电话呼叫，则寻找一个从用户级通向选组的空闲时隙，把数字化的拨号音在该时隙内选出，使用户听到拨号音。

2. 收号和数字分析

数字交换机中用户号盘脉冲是由用户电路接收的，扫描检出识别后收入相应存储器，在收到第一位的第一个脉冲后停发拨号音。

交换机在收到一定位数的号码以后，就可以进行数字分析。数字分析的主要目的是确定本次呼叫是呼叫本局，还是呼叫他局。

3. 来话分析至向被叫振铃

若数字分析的结果是呼叫本局，则在收号完毕和数字分析结果以后，根据被叫号码数据，从外存储器调入被叫用户的用户数据（被叫用户设备号，用户类别等），而后根据用户数据执行来话分析程序进行来话分析，并测被叫用户忙闲。如被叫用户空闲，则找一个从选组器通向被叫用户所在的用户级的空闲时隙，并且还应在选组器内部选好一个能连通主、被调用户的空闲时隙，向被叫用户振铃和向主叫用户送回铃音。在数字交换机中向用户振铃，是由用户电路提供铃流的。

4. 被叫应答、双方通话

被叫用户摘机应答由扫描检出，由预先已选好的选组器的空闲时隙，建立主、被叫用户的通话电路。停送铃流和回铃音信号。通话电源由主、被叫各自的用户电路提供。

5. 话终挂机复原

双方通话时，由其用户电路监视是否话终挂机。如主叫先挂机，由扫描检出，通话路由复原，向被叫送忙音。被叫挂机后其用户电路复原，停送忙音。

（二）广州哈里斯交换机 MAP 系统模块配置

根据端口的数量，在 MAP 系统中，有 3 种基本模块（见图 7-73）。

1 号公共设备/接口模块为所有系统所要求。该模块能够作为 128 端口非冗余独立系统。

2 号公共设备/接口模块为所有冗余系统所要求。

接口模块为容量大于 128 端口的非冗余系统和容量大于 256 端口的冗余系统所要求。

公共设备/接口模块由公共设备/接口机架、辅助设备/电源机架组成，见图 8-4。

在非冗余系统中，公共设备/接口模块可以作为独立的 MAP 系统，最大容量为 128 端口。

在冗余系统中，两个公共设备/接口模块可以作为独立的 MAP 系统，最大容量为 256 端口。

无论在哪一种系统中，公共设备/接口模块其辅助电源供给部分都配有告警服务单元

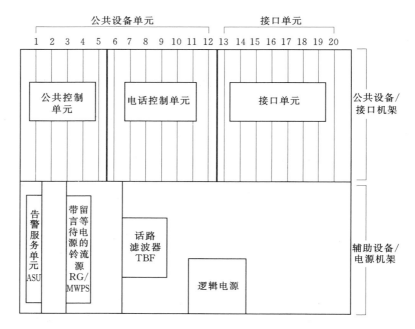

图 7 - 73　哈里斯交换机 MAP 系统模块图

（ASU）和铃流源（RG/MWPS）。在所有子模块中，ASU 被 SIB（系统接口板）代替，（RG/MWPS）被铃流发生器分配板（RGPD）代替。

1. 公共设备/接口机架

在公共设备/接口架中，1～5 槽位用于公共控制单元；6～12 槽位用于电话控制单元；13～20 槽位用于接口单元（用户、中继等）。表 7 - 6 描述了公共设备/接口中公共设备插槽、单元名称及单元功能。

VCU 必须安装于最后一对 TSU/SSU 对的下一空槽处。

注意：公共控制单元带有红色插拔块，电话控制单元带有蓝色插拔块，接口单元带有黑色插拔块。

表 7 - 6　　　　　　　　　　公共接口单元位置及功能

槽位	单 元 名 称	单 元 功 能
1	存储单元（MSU）	提供硬盘及 3 英寸软盘驱动器，MSU 安装于第一槽位或以版本不同装于第一和第二槽位
2/3	高速中央处理器单元（HCPU）或扩展中央处理器单元（XCPU），XCPU 只能装于第二槽位中	为 MAP 系统提供系统控制机进行数据处理
4	冗余存储器单元（RMU），在冗余 MAP 系统的公共/接口模块中都需要配置	为冗余 MAP 系统提供后备存储器
5	高速 C 总线单元（HCSU）	为公共控制单元提供辅助服务
6	电话定时单元（TTU）	为 MAP 系统提供一个参考定时时钟
7	会议与音调单元（CTU）	为 MAP 系统提供 64 个会议端口及 64 个系统音

槽位	单　元　名　称	单　元　功　能
8	时隙交换单元（TSU）	TSU 与 SSU 配对使用，为系统提供 512 端口无阻塞交叉矩阵。其中，第一对 TSU/SSU 中的 128 个时隙用于系统会议和信号音
9	信号扫描单元（SSU）	
10	时隙交换单元（TSU）	
11	信号扫描单元（SSU）	
12	语音合成单元（VCU）	选择项，可提供 256 个会议寄存器
13～20	用户单元、中继单元、服务单元	话音、数据接口单元

2. 辅助设备/电源机架

（1）告警服务单元（ASU）。ASU 将各架的告警收集送至电话控制信道。告警输入包括：电源故障、风扇熔丝（过热）、电池故障、铃流故障。ASU 同时还支持中继旁路、告警旁路以及用户告警信号输入功能。ASU 面板上有数只 LED 指示灯以及与之对应的开关。

前 3 个 LED 提供了系统告警的状态指示。分别为紧急（critical）、大告警（major）、小告警（minor）。与之对应的 3 个开关用来切断告警期间的告警输出。其余 5 个 LED 灯及开关提供了中继旁路控制及多达 5 个模块的告警信号切换功能。中继旁路功能使得在系统出现灾难性的中断呼叫处理故障时，使指定的分机能直接与 CO 中继相连，并提供有限的直接通信联系。系统正常工作时，中继旁路继电器将提供一48V DC 电压，使中继旁路单元处于非工作状态。当出现紧急告警或系统中断服务时，失去一48V DC 电压，中继旁路单元将切换连接，使指定分机与 CO 相连。

（2）带留言等待电源的铃流源（RG/MWPS）。RG/MWPS 为接口模块提供 90V 的铃流电压。其频率和幅度可调以适应各种国际标准。

一个 LED 用于指示 RG/MWPS 的工作状态。该单元面板上的铃流开关可使人为方便地切断铃流。在紧急告警时，RG/MWPS 的电源可由维护软件控制切断。

（3）话路滤波器（TBF）。TBF 为各模拟、数字话机及风扇系统提供电压。电压自 P1 接头输入。分配给风扇的电压是通过连接于 P2 的电缆实现的。熔丝 F1 用于限制送到 TBF 的电源（10A）。F2 用于限制供给风扇的电流（1/2A）。当 F1 或 F2 熔断时，告警信号将送到 ASU。有 4 个 LED 指示 TBF 的工作状态（表 7-7）。

表 7-7　　　　　　　　　　　　LED 指示的 TBF 工作状态

告　警　灯	告警灯状态	指示工作状态
DS1	绿 F1	TBF 熔丝良好
DS2	黄 F1	TBF 熔丝断
DS3	绿 F2	风扇熔丝良好
DS4	黄 F2	风扇熔丝断

（4）逻辑电源（LPS）。逻辑电源为公共设备/接口模块单元提供±12V DC 和±5V DC 的工作电压。AC 系统工作电压为 110V AC 或 220V AC。DC 系统为一48V DC。

（三）哈里斯交换机日常巡视、维护项目

1. 交换机检查

（1）检查交换机是否有红灯亮，检查接线、插件（如用户电缆、时隙电缆、各种电源插头及信号线）有无松动或弹出。

（2）用命令检查交换机的告警记录（ALM）。在输出告警前应先在 ALM 菜单下输入"DXE ON"命令，以激活软件诊断信息输出。

DISPLAY：查询曾发生的告警（可输入时间参数）。

DISPLAY /RESET：查询曾发生的系统重启动告警（可输入时间参数）。

STATUS：查询当前的告警记录。

（3）定期备份数据库（每半年或在做较大修改后将数据库备份两份、注明日期。数据备份后要求保留时间不低于一年）。

2. 录音系统检查

定期检查录音系统主机运行是否正常，录音系统软件运行是否正常，调取任意一天录音数据以确认录音系统始终处于正常状态。

三、通信电源系统

（一）通信电源选择－48V 的原因

1. 为何用负电压电源

通信设备中应用大量继电器等元件，使用直流工作电源。空气中的湿度总是存在的，在直流电的电解作用下，总是正极受到电解腐蚀。如果工作电源是＋48V，继电器等设备的铁芯接机架，绕组通电，受到腐蚀的将是线径很细的绕组，故障率会比较高；采用电源正极接地（机架），绕组工作电源是负电压，受到腐蚀的将是体积很大的铁芯，故障率会大大下降。所以通信设备都是采用正极接地方式，用负电压电源。

2. 电压为何用－48V

使用－48V 电源是历史原因造成的。使用最早的通信网是电话网，话机是由电讯局供电的，选－48V 是在当时的条件下尽可能提高用户到端局的距离（36V 是安全电压，超过太多不安全）。后来为了兼容早期设备、降低成本考虑，通信设备还是用－48V 电源。

（二）通信电源主要组成部分

通信电源系统一般由交流配电屏、高频开关电源屏、直流电源分配屏及蓄电池组四部分组成。通信电源系统基本原理接线图见图 7－74。

1. 交流配电屏

交流配电屏提供主用、备用两路交流电。

自动模式下，正常运行时，主用交流接触器吸合由主用交流电向母线提供交流电源，当主用交流电出现异常时，自动通过控制回路控制备用交流接触器吸合，从而由备用交流电向母线提供交流电源。

也可在手动模式下，任意选择投入某一路交流电。

2. 高频开关电源屏

高频开关电源屏一般包括：恒功率高频开关整流器、蓄电池保险、蓄电池温度传感

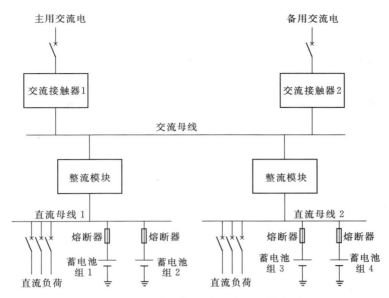

图 7 - 74　通信电源系统基本原理接线图

器、直流输出分配单元和作为本地和远端监控用的控制器等。

正常运行时，交流电源通过高频开关整流器整流后向－48V 直流母线供电，－48V直流母线带负荷分配屏同时向蓄电池组充电（通常有两组高频开关电源屏分别带两条－48V 直流母线）。

3. 直流电源分配屏

直流电源分配屏为通信设备提供若干－48V 直流电源接口，开关容量从 6～50A 不等。

4. 蓄电池组

蓄电池组与直流负荷并接于直流母线。正常运行时，直流母线向蓄电池组充电，交流失电或整流器故障时，由蓄电池组通过直流母线向直流负荷供电。蓄电池容量及蓄电池组数可根据现场负荷需要进行配置。

（三）通信电源系统日常巡视、维护项目

1. －48V 通信电源设备检查

（1）通过网管监控定时查看记录系统运行报告和状态。

（2）现场查看控制器面板上的指示灯，判断通信电源运行是否正常。表 7 - 8 为意科电源控制器（YPSC 2000）指示灯说明。

（3）现场查看控制器显示的系统电流、电压、温度等参数是否正常。

表 7 - 8　　　　　　意科电源控制器（YPSC 2000）指示灯说明

指示灯	状　态	说　明
紧急报警	红色	当前有紧急报警发生
非紧急报警	红色	表示当前有非紧急报警发生
市电故障	红色	表示控制器监测到有市电故障
电池模式	黄色	电池工作于浮充之外的其他状态

351

2. －48V 通信蓄电池组

（1）外观检查，检查蓄电池连接片有无松动和腐蚀现象，壳体有无渗漏和变形，极柱与安全阀周围是否有酸雾溢出，蓄电池温度是否过高等。根据现场实际情况，应定期对蓄电池组作外壳清洁工作。

（2）定期测量蓄电池组总电压及单体电压是否正常，并与蓄电池巡检仪显示电压进行比对。

（3）新安装的阀控密封蓄电池组，应进行全核对性放电试验。以后每隔两年进行一次核对性放电试验。运行了 4 年以后的蓄电池组，每年做一次核对性放电试验。

第八章　特高压变电站在线监测和带电检测技术

第一节　在线监测技术原理介绍及运维注意事项

特高压电压等级高、现场运行环境复杂，其绝缘部分缺陷及劣化将会对电网的安全，运行产生严重的后果，特高压主变、高抗、GIS 等核心设备如果故障毁坏，经济损失巨大。为此，特高压变电站针对主设备加装了相对完备的在线监测系统，并定期组织对全站设备开展带电检测，以便提前发现潜伏性故障，防止突发性事故的发生，通过在线监测装置的数据积累，也能为设备安全生产积累经验。

一、在线监测技术概述

由于高压电气设备绝缘老化是一个积累和发展的过程，高压电气设备绝缘在线检测系统的运行，可以反映电气设备绝缘特性的关键对象进行在线的、实时的以及长期的监测，在不影响电气设备正常运行的前提下，从而对电气设备绝缘老化趋势作出评估和诊断。

在线监测装置的技术要求：系统的投入和使用不应改变和影响一次电气设备的正常运行；能自动连续的进行监测、数据处理和储存；具有自检和报警功能；具有较好的抗干扰能力和合理的灵敏度；监测结果有较好的可靠性和重复性，以及合理的准确度；具有在线标定灵敏度的功能。

目前，在变电系统中采用的在线监测通常包括：绝缘油在线色谱分析、交流泄漏电流监测、介质损耗监测、局放监测、电容型设备电容值监测、红外测温在线监测。在充分考虑确保设备运行安全的基础上，目前特高压系统配备了：绝缘油色谱在线监测装置、套管绝缘介质损耗在线监测装置、GIS/HGIS 局放在线监测装置、GIS/HGIS 气体压力故障定位在线监测装置、变压器局放在线监测装置。

二、油色谱在线监测装置

油色谱在线监测装置工作原理见图 8-1。

图 8-1　油色谱在线监测装置工作原理图

油色谱在线监测装置是通过直接、实时的采集被监测设备的油样进行油气分离，通过不同的色谱分析方法开展油中各种特征气体分析，从而达到监测设备运行状态的一种现代化监测手段。目前的色谱分析方法主要分为：气象色谱法、红外光谱法、光声光谱法。

　　1. 气相色谱气体检测

　　色谱气体检测原理是通过色谱柱中的固定相对不同气体组分的亲和力不同，气样将被通过载气送到载气分离装置进行检测，经过充分的交换，不同组分得到了分离，经分离后的气体通过检测转换成电信号，经 A/D 采集后获得气体组分的色谱出峰图。根据组分峰高或面积进行浓度定量，从而达到油中气体成分分析。

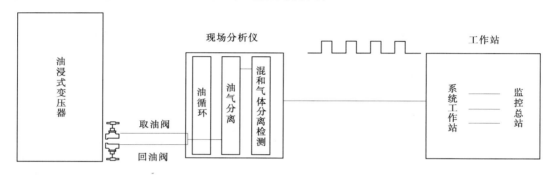

图 8-2　气相色谱检测原理

　　2. 红外光谱检测

　　红外光谱是属于红外光区内同时具有电磁波谱特性的光谱。红外一般被分为三类：近红外（波长 $1.4 \sim 0.8 \mu m$，高能量光波）、中红外（波长 $30 \sim 1.4 \mu m$）、远红外（波长 $1000 \sim 30 \mu m$，低能量）。根据傅里叶红外变换原理，光源发出的光被分束器（类似半透半反镜）分为两束，一束经透射到达动镜，另一束经反射到达定镜。两束光分别经定镜和动镜反射再回到分束器，动镜以一恒定速度作直线运动，因而经分束器分束后的两束光形成光程差，产生干涉。干涉光在分束器会合后通过样品池，通过样品后含有样品信息的干涉光到达检测器，然后通过傅里叶变换对信号进行处理，最终得到需要的红外光谱图，原理见图 8-3。再通过准确对复杂光谱进行采样分析，从而得到最终结果。

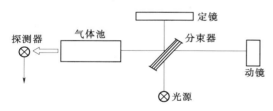

图 8-3　红外光谱原理

　　充油设备内部故障时会产生的故障气体：H_2、CH_4、C_2H_6、C_2H_4、C_2H_2、CO、CO_2。除 H_2 外，其他气体分子的基频振动都可以落在红外区，且各种气体都有独立的吸收主峰。

　　3. 光声光谱技术

　　光声光谱是基于光声效应的一种光谱技术，光声效应是由分子吸收电磁辐射（如红外光）而造成。气体吸收一定量电磁辐射后其温度也相应地升高，但随即又会慢慢地将能量释放，释放出的热量会使气体及周围介质产生压力波动。若将气体密封在容器内，气体温度升高则产生成比例的压力波。检测压力波的强度可以测量密闭容器内气体的浓度。光声光谱原理见图 8-4。

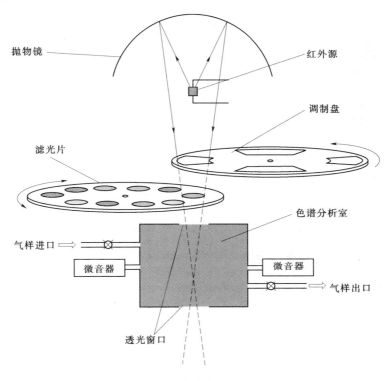

图 8-4　光声光谱原理图

通过抛物面反射镜聚焦反射光源光线，光束进入光声光谱测量模块，光线经过以恒定速率转动的调制盘将光源调制为闪烁的交变信号。由一组滤光片实现分光，每一滤光片允许透过一个窄带光谱，其中心频率分别与预选的各气体特征吸收频率相对应。声光技术就是利用光吸收能量和声激发之间的对应关系，通过对声音信号的探测从而了解吸收过程。由于光声光谱测量的是样品吸收光能的大小，因而反射、散射光等对测量干扰很小。

4. 油色谱在线监测装置的分析判断逻辑

不同性质的故障所产生的油中溶解气体的组分是不同的，据此可以判断故障的类型。例如过热故障所产生的主要是 CH_4、C_2H_4；而放电性故障主要是 C_2H_2、H_2。根据经验我们可以用 CH_4/H_2 来区分是放电故障还是过热故障；而过热故障温度的高低则由 C_2H_4/C_2H_6 来区分，原因是随着故障点温度的升高，C_2H_4 占总烃的比例越大。此外 CO/CH_4 之比也能区分温度高低，因为纸过热除分解 CO 外，也分解 CH_4，因此温度越高，CO/CH_4 之比越小。电弧和火花放电故障时有 C_2H_2 产生，其次是 C_2H_4。而局部放电一般无 C_2H_2 产生，因此可用 C_2H_2/C_2H_4 来区分放电故障的类型（详情见表 8-1）。综上所述，国际电工委员会和我国推荐使用 C_2H_2/C_2H_4、CH_4/H_2、C_2H_4/C_2H_6 3 个比值来判断故障的性质（具体判断见表 8-2、表 8-3）。

油中气体分析不受外界的电磁干扰，数据较为可靠，有关技术相对比较成熟，从定性到定量积累相当的经验。这些都是其他诊断技术所不具备的。

表 8-1　　　　　　　　　　　不同故障类型产生的气体

故障类型	主要气体组分	次要气体组分
油过热	CH_4、C_2H_4	H_2、C_2H_6
油和纸过热	CH_4、C_2H_4、CO、CO_2	H_2、C_2H_6
油纸绝缘中局部放电	H_2、CH_4、CO	C_2H_2、C_2H_6、CO_2
油中火花放电	H_2、C_2H_2	
油中电弧放电	H_2、C_2H_2	CH_4、C_2H_4、C_2H_6
油和纸中电弧	H_2、C_2H_2、CO、CO_2	CH_4、C_2H_4、C_2H_6

表 8-2　　　　　　　　　　　三 值 法 编 码 规 则

气体比值范围	比值范围的编码			气体比值范围	比值范围的编码		
	C_2H_2/C_2H_4	CH_4/H_2	C_2H_4/C_2H_6		C_2H_2/C_2H_4	CH_4/H_2	C_2H_4/C_2H_6
<0.1	0	1	0	1~3	1	2	1
0.1~1	1	0	0	≥3	2	2	2

表 8-3　　　　　　　故障类型判断方法（引自 DL/T 722—2000）

编 码 组 合			故障类型判断	故障实例（参考）
C_2H_2/C_2H_4	CH_4/H_2	C_2H_4/C_2H_6		
0	0	1	低温过热（低于 150℃）	绝缘导线过热，注意 CO 和 CO_2 的含量，以及 CO_2/CO 值
	2	0	低温过热（150~300℃）	分接开关接触不良、引线夹件螺丝松动或接头焊接不良、涡流引起钢件过热、铁芯漏磁、局部短路、层间绝缘不良、铁芯多点接地等
	2	1	中温过热（300~700℃）	
	0，1，2	2	高温过热（高于 700℃）	
	1	0	局部放电	高湿度、高含气量引起油中低能量密度的局部放电
2	0，1	0，1，2	低能放电	引线对电位未固定的部件之间连续火花放电、分接头引线和油隙闪络、不同电位之间的油中火花放电或悬浮电位之间的火花放电
	2	0，1，2	低能放电兼过热	
3	0，1	0，1，2	电弧放电	绕组匝间、层间短路、相间闪络、分接头引线间油隙闪络、引线对箱壳放电、绕组熔断、分接开关飞弧、因环路电流引起电弧、引线对其他接地体放电等
	2	0，1，2	电弧放电兼过热	

三、套管介损在线监测装置

变压器绝缘由变压器本体（油箱）和高压引出线（套管）部分组成，两个部分分属于两个不同的相互独立的绝缘体系，高压套管的绝缘属于容性绝缘体系，高压套管绝缘性能的好坏可以由套管内部绝缘体的介质损耗，末屏等效电容和末屏泄漏电流来判定。停电情况下测量的介损不能正确的反应实际运行状态下的绝缘好坏，在线监测高压套管的末屏电流，介质损耗和等效电容，可以实时反映套管的绝缘状况变化和发展趋势，为状态检修提供可信赖的判据。

充油套管，TA，CVT，电容器等，可以统称为容性设备，它们的共同特点是：理想状态下，在电气上是绝缘的；在它们的两端加上直流电压，没有电流流过；两端施加交流电压时，绝缘体内部的介质会产生极化，固定电荷产生重新分布，或者正负电荷中心产生位移，由于交流电的正负极性在不断地改变，这种电荷的重新分布也在不停地进行，一般称为充放电过程。充放电过程是有电流流动的，把这种电流称为容性电流，容性电流流动时只产生能量的转换，而没有能量的损耗，所以在这个过程中没有热量产生。

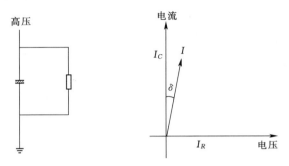

图 8-5　套管介损测量等效电路

在电场作用下，绝缘体会将一部分电能不可逆转地变成热能而被损耗掉，这种损耗称为介质损耗。如果电介质损耗很大，由电能转变的热能，会使电介质温度升高，逐渐发热老化（发脆、分解等），如果温度不断上升，甚至可能将电介质熔化、烧焦，丧失绝缘性能导致热击穿。因此，电介质损耗的大小是衡量绝缘性能的一项重要指标。电介质损耗包含 3 种损耗：电导损耗，极化损耗，游离损耗。介质损耗是一种能量的损耗，能量损耗可以用电阻表示，因此介质损耗可以用电容和电阻的串联或并联的等效电路来进行计算（图 8-5）。

介损测量的方法包括：电桥法、相位差法。电桥法是一种间接测量方法，而相位差法则是直接测量介质损耗角的正切值，原理见图 8-6。电流信号由设备末屏接出，电压信

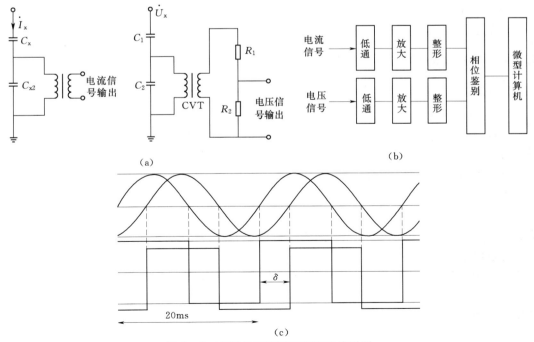

图 8-6　套管在线监测原理图及波形图

号则由同相的电压互感器提供。上述两个信号经过预处理，信号幅值调整到必要的数值后，进入零整形电路。电流信号经正相整形，电压信号经过反相整形。通过相位鉴别单元，进行分析比较电流与电压的相位差，从而得出介损的变化趋势。

四、变压器局放在线监测装置

局部放电的监测仍是以伴随放电产生的电、声、光、温度和气体等各种物理现象为依据，通过对能代表局部放电的这些物理量的测定，来分析局放状况的。测量方法可以分为电测法和非电测法。电测法是通过测量放电时的脉冲电流来监测设备的局部放电，该方法是目前局放在线监测的基本方法，也是最主要的方法。该方法的优点是灵敏度高，但易受现场电磁环境干扰。非电测法包括：油中气体分析、光测法、声测法。其中应用最广的声测法，它利用变压器发生局部放电时发出的声波来进行测量。声测法的优点是不受现场的电磁环境干扰，可以确定放电源的位置，但是灵敏度低，不能确定放电量。

为了提高局放在线监测装置的测量可靠性和对放电部位的准确定位，在现场目前采用的变压器局放在线监测装置为声电法局放在线监测装置，原理图见图 8-7。

脉冲电流法，按照《高电压试验技术—局部放电测量》（IEC 60270—2000）和《局部放电测量》（GB/T 7354—2003）的相关规定，宽带局部放电仪的频率为：下限频率 30～100kHZ，上限频率为 500kHz，带宽为 100～400kHz；窄带局部放电测量仪的频率范围为：中心频率 50～1000kHz，带宽为 9～30kHz。从接地线上引取电信号，需要考虑传感器的测量范围和铁芯饱和的问题；对于声信号的频率，据国内相关院所的测试表明：磁声发射的频率为 20～65kHz，变压器的机械振动、风扇和油泵的振动等频率一般在数千赫兹以内。变压器的噪声一般低于 15kHZ，电抗器的噪声一般低于 40kHz。所以监测声波的大致平带在 70～180kHz。

五、GIS/HGIS 局放在线监测装置

GIS/HGIS 局放在线监测的电测量方法可分为：外覆电极法和内部电极法。

1. 外覆电极法

在设备的外壳上包裹绝缘膜与金属电极，外壳和金属电极间形成小电容作为信号耦合器。局部放电引起的脉冲信号通过小电容耦合到监测装置，经过信号放大被监测出来，小电容可以对低频信号进行隔离。该种方式极易受到外部的影响，如振动。

2. 内部电极法

该法是在设备制造时，在法兰内部加装金属电极，电极与外壳形成电容，以此电容传感器提取局部放电脉冲型号；或是在绝缘盆子内的靠近接地端子预先埋设一个电极。

通过研究 GIS/HGIS 设备的局放信号的频谱是非常宽的，一般为 300MHz～3GHz，属于特高频的范畴。由于特高频信号传播时衰减很快，设备外面的电磁干扰信号由于频带窄，且衰减较快，一般电磁干扰到不了设备本体。所以用特高频测量方式较准确，特高频局放监测原理见图 8-8。

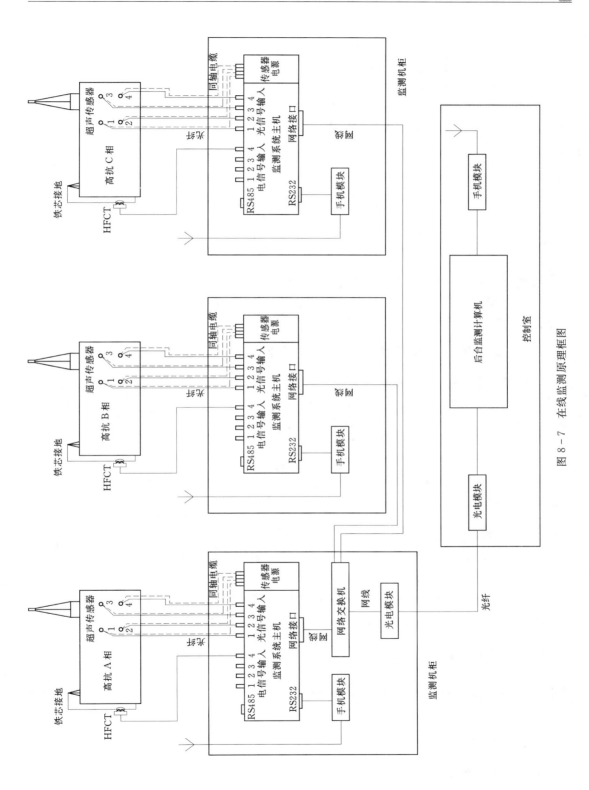

图 8 - 7　在线监测原理框图

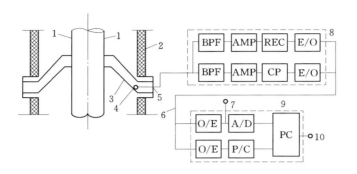

图 8-8　局放在线监测原理图

1—导体；2—GIS 外壳；3—盆式绝缘子；4—环形电极；5—同轴电缆；6—光纤；7—监测器；8—电光转换器；
9—接收装置；10—输出；BPF—带通滤波器；AMP—放大器；REC—整流器；CP—比较器；
E/O—电流转换；P/C—脉冲转换；A/D—模数转换；PC—微机

　　将预埋的电极作为耦合器，用来监测局放信号。目前特高压的超高频局放监测带宽选择在 60～70MHz，主要是：该带宽易于实现监测，同时可以躲避广播的干扰和外部空气电晕干扰。

六、GIS/HGIS 气体压力故障定位在线监测装置

　　气体压力监视及事故定位装置原理见图 8-9。将压力传感器对气室压力的测量值根据环境温度换算为 20℃ 的气体压力值，通过监测气室的压力差来监视气体是否存在故障。每 0.5s 进行一次气体压力测量，计算 10s 内的压力差，若压力差连续 3 次超过判定标准时，及判断设备该气室存在故障。

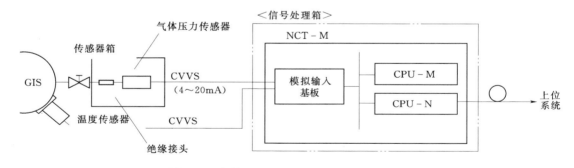

图 8-9　气体压力监视及事故定位装置原理图

　　计算故障气室的压力变化公式如下：

$$\Delta P = 0.0981 cIt/v$$

式中：ΔP 为压力变化值，MPa；c 为计算常数（厂家给定）；I 为故障电流，kA；t 为故障持续时间；v 为罐体的容量。

七、运维注意事项

　　（1）每日需要巡视检查装置的运行指示灯是否正常，带电检测装置的附件是否运行

正常。

（2）每日应检查后台在线监测数据，分析数据变化趋势，是否存在数据突变或者装置数据采集异常；若数据突变则应及时汇报技术主管部门，并组织带电检测复测分析设备状态；若发现装置数据采集异常，则应判明装置的异常原因，及时通知运检人员或厂家进行装置检修。

（3）为了掌握在线监测装置的使用状态，应定期组织在线监测监测数据与离线数据的比对工作，及时发现装置的异常。

（4）应遵照厂家的规定开展设备的定期维护保养。

第二节　带电检测技术原理介绍

一、带电检测技术概述

通过特殊的试验仪器，仪表装置，对被测的电气设备进行特殊的检测，用于发现运行的电气设备所存在的潜在性的故障。例如：避雷器带电测量泄漏电流、设备红外热成像检测、充油色谱油色谱分析。

带电检测相较于常规的预防性试验具有的优势：带电检测在设备正常运行的情况下检测，不需要停电，规避了因停电带来的经济损失；带电检测可以依据设备运行状况灵活安排检测周期，便于及时发现设备的隐患，了解隐患的变化趋势。

（一）目前的带电检测技术

（1）高频局部放电检测，是指对频率介于 $3\sim30MHz$ 区域的局部放电信号进行采集、分析、判断的一种检测方法。

（2）超高频局部放电检测，是指对频率介于 $300\sim3000MHz$ 区间的局部放电信号进行采集、分析、判断的一种检测方法。

（3）超声波信号检测，是指对频率介于 $20\sim200kHz$ 区间的声信号进行采集、分析、判断的一种检测方法。

（4）红外热成像检测，是指利用红外测温技术对电力系统中电流、电压致热效应或其他致热效应的带电设备进行检测和诊断。

（5）暂态地电压检测，是指在接地金属表面在发生局放是会产生瞬间的地电压，这个地电压将沿金属表面个方向传播，通过检测地电压实现对电力设备局部放电的定位和判别。

（6）接地电流测量，是指通过钳形电流表或电流互感器对设备接地回路的接地电流进行检测。

（7）相对介质介质损耗因数，是指两个电容型设备在并联情况下或异相相同电压下在电容末端测得两个电流矢量差，对该差值进行正切换算，换算所得数值叫做相对介质损耗因数。

（8）SF_6 气体分解物检测，在电弧、局部放电或其他不正常工作条件作用下，SF_6 气体将生成 SO_2、HS_2 等分解物。通过对 SF_6 气体分解物的检测，达到判断设备运行状态的目的。

（9）SF_6 气体泄漏成像检测，是指利用成像技术（如激光成像发、红外成像法），可实现 SF_6 设备的带电检漏和泄漏点定位。

（二）不同设备的检测项目及周期

1. 油浸变压器及电抗器

（1）红外检测，周期为半年至 1 年，投运后，必要时，新设备投运后 1 周内完成。

（2）油中溶解气体分析，周期为 1000kV 为 1 个月，330kV 及以上为 3 个月，220kV 为半年，110kV 以下 1 年，投运后，必要时。异常情况应缩短检测周期；已安装成熟在线监测装置的设备，可根据情况适当缩短在线监测周期，延长人工取样周期。

（3）高频局放检测，周期为 1～2 年，投运后，必要时。测试结果与标准图谱比较。新设备投运、大修后 1 周内完成。适用于铁芯、夹件及容末屏接地线，其他结构参照执行。异常情况应缩短检测周期。

（4）铁芯接地电流测量，周期为必要时，或怀疑有铁芯多点接地时测量；正常值 ≤100mA。

2. 套管

（1）红外热像检测，周期为半年至 1 年，投运后，必要时。新设备投运后 1 周内完成。

（2）高频局部放电检测，周期为 1～2 年，投运后，必要时。测试结果与标准图谱比较。新设备投运、大修后 1 周内完成。适用于电容末屏接地线，其他结构参照执行。异常情况应缩短检测周期。

（3）相对介质介质损耗因数，周期为 1～2 年；投运后；必要时。正常情况初值差 ≤10％，异常情况初值差＞10％且≤30％，缺陷情况初值差＞30％。

（4）相对电容量比值，周期为 1～2 年，投运后，必要时。正常情况初值差≤5％，异常情况初值差＞5％且≤20％，缺陷情况初值差＞20％。

3. 电流互感器

（1）红外热像检测，周期为半年至 1 年，投运后，必要时，新设备投运后 1 周内完成。

（2）高频局部放电检测，周期为 1～2 年，投运后，必要时。测试结果与标准图谱比较。新设备投运、大修后 1 周内完成。适用于电容末屏接地线，其他结构参照执行。异常情况应缩短检测周期。

（3）相对介质介质损耗因数，周期为 1～2 年，投运后，必要时。正常情况初值差 ≤10％，异常情况初值差＞10％且≤30％，缺陷情况初值差＞30％。

（4）相对电容量比值，周期为 1～2 年，投运后，必要时。正常情况初值差≤5％。异常情况初值差＞5％且≤20％，缺陷情况初值差＞20％。

4. 电压互感器

（1）红外热像检测，周期为半年至 1 年，投运后，必要时，新设备投运后 1 周内完成。

（2）高频局部放电检测，周期为 1～2 年，投运后，必要时。测试结果与标准图谱比较。新设备投运、大修后 1 周内完成。适用于从电容末端抽取信号，其他结构参照执行。异常情况应缩短检测周期。

（3）相对介质介质损耗因数，周期为 1～2 年，投运后，必要时。正常情况初值差≤10%，异常情况初值差＞10%且≤30%，缺陷情况初值差＞30%。

（4）相对电容量比值，周期为 1～2 年，投运后，必要时。正常情况初值差≤5%，异常情况初值差＞5%且≤20%，缺陷情况初值差＞20%。

5. 避雷器

（1）红外热像检测，周期为半年至 1 年，投运后，必要时，新设备投运后 1 周内完成。

（2）高频局部放电检测，周期为 1～2 年，投运后，必要时。测试结果与标准图谱比较。新设备投运、大修后 1 周内完成。适用于从避雷器末端抽取信号，其他结构参照执行。异常情况应缩短检测周期。

（3）运行中持续电流检测，周期为 35kV 及以上金属氧化物避雷器投运后半年内测量 1 次，运行 1 年后每年雷雨季前测 1 次，必要时。当阻性电流初值差达到＋50%时，适当缩短监测周期。测量时应记录环境温度，相对湿度，和运行电压，应注意瓷套表面状况的影响及相间干扰影响。

6. 组合电气

（1）红外热像检测，周期为半年至 1 年，投运后，大修后，必要时，新设备投运、A 类检修后 1 周内完成。异常情况应缩短检测周期。

（2）超高频局部放电检测，周期为半年至 1 年，投运后，大修后，必要时，新设备投运、A 类检修后 1 周内完成。异常情况应缩短检测周期。正常情况无典型放电图谱，异常情况在同等条件下同类设备检测的图谱有明显区别，缺陷情况具有典型局部放电的检测图谱。

（3）超声波局部放电检测，周期为半年至 1 年，投运后，大修后，必要时，新设备投运、A 类检修后 1 周内完成。异常情况应缩短检测周期。正常情况无典型放电波形或音响，且不大于 5dB，异常情况数值＞5dB，缺陷情况数值＞10dB。

（4）SF_6 气体湿度 20℃，周期为投运后 1 年，以后 3 年 1 次；补气 24h 后；大修后；必要时。新安装、大修后断路器灭弧室气室≤150μL/L，其他气室≤250μL/L；运行中断路器灭弧室气室≤300μL/L，其他气室≤500μL/L。

（5）SF_6 气体纯度，周期为投运后 1 年内，必要时，纯度≥97%。

（6）SF_6 气体分解物 20℃，周期为投运后 1 年，以后 3 年 1 次，必要时。正常情况 SO_2≤2μL/L 且 H_2S≤2μL/L；缺陷情况 SO_2≥5μL/L 或 H_2S≥5μL/L。

（7）SF_6 气体泄漏成像法检测，周期为补气间隔小于 2 年时，必要时。设备各部位无泄漏迹象。

7. 开关柜

（1）红外热像检测，周期为半年至 1 年；投运后；必要时。正常情况柜体表面温度与环境温差 ≤20K，缺陷情况柜体表面温度与环境温差＞20K。

（2）超声波局部放电检测，周期为半年至 1 年；投运后；必要时。正常情况无典型放电波形或音响，且数值≤8dB；异常情况数值＞8dB且≤15dB。缺陷：数值＞15dB。

（3）暂态地电压检测，周期为半年至1年，投运后，必要时。正常情况相对值≤20dB，异常情况相对值＞20dB。

8. 敞开式开关

（1）红外热像检测，周期为半年至1年；投运后；大修后；必要时。正常情况热像图本体相间同类部位热点温差＜3K；异常情况热像图本体相间同类部位热点温差≥3K。

（2）SF_6气体湿度20℃，周期为投运后1年，以后3年1次，补气24h后，大修后，必要时。新安装、大修后≤150μL/L；运行中≤300μL/L。

（3）SF_6气体纯度，周期为投运后1年内；必要时。正常值为纯度≥97％。

（4）SF_6气体分解物20℃，周期为投运后1年，以后3年1次，必要时。正常值SO_2≤2μL/L且H_2S≤2μL/L；缺陷值SO_2≥5μL/L或H_2S≥5μL/L。

（5）SF_6气体泄漏成像法检测，周期为补气间隔小于2年时，必要时。SF_6设备各部位无泄漏迹象。

9. 高压电缆

（1）红外热像检测，周期为大修后带负荷一周内（但应超过24h），其他3个月1次，必要时。对于外部金属连接部位，相间温差超过6℃应加强监测，超过10℃应申请停电检查；终端本体相间超过2℃应加强监测，超过4℃应停电检查。电力电缆终端和非直埋式电缆中间接头、交叉互联箱、外护套屏蔽接地点等部位必要时：当电缆线路负荷较重（超过50％）时，应适当缩短红外热像检测周期，建议1个月测量1次。注意：①需要对电缆线路各处分别进行测量，避免遗漏测量部位；②被检电缆带电运行，带电运行时间应该在24小时以上，并尽量移开或避开电缆与测温仪之间的遮挡物，如玻璃窗、门或盖板等；③最好在设备负荷高峰状态下进行，一般不低于额定负荷30％。

（2）外护层接地电流，周期为交接后一周内，3个月1次，必要时。正常情况满足下表全部条件时，异常情况满足下表任何一项条件时，缺陷情况满足下表任何一项条件时接地电流绝对值＜100A 接地电流与负荷比值＜20％单相接地电流最大值/最小值＜3接地电流绝对值≥100A且≤200A 接地电流与负荷比值≥20％且≤50％单相接地电流最大值/最小值≥3且≤5接地电流绝对值＞200A 接地电流与负荷比值＞50％单相接地电流最大值/最小值＞5。新建、扩改建电气设备在投运初期1周内应进行1次接地电流检测；在每年大负荷来临之前以及大负荷过后，或者度夏高峰前后，应加强对接地电流的检测。对于运行环境差、设备陈旧及缺陷设备，要增加监测次数。对接地电流测量数据的分析，要结合电缆线路的负荷情况，综合分析接地电流异常的发展变化趋势。

（3）电缆终端及中间接头高频局部放电检测，周期为1年，投运后，大修后，必要时。正常情况无典型放电图谱，异常情况在同等条件下同类设备检测的图谱有明显区别，缺陷情况具有典型局部放电的检测图谱。测试结果与标准图谱比较。新设备投运、大修后1周内完成。异常情况应缩短检测周期。当放电幅值达3V以上时，应尽快安排停运。

（4）电缆终端及中间接头超高频局部放电检测，周期为1年，投运后，大修后，必要时。正常情况无典型放电图谱，异常情况在同等条件下同类设备检测的图谱有明显区别，缺陷情况具有典型局部放电的检测图谱。测试结果与标准图谱比较。新设备投运、大修后 1 周内完成。异常情况应缩短检测周期。

（5）电缆终端及中间接头超声波局部放电检测，周期为 1 年，投运后，必要时。正常情况无典型放电波形或音响，且数值≤0dB；异常情况数值＞1dB 且≤3dB；缺陷情况数值＞3dB。

二、红外热成像技术

（一）原理介绍

电磁波谱按波长不同，可划分为不同的波段：高频区：X-Ray，长波区：微波、无线电波，中间区：紫外线、可见光、红外波。红外波谱分布在微波和可见光之间，其波长约在 $0.75\sim1000\mu m$ 之间。所有温度在绝对零度（－273℃）以上的物体，都会不停地发出热红外线。大气选择性吸收形成 3 个"大气透射窗口"：短波：$2.1\sim2.5\mu m$、中波：$3\sim5\mu m$、长波：$8\sim14\mu m$，室温物体的红外辐射集中在中波红外和长波红外波段。红外热像仪利用光学成像镜头、红外探测器接受被测目标的红外辐射能量，由探测器将红外辐射能转换成电信号，经放大处理、转换成标准视频信号，通过电视屏或监测器显示红外热像图。这种热像图与物体表面的热分布场相对应，是被测目标物体各部分红外辐射的热像分布图。红外热像仪能够将探测到的热量精确量化，能够对发热的故障区域进行准确识别和严格分析。

（二）使用技巧

（1）红外测温的判断方法。

1）表面温度判断法：适用于电流致热型和电磁效应引起发热的设备，根据测得的设备表面温度值，结合环境气候条件、负荷大小进行分析判断。

2）同类比较判断法：根据同组三相设备、同相设备之间及同类设备之间对应部位的温差进行比较分析。对于电压致热型设备、电流致热型设备均适用。

3）图像特征判断法：主要用于电压致热型设备。根据同类设备的正常状态和异常状态的热像图，判断设备是否正常。注意应排除各种干扰因素对图像的影响，结合电气试验的结果，进行综合判断。

4）相对温差判断法：针对小电流致热型设备，为了排除负荷及环境温度不同时对红外诊断结果的影响而提出的。当环境温度低，在小电流运行时，温度值不高，但在负荷增长或环境温度上升后，使接头温度升高，引发设备事故。

相对温差 δ＝（发热相温度－正常相温度）/（发热相温度－环境参考温度）

注：缺陷的性质参照《带电设备红外诊断应用规范》（DL/T 664—2008）的附录 A。

5）档案分析判断法：分析同一设备不同时期的温度场分布，找出设备致热参数的变化，判断设备是否正常。

（2）选择夜晚与阴天检测。减小周围背景辐射，有利于选择合适的检测距离与最佳仪器视场角。

（3）仪器参数设定一般按照表 8－4 建议设置。

表 8-4 仪 器 的 参 数 设 定

参数名称	辐射率	测量距离/m	大气温度	环境温度	相对湿度	温度范围/℃
设定值	0.9	9	自然环温	参考设备温度	50%	40~+120

（4）仪器的使用。在仪器正常开机后，将仪器对准一个发热的物体，如人脸或一只手进行仪器校准；根据现场的环境温度、湿度、物体辐射率、被测物体距离对仪器进行手动设定；对准测试物体，轻按"A"键保持1s调整焦距，当画面出现清晰的图像后，在轻按"A"键，将测试仪的图像饱和度调整到最佳。保持仪器的平稳，轻按"S"键，将所需拍照的图像冻结，检查没有问题后，长按"S"键3s，图像将被保存；或者图像可以直接保存，即保持仪器的平稳，轻按"S"键3s，即可将图片直接保存。

三、避雷器阻性电流测试

氧化锌避雷器由于长期运行，避雷器可能会因为运行电压作用，以及内部受潮或过热等因素影响，而造成阀片非线性电阻特性的劣化。这种劣化的主要表现是正常电压下的阻性电流增加，阻性电流的增大会造成发热的增加，进一步加速了阀片的老化，形成恶性循环，最后导致避雷器的损坏，严重时引起爆炸。所以测量避雷器阻性电流的工作对掌握避雷器运行工况尤为重要。

测量运行中无间隙金属氧化物避雷器（以下简称 MOA）的阻性电流的基本原理，方法是取被测相 MOA 的总电流信号，再取一个与被测相 MOA 两端电压同相的电压信号；总电流 I_x 基波矢量 I_1 在电压基波矢量 U_1 上的投影，即为 MOA 阻性电流 I_r（见图 8-10）。总电流 I_x 的取法比较简单，由于仪器电流测量回路的输入阻抗很小，用电流测量电缆的两个探头分别与放电计数器两端连接即可；电压信号取自其相应电压等级的系统电压互感器（接线见图 8-11）。根据 $I_{r1p}=\sqrt{2}I_x\cos\phi$ 可以求得阻性电流的大小，ϕ 大小与电压相角相同。

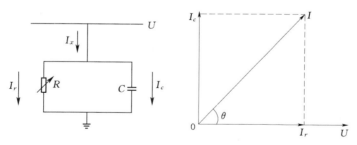

图 8-10　避雷器等效电路及泄漏电流的矢量图

四、暂态地电压测试（TEV）

高压电器设备发生局部放电时，放电量往往先聚集在与接地点相邻的接地金属部位，形成对地电流在设备表面金属上传播。对于内部放电，放电量聚集在接地屏蔽的内表面。局部放电产生的电磁波可通过金属箱体的缝隙处或气体绝缘开关的衬垫传出，并沿着设备金属箱体表面继续传播，同时会产生一定的暂态电压脉冲信号。通过电容型探头捕捉放局

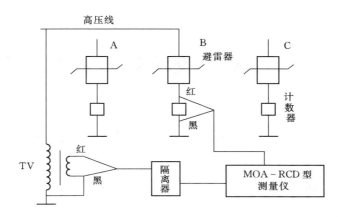

图 8-11　避雷器阻性电流测试接线原理图

部放电产生的暂态对地电压信号，不仅可以对开关柜内部局部放电状况进行定量测试，而且可以通过比较同一放电源到不同传感器的时间差异进行定位。

暂态地电位测试原理见图 8-12。

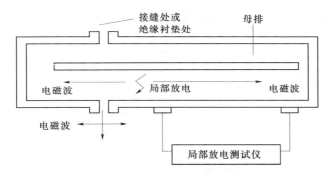

图 8-12　暂态地电位测试原理图

第九章　特高压交流变电站消防系统

第一节　特高压交流变电站消防系统概述

一、变电站消防系统简介

变电站消防系统作为变电站各系统构成中的一项重要组成部分，主要任务是通过有效手段监测火灾、控制火灾、扑灭火灾，以达到保障变电站工作人员人身安全及电力设备安全稳定运行的根本目的。

二、特高压交流变电站消防系统的组成

传统的消防系统可分为火灾自动报警联动系统、喷淋系统、消火栓系统、气体灭火系统、干粉灭火系统、应急疏散系统。其中根据变电站设备及建筑的特点，特高压交流变电站消防系统包括火灾自动报警联动系统、水喷雾系统、消火栓系统、灭火器系统、设备区消防小间、应急疏散系统。

第二节　特高压交流变电站火灾自动报警联动系统

一、火灾自动报警联动系统原理及简介

消防火灾自动报警联动系统是由触发装置、火灾报警装置（即手动报警按钮、火灾探测器等）、火灾警报装置（即声光报警器、消防警铃、火灾显示盘等）以及具有其他辅助功能装置组成的，火灾探测器可以在火灾发生的初期，将燃烧物体产生的烟雾、热量、火焰等物理量，变成电信号传输到火灾自动报警控制器中，同时在报警主机上显示出火灾发生的位置、时间等等，使人们能够在最短的时间发现火灾的发生，并及时采取有效的灭火措施，扑灭初期发生的火灾，最大限度地减少人们的生命、财产的损失。

二、消防火灾自动报警联动系统主要构成

（一）火灾报警控制器

火灾报警控制器是火灾自动报警联动系统的核心。能接收感烟、感温等探测器的火灾报警信号及手动报警按钮、消火栓按钮的动作信号，并将信号转换成声、光报警信号，显示火灾发生的位置、时间和记录报警信息等强大功能，还可通过手动报警装置启动火灾报警信号。火灾自动报警控制器自动监视系统的正确运行和对特定故障给出声光报警。

（二）光电感烟探测器

光电感烟探测器是通过监测烟雾的浓度来实现火灾防范的，是发现早期火灾的重要装置，感烟探测器是工作稳定可靠的传感器，被广泛运用到各种消防报警系统中。

（三）感温探测器

感温探测器又称差定温探测器是利用热敏元件对温度的敏感性来探测环境的温度，特别适用于发生火灾时有剧烈温升的场所与感烟探测器配合使用更能可靠的探测火灾的发生地点，最大的减少人们的生命和财产损失。

（四）手动火灾报警按钮

手动火灾报警按钮主要是安装在明显和便于操作的位置。当发现有火灾发生的情况下，手动按下报警按钮，向火灾自动报警控制器送出报警信号。手动火灾报警按钮比探头报警更紧急，要求更可靠、更确切，处理火灾要求更快。

（五）声光报警器

声光报警器是一种通过声音和各种光来向人们发出示警信号装置，通常安装在人员密集场所及容易发现的位置。

（六）消防电话系统

1. 系统原理及简介

消防电话系统是消防通信的专用设备，当发生火灾报警时，它可以提供方便快捷的通信手段，是消防控制及其报警系统中不可缺少的通信设备，消防电话系统有专用的通信线路，在现场人员可以通过现场设置的固定电话和消防控制室进行通话，也可以用便携式电话插入插孔式手报或者电话插孔上面与控制室直接进行通话。

2. 消防电话系统的主要设备组成

（1）消防电话主机。消防电话主机是消防电话系统中的总机设备，它可接入壁式消防电话分机、消防电话插孔以及和它配套的插孔式消防电话分机，适用于建筑内发生火灾或紧急情况时的通信、调度。当应用现场出现紧急情况时，现场人员通过本系统快速与中心控制室取得联系，中心控制室值班人员可通过消防电话或应急广播设备进行现场调度指挥，快速疏散建筑内人员。

（2）消防电话插孔、插孔电话分机。消防电话插孔座和插孔式消防电话分机是总线制消防电话通信系统专用的、相互配套的产品。消防电话插孔座与消防电话总机总线相连，将插孔式消防电话分机插入插孔座中，既可呼叫总机，总机摘机后相互通话。正常监视状态插孔座面板上有红色指示灯闪烁显示。

（七）智能电源盘

1. 功能简介

智能电源盘是专门用来为整个消防联动控制系统供电的大容量现场电源输出设备。

2. 智能电源盘的主要设备组成

（1）交直流转换电路。智能电源盘以交流 220V 作为主电源，同时可外接 DC24V/24Ah 蓄电池作为备电。当现场交流掉电时，备用电源自动导入为外部设备供电。

（2）备用电源浮充控制电路。备用电源正常时接受主电源充电，当现场交流掉电时，备用电源自动导入为外部设备供电，并设有电池过充及过放保护功能。

（3）电源监控电路。电源监控部分用来指示当前正在使用哪一路电源、交流输入的电压值及输出电压值，以及各类故障及状态显示。

（八）火灾报警显示盘

火灾报警显示盘采用微处理器控制，内含 CPU，它通过总线与火灾报警控制器相连，占用一个编码地址，可对收到的信息进行判断、分析和处理，并将此火灾显示盘所在回路的报警器件号和类型通过液晶屏显示出来，同时发出声光报警信号，以通知监盘人员。

三、消防火灾自动报警联动系统的应用及运维管理

（一）消防火灾自动报警联动系统的应用

特高压变电站火灾报警系统一般在主控通信楼、综合办公楼、各继电保护小室、站用电室、雨淋阀间及电锅炉房等室内重要位置安装烟雾探测器，并设有手动火灾报警器及消防电话插孔，在电缆沟竖井、活动地板下及建筑物的电缆沟内设置线型感温探测器，采用接触式蛇行敷设，在备品备件库设有红外光束感烟探测器及手动火灾报警器及消防电话插孔，并由火灾报警控制器、消防电话主机和智能电源盘组成火灾报警控制屏，安装在主控通信楼计算机室，用来监测消防系统有关装置运行状态，并将运行和故障等信息主控室监控后台。

（二）消防火灾自动报警联动系统设备的运维管理

1. 火灾自动报警系统技术档案资料的管理

火灾自动报警系统的有关档案的整理和保存有着很重要的作用，不仅能够提供消防工作方面的资料，对于"系统"本身的管理和维修也有重要的参考价值。因此必须注意：

（1）在火灾自动报警系统安装调试完毕后，用户应将设计、施工、安装单位移交的有关系统施工图纸和技术资料，安装中的技术记录、系统各部分的测试记录、调试开通报告、竣工验收情况报告等加以整理，建立技术档案，妥善保管，以备查询。

（2）在火灾自动报警系统开通运行前应建立相应的操作规程、值班人员职责、显示系统在所保护建筑物内位置的平面图或模拟图、变电站火灾应急预案等，以使管理人员在工作中有章可循。

（3）在火灾自动报警系统运行后还应建立值班记录、系统运行登记表、设备维修记录等台账，使系统运行情况完整记录在案，提高对火灾自动报警系统的安全文明管理。

2. 触发装置的日常运维管理

触发装置包括光电感烟探测器、感温探测器、手动火灾报警按钮。

（1）对于探测装置因环境条件的改变，而不能适用时，应通过设计、施工部门及时更换。如一般室内建筑（办公室、备品备件库）改为厨房、蒸汽式锅炉房、开水房、发电机房时就应将感烟式探测器改为感温式探测器。因为据测定感烟式探测器的环境使用温度一般在 50℃ 左右，否则有可能出现故障；而定温探测器动作的额定温度应要高出环境温度 $10\sim35℃$。防止感烟式探测器误报或损坏。

（2）要防止外部干扰或意外损坏。对于探测器不仅要防止烟、灰尘及类似的气溶胶、小动物的侵入、水蒸气凝结、结冰等外部自然因素的影响而产生的误报，而且还要防止人为的因素如书架、贮藏架的摆放或设备、隔断等分隔对探测器的影响。

（3）对于进行二次装修或扩建的场所，要注意检查原探测器、手动火灾报警按钮是否已恢复正常状态，以免误报或紧急情况时声光报警按钮无法正常使用。如有上述问题必须重修或更换，否则报警器就会发生故障报警。

（4）定期对感烟、感温探测器进行抽测，抽测应注意以下几个方面：

1）对测试过的探测器做地址记录，以免在下期测试中重复测试同一个点。在一年内通过几期测试后将所有的探测器测试一遍。

2）在加烟测试过程中，应对探测器报警的迟缓程度做记录，通过最后汇总，对整个建筑物内探测器的工作状态有一个大致的了解，为是否对探测器进行清洗提供佐证。

3）测试中应核对探测器的地址是否准确。

（5）注意对探测器的清洗和备件的保管。为了使之保持性能良好，正常运行，应在探测器开启运行 2 年后，每隔 3 年全部清洗一遍。

3. 火灾警报装置的日常运维管理

报警装置包括报警控制器、消防警铃、声光报警器。

（1）定期清洁报警控制器。火灾报警控制器在长期使用过程中，会有大量的灰尘吸附在火灾报警控制器的电路板上，灰尘过多会影响电路板散热，在潮湿的情况下还有可能发生短路。

（2）定期对感烟、感温探测器进行抽测时，对声光报警器功能进行测试，并做好相应记录。

4. 电源系统的日常运维管理

（1）火灾自动报警系统投运前应检查火灾自动报警系统的交流电源是否与其他用途的照明、动力线路合用同一回路，当发现与其他线路合用同一回路时，应采取措施分开设置，保证火灾自动报警系统单独回路供电。

（2）定期检查主电源和备用电源间的自动切换是否正常，可尝试切断主电源，查其能否转换到备用电源供电，并在主电源恢复后查看其是否可以切换到正常供电模式且备用电源进入充电模式，如发现有故障，则应采取措施。

1）主电源故障。检查输入电源是否完好，熔断丝有无烧断、接触不良等情况。

2）备用电源故障。检查充电装置、电池是否损坏，连线有无断线。

（3）备用电池采用免维护电池，其寿命为 3～5 年，及时更换失效电池，保证消防控制机安全供电。在主电失灵时，备用电池能保证控制系统在一定时间内继续工作；但主电停电超过 8h，要关闭整个报警系统，以免损坏电池。

5. 消防电话系统的日常运维管理

（1）消防电话主机采用 DC24V 供电，请按其允许的电压接入。机箱要良好接大地，可以保证使用者的人身安全和降低通话噪声。

（2）设备放置场所为室内正常大气条件。必须远离热源，如暖风机、热调节器、加热炉以及其他发热产品。

（3）必须避免夏日强烈阳光暴晒主机。当环境温度超过 50℃时，有可能造成永久性损坏。

（4）工作灯不显示，请检查供电电源是否有 DC24V 电压输入、DC24V 电源接线极性是否连接正确、检查电源输入保险管是否导通。

（5）分机线路故障，请检查分机与总线是否连通、测量总线电压是否大于 DC18V。

6. 联动控制系统的日常运维管理

联动控制系统对保护电力设备及建筑物内安全有着很重要的作用，因此对室内消火栓系统、自动喷水系统、通风空调、防烟排烟设备及电动防火阀等的控制设备动作要保证运行正常，在检查试验时如果联动系统动作正常，信号就会反馈至消防控制室，若是没有信息反馈，说明设备发生故障，应及时采取措施加以排除。

第三节　特高压交流变电站水喷雾灭火系统

一、水喷雾灭火系统原理及简介

水喷雾灭火系统是在发生火灾时，能自动打开喷头喷水灭火的消防设施。水喷雾灭火系统具有自动喷水的优点，并且可以和其他消防设施同步联动工作，因此能有效控制、及时扑灭初期火灾。

水喷雾系统中喷水管网平时不充水，当火灾发生时，火灾自动报警系统控制主机在收到火警信号后立即控制预作用阀，使其开阀向管网内充水。

水喷雾消防系统工作流程见图 9-1。

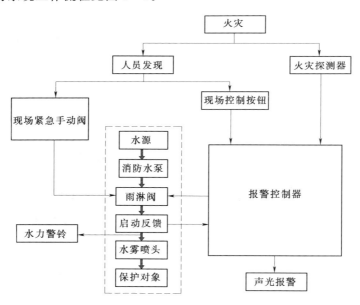

图 9-1　水喷雾消防系统工作流程图

二、水喷雾系统灭火系统的组成及应用

水喷雾系统灭火系统的组成部件由感温探测装置、消防智能控制屏、蓄水池、雨淋阀组、消防水泵、稳压装置（与消火栓系统共用）、主干管道、分支次干管道、水喷雾喷头

组成。

（一）缆式感温探测装置

缆式感温探测装置安装监测设备表面，当温度达到缆式感温电缆额定值时，将火灾报警信号传输到水喷雾控制主机，在满足条件的情况下水喷雾控制主机启动雨淋阀。

（二）消防智能控制屏

消防智能控制屏一般位于厂站监控室内，由火灾报警控制器、多线制控制盘和智能电源盘组成，用于接收火灾监视区域内火灾报警控制器及消防水泵房内双电源互投控制屏、消防水泵控制屏等上传的信号，将接收到的信息传送至主控室监控后台，并通过控制系统所设置的控制方式处理火情。

火灾控制系统具有自动、手动、手动应急启动三种方式：

（1）自动控制方式：火灾发生后，火灾探测器动作，水喷雾控制主机得到报警，并发请求灭火信息，在得到报警控制器命令或启动信息后，启动雨淋控水阀，水雾保护对象实施灭火。

（2）手动控制方式：当水喷雾控制主机被置于手动启动方式时，人工确认火灾后按下控制主机上的手动灭火按钮启动灭火系统。

（3）手动应急控制方式：现场巡检时如发现火灾，可通过设在保护区的现场手动紧急启动装置，启动灭火系统，当发现火灾已扑灭或灭火系统误动作时，巡检人员按下现场的紧急手动停止按钮，可紧急停止灭火系统。

（三）消防蓄水池

消防水源包括市政供水管网、天然水源及消防蓄水池，消防蓄水池是人工建造的储存消防用水的构筑物，利用市政给水管网的一种重要补充手段。

（四）雨淋阀组

特高压交流变电站使用 ZSFM 型隔膜式雨淋报警阀系统，该系统由单向阀、手动快开阀、电磁卸压阀、手动复位阀、压力表、试警铃阀、警铃管路阀、过滤器、（压力开关）、水力警铃、防复位器等组成。为配合供水管网、火警探测器的正常工作，雨淋阀由隔膜腔内水压的高低控制着雨淋阀的启闭。当隔膜腔内的水压等于供水侧水压时，隔膜本身具有恢复原状的能力，再加上隔膜腔内弹簧弹力的双重作用而处于关闭状态，使水不能进入系统管网。当通过电磁阀、紧急手动快开阀或湿式引导管连接的闭式喷头动作开启，使隔膜腔内的水压下降，当压力下降到一定值时，由于压差原理隔膜被供水压力顶开，水流进入系统侧管网通过开式喷头进行喷水灭火。

雨淋报警阀系统特点：发生火灾后，可以瞬时像大雨般喷出大量的水，覆盖隔离整个保护区，此系统适用于火灾蔓延快，火灾负荷大，火势猛的场所。

（五）消防水泵系统（与消防栓系统共用）

消防水泵系统是通过双电源互投屏为水泵提供独立电源，并在消防水泵控制屏对消防泵控制下对消防管网（消防喷淋管网、消火栓管网）进行加压，以满足灭火设施对水压和水量的需求。

（六）消防管道及喷淋头

消防管道及消防喷淋头是消防灭火系统的重要组成部分，消防管道及喷淋头根据消防工程中水源输送距离、水压要求、喷淋形式等设计要求进行选用。当发生火情时，消防水通过管道经消防喷淋头均匀洒出，对一定区域的火势起到控制。

三、水喷雾灭火系统的运维管理

（一）水喷雾灭火系统的运维管理的必要性

水喷雾灭火系统是消防系统的重要组成部分，关系到灭火措施的有效实施，日常的检查、维护可对消防设备运行状态有效的监控，及时排除在运设备可能存在的隐患，保证设备的可用性。

（二）水喷雾灭火系统的运维方式

（1）日常巡视检查室外缆式感温电缆的对设备的缠绕是否松动，如有松动应重新扎绑以达到牢固；检查室外缆式感温电缆是否有磨损、开裂、老化等现象，如有坏损应及时更换处理，确保感温装置运行正常。

（2）在月度定期维护时应对控制屏内各装置清灰，保持装置清洁。日常检查消防智能控制屏内各装置信号是否正常，如有异常应及时维修处理。

（3）对蓄水池水位的检查除依托监控后台的水位报警观测外，日常巡检时应留意蓄水池水位，水位异常但后台又未报警时应及时检查低水位报警装置，或水位下降过快时分析流失原因，检查管网有无漏水。

（4）定期对阀组进行测试，验证系统的供水能力及压力开关、水力警铃的性能。雨淋阀不报警现象首先应检查管网是否有足够的恒压水源，或者是压力值太低等缘故，如果确认水源没有问题应进一步检查是否杂质堵住了报警管道上过滤器的过滤网或警铃进水口处的喷嘴。

（5）在月度定期维护中应注意电动机及水泵的保养，根据水泵实际工作情况定期进行保洁及加注润滑油，并对不常用水泵启动一次，检查水泵状态并使水泵电机进行磨合、润滑。

（6）喷淋管网阀门的每年定期保养一次，有损坏时及时修理，保证阀门始终处于正常设定状态。

（7）喷头有漏水、腐蚀、喷头周围有影响喷头动作或洒水的障碍物等现象，应立即更换或清理。

（8）水喷雾灭火系统应按照消防系统年度检修要求，进行定期年度试验、检测、维护。

第四节　特高压交流变电站消防栓系统

一、消防栓系统概述

消防栓系统作为一种固定消防设施，由消防水源、消防水泵、稳压装置、消防管网组成。分为室外消防栓和室内消防栓，主要作用是为消防车从市政给水管网或室外消防给水管网取水实施灭火；或直接连接水带、水枪出水灭火。消火栓系统是控制可燃物、隔绝助燃物、消除着火源、扑救火灾的重要消防设施之一。

二、室内消火栓的使用方法

（1）打开消火栓门，按下内部火警按钮（按钮是报警和启动消防泵的）。

（2）一人接好枪头和水带奔向起火点。

（3）另一人接好水带和阀门口。

（4）逆时针打开阀门水喷出即可。

注：电起火要确定切断电源。

三、消火栓的维护

（1）消火栓管网阀门的保养每半年进行1次，有损坏时及时修理，保证始终处于全开启状态。

（2）消火栓系统的试验建议每月进行1次，检查消火栓的功能和水头（需水试射）。

（3）消火栓管网发生爆破的处理原则是尽量避免水流向电梯、强电井及设备房等，避免连带性事故发生。

（4）检查主要控制阀的开闭和控制功能。

（5）检查消火栓泵控制箱箱内清洁和元器件是否正常。

（6）检查管网渗漏、锈蚀情况，必要时作防锈处理。

第十章 特高压交流变电站运行管理及生产准备

第一节 特高压交流变电站运行管理

一、运行值班管理

（1）特高压交流变电站实行有人值守运维管理模式。

（2）特高压交流变电站值班方式应满足日常维护和应急工作的需要，特高压交流变电站24小时应有人值班，夜间值班不少于2人，值班方式未经允许不得随意改变。

（3）特高压交流变电站值班人员必须熟悉《国家电网公司电力安全工作规程》、《调度运行规定》、《现场运行规程》等相关规定，并经培训、考试合格取得相关资格证后，方可上岗值班。

（4）正常情况下，控制室至少有一名具有独立监盘资格的人员通过工作站监视设备运行状态。特高压交流变电站值班人员除倒闸操作、设备巡视、运行维护工作外，不应远离控制室，若需远离控制室，必须经值班负责人批准。

（5）特高压交流变电站值班人员必须严格按规定的倒班方式、交接班时间和值班轮值表上下班，请假应至少提前一天提出，按规定办理手续。

（6）进行工作联系或汇报时，用语应规范、准确。严禁用调度电话联系与值班工作无关的事宜。工作联系或汇报应使用录音电话，外来重要电话应提示来电者拨入站内录音电话。

（7）特高压交流变电站值班人员应严格执行相关规程规定和制度，完成特高压交流变电站的现场倒闸操作、设备巡视、定期轮换试验、消缺维护及事故处理等工作。

（8）当班期间要认真监视各种信号和指示，注意分析运行工况及各项数据的变化，定期进行各种检查和试验，对异常情况应加强监视。

（9）特高压交流变电站当班值班人员应统一着装，佩戴岗位标志，遵守劳动纪律，在值班负责人的统一指挥下开展工作，且不得从事与工作无关的其他活动。

（10）接待参观来访者应热情、礼貌、耐心讲解，结合站内情况汇报有关内容。

（11）要做好防火、防盗、安全保密工作，值班人员在接班前和值班期间内严禁饮酒和含酒精的饮料，控制室内严禁吸烟。

二、日工作计划管理

（1）特高压交流变电站各运维值应制定日工作计划。

（2）日工作计划应明确当班期间的工作项目，内容应涵盖：倒闸操作、工作票办理等日常工作。

（3）日工作计划应由接班值长根据年度、月度及周工作计划、调度计划并结合生产实际情况制定；每值交班前应检查日工作计划完成情况。

特高压变电站运维日计划工作表见表10-1。

表10-1　　　　　　　　　　特高压变电站运维日计划工作表

类别	工作任务	责任人	时间	是否完成
日常工作				
监盘安排				
定期工作				
检修工作				
其他工作				
班组培训				
夜班安排				

特高压变电站定期维护工作表见表10-2。

表10-2　　　　　　　　　　特高压变电站定期维护工作表

序　　号		工　作　内　容	工作时间/周期	责任人
每周	1	高抗油色谱试验	每周一	
	2	抄录500kV开关设备气室压力	每周二	
	3	1000kV开关设备气室压力、串补开关现场压力抄录	每周三	
	4	抄录泄漏电流	每周六	
	5	1000kV设备、主变高抗风控箱测温	周日	

续表

序号		工作内容	工作时间/周期	责任人
每月	1	上月"两票"统计表,台账归档	每月1、2、3日	
	2	开关动作次数统计、PDA月度定期检查记录	每月2日	
	3	1号主变调压补偿变油色谱试验	每月4日	
	4	主变、高抗冷却器切换、2号主变中压侧避雷器阻性电流测试	每月5日	
	5	500kV、110kV设备红外测温	每月6日	
	6	1000kV开关设备油压、油泵打压次数现场抄录	每月第二个周三	
	7	抄录避雷器动作次数、泄漏电流	每月第二个周六	
	8	防小动物设施检查	每月9日	
	9	2号主变调压补偿变油色谱试验	每月10日	
	10	全站二次设备红外测温	每月11日	
	11	全站保护屏柜、压板投退情况检查	每月15日	
	12	站变分接头次数统计,主变(含备用)、高抗(含备用、小抗)、站变套管油位抄录	每月15日	
	13	高抗、主变在线监测标气、载气压力抄录	每月16日	
	14	主变、高抗振动及噪声测试	每月18日	
	15	全站设备紫外测试	每月19日	
	16	站用电、通信蓄电池测量,并作为附件录入PMS	每月20日	
	17	1000kV GIS位移抄录	每月21日	
	18	1号、2号主变、高抗,110kV0号、1号、2号站变铁芯、夹件接地电流测量	每月22日	
	19	TV二次接地点电流测试	每月23日	
	20	保护装置通道、差流情况抄录	每月24日	
	21	行波测距装置,广哈通信调度交换机、电话台、录音机检查;低容、低抗运行统计报表	每月25日	
	22	110kV开关气室压力抄录	每月26日	
	23	1号主变、2号主变油色谱试验	每月27日	
	24	全站变压器、电抗器呼吸器检查,清理油污,更换呼吸器不合格油	每月28日	
	25	国调月报	每月最后一天	
	26	缺陷月报表	每月最后一天	
	27	设备可靠性报表	每月最后一天	
	28	油化总结、油在线监测总结、维护总结	每月5日	

序　号		工　作　内　容	工作时间/周期	责任人
每季	1	1000kV 避雷器阻性电流测试	3、6、9、12 月 23 日	
	2	500kV、110kV 避雷器阻性电流测试	3、6、9、12 月 25 日	
	3	消防设施检查	每季度初第 3 日	
	4	全站五防设施功能检查	每季度初第 4 日	
	5	事故照明系统功能试验及检查维护	每季度初第 14 日	
每年	1	通信蓄电池内阻测试	6 月 23 日、12 月 25 日	
	2	主变油微水、击穿电压、介损测试 1 号主变 6 月 1 日，2 号主变 6 月 3 日	6 月	
	3	高抗油微水、击穿电压、介损测试	6 月 5 日	
	4	站变、中性点电抗器油色谱、微水、击穿电压、介损测试	6 月 13 日	
	5	调压补偿变微水、击穿电压、介损测试 1 号调变 6 月 15 日，2 号调变 6 月 17 日	6 月	
	6	主变备用相、高抗备用相油色谱、微水、击穿电压、介损测试	6 月 25 日	
	7	油色谱在线监测与离线试验数据比对分析	1 月 16 日，8 月 16 日	
	8	GIS 在线监测气体压力与现场表计压力值比对分析	1 月 18 日，8 月 18 日	
	9	红外测温在线监测与人员测温数据比对分析	1 月 20 日，8 月 20 日	

三、运行交接班管理

（1）交接班应按规定时间进行。接班值提前做好接班的准备工作，交班负责人应组织全体运维人员按交接班内容，提前整理好工器具、图纸、运行记录等，清扫卫生，做好交班的各项准备工作。

（2）交接班时全部交、接班人员必须参加，交班工作由交班负责人主持，交代接班值上次下班后站内的运行情况及工作过程。未办完交接手续之前，交班人员、接班人员不得擅离职守。

（3）交接班前、后 30min 内，一般不进行重大操作。在处理事故或倒闸操作时，不得进行交接班；交接班时发生事故，应停止交接，由交班人员处理，接班人员在交班负责人指挥下协助工作。

（4）在交接班期间，交班值应保留一名值班人员监盘。

（5）交接班时站长或技术员至少有一人参加，对存在问题应予以解决或纠正，并安排好上下班的各项工作及活动。

（6）交班负责人按交接班内容向接班人员交代情况，接班人员在交班人员陪同下进行接班巡视和检查，对当前设备状态、设备变动情况、新发现的设备缺陷和重要安措布置情况进行现场交代。

（7）交接班的主要内容。

1）运行方式及负荷分配情况。

2）站用电、低压直流、辅助系统运行情况。

3）继电保护及安全自动装置动作和投退情况。

4）缺陷、异常、事故处理情况。

5）两票的执行情况，现场遗留安全措施及接地线、接地刀闸使用情况。

6）定期运行维护、检修工作开展情况。

7）各种记录、资料、图纸的收存保管情况。

8）现场安全用具、钥匙、车辆及备品备件使用情况。

9）上级指令、指示、通知及收到的学习资料以及执行情况。

10）本值尚未完成需接班值继续做的工作和注意事项。

11）环境卫生及其他需要交代的内容。

（8）接班值人员听取交班负责人汇报结束后，对汇报不够清楚的问题进行详细询问，经说明无误后进行对口检查。

（9）交接班巡视检查后，交接双方说明巡视检查情况。接班人员对检查中发现的问题，需详细向交班人员询问清楚。交接班巡视检查中发现的缺陷及异常情况，由接班人员填写到缺陷记录。

（10）交班负责人按交接班内容向接班人员交代情况，接班人员确认无误后，由交接班双方负责人签名，并注明时间，交接班工作方告结束。

（11）交接班的内容一律以记录和现场交接清楚为准，凡遗漏应交代的事项，由交班值负责；凡未接清楚、未听明白的事项，由接班值负责；交接班双方都没有履行交接手续的内容，双方负责。

（12）接班重点检查内容。

1）查阅上次下班到本次接班的值班记录及有关记录，核对运行方式和潮流变化情况；检查各种记录是否齐全，无遗漏。

2）检查设备有无危及安全的缺陷，有无交班人员未发现、未上报、未填写的缺陷。

3）检查安全措施是否完备，核对使用中的接地刀闸编号，接地线编号和装设地点。

4）检查操作过的保护压板，检查是否有漏投或误投。

5）检查继电保护及安全自动装置动作或定值的更改情况和面板相关信号显示是否正常。

6）检查站用电现场运行情况。

7）检查变压器、高抗等主设备的温度表、压力表、油位计等重要表计指示。

8）检查常用工具、安全工器具、运行各种公共办公用具等是否齐全，按定置管理摆放。

（13）接班后，接班负责人应及时组织召开本班班前会，根据天气、运行方式、工作情况、设备情况等，布置安排本值工作，交代注意事项，做好事故预想。

四、设备巡检管理

（1）巡视的一般要求。

1）对于不具备可靠的自动监视和报警功能的设备，不满足条件的应适当增加巡视次数。

2）变电站生产现场应具备完善的安全措施和标识，站内施工区域必须与运行区域可靠隔离。

3）为确保夜间巡视安全，变电站应具备完善的设备区照明。

4）现场巡视用具应合格、齐备。

5）例行巡视、全面巡视和专业巡视时，运维人员应持标准化巡视作业指导书（卡）开展设备巡视，巡视项目和标准按照各单位审定的标准化巡视作业指导书（卡）执行。

6）备用变压器和并联电抗器应按照运行设备的要求进行巡视。

（2）巡视的分类。特高压交流变电站的设备巡视检查，分为例行巡视（含交接班巡视）、全面巡视、专业巡视、熄灯巡视、特殊巡视。

1）例行巡视每天不少于2次，配置智能机器人巡检系统的特高压交流变电站可降低例行巡视频次，智能机器人已巡视的内容可不再开展人工巡视。例行巡视是指对站内设备及设施外观、异常声响、设备渗漏、监控系统、二次装置及辅助设施异常告警、消防安防系统完好性、特高压交流变电站运行环境、缺陷和隐患跟踪检查等方面的常规性巡查，具体巡视项目按照现场运行规程执行。

2）全面巡视每周不少于1次。全面巡视是指在例行巡视项目基础上，对站内设备开启箱门检查，记录设备运行数据，检查设备污秽情况，检查防火、防小动物、防误闭锁等有无漏洞，检查接地网及引线是否完好，检查特高压交流变电站设备厂房等方面的详细巡查。

3）专业巡视每月不少于1次。专业巡视指为深入掌握设备状态，由运维、检修、设备状态评价人员联合开展对设备的集中巡查和检测。

4）熄灯巡视每月不少于1次。熄灯巡视指夜间熄灯开展的巡视，重点检查设备有无电晕、放电，接头有无过热现象。

5）特殊巡视指因恶劣天气，有重要保电任务或重要节日而开展的巡视。

（3）遇有以下情况，应进行特殊巡视。

1）大风后。

2）雷雨后。

3）冰雪、冰雹、雾霾。

4）新设备投入运行后。

5）设备经过检修、改造或长期停运后重新投入系统运行后。

6）设备缺陷有发展时。

7）设备发生过负荷或负荷剧增、超温、发热、系统冲击、跳闸等异常情况。

8）法定节假日、上级通知有重要保供电任务时。

9）电网供电可靠性下降或存在发生较大电网事故（事件）风险时段。

（4）巡视中如有紧急需要，运维人员应立即停止巡视，参与处理有关事宜，处理完后，再继续巡视。

（5）特高压交流变电站站长、副站长应每月至少参加一次巡视，监督、考核巡视检查质量。

五、设备缺陷管理

（1）变电站应制定设备缺陷管理制度，规定各级人员在设备缺陷管理中工作职责、设备缺陷等级划分标准、消缺时间的规定以及设备缺陷的发现、登记、上报、处理、验收、统计以及跟踪等内容。

（2）缺陷的分类。

1）危急缺陷：设备或建筑物发生了直接威胁安全运行并需立即处理的缺陷，否则，随时可能造成设备损坏、人身伤亡、大面积停电、火灾等事故。

2）严重缺陷：对人身或设备有严重威胁，暂时尚能坚持运行但需尽快处理的缺陷。

3）一般缺陷：上述危急、严重缺陷以外的设备缺陷，指性质一般，情况较轻，对安全运行影响不大的缺陷。

（3）发现设备缺陷后，运维人员应对缺陷进行初步定性，缺陷定性严格执行《变电一次设备标准缺陷库》，并将相关信息录入生产管理系统（PMS）启动缺陷处理流程。缺陷未消除前，运维人员应加强监视。

（4）危急缺陷处理时限不超过 24 小时；严重缺陷处理时限不超过 7 天（继电保护及安全自动装置严重缺陷处理时限不超过 72 小时）；一般缺陷原则上应尽快安排处理，对于需要设备停电处理的，最长不超过一个检修周期。

（5）变电站应设置兼职缺陷专责，及时了解和掌握本站设备的全部缺陷和缺陷的处理情况，必要时可采取编制缺陷周报和缺陷月报的形式对缺陷进行跟踪。按规定建立必要的台账、图表资料，对设备缺陷实行分类管理。每个缺陷均应明确处理意见和措施，相关管理部门应监督及时消除危急、严重的缺陷，有计划地处理一般缺陷。

（6）缺陷处理后应及时验收，并录入生产管理系统（PMS），实现缺陷闭环管理。

（7）工程质保期内的设备设施缺陷由工程建设管理部门负责协调处理。

六、设备定期维护

（1）特高压交流变电站应定期对全站设备进行 1 次全面维护，建议每月 1 次。定期维护项目包括一次、二次设备的检查，在线监测装置、备用电源、空调系统、消防、照明等辅助设施的检查、试验以及对房屋、围墙等土建设施的检查等。

（2）特高压交流变电站应制定相关《设备维护规程》，明确设备定期维护项目、检查内容、检查标准、检查周期及注意事项等，每月应编制《设备定期维护工作总结》。

（3）应结合特高压交流变电站环境、人员、设备等情况，制订设备定期维护工作计划。

（4）定期轮换、试验工作周期不得低于下列要求：

1）事故照明每季度试验 1 次。

2）主变、高抗备用冷却器每月轮换 1 次。

3）主变冷却电源自投功能每季度试验 1 次。

4）站用直流系统备用充电机每半年启动 1 次。

5）站用电系统备自投功能每年检验 1 次。

（5）数据抄录及设备检查定期工作周期不得低于下述要求：

1）变压器有载分接开关动作次数每月抄录 1 次。

2）避雷器动作次数和泄漏电流每月抄录 1 次，雷雨天气后抄录 1 次。

3）保护压板投退情况每月核对 1 次。

4）全站各装置、系统时钟每月核对 1 次。

5）低压直流蓄电池电压每月测量 1 次。

6）GIS/HGIS SF_6 气体密度值每月抄录 1 次。

7）安全工器具每月检查 1 次。

8）给排水、通风系统每月检查 1 次。

9）防小动物设施每月检查 2 次。

10）消防设施每月检查 2 次。

11）监控系统装置除尘（包括 UPS、后台主机等）每季度 1 次。

12）故障录波、故障测距装置等数据维护、备份每季度 1 次。

13）漏电保安器每季试验 1 次。

14）室内、外照明系统每季度维护 1 次。

15）机构箱加热器及照明每季度维护 1 次。

16）站内电缆沟、端子箱每季度检查 1 次。

17）安防设施每季度检查维护 1 次。

18）防误装置每半年维护 1 次。

19）二次设备每半年清扫 1 次。

20）蓄电池内阻每年测试 1 次。

21）户内外锁具每年维护 1 次。

22）电缆沟每年清扫 1 次。

23）每年迎峰度夏前对空调、冷却、消防、排水等系统进行 1 次全面检查、维护。

24）每年迎峰度冬前对电气设备的取暖、驱潮电热装置进行 1 次检查。

七、运行状态管理

（1）特高压交流变电站应实时掌握设备运行状态，及时发现设备缺陷和异常，按照"日对比、周分析、月总结、年评价"要求开展设备运行状态管理工作。

（2）特高压交流变电站每日对规定的设备巡视、在线监测、带电检测数据进行比对，及时发现状态量的微小变化；每周对设备巡视、在线监测、带电检测数据进行趋势分析，及时掌握设备运行状态变化趋势；每月对规定的设备巡视、在线监测、带电检测、检修试验等数据进行全面分析总结，同时与历史数据进行对比，进而对设备健康状况做出评价，并形成设备管理月度报告。每年夏季和冬季用电高峰前分别组织 1 次全面的设备带电检测和分析评价，形成半年和年度运行状态检测分析评价报告。

（3）特高压交流变电站设备运行状态分析评价的原则是动态分析评价，即根据设备状态量的变化情况随时进行分析评价，分为定期分析评价和特殊分析评价两种。定期分析评价指特高压交流变电站各类设备"日对比、周分析、月总结和年评价"工作。特殊分析评价即除定期分析评价以外的其他状态分析评价,包括发现设备运行缺陷、异常和隐患后,设备重要状态量改变后、检修完成后、新发布家族性缺陷后、经受恶劣气候或异常运行工况后及新设备投运后的首次分析评价等。

(4)对运行中发现异常、重要状态量发生变化的设备,要立即查明异常原因,综合分析设备状态,制定处理措施和检修策略。

八、防误装置管理

(1)运维人员负责特高压交流变电站防误装置的管理,组织人员定期进行巡视、维护、检修等工作,特高压交流变电站现场运行规程应明确对防误装置的使用规定。

(2)凡新建、改建、扩建的特高压交流变电站防误装置应做到"三同时",即与主体工程同时设计、同时安装、同时投产。凡发现防误功能不满足"五防"要求的,运维单位有权拒绝设备的投运。

(3)高压电气设备都应安装完善的防误操作闭锁装置。防误操作闭锁装置不得随意退出运行,停用防误操作闭锁装置应经本单位分管生产领导批准。

(4)防误闭锁装置应保持良好的运行状态,发现缺陷及时上报和处理。防误装置的巡视检查应与主设备巡视同时进行。

(5)电气设备的防误闭锁功能因故失去,暂时无法恢复的,可加挂普通挂锁作为临时措施。

(6)防误装置解锁钥匙应封存管理,并放置在固定地点,每次使用应符合审批手续并填好相关记录。

九、防污闪管理

(1)运维单位和省电科院应每半年开展1次盐密、灰密测试工作,每年复测污秽等级。

(2)应以现场饱和盐密、灰密测量数据为依据,结合运行经验和气候、环境条件,全面客观地进行现场污秽度评估和污区等级划分,并据此绘制、修订污区分布图。污区分布图应每年局部修订1次,每3年全面修订1次。

(3)当冬季积污期持续无降雨日接近历史最大值时,应立即安排现场测试工作,如绝缘子污秽程度达到或超过设计标准,应采取必要的防污闪措施。

(4)根据现场污秽度监测布点要求和环境变化,优化监测点布置,完善监测档案。

(5)加强设备状态评价,及时进行外绝缘配置校核工作。对不满足要求的设备,应制订整改措施,按轻重缓急纳入技改大修计划。

(6)中、重污区的防污闪改造应优先采用高温硫化硅橡胶类防污闪产品,并综合考虑防冰(雪)闪和防雨闪。

(7)对运行满3年的防污闪材料,应按照相关规定进行抽查,对不满足要求的及时覆涂。

(8)加强特高压交流变电站零值、低值瓷绝缘子的检测,及时更换自爆玻璃绝缘子及零、低值瓷绝缘子。

（9）污区等级处于C级及以上特高压交流变电站应涂覆防污闪材料。处于发生过冰闪和雨闪的地区、处于冻雨和粘雪的地区和外绝缘伞间距小于67mm的设备应加装增爬裙。

（10）超过1年未清扫的，应每季度对污秽程度进行评估，对不合格的应立即安排清扫。对运行超过3年的防污闪材料，每次检修时要检查有无起皮、龟裂、憎水性丧失等现象，如发现上述现象应及时安排复涂。

（11）在大雾（霾）、细雨、覆冰（雪）等恶劣天气过程中，利用红外测温、紫外成像等技术手段，密切关注设备外绝缘状态，发现设备爬电严重时停电处理。

十、防火管理

（1）特高压交流变电站须具备完善的消防设施，并经消防部门验收合格。

（2）特高压交流变电站应按照国家有关消防法规制定现场消防管理规程，落实有资质的人员负责专项管理，并严格执行。

（3）特高压交流变电站消防设施的相关报警信息应传送至主控室，并远传至相关调控中心。

（4）特高压交流变电站应配备数量足够且有效的消防器材并定置摆放，应制定消防器材布置图，标明存放地点、数量和消防器材类型。充油设备应建消防小间，室外设备场应修建适当的消防小间，配置灭火器、沙箱、半圆桶等灭火器材，满足灭火的要求。应每月检查2次消防器具，并做好相关记录。

（5）特高压交流变电站应备有经消防主管部门审核批准的防火预案。

（6）保护屏、配电屏和端子箱等电缆穿孔应用防火材料封堵。电缆沟防火墙应有明显标识，设备室或设备区不得存放易燃、易爆物品。消防室（亭）的门不应上锁，消防通道应保持畅通。

（7）主变压器、并联电抗器必须配置自动灭火系统，且运行良好。控制楼所有房间、保护小室应配置火灾自动报警系统，且运行良好。

（8）消防水系统应同生活水、工业水系统分离，以确保消防水量、水压不受其他系统影响，消防泵的备用电源应由不间断电源供给。

（9）特高压交流变电站配备充足的正压式空气呼吸器，按需求分别存放于控制楼和综合办公楼，控制楼走道、继电器室应配备防毒面具，并进行使用培训。

（10）特高压交流变电站应根据《电力设备典型消防规程》对站内防火重点部位或场地动火级别进行区分，明确一级动火区和二级动火区。在站内易燃易爆区域禁止动火（电焊、气焊）作业，特殊情况需要动火作业，应严格按照动火工作票制度执行。

（11）特高压交流变电站消防系统检验每年1次，重点包括火灾报警系统的控制功能检查、水喷淋系统喷淋试验。

（12）特高压交流变电站负责建立消防设备档案、台账等技术资料，并及时更新。

（13）运维人员应定期学习消防知识和消防用器材的使用方法，熟知火警电话和报警方法，定期组织消防演习。

十一、防汛管理

（1）应根据本地区的气候特点、地理位置和现场实际，制定相关预案及措施。站内应配备充足的防汛设备和防汛物资，包括潜水泵、塑料布、塑料管、沙袋、铁锹等。

（2）在每年汛前应对防汛设备进行全面的检查、试验，确保处于完好状态。

（3）防汛物资应由专人保管、定点存放，并建立专门台账。

（4）定期检查开关、瓦斯继电器等设备的防雨罩是否完好，端子箱、机构箱等室外设备箱门是否关闭并密封良好。

（5）雨季来临前对可能积水的地下室、电缆沟、电缆隧道及场区的排水设施进行全面检查和疏通，做好防进水和排水措施。

（6）下雨时对房屋渗漏、排水情况进行检查。雨后检查地下室、电缆沟、电缆隧道等积水情况，并及时排水，设备室潮气过大时做好通风。

十二、防风管理

（1）应根据本地气候条件制定出切实可行的防风预案和措施。

（2）大风（台风）前后，应重点检查设备引流线、设备防雨罩等是否正常；检查控制楼屋顶和墙壁彩钢瓦是否正常；检查户外堆放物品是否合适，箱体是否牢固，户外端子箱是否密封良好。

（3）每月检查和清理设备区、围墙及周围的覆盖物、飘浮物等，防止被大风刮到运行设备上造成故障。

（4）有土建、扩建、技改等工程作业的特高压交流变电站，在大风来临前当值运维人员应加强对正在施工场地的检查，重点检查材料堆放、脚手架稳固、护网加固、临时孔洞封堵、缝隙封堵、安全措施等情况，防止设施机械倒塌或坠落事故，防止雨布、绳索、安全围栏绳吹到带电设备上引发事故。

十三、防寒管理

（1）应根据本地区的气候特点和现场实际，制定相应的特高压交流变电站设备防寒预案和措施。

（2）冬季气温较低时，应重点检查开关机构箱、变压器控制柜和户外控制保护接口柜内的加热器运行是否良好、空调系统运行是否正常，发现问题及时处理，必要时对机构箱、控制柜、冷却系统、消防系统、空调系统、工业生活水系统管道以及油色谱在线监测装置管道采取相应的防寒保温措施。

十四、防高温管理

（1）应根据本地区气候特点和现场实际，制定相应的特高压交流变电站设备防高温预案和措施。

（2）夏季气温较高时，应对重载设备和空调机组等设备进行特巡，并做好相关记录和统计分析工作；必要时增加红外测温频次，及时掌握设备发热情况。

十五、防小动物管理

（1）各开关柜、端子箱和机构箱应采取防止小动物进入的措施；设备室、主控室、通信机房、蓄电池室、控制楼、设备间、保护小室等出入门应设置防鼠挡板。

（2）应每月检查2次防小动物措施，发现问题及时处理并做好记录。

（3）各设备室的门窗应完好严密，出入时随手将门关好。

（4）进入设备室、电缆夹层、电缆竖井、控制室、保护室的孔洞应严密封堵，各屏柜底部应用防火材料封严，因施工拆动后应及时堵好。

（5）各设备室不得存放粮食及其他食品，应放有捕鼠（驱鼠）器械（含电子式），并做好统一标识。

（6）设备施工后，应验收防小动物措施落实情况。因施工和工作需要将封堵的孔洞、入口、屏柜底打开时，应在工作结束时及时封堵。若工期较长，每日收工时施工人员必须采取临时封堵措施。工作结束值班人员应验收孔洞是否封堵严密，不符合要求不得终结工作票。

十六、危险品管理

（1）站内的危险品应有专人负责保管并建立相关台账。

（2）各类可燃气体、油类应按产品存放规定的要求统一保管，不得散存。

（3）备用六氟化硫（SF_6）气体应妥善保管，对回收的六氟化硫（SF_6）气体应妥善收存。

（4）六氟化硫（SF_6）配电装置室、蓄电池室的排风机电源开关应设置在门外。

（5）废弃有毒的电力电容器要按国家环保部门有关规定保管处理。

（6）设备室通风装置因故停止运行时，禁止进行电焊、气焊、刷漆等工作，禁止使用煤油、酒精等易燃易爆物品。

（7）危险品入库前应进行检查验收、登记，验收内容应包括危险品数量、危险识别标志、合格证或检验报告，经核对后方可入库，当危险品性质未弄清时不得入库。

（8）蓄电池室应使用防爆照明，安装强力通风装置。

十七、安防管理

（1）特高压交流变电站须具备完善的安防设施，应能实现安防系统运行情况监视、入侵探测、防盗报警等主要功能，相关报警信息应传送至主控室。

（2）站内装设的防盗报警、红外对射、电子脉冲围栏、工业视频系统等技防措施应定期检查、试验，发现故障应及时联系处理。

（3）运维人员在巡视设备时应兼顾安全保卫设施的巡视检查。

（4）特高压交流变电站的大门正常应关闭，未经审批和采取必要安全措施的易燃、易爆物品严禁携带进站。

（5）特高压交流变电站应建立安防设备档案、台账等技术资料，并及时更新。

十八、备品备件管理

（1）特高压交流变电站备品备件定额由国网运检部组织制定。

（2）省公司运检部按照特高压站备品备件定额做好备品备件的采购、储存、试验、维护、使用管理工作，协调物资部门做好其他变电站备品备件储备及管理工作。

（3）运维单位对备品备件实施专人管理、定期开展试验，保证随时可用，动态进行核查，及时提出采购需求。

（4）特高压交流变电站应建立备品备件档案，备品备件合格证、说明书等原始资料应齐全，严格出入库管理并定期更新。

（5）特高压交流变电站应设专人负责备品备件管理，严格按照相关规定和设备说明书进行存放，认真落实备品备件防火、防尘、防潮、防水、防腐、防晒等工作要求。

（6）应按照公司《特高压变电站和直流换流站备品备件配置定额》每年开展特高压交流变电站备品备件核查，不足时应及时补充，杜绝因补充不及时导致系统或设备长期停运。

十九、异常和故障处理

（1）发生下列事件时，变电站应及时向省公司运检部报送相关信息，省公司运检部要及时向国网运检部报送信息。

1）特高压交流变电站发生主设备跳闸、危急缺陷及危及变电站安全运行的其他情况。

2）500kV 及以上变压器、断路器（GIS）、电抗器、串补等主设备发生跳闸或临时停运。

3）500kV 及以上母线跳闸。

4）变电站全站停电。

5）现场发生重大及以上火灾、水淹变电站和泵房等危急情况。

6）自然灾害造成变电设施损毁或大面积停电。

7）变电设施遭盗窃或外力破坏造成较大影响。

（2）应急事件报送信息要求。

1）事件发生后 20 分钟内，将有关简要情况，包括事件发生时间、地点、保护动作情况、输送功率（负荷）损失及已掌握的其他情况等，通过手机短信或电话报告省公司运检部；省公司运检部应在 30 分钟内将相关情况上报国网公司运检部。

2）4 小时内将事件详细情况，包括事件经过、现场检查情况、初步原因分析、建议处理方案等，以快报形式通过电子邮件报送省公司运检部，由省公司运检部上报国网运检部。

3）处理完毕后 1 小时内通过电话或短信将处理及恢复情况报省公司运检部，由省公司运检部上报国网运检部。

4）处理完毕后 24 小时内将正式分析报告通过电子邮件报送省公司运检部，由省公司运检部上报国网运检部。

5）上报的信息应在 PMS 有关栏目中同步填报。

（3）设备发生异常或故障后，运维人员应立即汇报调度，同时对现场设备进行详细检查，汇报内容包括：

1）异常或故障发生时间。

2）系统运行方式以及负荷情况。

3）二次设备动作情况及线路故障测距信息。

4）一次设备状态变化及现场检查情况。

5）站内设备越限或过载情况。

6）现场是否有人工作。

7）确认是否具备试送条件。

8）周边天气及其他需要汇报的情况。

（4）应根据故障情况，立即启动故障抢修预案，组织故障抢修单位、相关电科院、设备厂家到达现场进行事故抢修。

（5）特高压交流变电站应结合设备运行状态、天气、负荷等因素，每季度至少组织 1 次反事故演习，每月至少组织 1 次事故预想。

二十、档案资料管理

（1）特高压交流变电站内应配备必要的法规、制度标准及其他规范性文件、图纸、说明书、报告资料，并规定上述资料的存放、借阅、更新等要求。法规、制度标准及其他规范性文件应使用最新版，图纸应有竣工验收章。

（2）特高压交流变电站应按相关制度标准及其他规范性文件建立资料室，资料室温湿度应满足要求，配置火灾报警、灭火系统和二氧化碳灭火器，卫生整洁。技术资料和图纸应有专人或兼职人员管理。

（3）特高压交流变电站应建立图纸清册，建立图纸查（借）阅记录，每年对图纸进行 1 次全面检查，发现不符合要求时，应及时予以整改。

（4）特高压交流变电站应具备的法规、规程、规定类资料。

中华人民共和国电力法

中华人民共和国消防法

道路交通安全法

电力安全事故应急处置和调查处理条例

国家电网公司电力安全生产工作规程（变电部分）

国家电网公司安全生产事故调查规程

国家电网公司输变电设备相关运行规范

国家电网公司电网设备状态检修管理标准和工作标准

国家电网公司输变电设备评价标准

国家电网公司十八项电网重大反事故措施

电力系统用蓄电池直流电源装置运行与维护技术规程

继电保护及安全自动装置运行管理规程

电网继电保护与安全自动装置运行条例

电力设备预防性试验规程

电力设备带电检测技术规范

国家电网公司电力系统电压和无功电力管理相关规定

电气装置安装工程施工及验收规范

国家电网公司安全生产工作规定

国家电网公司现场标准化作业指导书编制导则

国家电网公司输变电设备技术标准

输变电设备状态检修试验规程

公司防止电气误操作安全管理规定

带电设备红外诊断应用规范

公司输变电设备防雷工作管理规定

电力设备典型消防规程

相关调度规程

电力建设安全工作规程

1000kV交流电气设备预防性试验规程

1000kV交流电气设备监造导则

1000kV继电保护及电网安全自动装置运行管理规程

1000kV特高压变电站运行规程

1000kV油浸式变压器及并联电抗器运行及维护规程

串联电容器补偿装置运行规范（必要时）

串联电容器补偿装置状态评价导则（必要时）

串联电容器补偿装置技术监督规定（必要时）

串联电容器补偿装置控制保护系统现场检验规定（必要时）

1000kV变压器保护装置技术要求

1000kV电抗器保护装置技术要求

1000kV线路保护装置技术要求

1000kV母线保护装置技术要求

1000kV断路器保护装置技术要求

110～1000kV变电（换流）站土建工程施工质量验收及评定规程

1000kV变电站接地技术规范

1000kV交流输变电工程系统调试规程

1000kV交流输变电工程启动及竣工验收规程

1000kV系统电压及无功电力技术导则

1000kV变电设备检修导则

1000kV变电设备检修管理规范

变电站现场运行规程

（5）特高压交流变电站应具备的制度类资料。

国家电网公司特高压交流变电站运维管理规定

国家电网公司变电（直流）设备检修管理规定检修管理规定

调度相关管理规定

消防相关管理规定

事故处理相关制度（预案）

（6）特高压交流变电站应具备的技术资料。

变电站典型操作票

变电站设备说明书

变电站继电保护定值通知单

变电站工程竣工（交接）验收报告

变电站设备修试报告

变电站设备评价报告

（7）特高压交流变电站应具备的图纸、图表类资料。

变电站一次主接线图

变电站站用电系统图

变电站直流系统图

运行维护定期工作表

变电站设备最小载流元件表

正常和事故照明接线图

继电保护、远动及自动装置原理和展开图

全站平、断面图

组合电器气隔图

直埋电力电缆走向图

接地装置布置以及直击雷保护范围图

消防设施（或系统）布置图（或系统图）

地下隐蔽工程竣工图

断路器、隔离开关操作控制回路图

通信设备原理、接线图

测量、信号、故障录波及监控系统回路、布置图

主设备保护配置图

视频监控布置图

巡视路线图

交直流熔断器及开关配置表

有关人员名单（各级调度员、工作票签发人、工作负责人、工作许可人、有权单独巡视设备的人员等）

二十一、运维台账管理

（1）特高压交流变电站现场应具备各类完整的记录台账，纸质记录至少保存1年，重要记录应长期保存。

（2）运维台账原则上应通过生产管理系统（PMS）进行记录，系统中无法记录的内容可通过纸质形式记录。通过生产管理信息系统记录的内容可不进行纸质记录，必要时打印存档。

（3）设备台账的填写应及时、准确和真实，便于查询。

（4）特高压交流变电站相关负责人应对运维记录台账每月进行审核，省检修（分）公司每季应至少组织1次台账检查。

（5）应至少具有以下记录台账：

运维工作日志

设备巡视记录

交接班检查记录

运行值班日计划

反事故演习记录

事故预想记录

安全活动记录

运维分析记录

技术培训及问答记录

解锁钥匙使用记录

消防检查记录

防小动物措施检查记录

设备缺陷记录

设备修试记录

红外测温记录

断路器跳闸记录

断路器动作次数记录

断路器 SF_6 气体压力记录

变压器分接头动作记录

避雷器动作及泄漏电流记录

蓄电池测量记录

继电保护及安全自动装置动作记录

继电保护及安全自动装置压板核查记录

接地线（接地刀闸）登记记录

二十二、运行规程管理

（1）特高压交流变电站运行规程应根据《1000kV交流变电站运行规程》（Q/GDW Z 211—2008）编制，特高压交流变电站现场运行规程应分为设备概况、运行方式及相关规定、设备巡检、设备异常及事故处理、典型操作票、变电站图册6个分册。

（2）应在启动调试前1个月完成运行规程试行稿的编制；在调试完成1个月内完成现场规程的修编。

（3）将特高压交流变电站分为一次设备、二次设备、微机监控系统、其他系统、通信设备等六大类，现场运行根据依次按六大类设备进行编制。

1）一次设备应包括 1000kV 变压器、1000kV 并联电抗器、1000kV 开关类设备、500kV 开关类设备、110kV 开关类设备、电流互感器、电压互感器、110kV 低压电容器、110kV 低压电抗器、防雷设备、绝缘子及母线、电力电缆、接地网等设备。

2）二次设备应包括 1000kV 变压器保护、1000kV 并联电抗器保护、线路保护、母线保护、断路器保护、110kV 电容器组保护、110kV 电抗器保护、站用电系统保护、特高压线路稳态过电压控制装置、安全稳定控制装置、解列装置、交流故障录波系统、故障测距装置、保护故障信息系统子站等设备。

3）其他设备应包括站用电系统、220V 直流系统、串补逆变电源系统、不间断电源 UPS 系统、电能计量系统、微机五防系统、消防系统、功角测量装置、在线监测系统、二次安全防护系统、T－GPS 电力系统同步时钟、试验电源、照明系统、工业电视系统、远动系统、安防系统、排水系统等设备。

（4）《设备概况》分册编制要求：

1）一次设备应明确一次设备概况、主设备及相关附件技术规范。

2）二次设备应明确二次设备概况、保护配置、保护装置组件、保护装置盘面信号、交流电压取源、交直流电源取源、按钮和转换开关。

3）微机监控系统应明确微机监控系统概况、系统技术规范、测控装置技术规范、测控装置盘面信号、测控装置按钮和转换开关。

4）站用电系统应明确相关交流动力屏、交流分电屏、交流电源箱、汇控柜/端子箱、检修电源箱负荷分配，并应注明相关开环点。

5）通信设备应包括通信系统概况、通信系统技术规范。

6）《设备概况》分册中相关技术参数应与生产管理系统（PMS）中设备台账保持一致。

（5）《运行方式及相关规定》分册编制要求：

1）《运行方式及相关规定》分册应明确设备运行方式、操作原则及运行注意事项，明确各级调度的管辖和许可设备范围，明确设备正常运行方式。

2）《运行方式及相关规定》分册应附保护压板与运行方式对应表及五防逻辑表。

（6）《设备巡检》分册编制要求：

1）《设备巡检》分册应明确巡检人员要求、巡检工器具要求、巡检危险点、巡检分类及周期要求、巡检项目等。

2）二次设备巡检内容应包括面板检查、盘面检查、电源检查等，盘面检查应明确二次设备指示灯颜色指示及点亮原则。

3）《设备巡检》分册应附设备巡检卡。

（7）《设备异常及事故处理》分册编制要求：

1）《设备异常及事故处理》分册应明确异常及事故处理原则、处理措施、事故报告程序等。

2）《设备异常及事故处理》分册应细化至具体设备各异常及事故情况下的处理措施，

如变压器油温高、变压器过负荷、变压器重瓦斯保护动作等的具体处理措施。

（8）《典型操作票》分册编制要求：

1）《典型操作票》分册应明确倒闸操作术语、操作票填写项目、倒闸操作规定、一、二次设备及站用电系统典型操作票等。

2）设备操作后的状态检查应同时检查三相机械位置指示、就地汇控柜内电气指示、监控系位置指示、监控系统开关电流值指示，相关知识应同时发生相应变化方可确认设备操作到位。

（9）《变电站图册》分册编制要求：

1）《变电站图册》分册应明确图册绘图要求，并绘制电气系统图、辅助系统图、巡视路线图、在线监测系统图、级差示意图、运行维护定期工作表、设备最小载流元件表等。

2）电气系统图应包括主接线图、站用电接线图、站用电负荷图、直流系统图、事故照明图、组合电器气隔图、监控系统图、主设备保护配置图、线路保护通道配置图。

3）辅助系统图应包括平面布置图、防雷保护范围图、消防系统图、生活水处理系统图、UPS原理图等。

（10）现场运行规程修编要求：

1）特高压交流变电站现场运行规程应执行"三年一大修、每年一小修"修编要求，结合现场运行规程使用情况组织开展修编工作。

2）应每年对现场运行规程进行1次修编，主要对使用中发现的部分错误或遗漏的技术参数进行修正，对调度下发的新的规定进行更新，补充完善设备运行维护中新发现的运行维护注意事项等。

3）应每3年对现场运行规程进行1次全面修编，对运行规程结构、内容、参数等进行全面的审核和修正，对相关内容进行完善。

（11）现场运行规程应履行相关审批手续后方可发布使用。

第二节　特高压交流变电站生产准备

一、生产准备工作内容

特高压交流变电站的生产准备工作内容主要包括：运维单位设立，组织机构及人员配置，人员培训，建章立制及规程编制，工器具及仪器仪表等生产资料购置，工程前期参与，新设备专项隐患排查治理，工程验收及试运行保障。

二、运维单位设立

应在明确运维单位1个月内组织启动和开展各项生产准备工作，编制完成生产准备工作方案。

三、组织机构及人员配置

（1）应在项目核准后3个月内确定新建特高压交流变电站运行维护组织机构，配备必需的生产及管理人员。

（2）特高压交流变电站运维人员配置按照最新的《国家电网公司供电企业劳动定员标准》、《国家电网公司直属单位劳动定员标准》执行。

（3）筹备负责人及相关管理人员应在 3 个月内到位，在 6 个月内应确定所有运维人员，在设备安装、调试前全部运维人员应进驻现场。

四、人员培训

（1）运维单位应结合工程情况制定培训计划，并认真组织实施。

（2）培训内容。

1）运维人员应重点了解和熟悉设备构造、工作原理、技术性能、试验方法、检修技术及工艺标准等，学习和掌握专业理论知识、有关制度标准及其他规范性文件、图纸资料和运行方式。

2）工程建设期间要根据设备的安装进程，参加施工单位的安装调试，熟悉设备的构造及安装方法，掌握调试方法。

3）要选择其他特高压交流变电站进行现场实习，学习和掌握设备运行操作、监视检测、异常分析及事故处理等技能，学习设备修试技术，熟悉检修、试验方法、质量标准和工艺过程，学习设备检修和日常维护的基本程序和方法。

4）具备条件时在新设备投产前应安排在仿真模拟培训系统上进行实际运行操作训练。

5）根据需要参加主设备的关键试验和出厂验收，根据工程情况派人了解设备的制造过程及技术特点，掌握设备组装及调试方法。

（3）对采用新设备、新技术的特高压工程，运维单位应有重点地组织有关运维人员集中培训和学习，通过邀请工程技术人员或设备供货商讲课、调研学习等方式，熟悉设备的结构、原理和技术性能，掌握设备安装调试方法与运行要求。必要时可结合工程情况选派骨干人员到制造厂家参加专业技术培训。工程建设单位应在设备采购合同中明确供货商的培训责任和方式等内容。

（4）新建特高压交流变电站的运维人员必须经上岗考试，合格后方可上岗。

五、建章立制及规程编制

（1）应按照公司制度标准及其他规范性文件组织建章立制、编制现场规程及运行台账等。

（2）应在工程启动调试前 6 个月完成建章立制工作。

六、工器具及仪器仪表等生产资料购置

（1）工程启动调试前 1 个月，特高压交流变电站应配备足够的工器具、仪器仪表，安全工器具配备的种类和数量必须满足安规要求。

（2）在工程建设过程中应及时接收和妥善保管工程建设单位移交的专用工器具及备品备件，移交清单应签字备案。

（3）应积极配合调度部门完成特高压交流变电站命名及设备编号工作，在工程启动调

试前 1 个月完成设备标志牌、相序牌、警示牌的制作和安装工作。

七、工程前期参与

（1）应选派具有丰富工作经验和较高专业技术水平的人员负责工程前期工作。每个工程要有专人负责，不得随意更换。

（2）参与工程前期工作应做好记录，责任可追溯、可考核。

（3）可行性研究阶段：

1）应积极了解相关工程发展规划和工程立项及审批情况。

2）重点关注站址、总体布局、站用电源和站用水源以及环评等方面的问题。

（4）初步设计阶段：

1）重点关注建筑物设计是否满足运行维护要求、站主接线图设计是否合理、保护配置是否合适、环评是否满足要求、站用电源和站用水源是否安全可靠等方面的问题。

2）了解站区所在地域的特殊地理位置、气候条件、周边环境等，分析其可能对设备安全稳定运行造成的影响，有针对性地提出相关措施。

3）发现的问题和提出的建议应及时反馈给相关设计单位，并跟踪落实情况。

（5）招投标阶段：

1）重点关注技术规范文件和招投标文件中关于备品备件和专用工器具的配置、售后服务、质保期、技术资料及培训等方面的内容。

2）设备的设计应符合《国网公司十八项反事故措施》及设备相关技术规范要求。

3）发现的问题和提出的建议应及时反馈给相关设计单位，并跟踪落实情况。

（6）设备监造阶段：

1）监造人员重点关注设备制造工艺、流程以及试验等方面的内容，参与现场问题的分析和处理。应全程参与直流控制保护系统联合调试工作。

2）监造人员应每天填报监造日报，日报中包含当日工作内容、发现的问题及处理情况。

3）发现的问题和提出的建议应及时反馈给厂家技术人员，并跟踪处理情况。监造工作结束 1 周内应提供详细的监造报告，报告包括监造的内容、发现的问题、提出的建议以及处理情况。

（7）现场施工阶段：

1）按照跟踪和验收作业指导书要求开展设备跟踪和验收工作，技术人员能够全程参与各类设备安装和验收工作。

2）重点关注施工图纸审查、隐蔽工程施工、主要设备安装及功能验收等方面的内容。

3）发现的问题和提出的建议应及时反馈给建设单位、施工单位、监理单位和设备厂家，必要时应发出工程联系单，并跟踪处理情况。

（8）系统调试阶段：

1）参与调试方案审查，发现的问题和需要补充的调试项目应及时向调试单位提出，并跟踪相关情况。

2）组织学习调试方案，掌握调试内容，依据调试方案职责分工，按照调度或现场总指挥的命令开展调试工作。调试过程中应严格执行现场安全管理规定，保证调试期间人身、电网和设备安全。

3）参与现场调试协调会，对调试过程中的问题进行分析，提出相关意见，必要时应发出工程联系单，并跟踪处理情况。

4）调试期间应每天编写调试日报，日报包含调试项目、调试过程、出现的问题及处理情况等。每个调试阶段结束后应编写调试总结，总结包含总体调试情况和遗留问题等。

（9）试运行及工程移交阶段：

1）试运行期间应制定详细工作方案，落实人员责任，加强设备管理，建立应急体系。

2）对工程中发现的问题进行梳理，深入分析遗留问题，提出整改建议并反馈相关单位，督促解决。

3）及时做好工程资料移交工作，应包含工程依据性文件、工程设计文件、启动调试文件、工程监理（监造）文件、质量监督文件、竣工图及设备相关资料等。对资料进行分类并归档，发现欠缺应要求相关单位补充完善。

4）依据商务合同、装箱单、技术协议等开展专用工器具、仪器仪表、备品备件等的移交工作，发现缺少或损坏应要求相关单位补充。

（10）工程建设单位应根据工程进度适时向运维单位提供一套合同及技术协议、施工图纸、重要设计变更文件、设备说明书等设计技术资料，以便生产准备人员及时开展相关生产准备工作。

（11）运维单位应主动向施工单位和监理单位了解工程进度，及时参与和配合特高压交流变电站的土建、接地网施工、设备到货开箱检查、主要设备安装、设备调试等工作。对隐蔽工程的施工过程及相关工序，派人参加旁站监督和验收工作。

八、新设备专项隐患排查治理

（1）运维单位要在工程前期及建设过程中认真贯彻落实《国家电网公司十八项电网重大反事故措施》，开展隐患排查并将排查结果及时反馈工程建设单位。

（2）在系统调试前1个月要组织进行1次专项排查，逐设备、逐元件排查隐患。

（3）工程建设单位应对排查出的缺陷和隐患在工程投运前逐条处理并给出处理意见，确保工程零缺陷投运。

九、工程竣工验收和启动试运行

（1）运维单位应全程参与工程的竣工预验收、竣工验收及启动调试等相关工作。

（2）应指派能胜任的人员参加相关验收组织机构。

（3）应参加验收大纲和调试方案的审查等工作，配合工程启动调试单位做好启动调试的运行操作和事故处理工作。

（4）工程建设完工后，由工程建设单位会同运维单位组织相关单位进行预验收。对验收中发现的问题，应及时督促相关单位进行处理。对有争议的问题，应由建设、监理、设计和运维单位共同协商解决。

（5）监理单位组织对预验收发现的问题消缺完毕后，由建设单位会同运维单位进行复查。复查合格后，由工程启动验收委员会、工程验收检查组进行竣工验收。

（6）工程试运行结束后，工程建设单位和运维单位应按有关规定做好工程档案资料，包括系统启动调试报告和试运行报告的验收、交接和归档工作。

参 考 文 献

［1］ 刘振亚. 特高压电网 ［M］. 北京：中国经济出版社，2005.

［2］ 刘振亚. 特高压交流输电技术丛书 ［M］. 北京：中国电力出版社，2008.

［3］ 张利生. 高压并联电容器运行及维护技术 ［M］. 北京：中国电力出版社，2008.

［4］ 崔吉峰. 高压直流输电岗位培训教材 ［M］. 北京：中国电力出版社，2009.

［5］ 陈家斌. SF_6 断路器实用技术（开关设备）［M］. 北京：中国水利水电出版社，2009.

［6］ 国家电网公司. 继电保护培训教材 ［M］. 北京：中国电力出版社，2009.

［7］ 张全元. 变电运行现场技术问答（第三版）［M］. 北京：中国电力出版社，2010.

［8］ 国家电网公司. 直流换流站运维技能培训教材 ［M］. 北京：中国电力出版社，2012.

［9］ 刘振亚. 特高压交直流电网 ［M］. 北京：中国电力出版社，2013.

［10］ 李坚. 变电运维检修技术问答 ［M］. 北京：中国电力出版社，2014.

［11］ P M Anderson，R G Farmer. 电力系统串联补偿 ［M］.《电力系统串联补偿》翻译组，译. 北京：中国电力出版社，2008.

［12］ 高文彪，赵宇亭，赵成运. 特高压变压器两种调压方法及调压补偿变保护浅析 ［M］. 变压器. 2013.

［13］ 王昌长，李福祺，高胜友. 电力设备的在线监测与故障诊断 ［M］. 北京：清华大学出版社，2006.